Word/Excel/PPT 2019

应用与技巧大全

恒盛杰资讯　编著

视频自学版

机械工业出版社
China Machine Press

图书在版编目（CIP）数据

Word/Excel/PPT 2019 应用与技巧大全：视频自学版／恒盛杰资讯编著. —北京：机械工业出版社，2019.8

ISBN 978-7-111-63364-8

Ⅰ．①W… Ⅱ．①恒… Ⅲ．①办公自动化－应用软件 Ⅳ．① TP317.1

中国版本图书馆 CIP 数据核字（2019）第 159763 号

  Office 是由微软公司开发的风靡全球的办公软件套装，其中的 Word、Excel、PowerPoint 三大组件最为常用。本书以 Office 2019 为软件平台，通过大量详尽、直观的操作解析，带领读者快速精通三大组件的功能及应用，轻松晋级办公达人。

  全书共 24 章，按照内容的相关性划分为 5 篇。第 1 篇为 Office 入门篇，主要介绍三大组件的工作界面和通用操作。第 2 篇为 Office 基础操作篇，分别介绍了三大组件的核心功能和实际应用。第 3 篇为综合实训篇，将三大组件在实际办公中的具体应用与综合实例巧妙地结合起来，帮助读者巩固所学并加深理解，真正达到"学以致用"的目的。第 4 篇为三大组件协作与共享篇，介绍了三大组件之间的协作及文件共享。第 5 篇为 Office 技巧篇，分别介绍了三大组件的操作技巧。

  本书内容全面、编排合理、图文并茂、实例典型，不仅适合广大 Office 新手自学，而且能够帮助有一定基础的读者掌握更多的 Office 实用技能，对需要使用 Office 的办公人员也极具参考价值，还可作为大中专院校和社会培训机构的教材。

Word/Excel/PPT 2019 应用与技巧大全（视频自学版）

出版发行：机械工业出版社（北京市西城区百万庄大街 22 号 邮政编码：100037）

责任编辑：李杰臣 李华君   责任校对：庄 瑜

印　　刷：北京天颖印刷有限公司   版　　次：2019 年 9 月第 1 版第 1 次印刷

开　　本：185mm×260mm　1/16   印　　张：28

书　　号：ISBN 978-7-111-63364-8   定　　价：79.80 元

客服电话：（010）88361066　88379833　68326294   投稿热线：（010）88379604

华章网站：www.hzbook.com   读者信箱：hzit@hzbook.com

PREFACE 前 言

随着计算机和互联网的普及和飞速发展，人们的日常办公形式日趋电子化。在当今职场，熟练运用微软 Office 套装中的 Word、Excel、PowerPoint 三大组件已成为一项基本素养。本书以 Office 2019 为软件平台，着眼于"应用""技巧""大全"这三个关键词编写而成，通过大量详尽、直观的操作解析，带领读者快速精通 Word、Excel、PowerPoint 三大组件的功能及应用，轻松晋级办公达人。

◎ 内容结构

全书共 24 章，按照内容的相关性划分为 5 篇。第 1 篇为 Office 入门篇，主要介绍三大组件的工作界面和通用操作。第 2 篇为 Office 基础操作篇，分别介绍了三大组件的核心功能和实际应用。第 3 篇为综合实训篇，将三大组件在实际办公中的具体应用与综合实例巧妙地结合起来，帮助读者巩固所学并加深理解，真正达到"学以致用"的目的。第 4 篇为三大组件协作与共享篇，介绍了三大组件之间的协作及文件共享。第 5 篇为 Office 技巧篇，分别介绍了三大组件的操作技巧。

◎ 编写特色

★**内容全面，编排合理**：本书涵盖三大组件在实际工作中最常用的功能，内容丰富、实用。按照组件及功能划分的模块化结构，也便于读者根据需要灵活选择学习内容。

★**图文并茂，浅显易懂**：本书的每个知识点均结合实际应用做详尽讲解，并以"一步一图"的形式，直观、清晰地展示操作过程和操作效果，易于初学者理解和掌握。

★**边学边练，自学无忧**：办公软件的学习重在实践。本书配套的学习资源完整收录了书中全部实例的相关文件，读者按照书中的讲解，结合实例文件边看、边学、边练，学习效果立竿见影。

◎ 读者对象

本书不仅适合广大 Office 新手自学，而且能够帮助有一定基础的读者掌握更多的 Office 实用技能，对需要使用 Office 的办公人员也极具参考价值，还可作为大中专院校和社会培训机构的教材。

由于编者水平有限，在编写本书的过程中难免有不足之处，恳请广大读者指正批评，除了扫描二维码关注公众号获取资讯以外，也可加入 QQ 群 733869952 与我们交流。

编者
2019 年 6 月

如何获取学习资源

步骤 1: 扫描关注微信公众号

在手机微信的"发现"页面中点击"扫一扫"功能,如下左图所示,进入"二维码/条码"界面,将手机摄像头对准下右图中的二维码,扫描识别后进入"详细资料"页面,点击"关注公众号"按钮,关注我们的微信公众号。

步骤 2: 获取学习资源下载地址和提取密码

点击公众号主页面左下角的小键盘图标,进入输入状态,在输入框中输入"2019 大全",点击"发送"按钮,即可获取本书学习资源的下载地址和提取密码,如下图所示。

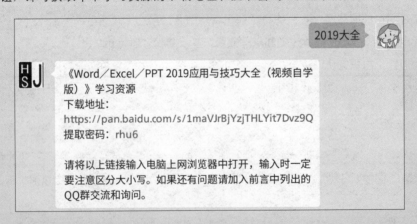

步骤 3: 打开学习资源下载页面

在计算机的网页浏览器地址栏中输入前面获取的下载地址(输入时注意区分大小写),如右图所示,按 Enter 键即可打开学习资源下载页面。

步骤 4：输入密码并下载文件

在学习资源下载页面的"请输入提取密码"文本框中输入前面获取的提取密码（输入时注意区分大小写），再单击"提取文件"按钮。在新页面中单击打开资源文件夹，在要下载的文件名后单击"下载"按钮，即可将其下载到计算机中。如果页面中提示选择"高速下载"还是"普通下载"，请选择"普通下载"。下载的文件如为压缩包，可使用 7-Zip、WinRAR 等软件解压。

步骤 5：播放多媒体视频

如果解压后得到的视频是 SWF 格式，需要使用 Adobe Flash Player 播放。新版本的 Adobe Flash Player 不能单独使用，而是作为浏览器的插件存在，所以最好选用 IE 浏览器来播放 SWF 格式的视频。右击需要播放的视频文件，然后依次单击"打开方式 >Internet Explorer"，如下左图所示。系统会根据操作指令打开 IE 浏览器，稍等几秒钟后就可看到视频内容，如下右图所示。

如果视频是 MP4 格式，可以选用其他通用播放器（如 Windows Media Player、暴风影音）播放。

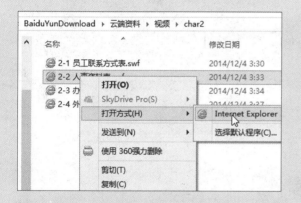

> **提示**
>
> 读者在下载和使用学习资源的过程中如果遇到自己解决不了的问题，请加入 QQ 群 733869952，下载群文件中的详细说明，或寻求群管理员的协助。

目 录　　CONTENTS

第 4 章　在 Word 中进行图文混排

第 5 章　使用表格和图表简化数据

第 9 章 数据的分析与整理

第 10 章 使用公式与函数计算数据

第 11 章 使用图表直观展示数据

第 12 章 透视分析数据

第 13 章　使用数据工具分析数据

第 14 章　在 PowerPoint 中创建演示文稿

第 15 章　快速统一演示文稿的外观

第 16 章　让幻灯片动起来

第 17 章　演示文稿的放映与输出

第3篇 综合实训篇

第 18 章 快速创建劳动合同

第 19 章 员工工资管理

第 20 章 创建新品发布演示文稿

第4篇　三大组件协作与共享篇

第 21 章　三大组件的协作与共享

第5篇　Office技巧篇

第 22 章　Word 2019 高效办公技巧

第 23 章 Excel 2019 数据处理技巧

第 24 章 PowerPoint 2019 的演示技巧

1

Office入门篇

Office 2019 是一套由微软公司开发的电子化办公程序，是日常工作中不可或缺的办公软件。其中，以 Word、Excel 和 PowerPoint 最为常用，当需要进行文字编辑、数据处理及图文并茂的演讲时，都可通过这 3 个组件来实现，从而使办公更加高效。

- Office快速入门
- 三大组件的通用操作

Office快速入门

Office 办公软件中以 Word、Excel 和 PowerPoint 最为常用。当需要通过文字编辑来创建比较专业的文档时，可通过 Word 来完成；当需要对数据进行整理和分析时，可使用 Excel 来实现；当需要以图文并茂、音像结合的形式说明观点时，可借助 PowerPoint 来完成。总之，Office 办公软件功能强大、使用方便，只有用户亲自体验，才能将 Office 真正融入日常办公中，体现其真正价值。

1.1 初识Word、Excel和PowerPoint

Word、Excel 和 PowerPoint 是日常办公中最常用的 3 个组件，初步了解三大组件的界面和功能，有利于区别 3 个组件在功能上的异同，了解各自的特色，帮助提高办公效率。

1 Word

Word 主要用于文字处理工作，是目前世界上最流行的文字编辑软件之一，可用于创建多种类型的专业文档，如公文、报告、论文、商业合同等。下图所示为使用 Word 2019 创建的文档。

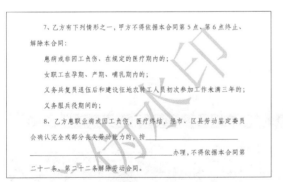

2 Excel

Excel 是一款电子表格软件，主要用于数据处理，拥有强大的输入、编辑、分析和管理数据的功能，并可将繁杂的数据转化为图表。下图所示为运用 Excel 2019 创建的一份支出明细表。

3 PowerPoint

PowerPoint 是一款集文字、图像、图表、音频和视频于一体的多媒体演示文稿应用程序，它可以用于创建生动形象的动态演示文稿，并且能和他人分享。它的图片、音视频编辑工具及动画效果为演示文稿增添了更多的感染力和视觉冲击力。右图所示为使用 PowerPoint 2019 创建的幻灯片效果。

1.1.1 启动组件

安装 Office 2019 软件后，就可启动相应的组件进行日常办公了。启动 Word、Excel 和 PowerPoint 的方法相同，下面以启动 Word 2019 为例来具体介绍。

❶单击桌面左下方的"开始"按钮，❷在弹出的"开始"菜单中单击"Word"命令，如右图所示，即可启动 Word 2019 程序。

1.1.2 认识工作界面

启动 Office 2019 的任意组件后，将展示该组件的工作界面。Office 2019 各组件的工作界面既有相同之处，也有细微的差异，下面以 Excel 2019 的工作界面为例来介绍三大组件在工作界面上的共同之处，如下图所示。三大组件共同界面元素的名称及相应的功能说明如下表所示。

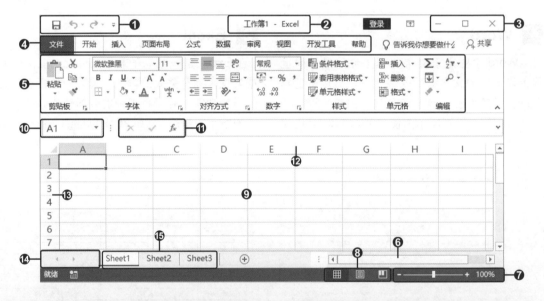

编 号	名 称	功 能
❶	快速访问工具栏	集成多个常用按钮，默认状态下包括"保存""撤销""恢复"按钮。也可以根据需要进行添加或删除
❷	标题栏	显示文档标题，可以查看当前文件的名称
❸	窗口控制按钮	用于最大化、最小化及关闭窗口
❹	选项卡	显示各个集成的功能区名称
❺	功能区	包含了很多组，并集成了很多功能按钮
❻	滚动条	包括水平滚动条和垂直滚动条，用来浏览编辑区未显示的内容
❼	缩放滑块	用于放大或缩小显示编辑区中的内容

续表

| ⑧ | 视图按钮 | 用于切换至不同的视图类型，不同的组件包含不同的视图按钮 |
| ⑨ | 编辑区 | 进行文字、数据、幻灯片等内容编辑的区域 |

Excel 2019 的工作界面中除了有以上基本组成部分外，还有一些自己特有的功能部分，Excel 2019 界面中特有的组成元素如下表所示。

编　号	名　称	功　能
⑩	名称框	显示当前正在操作的单元格或单元格区域的名称、引用
⑪	编辑栏	当向单元格中输入数据时，输入的内容都将显示在此栏中，也可以直接在该栏中对当前单元格的内容进行编辑或输入公式等
⑫	列标题	单击可选定该列
⑬	行标题	单击可选定该行
⑭	工作表标签滚动按钮	单击可实现工作表的滚动
⑮	工作表标签	包含工作表的名称，当前活动工作表所对应的标签显示为背景色

Word 2019 的工作界面与 Excel 2019 的基本相同，也包括标题栏、功能区及编辑区等组成部分。因为 Word 2019 为文字排版软件，所以它还特有用于对齐排版的标尺功能，如下图所示。标尺用于显示和控制页面段落的对齐格式。

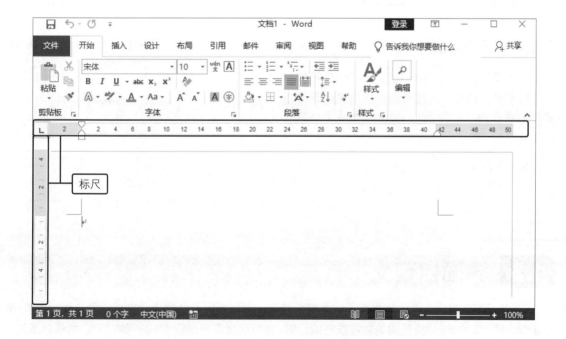

认识了 Word 与 Excel 组件后，PowerPoint 工作界面的认识就相对容易了。除了相同的选项功能外，该组件最大的特色是在界面左侧有一个方便定位幻灯片的导航窗格，在编辑区底部还有一个其他组件都不具备的备注窗格，如下图所示。该工作界面中这些特有元素的名称与功能如下表所示。

编 号	名 称	功 能
❶	幻灯片缩略图	用于显示演示文稿中所有幻灯片的缩略图
❷	备注窗格	用于为当前幻灯片添加说明文本

1.1.3　关闭窗口

利用 Office 2019 相应组件完成办公操作后，需要退出程序，因此还应该掌握关闭程序窗口的操作方法。下面以 PowerPoint 为例进行介绍。

如果要退出 PowerPoint 程序界面，则单击右上角的"关闭"按钮，如右图所示，即可关闭窗口。

1.2　界面自定义

Office 2019 的 3 个组件的界面设计具有人性化，可以很好地协助用户完成日常工作。其界面的显示方式，选项卡、功能区中的功能按钮的位置，也可根据需要随意变化。例如，可以隐藏功能区，或者增加快速访问工具栏中的快捷按钮，还可自定义功能区，增加选项卡，将自己最常用的命令集中管理。

1.2.1　隐藏与显示功能区

在 Office 2019 的三大组件的工作界面中，为了让编辑区显示为最大化，可单击功能区右侧的"折叠功能区"按钮隐藏功能区；单击任意选项卡标签，即可显示相应功能区。

步骤01　隐藏功能区。当需要隐藏功能区时，单击主界面右上角的"折叠功能区"按钮，如下图所示。

步骤02　隐藏功能区的效果。此时，功能区即被隐藏起来，编辑区的面积变大了，如下图所示。

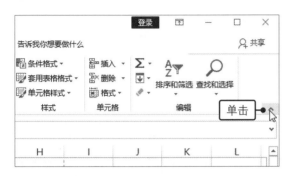

步骤03　显示功能区。❶单击"功能区显示选项"按钮，❷在展开的列表中单击"显示选项卡和命令"选项，如右图所示，功能区即可显示出来。

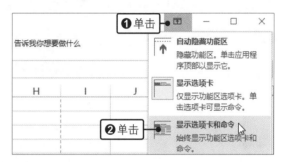

1.2.2　任意增减快速访问工具栏中的按钮

快速访问工具栏中的按钮用于快速调用功能，可根据需要和使用习惯增减或更换这些快捷按钮，下面以 Excel 2019 为例，介绍任意增减快速访问工具栏快捷按钮的方法。

步骤01　单击"选项"命令。打开任意一个工作簿，单击"文件"按钮，在弹出的视图菜单中单击"选项"命令，如下图所示。

步骤02　选择要添加的命令。弹出"Excel选项"对话框，❶单击"快速访问工具栏"选项，❷在右侧面板中的"从下列位置选择命令"列表框中单击"插入函数"选项，❸单击"添加"按钮，如下图所示。

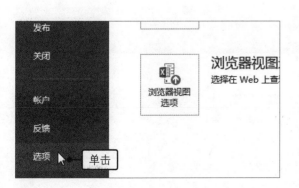

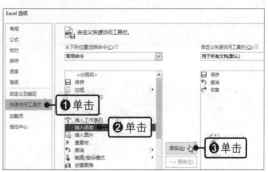

步骤03 确定添加。此时可以看见"自定义快速访问工具栏"列表框中添加了"插入函数"选项，单击"确定"按钮，如下图所示。

步骤04 添加命令后的效果。返回工作表主界面，可看见快速访问工具栏中增加了一个"插入函数"按钮，如下图所示。

1.2.3　自定义功能区

自定义功能区是指对功能区的选项卡、组和命令按钮进行自定义。通过自定义功能区，用户可以在用户界面增加新的选项卡与功能组，将自己常用的一些功能命令放在一个选项卡或组中集中管理。下面以在 Excel 2019 程序中自定义功能区为例进行介绍。

步骤01 单击"自定义功能区"选项。打开"Excel选项"对话框，单击"自定义功能区"选项，如下图所示。

步骤02 新建功能组。在"自定义功能区"列表框中选择功能区的位置，❶在"插入"选项卡下单击"符号"选项，❷单击"新建组"按钮，会出现一个"新建组"选项，❸单击"重命名"按钮，如下图所示，对新建的组进行重命名。

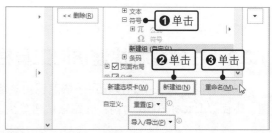

步骤03 添加命令到新建组。❶在"从下列位置选择命令"下拉列表框中选择"不在功能区中的命令"选项，然后在下面的列表框中单击"货币符号"选项，❷单击"添加"按钮，❸此时选择的符号就添加在了新建组的下方，如下图所示。

步骤04 自定义功能组后的效果。用相同方法将其他命令添加在新建组中，单击"确定"按钮后，返回工作簿窗口，查看自定义的功能组，效果如下图所示。

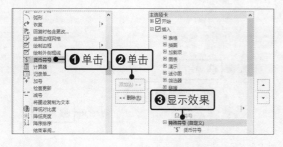

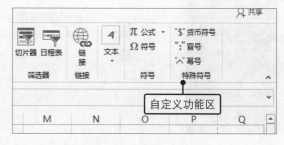

知识拓展

▶ 界面颜色随意更换

在 Office 2019 中，有 4 种 Office 主题，分别是 "彩色" "深灰色" "黑色" "白色"，如果当前的主题颜色不符合用户需求，可以修改 Office 主题。

步骤01　在空白工作簿中单击 "文件" 按钮，在弹出的视图菜单中单击 "账户" 命令，❶单击 "Office主题" 按钮，❷在展开的列表中选择 "彩色" 选项，如下左图所示。

步骤02　返回到工作表中，此时用户界面就显示为了彩色，如下右图所示。

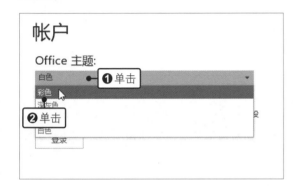
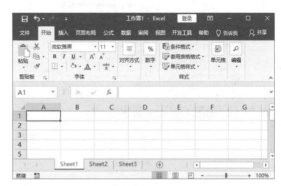

▶ 不显示屏幕提示

默认情况下，当鼠标指针停留在工作界面中的标签或按钮上时，弹出的浮动提示框中会自动显示相关的提示信息，如果用户不希望显示这些信息，可设置不显示屏幕提示。

步骤01　在任意组件的选项对话框的 "常规" 选项面板中，❶单击 "屏幕提示样式" 右侧的下三角按钮，❷在展开的列表中选择 "不显示屏幕提示" 选项，如下左图所示。

步骤02　单击 "确定" 按钮，在相应组件中用鼠标指向任意标签或按钮，可发现提示说明不再显示，如下右图所示。

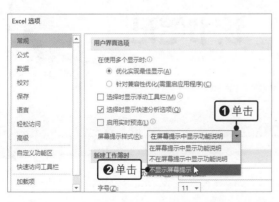
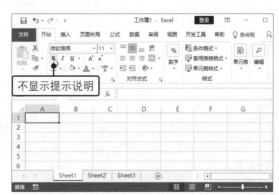

▶ 将工作表的网格线更换为喜欢的颜色

Excel 工作表中的网格线是用来区分各个单元格的边框线，默认情况下，工作表网格线的颜色较淡，不太明显，可根据自身喜好修改网格线颜色。

步骤01 打开 "Excel选项" 对话框，❶单击左侧的 "高级" 选项，❷在右侧选项面板中单击 "网格线颜色" 按钮，❸在展开的列表中选择相应的颜色，如 "红色"，如下左图所示。

步骤02 单击 "确定" 按钮，返回到工作表中，此时工作表的网格线就更改为了红色，如下右图所示。

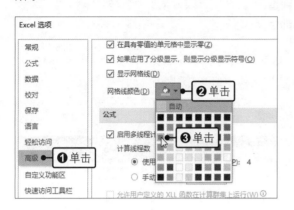 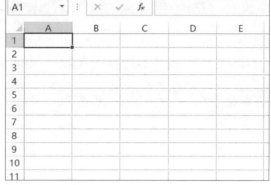

▶ 快速获取 Office 帮助

在使用 Office 软件办公的过程中，当遇到不熟悉的功能或操作时，可使用 "帮助" 功能来获得相应信息。

按下【F1】键可快速打开相应组件的 "帮助" 窗格，❶在搜索文本框中输入需要帮助的内容，❷单击放大镜图标，如右图所示，稍后程序将显示关于需要帮助信息的详细解释。

三大组件的通用操作

Office 2019 包含多个功能不同的组件，而且各个组件在旧版本的基础上新增了许多功能，但是这些组件在一些基本操作上仍有相通性，如新建、保存、打开、关闭和退出、保护等。对于这些基本且相似的操作，只要掌握了其中一个组件的操作，对其他组件的类似操作就可举一反三，从而快速了解、熟悉 Office 的功能。

2.1 新建并保存Office文件

Office 三大组件的文件创建操作类似，并且方法多样。此外，要想将创建的 Office 文件存放在计算机中以便下次使用，就必须对文件进行保存。

2.1.1 新建 Office 文件

要使用 Office 文件办公，首先就是新建 Office 文件，既可新建一个空白文件，也可套用已有的模板。

1 新建空白的 Office 文件

新建空白 Office 文件的方式有多种，下面就以新建 Word 文档为例，介绍新建 Office 文件的方法。

步骤01 双击新建空白Office文件。安装Word程序后，双击桌面上名为"Word"的快捷方式图标，如下图所示。在打开的开始屏幕中单击"空白文档"，即可完成新建。

步骤02 使用快捷菜单新建。❶在桌面的空白处右击，❷在弹出的快捷菜单中单击"新建> Microsoft Word文档"命令，如下图所示。同样可完成新建。

2 用模板新建 Office 文件

Office 2019 提供了许多模板，可根据实际需要选择合适的模板创建文档、工作簿和演示文稿，下面以在 Word 中创建文档为例，介绍利用模板新建 Office 文件的方法。

◎ 原始文件：无
◎ 最终文件：实例文件\第2章\最终文件\用模板新建Office文件.docx

步骤01 选择样本模板。启动Word 组件，在开始屏幕的右侧面板中单击"商业单据"模板，如右图所示。

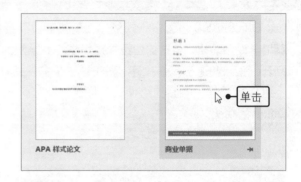

步骤02 创建样本模板。弹出"商业单据"对话框，在该对话框中可看到要创建的模板文档的效果、提供者及下载大小，单击"创建"按钮，如下图所示。

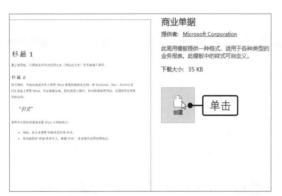

步骤03 根据模板新建文档。此时就创建了一个"商业单据"模板文档，如下图所示。根据需要修改编辑文档的内容，即能快速得到一个新文档。

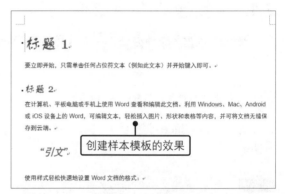

2.1.2 保存 Office 文件

在对 Office 文件进行创建并编辑后，为了防止数据丢失，需要对文件进行保存，文件的保存可分为两种情况：若之前没有保存过当前文件，就将执行首次保存操作；若对已有文件进行编辑后，又不想对原始文件有所修改，可进行"另存为"操作。下面以 Word 文档的保存为例进行介绍。

◎ 原始文件：无
◎ 最终文件：实例文件\第2章\最终文件\保存Office文件.docx

步骤01 保存文档。新建Word文档并输入需要的文档内容后，单击左上角的"保存"按钮，弹出的视图菜单会自动切换至"另存为"命令，在右侧的面板中单击"浏览"按钮，如下左图所示。

步骤02 设置保存位置和文件名。弹出"另存为"对话框，❶选择文档保存的位置，❷在"文件名"文本框中输入文件名，如下右图所示。

步骤03 首次保存文档的效果。单击"保存"按钮后，文档的标题名变为了输入的文件名，如右图所示。

> **提示** 另存为 Office 文件是指将对已有文档进行编辑后将其保存到新位置，其方法为：单击"文件"按钮，在弹出的视图菜单中单击"另存为"命令，随后的操作和首次保存文档的操作一样。如果对已有文档进行编辑后执行"保存"命令，之前的文档将被覆盖。

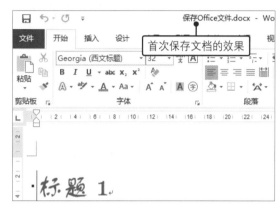

2.2 打开Office文件

Office 软件提供了多种打开文件的方法，如直接双击文件、利用"打开"对话框等。此外，若要快速打开最近打开过的文档，还可利用"最近使用的文档"功能。下面介绍通过"打开"对话框和最近使用的文档这两种方法打开 Office 文件。

2.2.1 利用"打开"对话框打开 Office 文件

利用"打开"对话框可打开保存在计算机任意位置的文档，下面以 Word 文档为例来介绍具体的操作方法。

步骤01 单击"打开"命令。打开一个空白的文档，单击"文件"按钮，❶弹出的视图菜单自动切换至"打开"命令，❷在右侧面板中单击"浏览"按钮，如下图所示。

步骤02 选择打开的文件。弹出"打开"对话框，❶选择打开文件保存的位置，❷然后选择需要打开的文件，❸单击"打开"按钮，如下图所示。

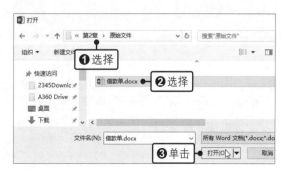

> **提示** 在打开 Office 文件时，还可选择打开方式，其中"以只读方式打开"的文件只允许阅读，会限制对文件的编辑和修改；"以副本方式打开"是指系统会以选定文件的复制版本进行打开，用户的编辑或修改操作不会对原始文件产生影响；"在受保护的视图中打开"主要是为了保护文件安全，此时编辑功能将被禁用。

2.2.2　打开最近使用的文档

Office 将最近打开过的指定数量的文档都放置在了"最近使用的文档"列表中，当需要重新打开最近使用过的文件时，可通过该功能快速打开文件。

启动 Word 组件，在开始屏幕的左侧可看到最近打开过的文档，单击要打开的文档，如右图所示，即可快速打开指定的文档。

2.3 撤销与恢复操作

在 Office 文件的编辑过程中，可能会出现错误操作，此时可使用撤销功能来撤销错误的操作，而当撤销操作失误时，又可利用恢复功能来恢复。下面以 Excel 为例介绍撤销与恢复功能。

◎ 原始文件：实例文件\第2章\原始文件\人力资源统计表.xlsx
◎ 最终文件：实例文件\第2章\最终文件\人力资源统计表.xlsx

步骤01 选择要撤销的操作。打开原始文件，调整列宽和行高，并设置单元格格式，❶随后单击"撤销"右侧的下三角按钮，❷在展开的列表中选择需撤销的操作，如下图所示。

步骤02 撤销操作的效果。此时工作表就撤销了之前选择的4步操作，如下图所示。

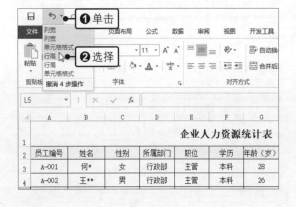

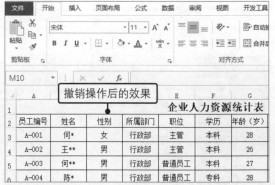

步骤03　选择要恢复的操作。若撤销后需要恢复到某步效果，❶单击"恢复"右侧的下三角按钮，❷选择需恢复到的步骤，如下图所示。

步骤04　恢复操作后的效果。此时工作表即可恢复到所选步骤的设置效果，如下图所示。

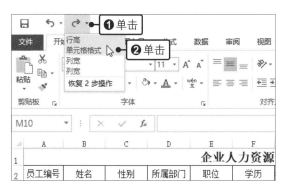

						企业人力资源统计表	
员工编号	姓名	性别	所属部门	职位	学历	年龄（岁）	入职时间（年）
A-001	何*	女	行政部	主管	本科	28	2008
A-002	王**					26	2010
A-003	何**					27	2010
A-004	陈*	男	行政部	普通员工	专科	28	2010
A-005	陈**	女	行政部	普通员工	本科	29	2007
A-006	周**	男	销售部	经理	硕士	29	2009
A-007	何*	男	销售部	经理	硕士	29	2011
A-008	谢**	男	销售部	经理	本科	24	2011
A-009	洛*	男	销售部	代表	硕士	28	2009
A-010	陈**	男	销售部	代表	本科	25	2010
A-011	王*	男	销售部	代表	专科	26	2010

恢复操作后的效果

2.4 Office文件的保护

　　为避免 Office 文件被他人随意修改，用户可将文件保护起来。Office 软件提供了多种保护文件的方法，如对文件加密、以最终状态保护及以数字签名保护等。本节将对这 3 种方法进行介绍。

2.4.1　加密保护 Office 文件

　　若不想让他人查看 Office 文件的内容，可使用"用密码进行加密"功能为文档添加密码保护，这样就必须使用密码才能实现文件的查看和编辑。

◎　**原始文件：**实例文件\第2章\原始文件\加密保护Office文件.xlsx
◎　**最终文件：**实例文件\第2章\最终文件\加密保护Office文件.xlsx

步骤01　开启加密工作簿功能。打开原始文件，单击"文件"按钮，弹出视图菜单。❶在"信息"面板中单击"保护工作簿"按钮，❷在展开的列表中单击"用密码进行加密"选项，如下图所示。

步骤02　输入密码。弹出"加密文档"对话框，❶在"密码"文本框中输入密码，如"123456"，❷单击"确定"按钮，弹出"确认密码"对话框，❸在"重新输入密码"文本框中再次输入密码"123456"，❹单击"确定"按钮，如下图所示。

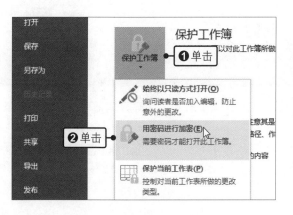

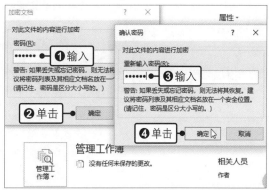

步骤03 加密文件的效果。完成对工作簿的加密后，先关闭工作簿，当再次打开该工作簿时，就会弹出"密码"对话框，❶输入正确的密码，❷单击"确定"按钮，如右图所示，即可打开工作簿。

提示 对于 Excel 文件，保护工作簿的另一种方法是在"审阅"选项卡下直接单击"保护工作表"按钮，在打开的"保护工作表"对话框中输入密码和确认密码。

2.4.2 以最终状态保护 Office 文件

以最终状态保护 Office 文件是将文件设置为只读，输入、编辑或校对等操作都会被禁用或关闭。这种保护方式多用于将 Office 文件与他人共享，但又不希望他人对文件进行更改的情况。

◎ 原始文件：实例文件\第2章\原始文件\以最终状态保护Office文件.xlsx
◎ 最终文件：实例文件\第2章\最终文件\以最终状态保护Office文件.xlsx

步骤01 标记为最终状态。打开原始文件，单击"文件"按钮，弹出视图菜单，❶在右侧的"信息"面板中单击"保护工作簿"按钮，❷在展开的列表中单击"标记为最终状态"选项，如右图所示。

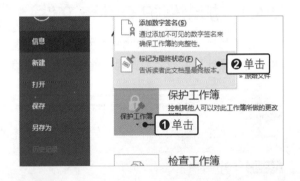

步骤02 确认最终版本。弹出提示框，提示用户"此工作簿将被标记为最终版本并保存"，单击"确定"按钮，如下图所示。

步骤03 标记为最终状态的效果。此时工作簿标题后显示了"只读"字样，并且在工作表上方显示了"标记为最终版本"字样，如下图所示。

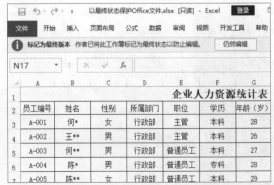

2.4.3　以数字签名保护 Office 文件

为了保护 Office 文件中数据的原始状态和完整性，可利用数字签名来提高文件的安全性，数字签名可用于识别数据签署人的身份，并表明签署人对数据信息已经加以保护。一旦对文档进行了数字签名，其他人对文档进行修改或编辑后，数据签名将会被破坏，这样签署人就可通过数字签名是否被破坏来判断文档的完整性和原始性。

◎　原始文件：实例文件\第2章\原始文件\以数字签名保护Office文件.xlsx
◎　最终文件：实例文件\第2章\最终文件\以数字签名保护Office文件.xlsx

步骤01　调用数字证书。在Office 2019安装包中找到数字证书，双击该证书，如下图所示。

步骤02　设置证书名称。弹出"创建数字证书"对话框，❶输入证书名称，❷单击"确定"按钮，❸弹出"SelfCert成功"对话框，单击"确定"按钮，如下图所示。

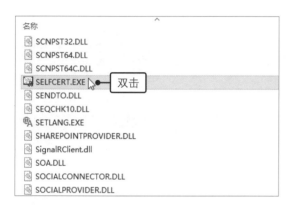

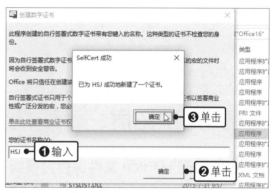

步骤03　添加数字签名。打开原始文件，单击"文件"按钮，弹出视图菜单，❶在右侧的面板中单击"保护工作簿"按钮，❷在展开的列表中单击"添加数字签名"选项，如下图所示。

步骤04　输入签名信息。弹出"签名"对话框，❶输入签署此文档的目的，❷然后单击"更改"按钮，如下图所示。

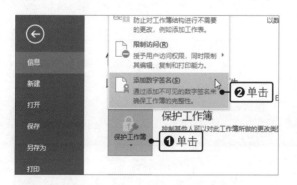

步骤05　选择证书。弹出"Windows 安全性"对话框，❶单击"更多选项"按钮，❷在展开的列表中单击要应用的证书，❸单击"确定"按钮，如下左图所示。

步骤06 完成签名。返回到"签名"对话框中，单击"签名"按钮，弹出"签名确认"对话框，单击"确定"按钮，如下右图所示。

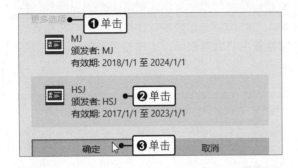

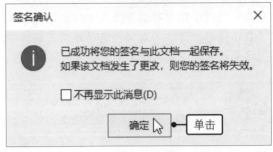

步骤07 数字签名效果。返回工作表中，保存并重新打开工作簿，就可查看该工作簿添加数字签名后的效果，如右图所示。此时工作簿被标识为最终版本。

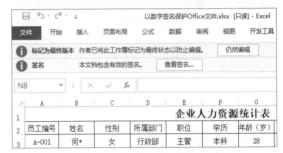

知识拓展

▶ 将编辑好的 Office 文件保存为模板

若已经编辑好的 Office 文件的布局格式等会经常用到，可将其保存为模板，当下次创建类似文件时，就可利用该模板来创建。

步骤01 打开原始文件，单击"文件"按钮，❶在弹出的视图菜单中单击"另存为"命令，❷在右侧的面板中单击"浏览"按钮，如下左图所示。

步骤02 弹出"另存为"对话框，将"保存类型"设置为"Excel模板（*.xltx）"，如下右图所示，单击"保存"按钮，完成保存。

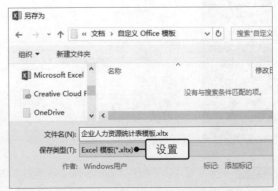

步骤03 当需要利用创建的模板文件时，可启动Excel组件，❶在开始屏幕中单击"个人"选项，❷在下方单击新创建的模板即可，如右图所示。

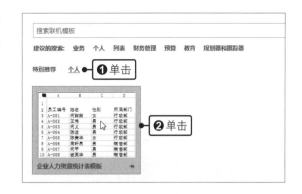

▶ 更改最近使用文件的显示数量

在 Office 2019 中，如果要更改开始屏幕中显示的最近打开的 Office 文件数，可以在各个组件的选项对话框中设置最近使用文件的显示数量。下面以 Excel 组件为例进行讲解。

步骤01 启动Excel组件后打开"Excel选项"对话框，❶单击"高级"选项，❷在右侧的"显示此数目的'最近使用的工作簿'"文本框中输入数量，如3，如下左图所示。

步骤02 单击"确定"按钮后，返回到工作表中，单击"文件"按钮，弹出视图菜单，在"打开"面板的右侧可以看到只显示了3个最近使用的工作簿，如下右图所示。

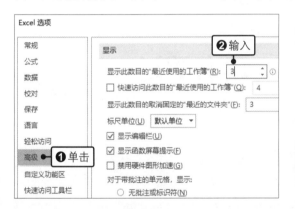

▶ 保护工作簿结构

在保护工作簿时，可以通过设置密码来锁定工作簿的结构，这样其中的工作表就不能随意移动、删除、隐藏或重命名了。

步骤01 打开原始文件，在"审阅"选项卡下的"更改"组中单击"保护工作簿"按钮，如下左图所示。

步骤02 弹出"保护结构和窗口"对话框，❶在"密码"文本框中输入密码，如123，单击"确定"按钮后，会弹出"确认密码"对话框，❷重新输入密码，❸单击"确定"按钮，如下右图所示，这样就完成了工作簿结构的保护。

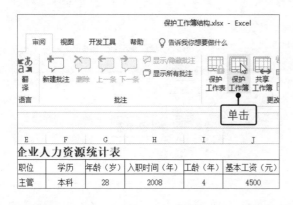

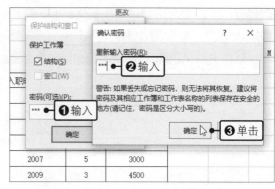

企业人力资源统计表

职位	学历	年龄（岁）	入职时间（年）	工龄（年）	基本工资（元）
主管	本科	28	2008	4	4500

步骤03 右击工作表标签，在弹出的菜单中有些命令就不可用了，如右图所示，可以看到保护工作簿结构后的效果。

读书笔记

第2篇

2

Office基本操作篇

Office 常用的一些功能包括文档的输入、编辑、美化和规范，数据的分析、整理，以及使用图表展示数据，演示文稿外观的统一及如何让其动起来等。了解并掌握这些基本操作，可以使办公更加容易、高效。

- Word文档的基本格式编排
- 美化和规范化文档页面
- Excel工作表与单元格的基本操作
- 数据的分析与整理
- 在PowerPoint中创建一份完整的演示文稿
- 快速统一演示文稿的外观
- 演示文稿的放映与输出

第3章 Word文档的基本格式编排

要制作一份专业的 Word 文档，除了需要在文档中输入相应的文字，还需要对这些文字进行排版，如设置文字的格式效果、设置段落间距和对齐方式及为段落添加符号和编号等。

3.1 输入文本

在 Word 中，文本的输入主要涉及普通文本、特殊符号、日期和公式等。

3.1.1 输入普通文本

在输入文本之前，首先需要选择一种常用的输入法，然后在文档中直接输入需要的文本内容。

◎ 原始文件：实例文件\第3章\原始文件\输入普通文本.docx
◎ 最终文件：实例文件\第3章\最终文件\输入普通文本.docx

步骤01 选择输入法。打开原始文件，❶单击语言栏图标，❷在展开的列表中选择输入法，如下图所示。

步骤02 输入文本。将光标定位在需要输入文本的位置，使用输入法完成文本的输入，如下图所示。

3.1.2 插入特殊符号

Word 组件预设了多种符号，直接选择需要的符号插入到文档中即可。

◎ 原始文件：实例文件\第3章\原始文件\插入特殊符号.docx
◎ 最终文件：实例文件\第3章\最终文件\插入特殊符号.docx

步骤01 选择普通符号。打开原始文件,将光标置于要插入符号的位置,切换到"插入"选项卡,❶单击"符号"组中的"符号"按钮,❷在展开的列表中单击需要的符号,如右图所示。

步骤02 插入符号的效果。此时在光标定位的位置上插入了一个符号,员工可以将出差费报销原因分为几个小点来阐述,如下图所示。

出差费报销

12 月 5 日 8 日期间出差至杭州,共计三天。①由
要,符合公司出差报销的条款,因此特来申请报销。

步骤03 单击"其他符号"选项。将光标定位在"5日"与"8日"之间,❶单击"符号"按钮,❷在展开的列表中单击"其他符号"选项,如下图所示。

步骤04 选择特殊的符号。弹出"符号"对话框,❶切换到"特殊字符"选项卡,❷在"字符"列表框中单击"长划线"选项,❸单击"插入"按钮,如下图所示。

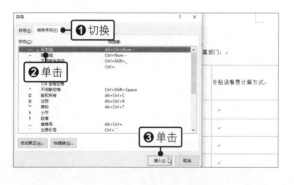

步骤05 插入特殊符号的效果。此时在指定位置上插入了一条长划线,如下图所示。

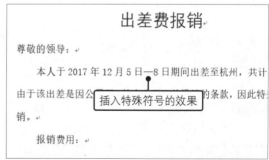

3.1.3 输入专业格式的日期

Word 中专业的日期格式有很多种,可以选择一种适当的日期格式插入到文档中,具体的操作方法如下。

◎ 原始文件：实例文件\第3章\原始文件\输入专业格式的日期.docx
◎ 最终文件：实例文件\第3章\最终文件\输入专业格式的日期.docx

步骤01 单击"日期和时间"按钮。打开原始文件，将光标定位在需要输入日期的位置上，切换到"插入"选项卡，单击"文本"组中的"日期和时间"按钮，如右图所示。

步骤02 选择日期的格式。弹出"日期和时间"对话框，在"可用格式"列表框中单击要插入的日期格式，如下图所示，单击"确定"按钮。

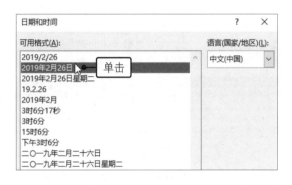

步骤03 插入日期的效果。此时光标定位处插入了一个指定格式的日期，如下图所示。

3.1.4 快速输入公式

要在文档中插入数学、物理等学科的公式，可直接使用 Word 自带的公式功能插入一个公式编辑框，然后输入公式内容即可。

◎ 原始文件：实例文件\第3章\原始文件\快速输入公式.docx
◎ 最终文件：实例文件\第3章\最终文件\快速输入公式.docx

步骤01 插入新公式。打开原始文件，❶将光标定位在需要输入公式的位置，❷在"插入"选项卡下单击"符号"组中的"公式"按钮，如右图所示。

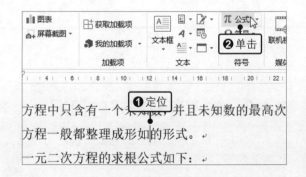

步骤02 查看公式编辑框。此时在光标定位处显示了一个公式编辑框，提示"在此处键入公式"，且功能区自动切换到"公式工具-设计"选项卡，如下左图所示。

步骤03 输入公式。利用"公式工具-设计"选项卡中的"分式""上下标""根式"等按钮在公式编辑框中输入公式内容，再用相同方法输入另一个公式，最终效果如下右图所示。

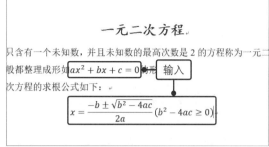

> **提示** 如果要在 Word 文档中输入常用的公式，如二项式定理公式、勾股定理公式等，可以单击"公式"右侧的下三角按钮，在展开的内置公式模板列表中直接选择。

3.2 选择文本

在文档中输入文本后，无论对文本做任何设置，都需要先正确地选择指定的文本内容。

选择文档中的文本可以是选择其中的一个字、一个词组、一行或一段文本，甚至是整个文本内容。本节将对文本的选择进行具体介绍。

◎ 原始文件：实例文件\第3章\原始文件\选择文本.docx
◎ 最终文件：无

步骤01 选择单个文本。打开原始文件，将鼠标指针移至需选定文本的起始位置，按住鼠标左键不放，拖动到结束位置，可选定单个文本，如下图所示。

步骤02 选择词组。将鼠标指针放置在需要选定词组的中间，双击即可选中该词组，如下图所示。

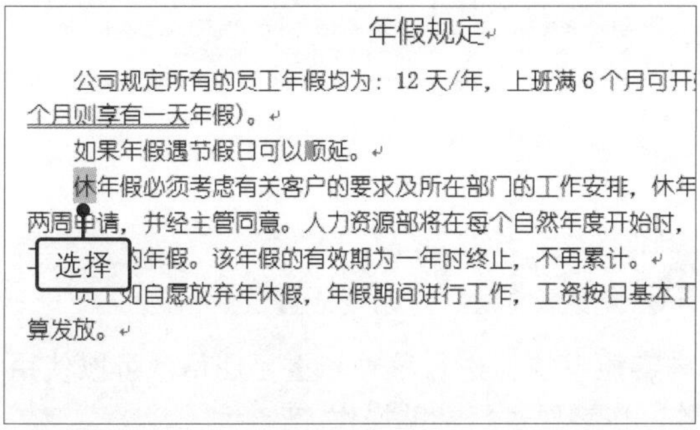

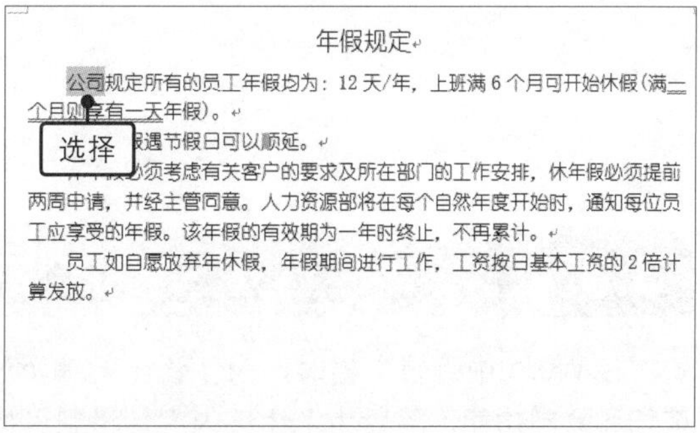

> **提示** 当文档的内容包含多页时，如果想要快速地选中大量的连续文本内容，可以先将光标定位在要选择文本内容的开始处，按住【Shift】键不放，单击要选择的文本内容结尾处的右侧位置，即可以快速地选择所需的文本内容。

步骤03 选择一行文本。将鼠标指针移动至需要选定行文本内容的左侧，当指针呈 ⤢ 形状时，单击鼠标即可选中指针右侧的一行文本，如下图所示。

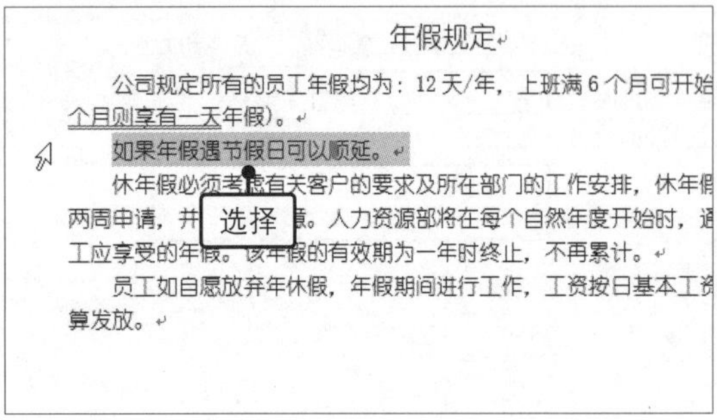

步骤04 选择一段文本。将鼠标指针移动至需要选定文本内容的左侧，当指针呈 ⤢ 形状时，双击鼠标即可选中指针右侧的一整段文本，如下图所示。

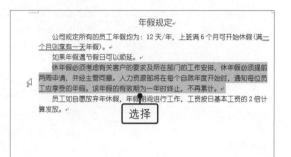

步骤05 选择整篇文本。将鼠标指针指向文本内容的左侧，当指针呈 ⤢ 形状时，三击鼠标左键，即可选中整篇文本内容，如下图所示。

步骤06 选择不连续的文本。按住【Ctrl】键不放，按住鼠标左键，拖动鼠标，即可选中多处不连续的文本，如下图所示。

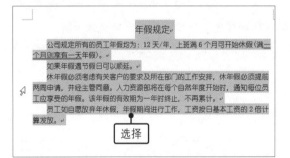

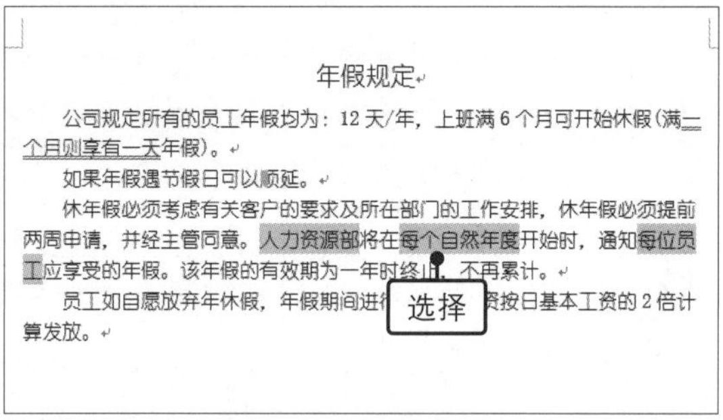

步骤07 选择矩形文本块。按住【Alt】键不放，按住鼠标左键，向右并向下拖动鼠标，即可选中矩形文本块，如右图所示。

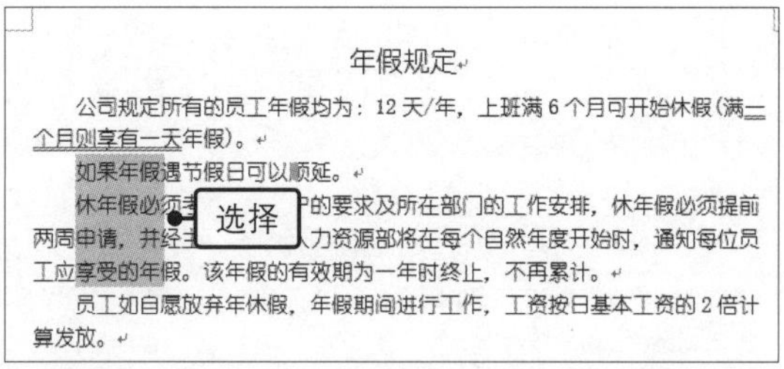

3.3 粘贴、剪切与复制文本

在 Word 中编辑文档时，为了让已经编辑过的内容能够快速进行移动和重复使用，可以使用剪切和复制功能，随后为了让该内容转移到目标位置，还需要进行粘贴操作。

3.3.1 认识粘贴的类型

粘贴，就是将剪切或复制的文本，粘贴到其他位置。不同的粘贴文本类型，实现的粘贴效果也不同。粘贴的类型主要包括 3 种，分别为保留源格式、合并格式和只保留文本。

从右图可以看到粘贴功能按钮所在位置及各种粘贴类型的图标样式。表 3-1 介绍了各种粘贴类型的功能。

表3-1　各种粘贴类型的功能介绍

编　号	名　称	功　能
❶	保留源格式	粘贴后的文本将保留其原来的格式，不受新位置格式的控制
❷	合并格式	不仅可以保留原有格式，还可以应用当前位置中的文本格式
❸	只保留文本	无论原来的格式是什么样的，粘贴文本后，只保留文本内容

3.3.2　剪切文本

剪切文本是移动文本的一种方法，当对文本进行剪切后，原位置上的文本将消失不见，而需要在新的位置上实行粘贴操作，才可以将原文本显示在新的位置上。

◎　原始文件：实例文件\第3章\原始文件\剪切文本.docx
◎　最终文件：实例文件\第3章\最终文件\剪切文本.docx

步骤01　剪切文本。打开原始文件，❶选中并右击需要剪切的文本，❷在弹出的快捷菜单中单击"剪切"命令，如下图所示。

步骤02　剪切文本的效果。此时被剪切的内容消失了，如下图所示。

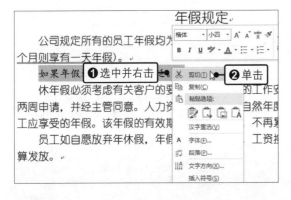

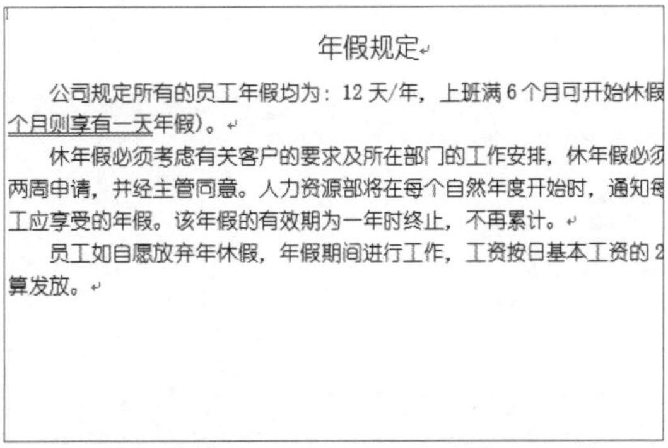

步骤03　粘贴文本。将光标定位在最后一段的末尾，按下【Enter】键，❶在新产生的段落中右击鼠标，❷在弹出的快捷菜单中单击"粘贴选项"组中的"只保留文本"选项，如下左图所示。

步骤04　粘贴文本的效果。此时将剪切的文本粘贴在了指定的位置上，可以看见粘贴好的文本与原文本的格式不同，即只保留了文本，并没有保留格式，如下右图所示。

休年假必须考虑有关客户的要求及所在部门的工作
两周申请，并经主管同意。人力资源部将在每个自然年
工应享受的年假。该年假的有效期为一年时终止，不再
期间进行工作，工资
算发放
❶右击
剪切(T)
复制(C)
粘贴选项:
❷单击
汉字重选(V)
字体(F)...

年假规定
公司规定所有的员工年假均为：12 天/年，上班满 6 个
个月则享有一天年假）。
休年假必须考虑有关客户的要求及所在部门的工作安排
两周申请，并经主管同意。人力资源部将在每个自然年度开
工应享受的年假。该年假的有效期为一年时终止，不再累计
员工如
粘贴文本的效果
假期间进行工作，工资按日
算发放。
如果年假遇节假日可以顺延。

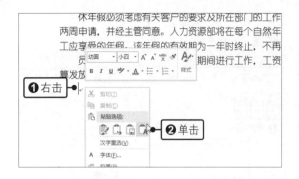

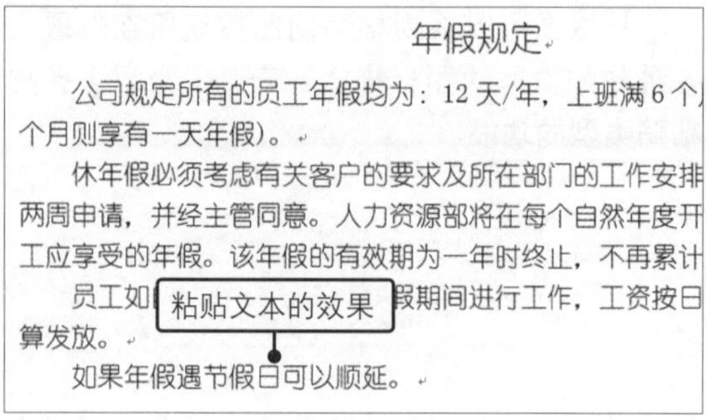

3.3.3 复制文本

复制文本和剪切文本都可以移动文本，但是复制文本是在保证原文本位置不变的情况下，将文本粘贴在新的位置上。

◎ 原始文件：实例文件\第3章\原始文件\复制文本.docx

◎ 最终文件：实例文件\第3章\最终文件\复制文本.docx

步骤01 复制文本。打开原始文件，选中要复制的文本，❶右击鼠标，❷在弹出的快捷菜单中单击“复制”命令，如下图所示。

❶右击
所有的员
剪切(T)
复制(C)
❷单击
粘贴选项:
汉字重选(V)
字体(F)...
段落(P)...
文字方向(X)...
插入符号(S)
智能查找(L)

步骤02 粘贴文本。将光标定位在需要粘贴文本的位置上，❶右击鼠标，❷在弹出的快捷菜单中单击“粘贴选项”命令下的“保留源格式”选项，如下图所示。

年假规定
公司规定所有的员工年假均为：12 天/年，上班满
❶右击
❷单击
粘贴选项:
汉字重选(V)
字体(F)...

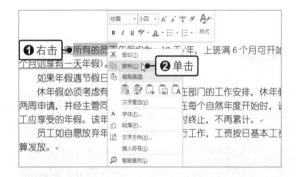

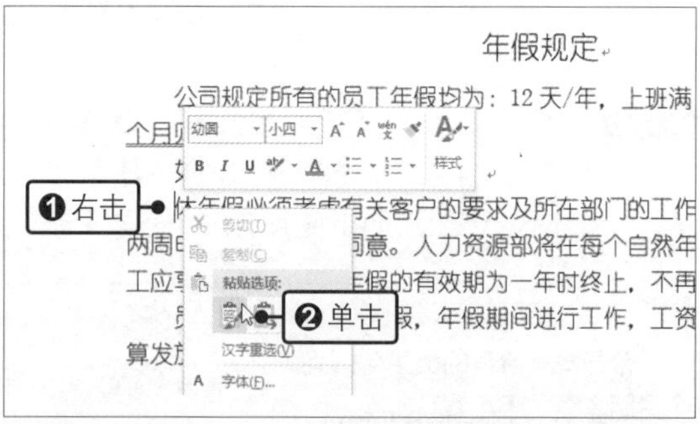

步骤03 复制粘贴文本的效果。此时复制粘贴了已有的文本内容，并保留了文本的字体格式，如右图所示。

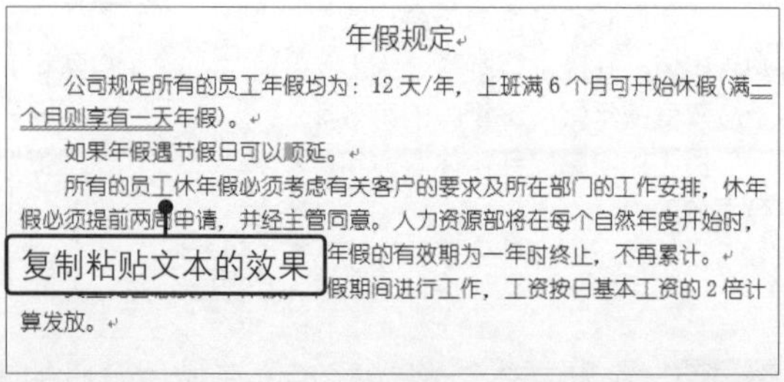

年假规定
公司规定所有的员工年假均为：12 天/年，上班满 6 个月可开始休假（满一个月则享有一天年假）。
如果年假遇节假日可以顺延。
所有的员工休年假必须考虑有关客户的要求及所在部门的工作安排，休年假必须提前两周申请，并经主管同意。人力资源部将在每个自然年度开始时，
年假的有效期为一年时终止，不再累计。
假期间进行工作，工资按日基本工资的 2 倍计
算发放。
复制粘贴文本的效果

提示 如果需要将一处文本的字体格式复制应用到另一处的文本中，可以使用格式刷快速地达到目的，选中文本后，在“开始”选项卡下单击“剪贴板”组中的“格式刷”按钮，此时鼠标指针呈刷子状，拖动选中另一处需要应用格式的文本，即可将已有的格式复制到该文本上。

3.4 设置规范、美观的文本

如果想要文本变得既规范又美观，可以对文本进行字体格式、字体效果及字符间距的设置。

3.4.1 字体、字号及字形的设置

Word 组件提供了多种字体、字号和字形，可以根据需要选择，一般来说，文档的标题文本字号应略大于内容文本字号。

◎ 原始文件：实例文件\第3章\原始文件\字体、字号及字形的设置.docx
◎ 最终文件：实例文件\第3章\最终文件\字体、字号及字形的设置.docx

步骤01 设置字体。打开原始文件，选中所有的文本内容，❶单击"开始"选项卡下"字体"组中"字体"右侧的下三角按钮，❷在展开的列表中单击"楷体"选项，如右图所示。

步骤02 设置字体的效果。改变文本字体后，文档内容的显示效果如下图所示。

步骤03 设置字号。选中标题，❶在"字体"组中单击"字号"右侧的下三角按钮，❷在展开的列表中单击"二号"选项，如下图所示。

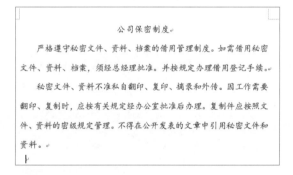

步骤04 设置字形。单击"字体"组中的"加粗"按钮，如下图所示。

步骤05 设置字号和字形的效果。为标题设置了字号和字形后，效果如下图所示。

3.4.2 设置文本炫彩效果

设置文本的炫彩效果可以进一步美化文本。设置文本的炫彩效果有使用预设的文本效果和自定义设置文本效果两种方式。

1 使用预设的文本效果

文本效果样式库中预设了多种文本效果，选中文本，将预设的文本效果样式应用到文本中即可美化文本。

◎ 原始文件：实例文件\第3章\原始文件\使用预设的文本效果.docx
◎ 最终文件：实例文件\第3章\最终文件\使用预设的文本效果.docx

步骤01 选择样式。打开原始文件，选中标题，❶在"开始"选项卡下单击"字体"组中的"文本效果和版式"按钮，❷在展开的列表中选择所需的文本效果，如下图所示。

步骤02 应用文本效果的效果。此时为文档的标题应用了所选的文本效果，使标题突出显示，如下图所示。

2 自定义设置文本效果

如果文本效果样式库中没有符合需求的文本效果，此时就可以自定义文本效果，为文本设置自己特有的文本效果样式。

◎ 原始文件：实例文件\第3章\原始文件\自定义设置文本效果.docx
◎ 最终文件：实例文件\第3章\最终文件\自定义设置文本效果.docx

步骤01 设置文本轮廓。打开原始文件，选中标题，❶单击"字体"组中的"文本效果和版式"按钮，❷在展开的列表中单击"轮廓"级联列表中的颜色选项，如下图所示。

步骤02 设置文本轮廓的效果。此时可以看见为文档的标题设置了轮廓的效果，如下图所示。

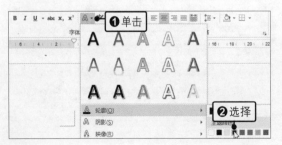

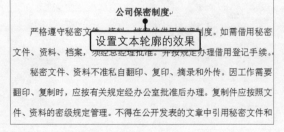

步骤03 添加阴影。❶单击"文本效果和版式"按钮，❷在展开的列表中单击"阴影>偏移：右下"选项，如下图所示。

步骤04 设置发光。在"文本效果和版式"列表中单击"发光>发光：11磅；橙色，主题色2"选项，如下图所示。

步骤05 自定义设置文本效果的效果。此时为标题添加了阴影和发光效果，如右图所示。

公司保密制度

　　严格遵守秘密文件、资料、档案的借用管理制度。如需借用秘密文件、资料、档案，须经总经理批准。并按规定办理借用登记手续。

　　秘密文件、资料不准私自翻印、复印、摘录和外传。因工作需要翻印、复制时，应按有关规定经办公室批准后办理。复

3.4.3　设置字符间距

　　设置字符间距包括设置字符的大小缩放、设置字符间的距离及设置字符在当前行的位置，通过设置字符间距可以使字符显示得更稀松或更紧凑。

◎ 原始文件：实例文件\第3章\原始文件\设置字符间距.docx
◎ 最终文件：实例文件\第3章\最终文件\设置字符间距.docx

步骤01 单击"字体"组对话框启动器。打开原始文件，选中需要设置字符间距的文本内容，单击"字体"组中的对话框启动器，如下图所示。

步骤02 设置字符间距。弹出"字体"对话框，❶切换到"高级"选项卡，❷在"字符间距"选项组中设置"缩放"为"150%"，"间距"为"加宽"、"磅值"为"1磅"，"位置"为"下降"、"磅值"为3磅，如下图所示。

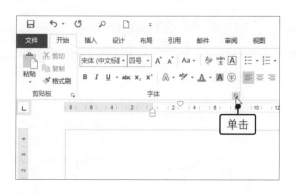

步骤03 设置间距的效果。单击“确定”按钮，返回到文档中，可以看见设置了字符间距的效果，如右图所示。

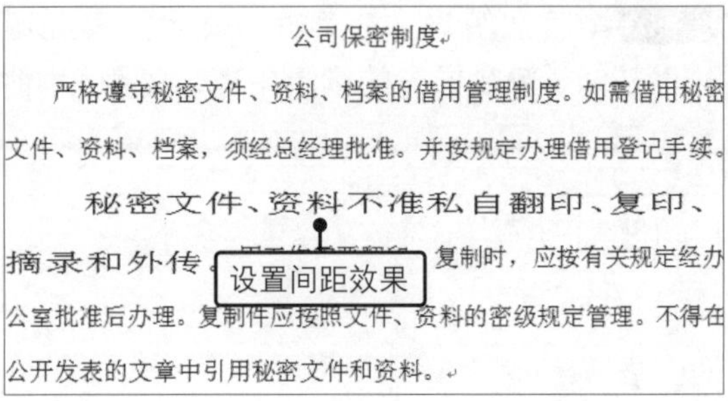

公司保密制度
严格遵守秘密文件、资料、档案的借用管理制度。如需借用秘密文件、资料、档案，须经总经理批准。并按规定办理借用登记手续。
秘密文件、资料不准私自翻印、复印、
摘录和外传。
复制时，应按有关规定经办公室批准后办理。复制件应按照文件、资料的密级规定管理。不得在公开发表的文章中引用秘密文件和资料。
设置间距效果

3.4.4 制作艺术字

美化文本的另一种方式，就是将普通文本制作为艺术字，对制作好的艺术字还可以进行适当的设置，以符合文档的排版要求。

◎ **原始文件**：实例文件\第3章\原始文件\制作艺术字.docx

◎ **最终文件**：实例文件\第3章\最终文件\制作艺术字.docx

步骤01 选择艺术字样式。打开原始文件，选中标题，切换到“插入”选项卡，❶单击“文本”组中的“艺术字”按钮，❷在展开的列表中选择合适的艺术字样式，如下图所示。

文本框
文档部件
艺术字
签名行
日期和时间
对象
公式
符号
编号
❶单击
❷单击

步骤02 应用艺术字的效果。此时将普通文本制作成了艺术字，如下图所示。

公司保密制度
严格遵守秘密文件、资料、档案
借用管理制度。如需借用秘密文件、资料、档案，须经总经理
准。并按规定办理借用登记手续。
秘密文件、资料不准私自翻印、复印、摘录和外传。因工
需要翻印、复制时，应按有关规定经办公室批准后办理。复

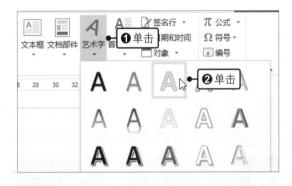

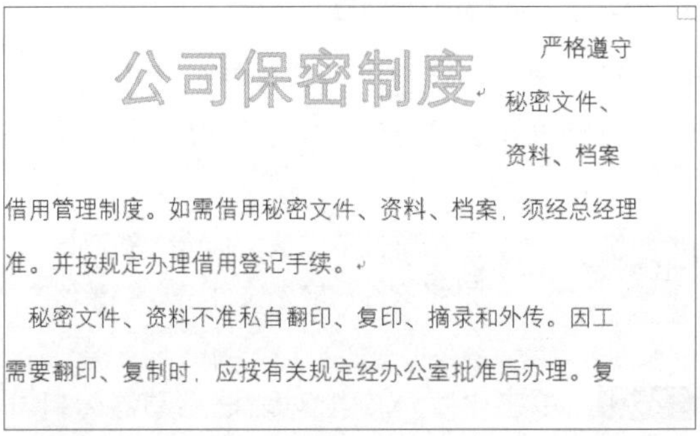

步骤03 选择文字方向。选中艺术字，❶切换到“绘图工具-格式”选项卡，❷单击“文本”组中的“文字方向”按钮，❸在展开的列表中单击“垂直”选项，如下图所示。

绘图工具
制作艺术字.docx - Word
格式
❶切换
文本填充
文本轮廓
文本效果
艺术字样式
文字方向
❷单击
水平
垂直
❸单击
将所有文字旋转 90°

步骤04 改变艺术字文字方向后的效果。此时改变了艺术字的文字方向，使其竖排在文档的左侧，效果如下图所示。

公司保密制度
严格遵守秘密文件、资料、档案的借用管
理制度。如需借用秘密文件、资料、档案，须
经总经理批准。并按规定办理借用登记手续。
秘密文件、资料不准私自翻印、复印、
摘录和外传。因工作需要翻印、复制时，应
按有关规定经办公室批准后办理。复制件应
按照文件、资料的密级规定管理。不得在公
开发表的文章中引用秘密文件和资料。

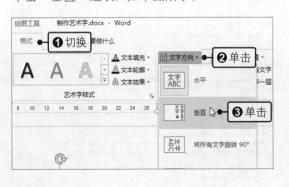

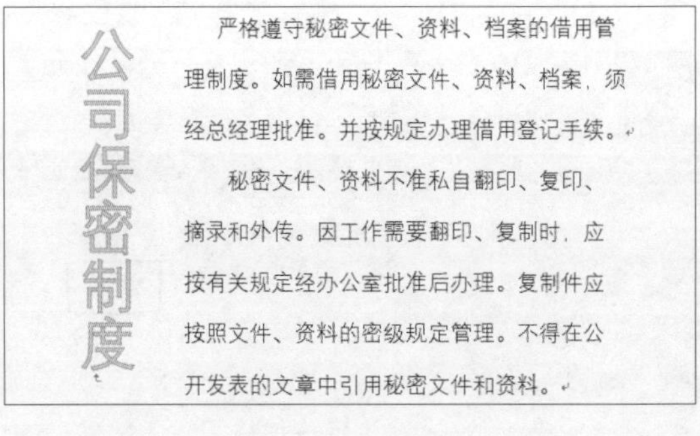

提示　制作艺术字后，还可以在"绘图工具 - 格式"选项卡中设置艺术字的形状样式、字体样式和大小等。

3.5　段落格式的规范化设置

对文档中的文字进行设置后，可以再对其段落格式进行设置，设置段落格式可以从整体上规范文档的排版。设置段落格式包括设置段落的对齐方式、段落的大纲级别、段落的缩进和间距等。

3.5.1　设置段落对齐方式

段落的对齐方式分为左对齐、居中对齐、右对齐和分散对齐，每一种对齐方式都有它特定的效果，需要根据实际的情况进行相应的设置。

◎　原始文件：实例文件\第3章\原始文件\设置段落对齐方式.docx
◎　最终文件：实例文件\第3章\最终文件\设置段落对齐方式.docx

步骤01　选择对齐方式。打开原始文件，❶选中文档的标题，❷在"段落"组中单击"居中"按钮，如下图所示。

步骤02　设置对齐方式的效果。设置标题为居中对齐后，效果如下图所示。

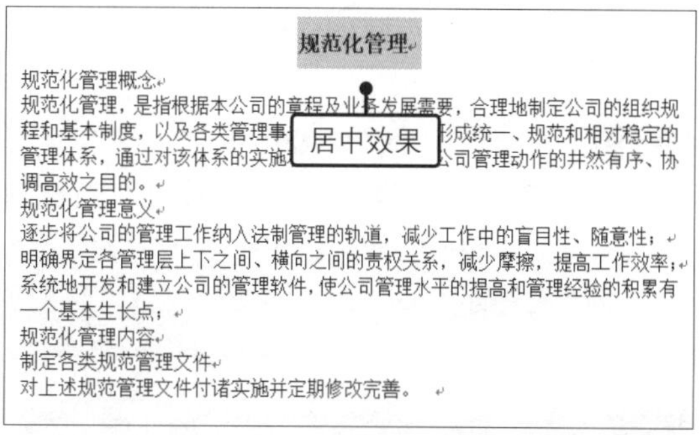

3.5.2　设置段落的大纲级别

为段落设置大纲级别主要是将段落的标题和内容区分开，为其设置不同的级别，便于通过查看不同级别的标题来定位文档的内容。

◎　原始文件：实例文件\第3章\原始文件\设置段落的大纲级别.docx
◎　最终文件：实例文件\第3章\最终文件\设置段落的大纲级别.docx

步骤01　单击"大纲视图"按钮。打开原始文件，❶切换到"视图"选项卡，❷单击"视图"组中的"大纲"按钮，如下左图所示。

步骤02　切换到"大纲显示"选项卡。此时进入大纲视图，系统自动为每个段落应用了"正文文本"级别，将光标定位在标题之前，如下右图所示。

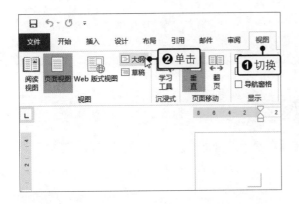

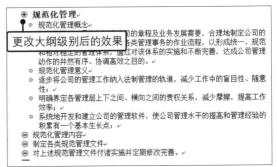

步骤03 更改大纲级别。❶单击"大纲工具"组中的"大纲级别"右侧的下三角按钮，❷在展开的列表中单击"1级"选项，如下图所示。

步骤04 更改大纲级别的效果。将标题的大纲级别设置为1级后，标题前的符号显示为了带十字的符号，如下图所示。

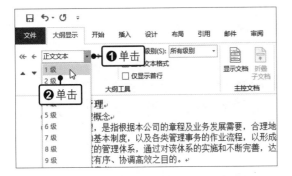

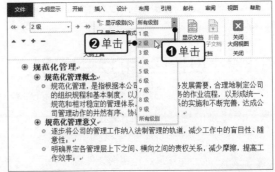

步骤05 设置大纲级别。❶选中文档中要设置为2级标题的文本，❷单击"大纲级别"右侧的下三角按钮，❸在展开的列表中单击"2级"选项，如下图所示。

步骤06 设置显示级别。应用相同的方法设置其他内容的大纲级别。❶单击"显示级别"右侧的下三角按钮，❷在展开的列表中单击"2级"选项，如下图所示。

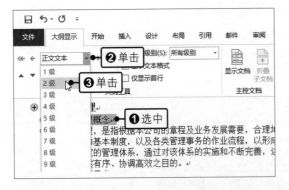

步骤07 显示级别的效果。利用显示大纲级别的功能，显示了文档中的2级标题，隐藏了正文文本。单击"关闭"组中的"关闭大纲视图"按钮，如下左图所示。

步骤08 设置段落大纲级别的效果。退出"大纲显示"选项卡后，可以看见文档自动保留了设置好的大纲级别格式，如下右图所示。

3.5.3　设置段落缩进效果

段落缩进指的是一个段落的首行、左边和右边距离页面左右两侧及相互之间的距离关系，一般包括左缩进、右缩进、首行缩进和悬挂缩进 4 种样式。它可以让制作的文档在段落效果上更加清晰，在版式上更加美观和完善。在工作中，可根据实际情况选择合适的段落缩进方式。

◎ **原始文件：** 实例文件\第3章\原始文件\设置段落缩进效果.docx
◎ **最终文件：** 实例文件\第3章\最终文件\设置段落缩进效果.docx

步骤01 打开"段落"对话框。打开原始文件，选中所有的正文内容，在"开始"选项卡下单击"段落"组中的对话框启动器，如右图所示。

步骤02 设置段落缩进。弹出"段落"对话框，❶单击"特殊格式"右侧的下拉按钮，❷在展开的列表中单击"首行缩进"选项，如下图所示，此时"缩进值"自动设置为"2字符"。

步骤03 设置段落缩进的效果。单击"确定"按钮后，可以看见段落的首行自动向右缩进了两个字符，如下图所示。

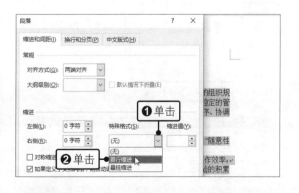

提示 除了使用段落缩进的特殊格式，还可以在"段落"对话框中单击"左侧"和"右侧"的数值调节按钮，自定义设置段落的左侧和右侧的缩进值。

3.5.4 调整行距和段落间距

编辑好 Word 文档后，为了让文档更加便于浏览，可对 Word 文档的行和段落间距进行调整。

◎ 原始文件：实例文件\第3章\原始文件\调整行距和段落间距.docx
◎ 最终文件：实例文件\第3章\最终文件\调整行距和段落间距.docx

步骤01 选择行距。打开原始文件，选中所有的正文内容，在"开始"选项卡下，❶单击"段落"组中的"行和段落间距"按钮，❷在展开的列表中单击"1.5"倍行距，如右图所示。

步骤02 设置行距的效果。此时行距已调整为1.5倍，显示效果如下图所示。

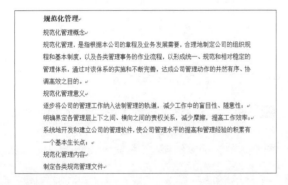

步骤03 启动"段落"对话框。❶选中文档的标题，❷单击"段落"组中的对话框启动器，如下图所示。

步骤04 设置段落间距。弹出"段落"对话框，在"间距"选项组下设置"段后"为"1.5行"，如下图所示。

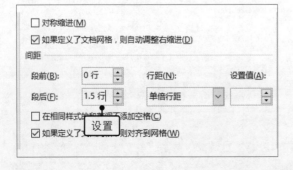

步骤05 设置段落间距的效果。单击"确定"按钮后，可以看见标题位置不动，正文自动拉开与标题间的距离，如下图所示。

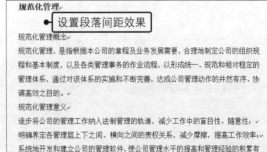

3.5.5　制作首字下沉效果

首字下沉是一种特殊的排版方式，常用于突出显示某词组或某个段落的开头，设置首字下沉时，可以根据需要设置首字下沉选项。

◎ 原始文件：实例文件\第3章\原始文件\制作首字下沉效果.docx
◎ 最终文件：实例文件\第3章\最终文件\制作首字下沉效果.docx

步骤01　单击"首字下沉选项"选项。打开原始文件，❶选中"规范化"文本，切换到"插入"选项卡，❷单击"文本"组中的"首字下沉"按钮，❸在展开的列表中单击"首字下沉选项"选项，如下图所示。

步骤02　设置首字下沉。弹出"首字下沉"对话框，❶在"位置"选项组中单击"悬挂"选项，❷在"选项"选项组中设置"字体"为"楷体"、"下沉行数"为"2"、"距正文"为"1厘米"，❸单击"确定"按钮，如下图所示。

步骤03　首字下沉的效果。设置首字下沉后，可以看到重点文本已突出显示了，效果如右图所示。

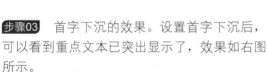

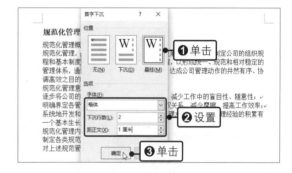

3.6 批量添加项目符号与编号

项目符号和编号是位于文本最前端的特殊符号和序号，起强调作用。合理使用项目符号和编号，可以使文档的层次结构更清晰、更有条理。

3.6.1　使用项目符号

应用项目符号可以使条目较多的文档看起来清晰美观。项目符号常见的有圆点、圆圈、方块、箭头等，用于强调文本的条目，也可以根据文档需求自定义项目符号。

◎ 原始文件：实例文件\第3章\原始文件\使用项目符号.docx
◎ 最终文件：实例文件\第3章\最终文件\使用项目符号.docx

步骤01 定义新项目符号。打开原始文件，在"开始"选项卡下，❶单击"段落"组中"项目符号"右侧的下三角按钮，❷在展开的列表中单击"定义新项目符号"选项，如下图所示。

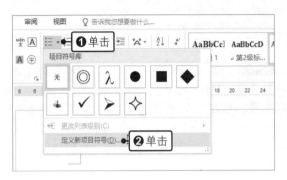

步骤02 单击"图片"按钮。弹出"定义新项目符号"对话框，单击"项目符号字符"选项组中的"图片"按钮，如下图所示。

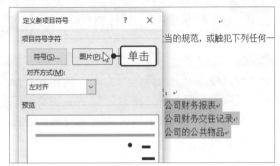

步骤03 选择图片。弹出"插入图片"对话框，在"必应图像搜索"中搜索"财务"，❶在搜索结果中单击需要的图片，❷单击"插入"按钮，如下图所示。

步骤04 预览项目符号效果。返回到"定义新项目符号"对话框中，在"预览"列表框中可以预览到项目符号添加的效果，单击"确定"按钮，如下图所示。

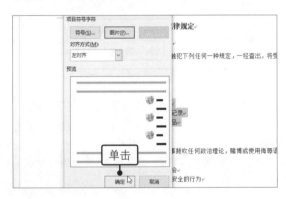

步骤05 添加项目符号。选中要应用项目符号的文本内容，❶单击"段落"组中的项目符号按钮，此时可以看见"项目符号库"中添加了自定义的新项目符号，❷单击此符号，如下图所示。

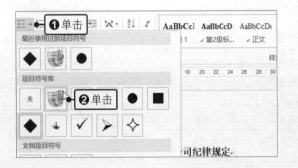

步骤06 添加项目符号的效果。此时可以看见选中的段落均应用了图片项目符号，如下图所示。

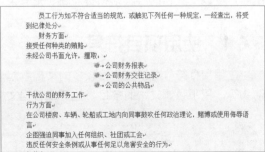

提示　除了可以根据需要自定义新的项目符号外，还可以单击“项目符号”右侧的下三角按钮，在展开的列表中的“项目符号库”中选择已有的项目符号，即可为文档中的段落快速地应用现有的项目符号。

3.6.2　使用编号

当段落之间有顺序层次时，可以在段落之前应用编号，以更清晰地识别顺序。为段落应用编号时，可以在编号列表中选择合适的编号样式。

◎ **原始文件**：实例文件\第3章\原始文件\使用编号.docx

◎ **最终文件**：实例文件\第3章\最终文件\使用编号.docx

步骤01　选择编号。打开原始文件，选中需要应用编号的文本，❶在“开始”选项卡的“段落”组中单击“编号”右侧的下三角按钮，❷在展开的列表中选择需要的编号，如下图所示。

步骤02　应用编号的效果。此时可以看到，应用了编号后，段落层次变得更加清晰，效果如下图所示。

提示　如果对已有的编号样式不满意，可以在“编号”列表中单击“定义新编号格式”选项，打开“定义新编号格式”对话框，在“编号格式”选项组中设置编号的样式、字体格式及编号的对齐方式。

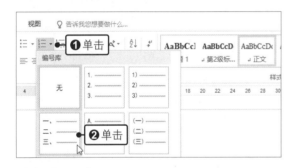

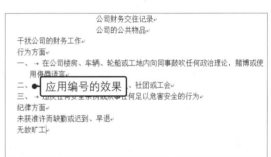

3.6.3　使用多级列表自动编号

使用多级列表为段落添加编号，可以通过编号的级别来区分段落的级别大小。对于添加到文档中的多级列表，可以通过增加或减少缩进量来调整编号的级别。

◎ **原始文件**：实例文件\第3章\原始文件\使用多级列表自动编号.docx

◎ **最终文件**：实例文件\第3章\最终文件\使用多级列表自动编号.docx

步骤01　选择多级列表样式。打开原始文件，❶选择要设置多级列表的文本内容，❷在“开始”选项卡下单击“段落”组中的“多级列表”按钮，❸在展开的列表中选择需要的列表样式，如下左图所示。

步骤02　应用多级列表的效果。此时可以看见根据文档内容的等级为段落添加了多级列表编号，如下右图所示。

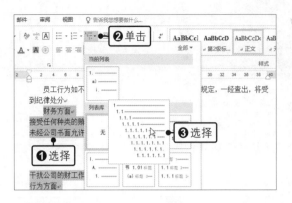

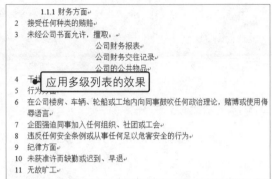

步骤03 减少缩进量。❶将光标定位在"财务方面"文本前，❷连续单击"段落"组中的"减少缩进量"按钮，如下图所示。

步骤04 增加缩进量。此时更改了段落的级别，将级别3更改为了级别1，将光标定位在其他需要更改级别的段落前，单击"增加缩进量"按钮，如下图所示。

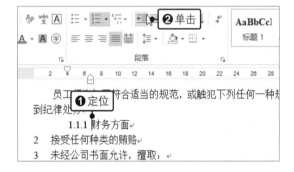

步骤05 设置好列表级别的效果。采用同样的方法，设置好所有段落的级别编号后，内容有主有次，显示效果如下图所示。

步骤06 定义新的列表样式。选中所有文本内容，❶单击"多级列表"按钮，❷在展开的列表中单击"定义新的列表样式"选项，如下图所示。

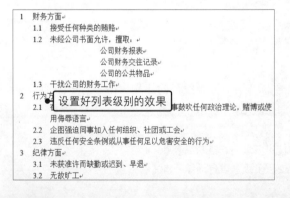

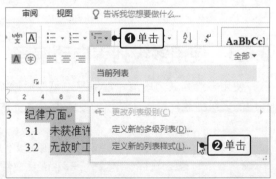

步骤07 设置列表样式。弹出"定义新列表样式"对话框，设置"将格式应用于"为"第一级别"，设置"字号"为"二号"、"颜色"为"深蓝，文字2"，如下左图所示。

步骤08 应用新列表样式的效果。单击"确定"按钮后，可以看见为多级列表应用了新的样式，如下右图所示。

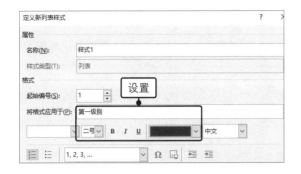

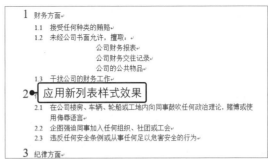

知识拓展

▶ 将文字粘贴为图片

对文字进行剪切后，可以选择相应的粘贴类型进行粘贴，但是不管哪种粘贴类型都是在将文字粘贴为文字的基础上进行的；如果要将文字粘贴为图片，则可通过以下的操作方法来实现。

步骤01　打开原始文件，选中并复制要粘贴为图片的文字内容，在"开始"选项卡下，单击"剪贴板"组中的"粘贴"按钮，在展开的列表中单击"选择性粘贴"选项，弹出"选择性粘贴"对话框，❶在"形式"列表框中单击"图片（增强型图元文件）"选项，❷单击"确定"按钮，如下左图所示。

步骤02　返回文档，可以看到已经将文本内容粘贴为了图片，如下右图所示。

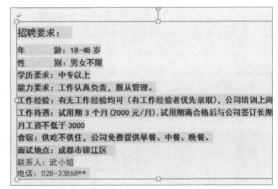

▶ 使用剪贴板随意选择粘贴对象

在文档中对多个内容进行剪切后，会发现被剪切的内容都消失不见了，怎么样才能找回这些内容，将其重新应用到文档中呢？下面介绍具体的操作方法。

在文档中对一些内容进行剪切后，在"开始"选项卡下单击"剪贴板"组中的对话框启动器，如右图所示，打开"剪贴板"窗格，在"单击要粘贴的项目"列表框中可以看见被剪切的全部内容，单击需要的内容，即可将其粘贴到文档中。

▶ 设置文本上标、下标效果

在 Word 中制作文档时，可能需要输入一些上标或下标形式的内容，下面以设置上标为例介绍具体方法。

步骤01 打开原始文件，选择需要设置为上标的内容，这里选中"m2"中的"2"，打开"字体"对话框，在"效果"选项组下勾选"上标"复选框，如下左图所示。

步骤02 返回文档，可以看见所选的文本已经显示为了上标，如下右图所示。

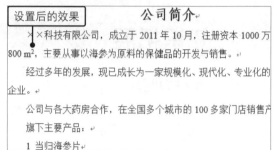

▶ 将任意字符制作为带圈字符

带圈字符，就是将文字用圆圈、方框或三角框等圈起来，常用于制作编号，或者突出显示某个字符。

步骤01 打开原始文件，选中文档中的文本"1"，在"开始"选项卡下单击"字体"组中的"带圈字符"按钮，打开"带圈字符"对话框，❶在"样式"选项组下单击"增大圈号"选项，❷单击"确定"按钮，如下左图所示。

步骤02 按照同样的方法设置文本"2"，返回文档，可以看到"1"和"2"均更改为了带圈字符，如下右图所示。

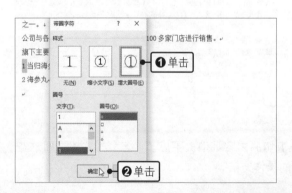
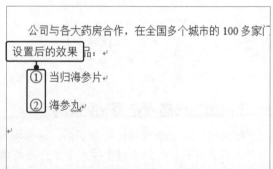

趁热打铁 对招聘启事进行排版

招聘启事是每个公司行政人事部门必须准备的材料，利用它可以更清晰地说明公司招聘的岗位需求、任职条件，以便为公司招揽到有用的人才，所以在制作招聘启事文档时，文档的规范排版就显得尤为重要，因为它体现的是公司的文化与做事的严谨性。

◎　原始文件：实例文件\第3章\原始文件\对招聘启事进行排版.docx
◎　最终文件：实例文件\第3章\最终文件\对招聘启事进行排版.docx

步骤01　设置字号。打开原始文件，选中所有文本，在"开始"选项卡下，❶单击"字体"组中"字号"右侧的下三角按钮，❷在展开的下拉列表中单击"小四"选项，如下图所示。

步骤02　设置字体。❶单击"字体"组中"字体"右侧的下三角按钮，❷在展开的列表中单击"幼圆"选项，如下图所示。

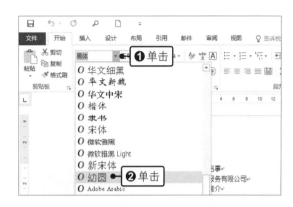

步骤03　设置字体格式的效果。此时可以看见改变了所有文本字号和字体后的效果。根据需要再分别设置"招聘启事"文本字号为"三号"、"公司简介"文本字号为"小三"，设置后的效果如下图所示。

步骤04　设置段落缩进。选中需要设置段落缩进的"招聘要求"段落，打开"段落"对话框，在"缩进"选项组下单击微调按钮，设置段落左侧缩进"4字符"，如下图所示。

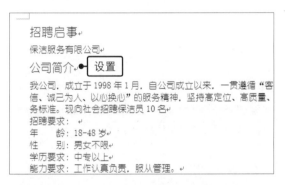

> **提示**　利用"段落"组中的"中文版式"功能，可以调整字符间距和字符的排版方式。

步骤05　设置缩进后的效果。单击"确定"按钮后，❶可以看见设置段落缩进的效果，❷选中需要设置段落间距的公司简介段落，如下左图所示。

步骤06　设置段落间距。打开"段落"对话框，❶设置特殊格式为"首行缩进"，❷在"间距"选项组下设置段落的"段后"间距为"1行"，如下右图所示。

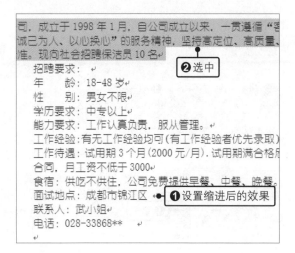

步骤07 设置行距。单击"确定"按钮，返回文档，可以看见设置后的效果。❶选中"公司简介"下方所有文本，❷在"段落"组中单击"行和段落间距"按钮，❸在展开的列表中单击"1.5"倍行距，如下图所示。

步骤08 设置标题居中对齐。此时设置好了段落间的行距为1.5倍，❶选中主标题，❷在"段落"组中单击"居中"按钮，如下图所示。

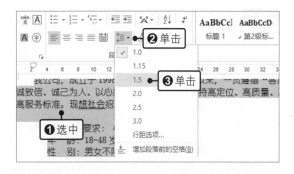

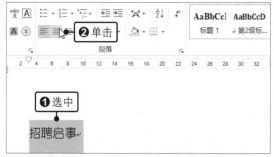

步骤09 设置公司名右对齐。此时将主标题放置到了居中的位置上，❶选中"保洁服务有限公司"文本，❷在"段落"组中单击"右对齐"按钮，如下图所示。

步骤10 文档排版的最终效果。对公司的招聘启事进行排版后，整个文档的布局显得更专业，其显示效果如下图所示。

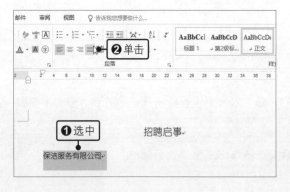

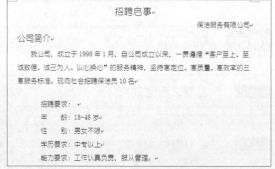

在Word中进行图文混排

第4章

利用 Word 组件不仅可以制作常规的文件，如劳动合同、公司制度等，还可以制作宣传海报、杂志封面等。而要实现海报和封面的设计，就需要在文档中添加图片、形状及 SmartArt 图形等。巧妙地利用图片、图形和文字的结合，可以创建出意想不到的精美 Word 文档。

4.1 使用图片装饰文档

在编辑文档的过程中，可以通过插入图片使文档更加美观和完整。本节介绍的是插入计算机中的图片和插入屏幕截图。

4.1.1 插入计算机中的图片

如果需要插入当前计算机或连接到的其他计算机中的图片，可以通过 Word 中的图片功能来完成。

◎ 原始文件：实例文件\第4章\原始文件\插入计算机中的图片.docx、花.jpg
◎ 最终文件：实例文件\第4章\最终文件\插入计算机中的图片.docx

步骤01 打开"插入图片"对话框。打开原始文件，定位光标在适当的位置，❶切换到"插入"选项卡，❷单击"插图"组中的"图片"按钮，如右图所示。

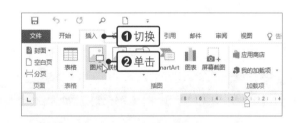

步骤02 选择图片。弹出"插入图片"对话框，找到图片保存的位置，❶选中要插入的图片，❷单击"插入"按钮，如下图所示。

步骤03 插入图片的效果。此时可以看见文档中插入了所选图片，如下图所示。

4.1.2 屏幕截图

如果想要截取屏幕的任意部分并将其作为图片插入文档中，可利用 Word 中的屏幕截图功能来完成。

◎ 原始文件：实例文件\第4章\原始文件\屏幕截图.docx
◎ 最终文件：实例文件\第4章\最终文件\屏幕截图.docx

步骤01 屏幕剪辑。打开要截取的窗口，然后打开原始文件并定位光标，❶在"插入"选项卡下单击"插图"组中的"屏幕截图"按钮，❷在展开的列表中单击"屏幕剪辑"选项，如右图所示。

步骤02 截图。屏幕切换到要截取的窗口下并进入截图状态，此时鼠标指针呈十字形，按住鼠标左键并拖动鼠标进行截图，如下图所示。

步骤03 截图的效果。释放鼠标，截取的图片将自动粘贴到文档中，如下图所示。

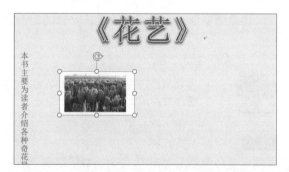

4.2 调整美化插入到文档中的图片

想要制作出精美的文档，只将图片插入文档是远远不够的，还需要对插入的图片进行调整，使图片更符合文档的整体风格。

4.2.1 调整图片亮度和对比度

当 Word 文档中的图片亮度不够或比较灰暗，图片的展示效果不够理想时，可以对图片的亮度及对比度进行适当调整，改善图片效果。

◎ 原始文件：实例文件\第4章\原始文件\调整图片亮度和对比度.docx
◎ 最终文件：实例文件\第4章\最终文件\调整图片亮度和对比度.docx

步骤01 调整图片亮度和对比度。打开原始文件，选中图片，切换到"图片工具-格式"选项卡，❶单击"调整"组中的"校正"按钮，❷在展开的列表中单击"亮度：+20% 对比度：+20%"选项，如下左图所示。

步骤02 调整亮度和对比度的效果。可以发现改变了图片的亮度和对比度后图片的颜色更加亮丽了，效果如下右图所示。

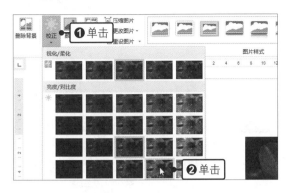

4.2.2 调整图片的颜色

当 Word 文档中插入的图片颜色与文档内容不匹配或与文档的整体展示效果不协调时，可对图片的颜色进行调整。可以应用预设的图片着色效果来调整图片颜色，也可以自定义设置图片的颜色。

◎ **原始文件：** 实例文件\第4章\原始文件\调整图片的颜色.docx
◎ **最终文件：** 实例文件\第4章\最终文件\调整图片的颜色.docx

步骤01 单击"图片颜色选项"选项。打开原始文件，选中图片，❶在"图片工具-格式"选项卡下单击"调整"组中的"颜色"按钮，❷在展开的列表中单击"图片颜色选项"选项，如右图所示。

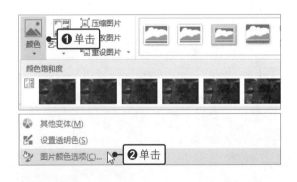

步骤02 设置图片颜色。打开"设置图片格式"窗格，❶设置"饱和度"为"400%"、"色温"为"11200"，❷单击"重新着色"按钮，❸在列表中单击"冲蚀"选项，如下图所示。

步骤03 设置颜色的效果。对图片的颜色进行设置后，图片更富有朦胧感，如下图所示。

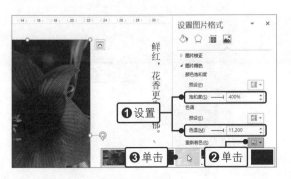

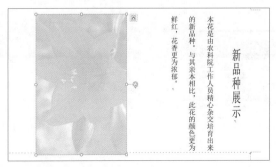

4.2.3　删除图片背景

如果图片背景与文档的主体风格不符，只需要保留图片中的主要图像，可以利用删除背景功能来删除图片中不需要的背景。

◎ 原始文件：实例文件\第4章\原始文件\删除图片背景.docx
◎ 最终文件：实例文件\第4章\最终文件\删除图片背景.docx

步骤01　删除背景。打开原始文件，选中图片，❶切换到"图片工具-格式"选项卡，❷单击"调整"组中的"删除背景"按钮，如下图所示。

步骤02　删除背景的状态。此时系统自动切换到"背景消除"选项卡，在图片中有颜色的部位表示要自动删除的背景部分，如下图所示。

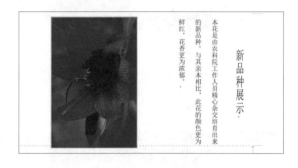

步骤03　单击"标记要保留的区域"按钮。因需要保留主要的区域，所以单击"优化"组中的"标记要保留的区域"按钮，如下图所示。

步骤04　标记要保留的区域。此时鼠标指针呈笔形，在图片中要保留的区域单击，标记出需要保留的区域，如下图所示。

步骤05　保留更改。标记完毕后，单击"关闭"组中的"保留更改"按钮，如下图所示。

步骤06　删除背景的效果。此时删除了图片的背景，并保留了标记的部分，如下图所示。

4.2.4　设置图片样式

在文档中插入图片后，可以根据需要选择预设的图片样式，对图片进行美化，还可以对图片样式的边框颜色进行设置。

◎ 原始文件：实例文件\第4章\原始文件\设置图片样式.docx
◎ 最终文件：实例文件\第4章\最终文件\设置图片样式.docx

步骤01　选择样式。打开原始文件，选中图片，❶切换到"图片工具-格式"选项卡，❷单击"图片样式"组中的快翻按钮，在展开的库中选择"剪去对角，白色"样式，如下图所示。

步骤02　设置样式的效果。此时图片上添加了一个剪去了对角的白色边框，如下图所示。

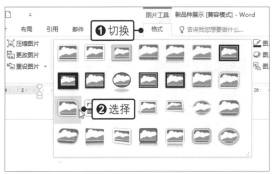

步骤03　选择边框颜色。为了美化边框，可以更改边框的颜色。❶在"图片样式"组中单击"图片边框"按钮，❷在展开的列表中选择图片的边框颜色，如"绿色，个性色6"，如下图所示。

步骤04　设置边框颜色的效果。更改图片边框颜色的效果如下图所示。

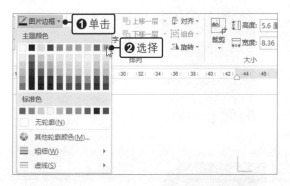

提示　除了应用预设的样式来美化图片外，还可以在"图片样式"组中使用图片边框和图片效果工具自定义图片的边框颜色、线条粗细，以及图片的阴影、映像、发光、棱台或三维旋转等效果。

4.2.5 按要求裁剪图片

当 Word 文档中插入的图片并不符合使用要求时，可对图片进行裁剪。图片的裁剪功能不仅能够将图片裁剪为不同的形状，还可以按比例裁剪。

◎ 原始文件：实例文件\第4章\原始文件\按要求裁剪图片.docx
◎ 最终文件：实例文件\第4章\最终文件\按要求裁剪图片.docx

步骤01 按形状裁剪。打开原始文件，选中图片，切换到"图片工具-格式"选项卡，❶单击"大小"组中的"裁剪"下三角按钮，❷在展开的列表中单击"裁剪为形状>矩形：剪去对角"选项，如下图所示。

步骤02 按形状裁剪的效果。此时可以看到所选的图片被裁剪成了指定的形状，如下图所示。

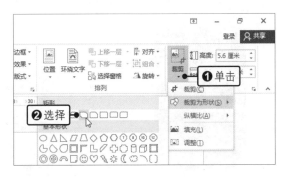

步骤03 按比例裁剪。若是希望调整纵横比，❶可单击"裁剪"下三角按钮，❷在展开的列表中单击"纵横比>1:1"选项，如下图所示。

步骤04 显示裁剪状态。此时图片进入了裁剪状态，系统自动按1:1的比例裁剪图片，如下图所示。也可以拖动裁剪边框，自定义调整裁剪的区域。

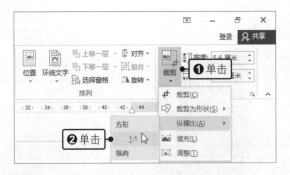

步骤05 按比例裁剪的效果。单击图片外的任意位置，完成裁剪，显示效果如右图所示。

提示 除了可以将图片裁剪为其他形状及按比例裁剪图片外，还可以在"裁剪"下拉列表中单击"裁剪"按钮，对图片进行规则的边框裁剪。

4.2.6　旋转图片

如果文档中插入的图片角度不合适，可以利用图片的旋转功能旋转图片，从而改变图片的显示方向。

◎　原始文件：实例文件\第4章\原始文件\旋转图片.docx
◎　最终文件：实例文件\第4章\最终文件\旋转图片.docx

步骤01　选择旋转方式。打开原始文件，选中图片，切换到"图片工具-格式"选项卡，❶单击"排列"组中的"旋转"按钮，❷在展开的列表中单击"水平翻转"选项，如下图所示。

步骤02　旋转的效果。此时图片实现了水平翻转，图片中花的朝向改变了，朝向了文字内容，使图文更加协调，如下图所示。

4.2.7　调整图片的位置

如果要调整图片在页面上的显示位置，可以使用位置功能完成操作，下面介绍调整图片位置的具体操作方法。

◎　原始文件：实例文件\第4章\原始文件\调整图片的位置.docx
◎　最终文件：实例文件\第4章\最终文件\调整图片的位置.docx

步骤01　选择位置。打开原始文件，选中图片，❶在"图片工具-格式"选项卡下单击"排列"组中的"位置"按钮，❷在展开的列表中单击"顶端居右，四周型文字环绕"选项，如下图所示。

步骤02　调整位置的效果。改变了图片的位置后，图片处于顶端居右位置，如下图所示。如果还想让文字环绕着图片，按住鼠标左键拖动图片即可。

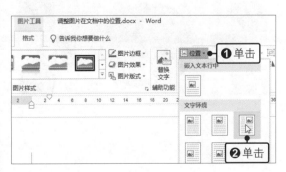

4.3 用自选图形图解文档内容

自选图形由多种多样的几何图形构成，它比图片更灵活多变。利用自选图形，可以使文档更加生动、丰富。

4.3.1 插入自选图形

自选图形的种类非常多，如果要在文档中插入自选图形，需根据要表达的效果来选择适当的图形，如此才能达到图解文档的作用。

◎ 原始文件：实例文件\第4章\原始文件\插入自选图形.docx
◎ 最终文件：实例文件\第4章\最终文件\插入自选图形.docx

步骤01 选择形状类型。打开原始文件，❶切换到"插入"选项卡，❷单击"插图"组中的"形状"按钮，❸在展开的列表中单击"椭圆"形状，如下图所示。

步骤02 绘制形状。此时鼠标指针呈十字形，拖动鼠标在适当的位置绘制一个椭圆形，如下图所示。

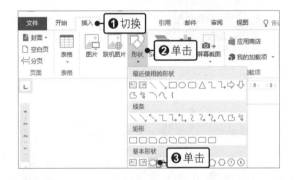

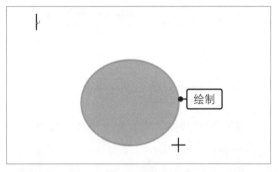

步骤03 绘制形状的效果。释放鼠标后可以看见，文档中插入了一个默认样式的椭圆形，如下图所示。

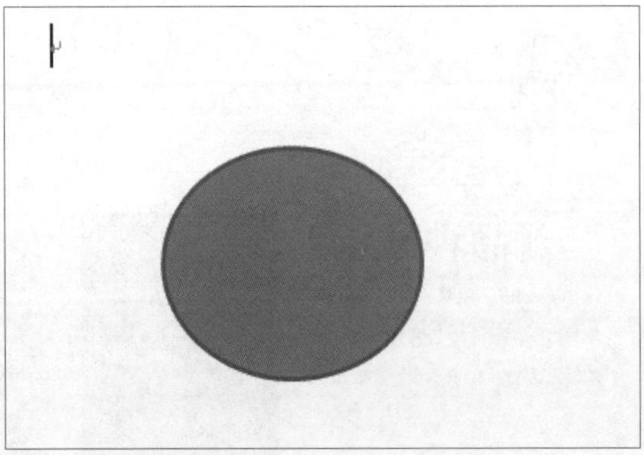

步骤04 完成所有形状的绘制。利用同样的方法，在文档中的适当位置绘制6个大小相同的矩形及6个箭头形状，并调整好图形的位置，完成自选图形的绘制，如下图所示。

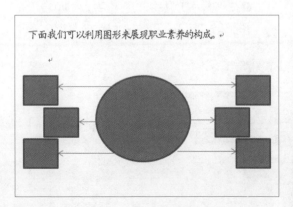

> **提示**　为了使插入文档中的所有形状有一个独立的空间，可以在"形状"列表中单击"新建画布"选项，在文档中插入一个绘图画布，然后将多个形状绘制在画布上。这样当拖动画布时，画布上的所有形状会被一起拖动。

4.3.2　更改自选图形形状

如果插入的自选图形形状不符合文档的整体需求，可以按照下面的步骤对图形形状进行更改，这样就不必重新绘制了。

◎ 原始文件：实例文件\第4章\原始文件\更改自选图形形状.docx
◎ 最终文件：实例文件\第4章\最终文件\更改自选图形形状.docx

步骤01　更改形状。打开原始文件，选中右上方的矩形，❶切换到"绘图工具-格式"选项卡，❷单击"插入形状"组中的"编辑形状"按钮，❸在展开的列表中单击"更改形状>椭圆"选项，如下图所示。

步骤02　更改形状的效果。此时，所选矩形被更改为了椭圆形，显示效果如下图所示。

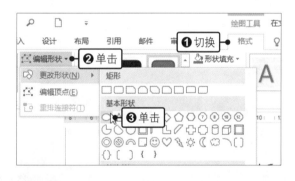

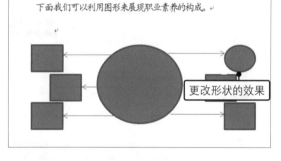

步骤03　完成所有形状的更改。为了使整个图形有统一的外观，采用同样的方法，将图形中的所有矩形更改为椭圆形，效果如右图所示。

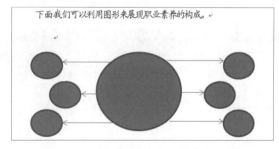

4.3.3　在图形中添加文字

要采用图解形式来表达内容，还需要在图形中添加文字。在图形中添加的文字有默认的大小，如果图形过小，文字内容将无法完全显示，此时可以调整图形形状的大小。

◎ 原始文件：实例文件\第4章\原始文件\在图形中添加文字.docx
◎ 最终文件：实例文件\第4章\最终文件\在图形中添加文字.docx

步骤01 添加文字。打开原始文件，❶选中自选图形中最大的椭圆形，❷输入文本内容"职业素养"，如下图所示。

步骤02 选中多个形状。采用同样的方法，在其他形状中输入文本。因为其他形状过小，文本不能全部显示，所以按住【Ctrl】键同时选中6个小椭圆形，如下图所示。

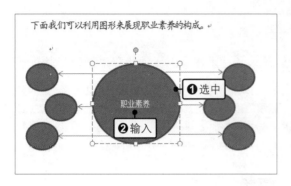

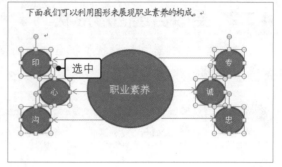

步骤03 改变形状的大小。切换到"绘图工具-格式"选项卡，单击"大小"组中的数值调节按钮，调整形状的高度为"1.3厘米"、宽度为"1.9厘米"，如下图所示。

步骤04 改变形状大小的效果。改变了形状的大小后，形状中的文本内容全部显示了出来，如下图所示。

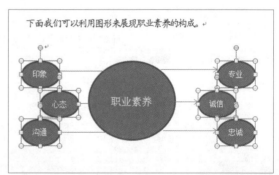

提示 在形状中添加文字的另一种方法就是在形状中插入文本框，切换到"绘图工具-格式"选项卡，单击"插入形状"组中的"文本框"按钮，在展开的列表中选择合适的文本框类型，拖动鼠标在形状中绘制文本框，即可添加文字。此方法的好处是可以将文字放置在形状中的任意位置上。

4.3.4 设置形状样式

如果想让文档的展示效果更加美观，可以对插入的自选图形进行适当的美化，既可以直接通过套用预设形状样式来实现，也可以通过调整形状的颜色和效果对形状进行设置，从而让形状能够突出文档的主次内容并增加形状的立体感。

◎ 原始文件：实例文件\第4章\原始文件\设置形状样式.docx
◎ 最终文件：实例文件\第4章\最终文件\设置形状样式.docx

步骤01　选择样式。打开原始文件，选中图形中间的椭圆，❶切换到"绘图工具-格式"选项卡，❷单击"形状样式"组中的快翻按钮，在展开的库中选择"细微效果-橙色，强调颜色2"，如下图所示。

步骤02　应用样式的效果。为"职业素养"所在形状应用预设样式后的效果如下图所示。

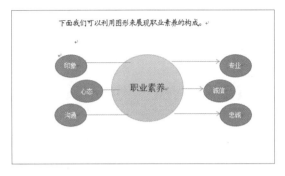

步骤03　设置填充颜色。除了使用预设的样式外，还可以自定义形状的样式，比如同时选中其他6个分支形状，❶在"形状样式"组中单击"形状填充"右侧的下三角按钮，❷在展开的列表中选择"浅灰色，背景2，深色25%"，如下图所示。

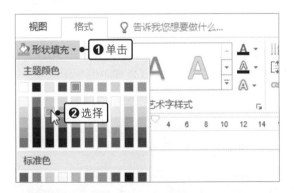

步骤04　设置边框颜色。设置了形状的填充颜色后，❶在"形状样式"组中单击"形状轮廓"右侧的下三角按钮，❷在展开的列表中选择"白色，背景1"，如下图所示。

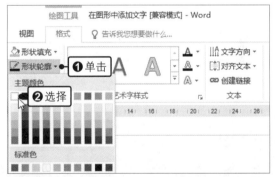

步骤05　设置形状效果。❶接着在"形状样式"组中单击"形状效果"按钮，❷在展开的列表中单击"预设>预设4"选项，如下图所示。

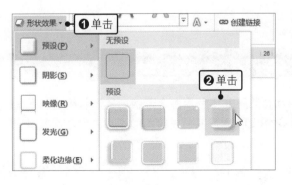

步骤06　自定义样式的效果。为6个分支形状自定义设置了样式后，显示效果如下图所示。可看到此时整个图示更加美观了。

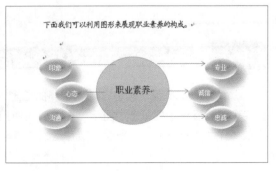

4.3.5 组合形状图形

在文档中插入了多个形状图形后，为了更便于统一设置这些图形，可以对其进行组合，使其成为一个整体。

◎ 原始文件：实例文件\第4章\原始文件\组合形状图形.docx
◎ 最终文件：实例文件\第4章\最终文件\组合形状图形.docx

步骤01 单击"组合"选项。打开原始文件，按住【Ctrl】键不放，选中所有的形状，切换到"绘图工具-格式"选项卡，❶单击"排列"组中的"组合"按钮，❷在展开的列表中单击"组合"选项，如下图所示。

步骤02 组合的效果。此时所有形状被一个大的外框包围着，说明所有形状被组合成了一个图形，如下图所示。

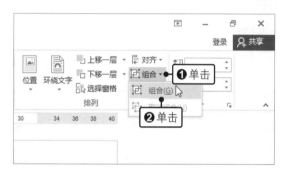

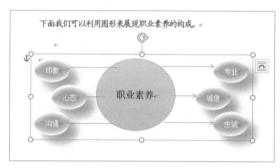

步骤03 选择字体颜色。选中组合后的形状，❶在"艺术字样式"组中单击"文本填充"右侧的下三角按钮，❷在展开的列表中选择"黑色，文字"，如下图所示。

步骤04 设置字体颜色的效果。此时所有形状中的字体格式同时改变了，如下图所示。

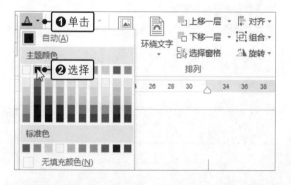

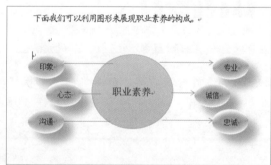

4.4 使用SmartArt图形简化形状组合

SmartArt 图形是一种包含专业布局的图形形状，它不需要利用多个形状创建形状组合，而是直接呈现能表现某种概念的图示。在文档中使用 SmartArt 图形并通过为图形添加文字，设置图形的布局样式，能更加专业地表现某种结构或流程。

4.4.1　插入 SmartArt 图形并添加文本

　　SmartArt 图形的种类非常多，有流程图、层次结构图和关系图等，所以在插入 SmartArt 图形之前，应该确定当前想要表现的内容所适用的 SmartArt 图形类型，然后在图形中添加文本来完善内容。

◎　原始文件：实例文件\第4章\原始文件\插入SmartArt图形并添加文本.docx
◎　最终文件：实例文件\第4章\最终文件\插入SmartArt图形并添加文本.docx

步骤01　插入SmartArt图形。打开原始文件，❶切换到"插入"选项卡，❷单击"插图"组中的"SmartArt"按钮，如下图所示。

步骤02　选择图形样式。弹出"选择SmartArt图形"对话框，选择需要的SmartArt图形类型，❶如单击"层次结构"选项，❷在右侧的"层次结构"选项面板中单击"半圆组织结构图"图标，如下图所示。

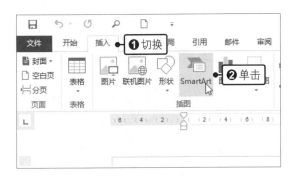

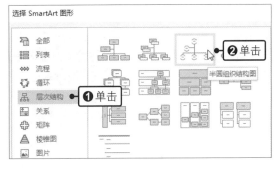

步骤03　插入图形的效果。单击"确定"按钮后，文档中插入了SmartArt 图形，如下图所示。

步骤04　添加文本的效果。分别选中SmartArt图形中的形状，在形状中输入相应的文本内容，效果如下图所示。

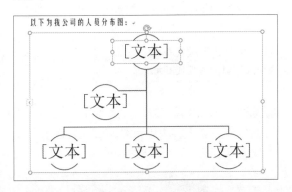

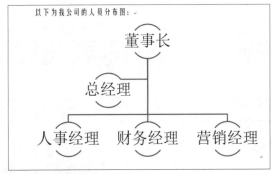

4.4.2　在 SmartArt 图形中添加形状

　　不管是什么类型的 SmartArt 图形，它默认包含的形状都是有限的，如果需要更多的形状，可以在 SmartArt 图形中自定义添加形状。

◎　原始文件：实例文件\第4章\原始文件\在SmartArt图形中添加形状.docx
◎　最终文件：实例文件\第4章\最终文件\在SmartArt图形中添加形状.docx

步骤01 添加形状。打开原始文件，选中包含 "营销经理" 内容的形状，切换到 "SmartArt 工具-设计" 选项卡，❶单击 "创建图形" 组中 "添加形状" 右侧的下三角按钮，❷在展开的下拉列表中单击 "在后面添加形状" 选项，如下图所示。

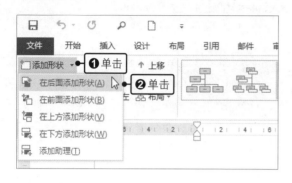

步骤02 添加形状的效果。此时所选形状的后方添加了一个形状，在形状中输入相应的文本内容，如下图所示。

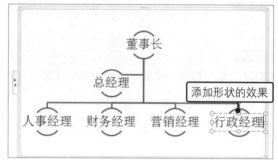

步骤03 完成其他形状的添加。根据需要在图形中添加多个不同级别的形状并输入文本，完成整个组织结构图的制作，如右图所示。

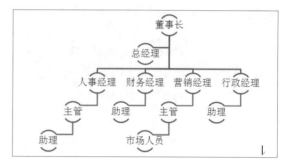

4.4.3 更改 SmartArt 图形版式

如果创建的 SmartArt 图形的版式不符合文档需求，可通过版式功能直接更改已有图形的版式。

◎ 原始文件：实例文件\第4章\原始文件\更改SmartArt图形版式.docx
◎ 最终文件：实例文件\第4章\最终文件\更改SmartArt图形版式.docx

步骤01 选择更改版式。打开原始文件，选中图形，单击 "版式" 组中的快翻按钮，在展开的库中选择合适的版式，如下图所示。

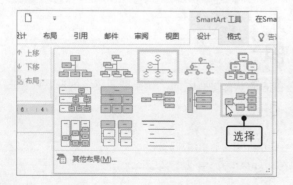

步骤02 更改版式的效果。更改了图形的版式后，图形形状变为圆角矩形，层次结构方向由垂直变为水平，如下图所示。

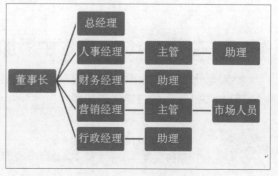

4.4.4　应用 SmartArt 图形颜色和样式

创建好 SmartArt 图形后，就可以对 SmartArt 图形进行美化了，美化 SmartArt 图形包括为图形设置样式和更改颜色。

◎　原始文件：实例文件\第4章\原始文件\应用SmartArt图形颜色和样式.docx
◎　最终文件：实例文件\第4章\最终文件\应用SmartArt图形颜色和样式.docx

步骤01　选择样式。打开原始文件，选中图形，在"SmartArt工具-设计"选项卡下单击"SmartArt样式"组中的快翻按钮，在展开的库中选择"嵌入"样式，如下图所示。

步骤02　应用样式的效果。此时，图形应用了所选样式，看起来更具有美感，如下图所示。

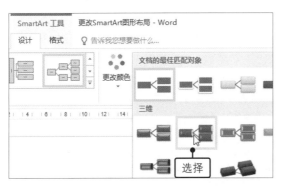

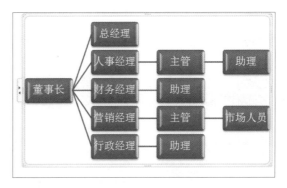

步骤03　选择颜色。❶单击"SmartArt 样式"组中的"更改颜色"按钮，❷在展开的样式库中选择"彩色"组中的"彩色-个性色"，如下图所示。

步骤04　改变颜色的效果。此时图形的颜色被更改，用颜色区分了不同级别的形状，如下图所示。

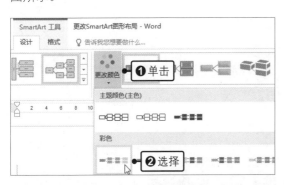

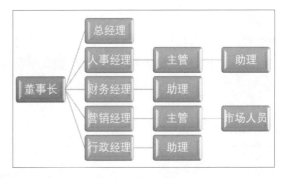

4.4.5　自定义 SmartArt 图形颜色和样式

在美化 SmartArt 图形的过程中，如果对预设的 SmartArt 图形颜色和样式不满意，可以重设图形，然后自定义 SmartArt 图形的颜色和样式。

◎　原始文件：实例文件\第4章\原始文件\自定义SmartArt图形颜色和样式.docx
◎　最终文件：实例文件\第4章\最终文件\自定义SmartArt图形颜色和样式.docx

步骤01　重设图形。打开原始文件，选择图形，切换到"SmartArt工具-设计"选项卡，单击"重置"组中的"重设图形"按钮，如下图所示。

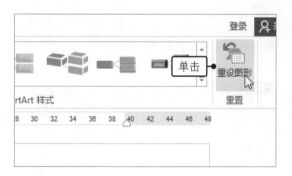

步骤02　清除图形样式的效果。此时清除了原有图形中的样式，还原为默认的样式，如下图所示。接下来根据自己的喜好自定义图形的样式。

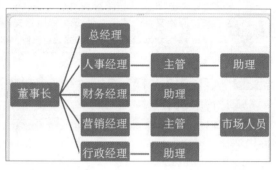

步骤03　设置形状填充颜色。选中要设置的形状，❶切换到"SmartArt工具-格式"选项卡，❷单击"形状样式"组中"形状填充"右侧的下三角按钮，❸在展开的列表中选择"橙色，个性色2"，如下图所示。

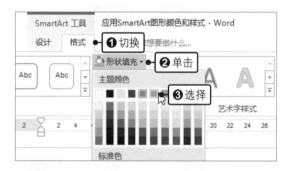

步骤04　设置形状预设效果。❶单击"形状效果"按钮，❷在展开的列表中单击"预设>预设4"选项，如下图所示。

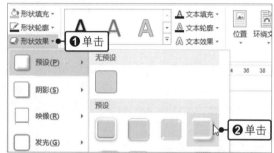

步骤05　设置形状轮廓颜色。设置好了形状样式后，同时选中其他的形状，❶单击"形状轮廓"右侧的下三角按钮，❷在展开的列表中选择"橙色，个性色2，淡色40%"，如下图所示。

步骤06　自定义图形颜色和样式后的效果。设置好了图形中所有的形状样式后，效果如下图所示。

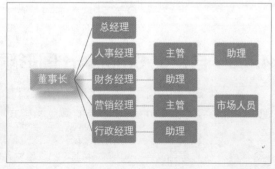

知识拓展

▶ 将图片转换为 SmartArt 图形

为了更加轻松地排列、添加标题并调整图片的大小，可将文档中所选的图片转换为 SmartArt 图形。

步骤01　打开原始文件，选中图片，切换到"图片工具-格式"选项卡，❶单击"图片样式"组中的"图片版式"按钮，❷在展开的列表中选择需要转换为的SmartArt图形样式，如下左图所示。

步骤02　此时可以看见将图片转换为SmartArt图形的效果，如下右图所示。

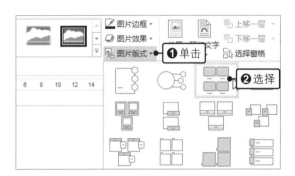

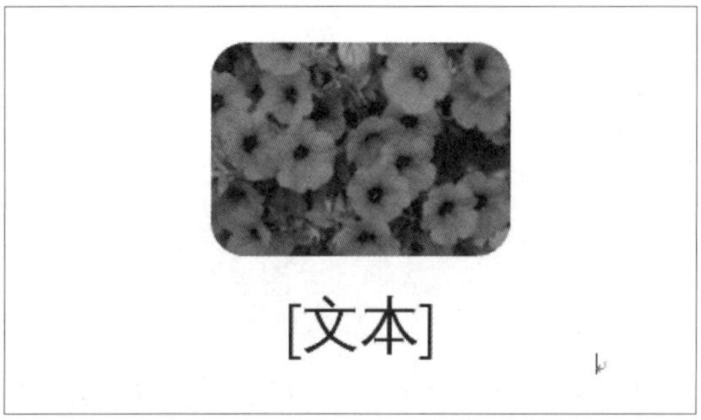

▶ 将图片透明化

在 Word 中，为了让图片与文档内容达到更理想的融合效果，可以通过设置透明色功能将图片设置为透明状态。

打开原始文件，在"图片工具 - 格式"选项卡下，❶单击"调整"组中的"颜色"按钮，❷在展开的列表中单击"设置透明色"选项，如右图所示。

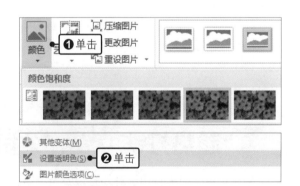

▶ 将形状随意变换

在文档中插入形状后，可以通过编辑形状的顶点来任意更改形状的外观。

步骤01　打开原始文件，选中形状，❶切换到"绘图工具-格式"选项卡，❷单击"插入形状"组中的"编辑形状"按钮，❸在展开的列表中单击"编辑顶点"选项，如下左图所示。

步骤02　此时形状的顶点呈编辑状态，拖动任意一个顶点到任意位置上，如下右图所示，释放鼠标后，即可改变形状的外观。

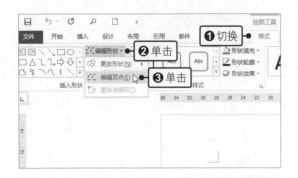

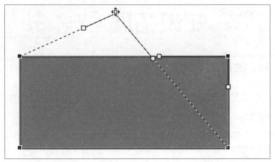

▶ 更改 SmartArt 图形中形状的级别

SmartArt 图形中的形状存在级别之分，如果要更改图形中的形状级别，可通过以下方法来实现。

选中 SmartArt 图形中的一个形状，❶切换到"SmartArt 工具 - 设计"选项卡，❷单击"创建图形"组中的"升级"或"降级"按钮，如右图所示，即可改变形状在图形中的级别。

▶ 增大 / 缩小 SmartArt 图形中的形状

许多类型的 SmartArt 图形的形状大小都是相同的，也可以任意更改形状的大小。

选中 SmartArt 图形中的一个形状，❶切换到"SmartArt 工具 - 格式"选项卡，❷单击"形状"组中的"增大"或"减小"按钮，如右图所示，即可改变形状的大小。

趁热打铁　制作公司宣传手册

公司宣传手册主要用于对外宣传公司的情况，让更多人了解公司，以吸引更多顾客。在制作公司宣传手册时可以采用图文结合的方式，以提高受众的阅读兴趣。

◎ 原始文件：实例文件\第4章\原始文件\制作公司宣传手册.docx

◎ 最终文件：实例文件\第4章\最终文件\制作公司宣传手册.docx

步骤01 插入图片。打开原始文件，❶切换到"插入"选项卡，❷单击"插图"组中的"图片"按钮，如下左图所示。

步骤02 选择图片。弹出"插入图片"对话框，在图片保存位置双击要插入的图片，如下右图所示。

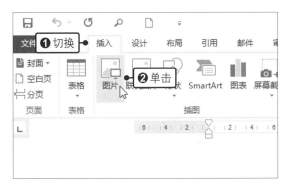

步骤03　设置图片的文字环绕方式。选中插入的图片，❶切换到"图片工具-格式"选项卡，❷单击"排列"组中的"环绕文字"按钮，❸在下拉列表中单击"四周型"选项，如下图所示。

步骤04　设置图片的艺术效果。设置好图片的文字环绕方式后，即可以任意拖动图片并调整图片的大小，❶在"调整"组中单击"艺术效果"按钮，❷在展开的列表中选择"马赛克气泡"样式，如下图所示。

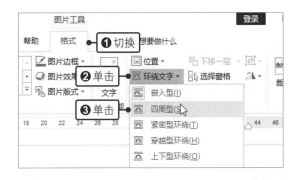

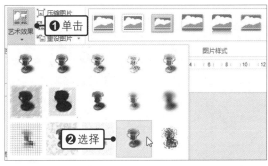

步骤05　设置图片的叠放次序。此时为图片应用了艺术效果。❶右击图片，❷在弹出的快捷菜单中单击"置于底层>置于底层"命令，如下图所示。

步骤06　设置图片的效果。对图片做好了一系列的调整后，其显示效果如下图所示。

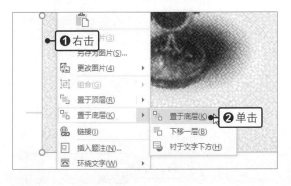

步骤07　柔化图片边缘。为了让图片与文档背景更加协调，可以柔化图片的边缘，❶在"图片样式"组中单击"图片效果"按钮，❷在展开的列表中单击"柔化边缘>25磅"选项，如下左图所示。

步骤08　继续添加图片。采用上述方法，在文档中插入另一张图片，并应用和第一张图片相同的格式，如下右图所示。

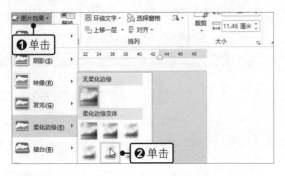

步骤09　插入形状。切换到"插入"选项卡，❶单击"插图"组中的"形状"按钮，❷在展开的列表中选择"卷形：水平"，如下图所示。

步骤10　组合形状。在文档中绘制三个大小不同的"卷形：水平"形状，并在形状中输入相应的文本内容，按住【Ctrl】键同时选中三个形状，切换到"绘图工具-格式"选项卡，❶单击"排列"组中的"组合"按钮，❷在展开的列表中单击"组合"选项，如下图所示。

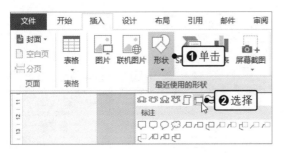

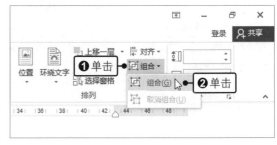

步骤11　启动"设置形状格式"窗格。此时就将三个形状组合起来了，可以同时对三个形状进行设置。在"形状样式"组中单击对话框启动器，如下图所示。

步骤12　设置形状的填充颜色。打开"设置形状格式"窗格，❶在"填充"选项组中单击"纯色填充"单选按钮，❷设置"颜色"为"橙色，个性色6，淡色40%"、"透明度"为"25%"，如下图所示。

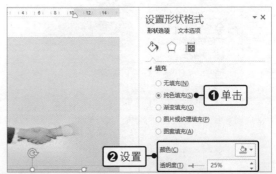

步骤13　设置形状的轮廓。切换至"线条"选项组下，❶单击"实线"单选按钮，❷设置线条的"颜色"为"白色，背景1"、"透明度"为"30%"，如下左图所示。

步骤14　设置形状的发光效果。❶切换到"效果"选项卡，❷单击"发光"选项，❸单击"预设"按钮，在展开的列表中单击"发光：11磅；橙色，主题色6"选项，如下右图所示。

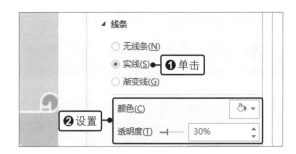

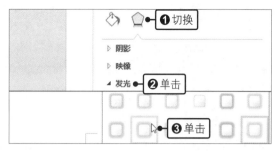

步骤15　单击"填充效果"选项。可见设置形状格式的效果，为了使文档的页面更精美，可以设置页面背景颜色。切换到"设计"选项卡，❶单击"页面背景"组中的"页面颜色"按钮，❷在展开的列表中单击"填充效果"选项，如下图所示。

步骤16　设置页面填充效果。弹出"填充效果"对话框，❶单击"双色"单选按钮，设置颜色为"橙色，个性色6，淡色40%"和"红色，个性色2，淡色80%"，❷单击"水平"单选按钮，❸选中第二个变形样式，如下图所示。

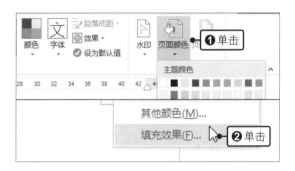

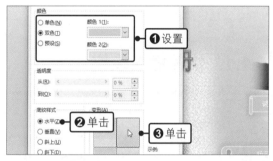

步骤17　制作公司宣传手册的效果。单击"确定"按钮后，返回到文档中，此时完成了公司宣传手册的全部设置，显示效果如右图所示。

读书笔记

第5章 使用表格和图表简化数据

Word 组件中包含了制作表格的功能，在制作 Word 文档的过程中可以使用表格对文档进行辅助编辑，因为表格能更巧妙地将数据内容进行排版，使数据内容的布局和层次更加的清晰。本章将对 Word 组件中的插入表格、设置表格和应用表格进行详细介绍。

5.1 在文档中插入表格

要利用表格来简化文档中的数据，组织文档信息，首先需要在文档中插入表格，本节讲解在 Word 文档中插入表格的 3 种方法。

5.1.1 快速插入表格

通过插入表格功能选择表格的行数和列数，可以在文档中快速插入表格。

◎ 原始文件：实例文件\第5章\原始文件\快速插入表格.docx
◎ 最终文件：实例文件\第5章\最终文件\快速插入表格.docx

步骤01 选择表格的行列。打开原始文件，❶切换到"插入"选项卡，❷单击"表格"组中的"表格"按钮，❸在展开的列表中选择要插入表格的行数和列数，如下图所示。

步骤02 插入表格的效果。此时在文档中插入了一个5列4行的表格，如下图所示。

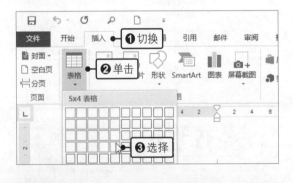

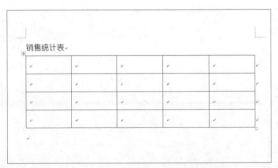

步骤03 输入文本的效果。根据需要，在表格中输入文本，即完成了一个表格的制作，如右图所示。用户可以根据实际的情况，在制作的销售统计表中添加数据。

5.1.2　通过对话框插入表格

如果需要插入的表格行数或列数过多，无法使用上小节中的方法插入时，可以借助"插入表格"对话框来实现表格的插入。

◎　原始文件：实例文件\第5章\原始文件\通过对话框插入表格.docx
◎　最终文件：实例文件\第5章\最终文件\通过对话框插入表格.docx

步骤01 　插入表格。打开原始文件，❶切换到"插入"选项卡，❷单击"表格"组中的"表格"按钮，❸在展开的列表中单击"插入表格"选项，如下图所示。

步骤02 　设置表格的行列。弹出"插入表格"对话框，❶在"表格尺寸"选项组中设置表格的"列数"为"11"、"行数"为"5"，❷单击"根据内容调整表格"单选按钮，如下图所示，然后单击"确定"按钮。

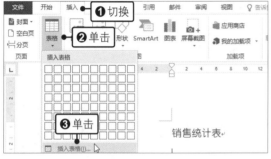

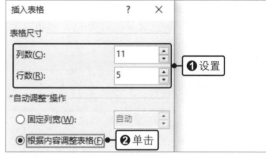

步骤03 　插入表格的效果。可以看见插入的11列5行的表格效果，如下图所示。

步骤04 　输入文本的效果。在表格中输入文本内容，此时，表格中的单元格大小将自动和内容相匹配，如下图所示。

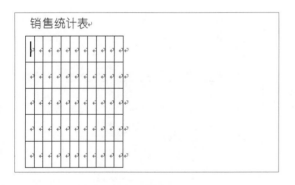

5.1.3　手动绘制表格

手动绘制表格可以解除使用默认表格的限制，可以根据自己的需求自定义设置单元格的数量和大小。

◎　原始文件：实例文件\第5章\原始文件\手动绘制表格.docx
◎　最终文件：实例文件\第5章\最终文件\手动绘制表格.docx

步骤01 单击"绘制表格"选项。打开原始文件，❶在"插入"选项卡下的"表格"组中单击"表格"按钮，❷在展开的列表中单击"绘制表格"选项，如下图所示。

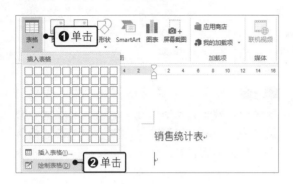

步骤02 绘制表格。此时鼠标指针呈笔形状，将鼠标指针指向需要插入表格的位置，按住鼠标左键并拖动，即可绘制表格的外框，如下图所示。

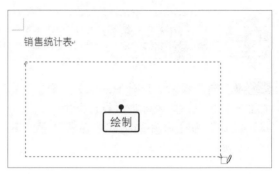

步骤03 绘制行线。释放鼠标后，成功绘制了一个外框，横向拖动鼠标，在外框中绘制表格的行线，如下图所示。

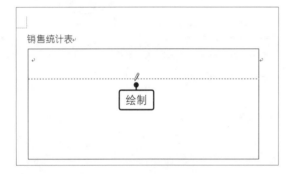

步骤04 完成表格的绘制。根据需要继续绘制表格的行线和列线，绘制一个3列4行的表格，如下图所示。

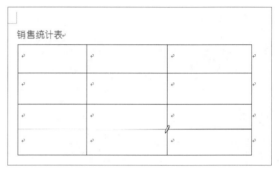

步骤05 输入文本。在表格中输入文本内容，即完成了表格的制作，如右图所示。

> **提示** 在"表格"列表中，单击"Excel 电子表格"选项，将插入一个 Excel 工作表，此时工作表自动进入编辑状态，可以在单元格中输入文本，完成表格的制作，单击文档中的任意位置，可以关闭表格的编辑状态，当再次需要编辑表格的时候，只需双击表格即可。

5.2 调整表格布局

为了使表格中的数据内容和表格能更好地结合在一起，在插入表格并添加好数据后，应该对表格的布局做一些适当的调整，如调整表格中单元格的大小、单元格的数量及表格内容的对齐方式等。

5.2.1　选择并调整单元格大小

在表格中,如果单元格中的数据因内容过多而换行显示,可以对表格中的单元格大小进行调整,使单元格中的数据内容能显示在同一行中。

◎ 原始文件：实例文件\第5章\原始文件\选择并调整单元格大小.docx
◎ 最终文件：实例文件\第5章\最终文件\选择并调整单元格大小.docx

步骤01　选择单元格。打开原始文件，将鼠标指针指向第一个单元格左侧边框，当鼠标指针呈实心箭头形时单击鼠标，选中含有"工伤申请表"内容的单元格，如下图所示。

步骤02　调整单元格的高度。❶切换到"表格工具-布局"选项卡，❷单击"单元格大小"组中的微调按钮，调整单元格的高度为"1厘米"，如下图所示。

步骤03　选择单元格列。调整了单元格的高度后，选中第一个单元格，按住鼠标左键不放，拖动鼠标选中整个单元格列，如下图所示。

步骤04　调整单元格的宽度。在"单元格大小"组中，单击微调按钮，设置单元格的宽度为"3厘米"，如下图所示。

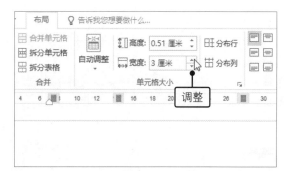

步骤05　调整单元格大小的效果。调整好单元格的大小后，显示效果如右图所示。

提示　设置单元格时，如果要选择不连续的单元格或单元格行/列，只需在先选中一个指定的单元格后，按住【Ctrl】键不放，再拖动鼠标选中其他单元格或单元格行/列即可。

5.2.2 插入与删除单元格

当表格中的单元格数量不够或过多时，可以插入或删除相应的单元格。

◎ 原始文件：实例文件\第5章\原始文件\插入与删除单元格.docx
◎ 最终文件：实例文件\第5章\最终文件\插入与删除单元格.docx

步骤01 插入单元格。打开原始文件，❶右击"性别"单元格，❷在弹出的快捷菜单中单击"插入>插入单元格"命令，如下图所示。

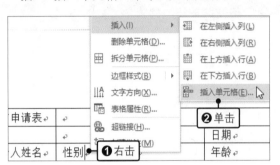

步骤02 设置单元格右移。弹出"插入单元格"对话框，❶单击"活动单元格右移"单选按钮，❷单击"确定"按钮，如下图所示。

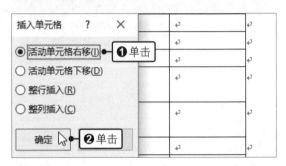

步骤03 插入单元格的效果。此时在"性别"单元格的左侧插入了一个单元格，其他单元格自动右移，如下图所示。

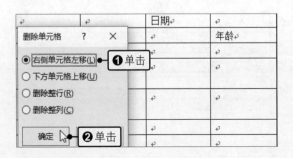

步骤04 删除单元格。为了表格的美观性，可以删除突出的单元格。❶右击要删除的单元格，❷在弹出的快捷菜单中单击"删除单元格"命令，如下图所示。

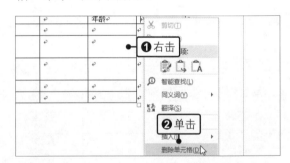

步骤05 设置单元格左移。弹出"删除单元格"对话框，❶单击"右侧单元格左移"单选按钮，❷单击"确定"按钮，如下图所示。

步骤06 删除单元格的效果。此时删除了右侧突出的单元格，选中表格中的最后两行空白单元格，如下图所示。

步骤07 删除单元格行。切换到"表格工具-布局"选项卡，❶单击"行和列"组中的"删除"按钮，❷在展开的列表中单击"删除行"选项，如下图所示。

步骤08 删除单元格行的效果。此时删除了空白的单元格行，如下图所示。

5.2.3　合并与拆分单元格

在 Word 中，可以使用合并单元格功能将多个单元格合并为一个单元格，也可以通过拆分单元格功能把表格中的一个单元格拆分为两个或多个单元格。

◎ 原始文件：实例文件\第5章\原始文件\合并与拆分单元格.docx
◎ 最终文件：实例文件\第5章\最终文件\合并与拆分单元格.docx

步骤01 合并单元格。打开原始文件，❶选中标题行单元格，❷切换到"表格工具-布局"选项卡，❸在"合并"组中单击"合并单元格"按钮，如下图所示。

步骤02 合并单元格的效果。此时标题行合并成了一个单元格，采用同样的方法，合并表格中的其他单元格，选中需要拆分的单元格，如下图所示。

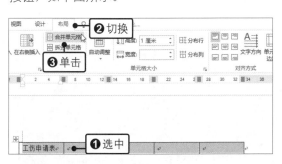

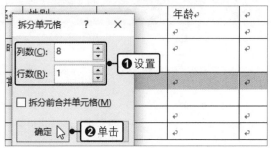

步骤03 拆分单元格。在"合并"组中单击"拆分单元格"按钮，如下图所示。

步骤04 设置拆分的行列数。弹出"拆分单元格"对话框，❶设置"列数"为"8"、"行数"为"1"，❷单击"确定"按钮，如下图所示。

步骤05 拆分单元格的效果。此时单元格被拆分成了8个大小一样的单元格，其行数不变，列数变成了8列，如右图所示。

拆分后的效果

5.2.4 设置单元格内文字的对齐方式与方向

除了可以对单元格进行设置外，还可以对单元格中的文字进行设置，包括设置文字的对齐方式和文字方向。

◎ 原始文件：实例文件\第5章\原始文件\设置单元格内文字的对齐方式与方向.docx
◎ 最终文件：实例文件\第5章\最终文件\设置单元格内文字的对齐方式与方向.docx

步骤01 选择对齐方式。打开原始文件，❶选中整个表格，❷在"表格工具-布局"选项卡下的"对齐方式"组中单击"水平居中"按钮，如下图所示。

步骤02 设置水平居中对齐的效果。此时表格中的文字都放置在了相应单元格的水平居中位置上，如下图所示。

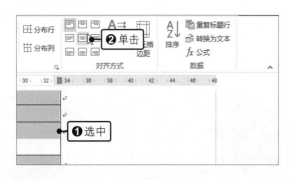

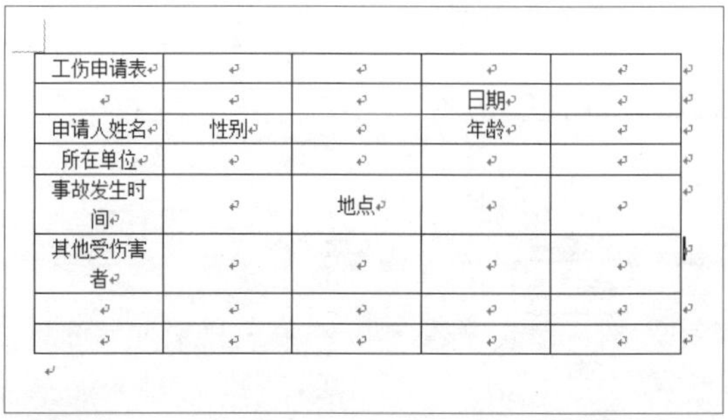

❷单击

❶选中

步骤03 改变文字方向。单击包含"地点"文本内容的单元格，在"对齐方式"组中单击"文字方向"按钮，如下图所示。

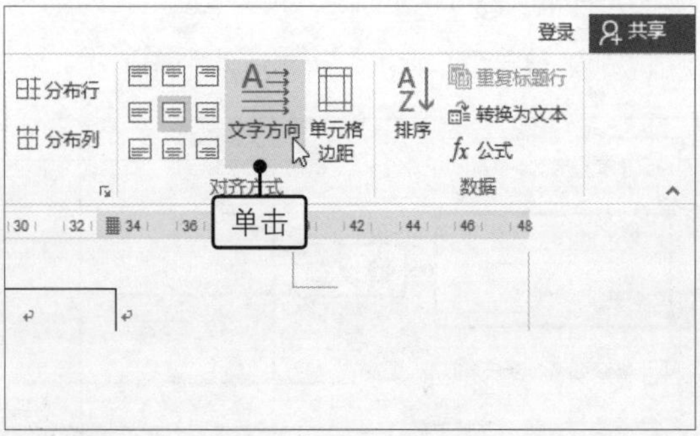

步骤04 设置文字方向的效果。可以看见单元格内的文字方向由横向变为了竖向，默认增加了单元格的行高，如下图所示。

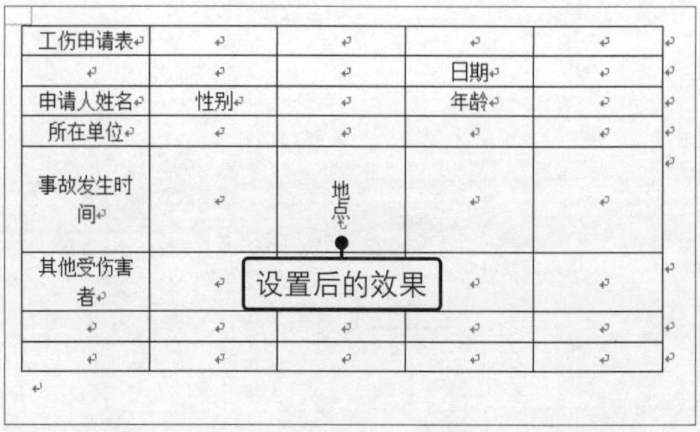

单击

设置后的效果

5.3 美化表格

制作和设置好表格的基本布局后，可以根据需要对表格进行一定程度的美化，使表格更加美观，以增强整个文档的效果。

5.3.1 套用表格样式

套用表格样式是美化表格最常用的一种方法，在美化表格过程中，可以使用该方法快速美化表格。

◎ 原始文件：实例文件\第5章\原始文件\套用表格样式.docx
◎ 最终文件：实例文件\第5章\最终文件\套用表格样式.docx

步骤01 选择表格样式。打开原始文件，选中表格，❶切换到“表格工具-设计”选项卡，❷单击“表格样式”组中的快翻按钮，在展开的库中选择“网格表2-着色4”样式，如下图所示。

步骤02 应用样式的效果。此时为表格套用了所选样式，效果如下图所示。

办公用品领用申请表

领用部门：　　申请人：　　日期：

用品名称	规格	领用数量	有无其他要求	部门经理签章
笔记本	大	1	希望是比较精致的，外出开会需要使用	
签字笔	标准	10		
笔筒	中型	2		
尺子	30 厘米	2	要求钢板材质	

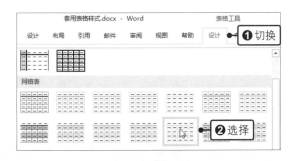

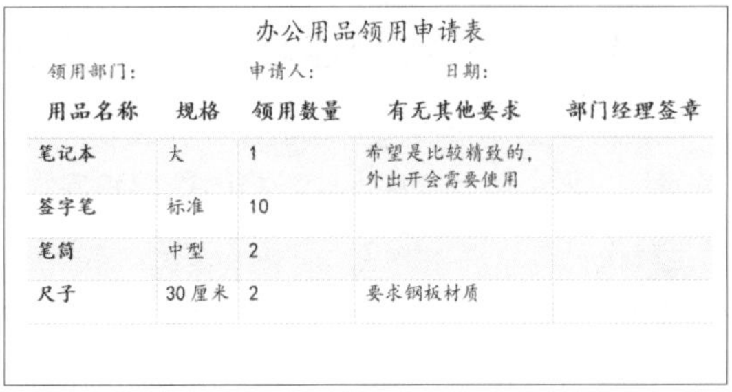

5.3.2 新建表格样式

如果对 Word 中默认的表格样式不满意，但又希望有一套自己喜欢的表格样式方便以后重复使用，那么可以通过新建表格样式功能来自定义表格中的字体、表格边框和底纹等元素。

◎ 原始文件：实例文件\第5章\原始文件\新建表格样式.docx
◎ 最终文件：实例文件\第5章\最终文件\新建表格样式.docx

步骤01 新建表格样式。打开原始文件，选中表格，❶切换到“表格工具-设计”选项卡，❷单击“表格样式”组的快翻按钮，❸在展开的库中单击“新建表格样式”选项，如右图所示。

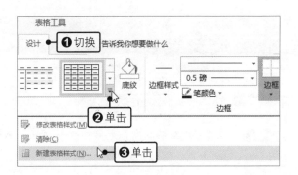

步骤02　设置样式。弹出"根据格式设置创建新样式"对话框，❶在"名称"文本框中输入"自定义样式1"，❷设置"字体颜色"为"红色"、"边框"为"无框线"、"填充颜色"为"绿色，个性色6，淡色80%"，如下图所示。

步骤03　应用样式的效果。单击"确定"按钮后，可以看见样式库中添加了自定义的样式，选中表格后，选择样式库中的"自定义样式1"样式，即可看到应用新建样式的表格效果，如下图所示。

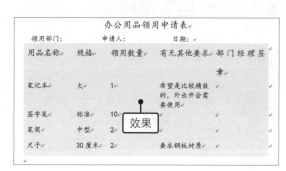

提示　应用了新建表格样式后，如果对新建的样式不满意，可以右击样式，在弹出的快捷菜单中单击"修改表格样式"命令，即可打开"修改样式"对话框，重设样式。

5.3.3　自定义设置表格边框和底纹

在实际工作中，某些表格也许只需要稍做美化，其样式并不需要相当专业，也不用保存为模板使用，那么可以直接设置表格的边框和底纹。

◎　原始文件：实例文件\第5章\原始文件\自定义设置表格边框和底纹.docx
◎　最终文件：实例文件\第5章\最终文件\自定义设置表格边框和底纹.docx

步骤01　单击"边框和底纹"选项。打开原始文件，选中整个表格，❶在"表格工具-设计"选项卡下单击"边框"组中的"边框"下三角按钮，❷在展开的列表中单击"边框和底纹"选项，如下图所示。

步骤02　设置边框。弹出"边框和底纹"对话框，❶单击"全部"选项，❷设置边框的颜色为"红色"、宽度为"1.5磅"，如下图所示。

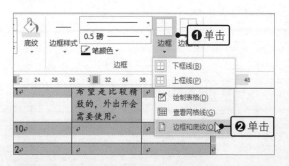

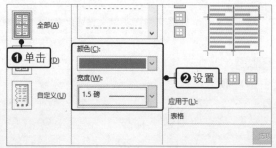

步骤03　设置底纹。❶切换到"底纹"选项卡，❷设置图案样式为"10%"、颜色为"橙色，个性色2，淡色80%"，如下左图所示。

步骤04 应用边框和底纹的效果。单击"确定"按钮后，表格应用了自定义的边框和底纹，如下右图所示。

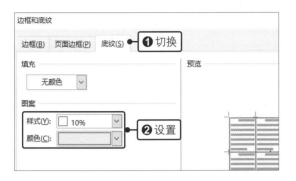

5.4　表格的高级应用

在制作表格的过程中，除了可以对表格进行格式调整和美化外，还可以绘制斜线表头及对表格中数据进行排序和计算等高级操作。

5.4.1　绘制斜线表头

在实际工作中，可能经常需要制作包含斜线表头的表格，这些斜线使用插入表格的功能是无法实现的，此时只能手动绘制。

◎ 原始文件：实例文件\第5章\原始文件\绘制斜线表头.docx
◎ 最终文件：实例文件\第5章\最终文件\绘制斜线表头.docx

步骤01 设置笔。打开原始文件，将光标定位在任意单元格中，❶在"表格工具-设计"选项卡下的"边框"组中设置好"笔样式"，"笔画粗细"为"1.5磅"，❷在"笔颜色"列表中选择"蓝-灰，文字2"，如下图所示。

步骤02 绘制表格。在"表格工具-布局"选项卡下单击"绘图"组中的"绘制表格"按钮，如下图所示。

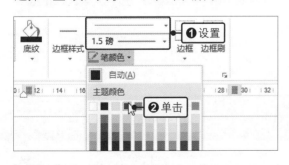

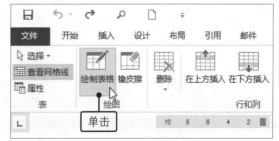

步骤03 绘制对角线。此时鼠标指针呈笔形状，斜向拖动鼠标，在指定的单元格中绘制一条对角线，如下左图所示。

步骤04 输入文本。释放鼠标后，即绘制了斜线表头，在单元格中输入文本，并调整好文本的距离，如下右图所示。

货品库存数量表				
绘制	长虹	海信	小天鹅	合计
冰箱	26	32	20	29
电视	33	35	40	10
洗衣机	20	11	23	40
微波炉	56	0	2	5

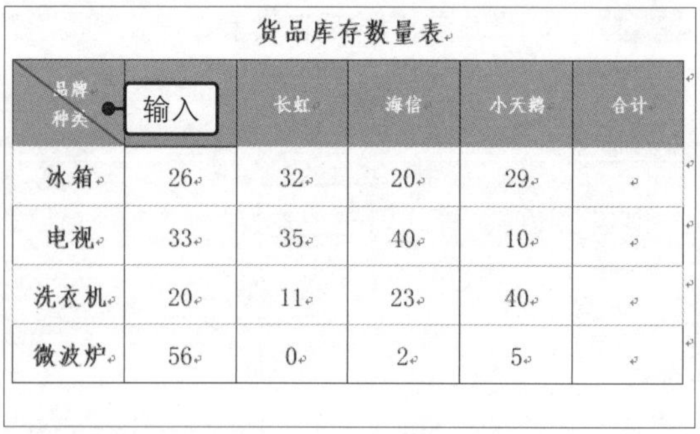

货品库存数量表					
品牌 种类 输入		长虹	海信	小天鹅	合计
冰箱	26	32	20	29	
电视	33	35	40	10	
洗衣机	20	11	23	40	
微波炉	56	0	2	5	

5.4.2 对表格数据进行排序

当表格中包含数字数据时，叫以对表格中的数据进行排序，使数据按照指定排序方式显示。

◎ 原始文件：实例文件\第5章\原始文件\对表格数据进行排序.docx
◎ 最终文件：实例文件\第5章\最终文件\对表格数据进行排序.docx

步骤01 单击"排序"按钮。打开原始文件，在"表格工具-布局"选项卡下单击"数据"组中的"排序"按钮，如右图所示。

步骤02 设置排序条件。弹出"排序"对话框，❶设置"主要关键字"为"美的"，❷"类型"为"数字"，❸单击"升序"单选按钮，如下图所示，然后单击"确定"按钮。

步骤03 排序的效果。可以看见表格中"美的"电器的库存数据以升序排列，如下图所示。

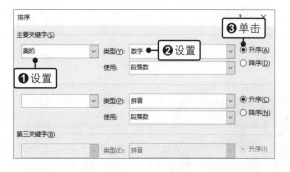

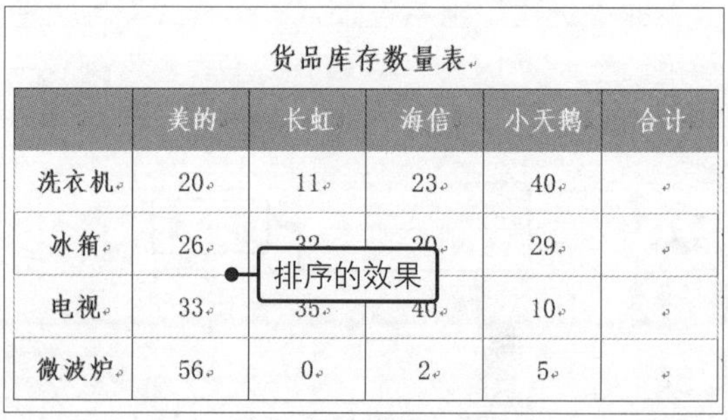

货品库存数量表					
	美的	长虹	海信	小天鹅	合计
洗衣机	20	11	23	40	
冰箱	26	32	20	29	
电视	33	35	40	10	
微波炉	56	0	2	5	

5.4.3 对表格数据进行计算

Word 文档中的表格，还可以在单元格中添加公式，用于对数据进行简单的计算，如平均值、求和或计数等。

◎ 原始文件：实例文件\第5章\原始文件\对表格数据进行计算.docx
◎ 最终文件：实例文件\第5章\最终文件\对表格数据进行计算.docx

步骤01　单击"公式"按钮。打开原始文件，选中需要显示计算结果的单元格，在"表格工具-布局"选项卡下单击"数据"组中的"公式"按钮，如下图所示。

步骤02　确认公式。弹出"公式"对话框，在"公式"文本框中自动显示求左侧单元格区域数据之和的计算公式，单击"确定"按钮，如下图所示。

步骤03　查看计算结果。即可计算出所有品牌冰箱的库存总数量，如右图所示。

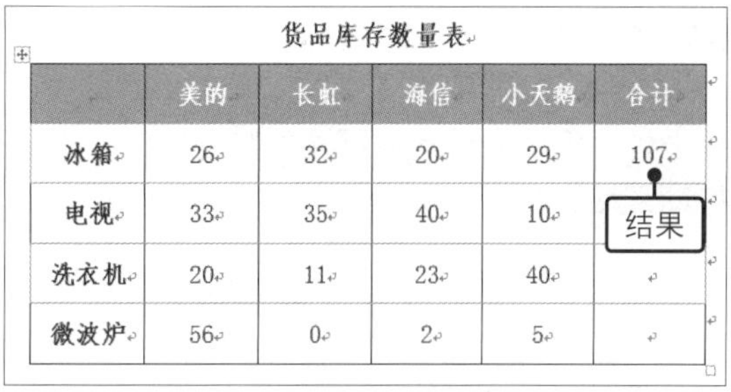

 如果不是进行求和运算，可以在"公式"对话框中的"粘贴函数"下拉列表中选择更多的函数，以方便做其他计算。

货品库存数量表

	美的	长虹	海信	小天鹅	合计
冰箱	26	32	20	29	107
电视	33	35	40	10	
洗衣机	20	11	23	40	
微波炉	56	0	2	5	

结果

5.5 使用图表直观展示数据关系

为了更直观地展示文档中的数据，可以借助图表功能将图表插入到文档中。

5.5.1 在文档中插入图表

在 Word 文档中插入图表之前，需要先选择图表的类型，常用的图表类型包括折线图、柱形图、条形图和饼图等。插入图表后需要在自动打开的 Excel 工作表窗口中编辑图表数据，才能完成图表的制作。

◎ **原始文件**：实例文件\第5章\原始文件\在文档中插入图表.docx
◎ **最终文件**：实例文件\第5章\最终文件\在文档中插入图表.docx

步骤01　插入图表。打开原始文件，将光标定位在文档中要插入图表的位置上，❶切换到"插入"选项卡，❷单击"插图"组中的"图表"按钮，如右图所示。

步骤02 选择图表类型。弹出"插入图表"对话框，选择合适的图表类型，❶如单击"饼图"选项，❷在右侧面板中单击"三维饼图"，如下图所示。

步骤03 插入图表的效果。单击"确定"按钮后，在文档中插入了一个默认的图表，如下图所示。

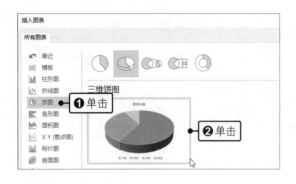

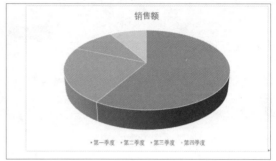

步骤04 输入图表数据。此时系统自动打开Excel工作表窗口，在Excel窗口中编辑图表的数据，如下图所示。如要调整数据区域，可以拖动区域的右下角。

步骤05 Word图表效果。在Excel表格中进行数据编辑的过程中，可以看见Word窗口中同步显示的图表效果，最终效果如下图所示。

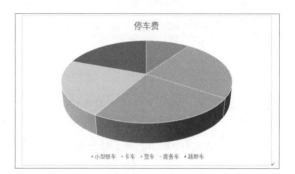

5.5.2 对图表进行简单的设置

创建图表后，还可以对图表进行设置，包括改变图表布局、套用图表样式、设置图表中的文字格式及设置图表大小和位置等操作。

◎ **原始文件：** 实例文件\第5章\原始文件\对图表进行简单的设置.docx
◎ **最终文件：** 实例文件\第5章\最终文件\对图表进行简单的设置.docx

步骤01 设置图片布局。打开原始文件，选中图表，❶在"图表工具-设计"选项卡下的"图表布局"组中单击"快速布局"按钮，❷在展开的列表中单击"布局2"样式，如右图所示。

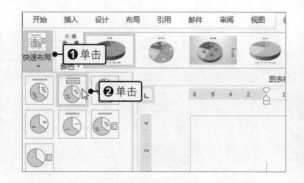

步骤02 改变布局后效果。改变了图表的布局后，图表中显示了每种车型停车费所占的百分比，即可以看出每种车辆所缴纳的停车费占总金额的百分比大小，如下图所示。

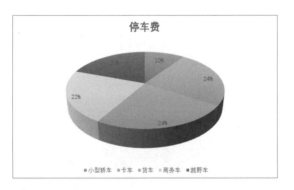

步骤04 设置图表样式的效果。此时为图表应用了所选的样式，使图表的颜色和文档中表格的颜色相匹配，如下图所示。

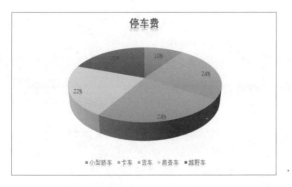

步骤06 设置文字效果的效果。更改了图表中的文字效果后，显示效果如下图所示。

步骤03 选择图表样式。在"图表样式"组中选择"样式5"样式，如下图所示。

步骤05 设置文字效果。选中图表，❶切换到"图表工具-格式"选项卡，❷单击"艺术字样式"组中的"文字效果"按钮，❸在展开的列表中单击"映像>半映像：接触"选项，如下图所示。

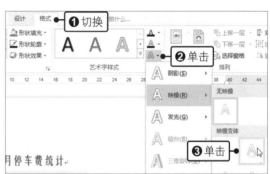

步骤07 设置"环绕文字"类型。❶在"排列"组中单击"环绕文字"按钮，❷在展开的列表中单击"浮于文字上方"选项，如下图所示。

步骤08 调整图表大小和位置的效果。设置好图表的自动换行类型后，即可拖动图表右下角调整图表的大小，并将图表放置在文档中的适当位置，最终效果如右图所示。

知识拓展

▶ 将表格转换为文本

在编辑和排版文档的过程中，有时候需要将表格中的文本内容保留而除去表格，这时用户可以通过"表格工具 - 布局"选项卡中的"转换为文本"按钮来实现。

步骤01 打开原始文件，选中表格，❶切换到"表格工具-布局"选项卡，❷单击"数据"组中的"转换为文本"按钮，如下左图所示。

步骤02 弹出"表格转换为文本"对话框，在"文字分隔符"选项组下，❶单击"制表符"单选按钮，❷单击"确定"按钮，如下右图所示。然后表格就可以被转换为文本。

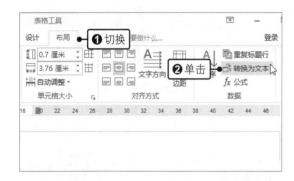 

▶ 平均分布各行或各列

平均分布表格中的各行和各列，使表格中的单元格改变为相同的大小，具体的方法如下。

步骤01 打开原始文件，选中整个表格，在"表格工具-布局"选项卡下分别单击"单元格大小"组中的"分布行"和"分布列"按钮，如下左图所示。

步骤02 此时表格中单元格的行列大小都进行了平均分布，即所有单元格的大小相同，如下右图所示。

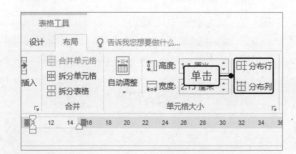

▶ 表格的跨页操作

默认情况下，Word 2019 是允许表格同一个单元格中的内容跨页的，但是有时可能需要使同一个单元格中的内容显示在同一页中，此时就需要取消表格的跨页断行，具体的操作方法如下。

步骤01　打开原始文件，在默认状态下，如果一个单元格中的文本内容过多，并且此单元格正位于页和页的交界处，可以看到单元格中的文本内容自动分布在上一页和下一页中，将光标定位在该单元格中，如下左图所示。

步骤02　选中表格，在"表格工具-布局"选项卡下单击"表"组中的"属性"按钮，如下右图所示。

步骤03　弹出"表格属性"对话框，取消勾选"行"选项组下的"允许跨页断行"复选框，如下左图所示。

步骤04　单击"确定"按钮后，返回到文档中可以看见此时在上一页末尾处的单元格中所有的内容全部显示在下一页中，如下右图所示，即取消了表格跨页断行。

▶ 调整单元格的边距

调整单元格的边距是指调整单元格中文本内容到单元格四周边框的距离，从而使文本内容的布局更稀松或更紧凑。

步骤01　打开原始文件，选中需要调整边距的单元格，在"表格工具-布局"选项卡下单击"对齐方式"组中的"单元格边距"按钮，如下左图所示。

步骤02　弹出"表格选项"对话框，❶在"默认单元格边距"选项组下自定义调整单元格的上下左右的边距，❷设置完成后单击"确定"按钮，如下右图所示。返回文档，可以看到调整单元格边距后的效果。

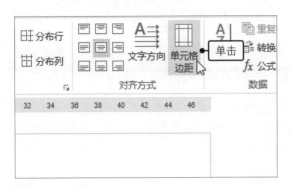
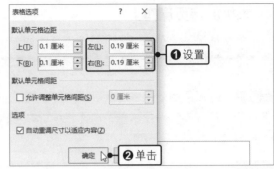

▶ 拆分表格

在 Word 组件中，除了可以对单元格进行拆分，还可以将一个表格拆分为两个表格，具体的操作方法如下。

步骤01 打开原始文件，将光标定位在表格拆分位置下方表格行的任意单元格中，比如定位于表格标题行下方的任意单元格中，❶切换到"表格工具-布局"选项卡，❷单击"合并"组中的"拆分表格"按钮，如下左图所示。

步骤02 此时光标定位的单元格之上的单元格区域被拆分开了，即将一个表格拆分为了标题与内容两个表格，如下右图所示。

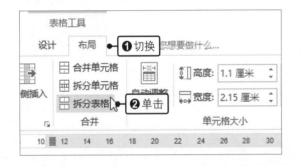

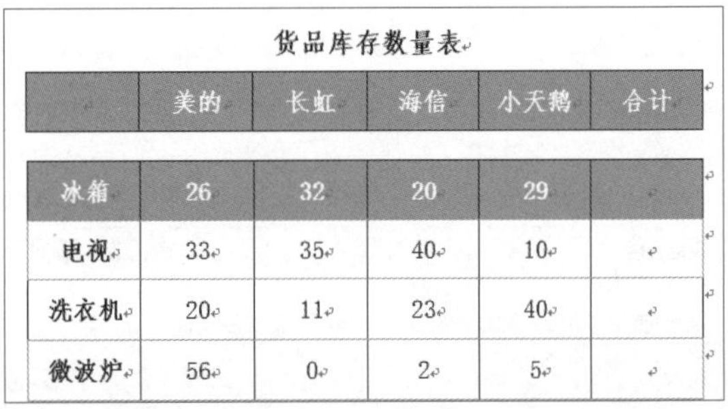

货品库存数量表					
	美的	长虹	海信	小天鹅	合计
冰箱	26	32	20	29	
电视	33	35	40	10	
洗衣机	20	11	23	40	
微波炉	56	0	2	5	

趁热打铁　制作产品报价单

报价单就是供应商提供给客户产品价格清单，需要列明产品名称、品牌、规格、单价等信息。可以参照下面的步骤使用插入表格和设置表格的功能，制作出一份简洁、美观的产品报价单。

◎ 原始文件：实例文件\第5章\原始文件\制作产品报价单.docx
◎ 最终文件：实例文件\第5章\最终文件\制作产品报价单.docx

步骤01 插入表格。打开原始文件，将光标定位在需要插入表格的位置上，❶切换到"插入"选项卡，❷单击"表格"组中的"表格"按钮，❸在展开的列表中选择"4x4表格"，如下左图所示。

步骤02 输入文本。此时文档中插入了一个4列4行的表格，在表格中输入相应的文本，将光标定位在"尺寸"单元格中，如下右图所示。

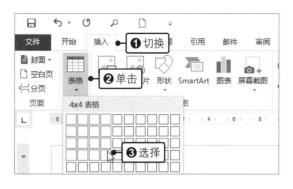

步骤03 插入单元格列。❶切换到"表格工具-布局"选项卡，❷单击"行和列"组中的"在右侧插入"按钮，如下图所示。

步骤04 插入单元格列的效果。使用相同方法继续插入一列单元格，并在相应的单元格中输入文本内容，如下图所示。

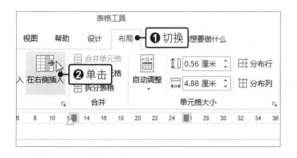

提示 在"表格工具 - 布局"选项卡下，单击"表"组中的"属性"按钮，打开"表格属性"对话框，在"表格"选项卡下，可以设置表格的宽度、对齐方式等。

步骤05 调整单元格的大小。选中整个表格，在"单元格大小"组中设置单元格的"高度"为"1.2厘米"、"宽度"为"2.6厘米"，如下图所示。

步骤06 设置文本的对齐方式。在"对齐方式"组中单击"水平居中"按钮，如下图所示。

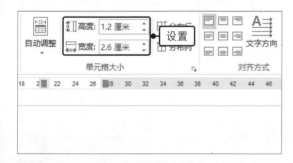

步骤07 调整单元格的效果。设置好所有单元格的大小和文本的对齐方式后，若发现某列单元格的宽度不够，可以通过拖动调整。将鼠标指针放置在相应的列线上，当鼠标指针呈左右箭头形状时，按住鼠标左键向右拖动鼠标，如下左图所示。

步骤08 调整单元格宽度的效果。释放鼠标后，即调整好了单元格的宽度，根据需要，可以对其他单元格的宽度也进行调整，如下右图所示。

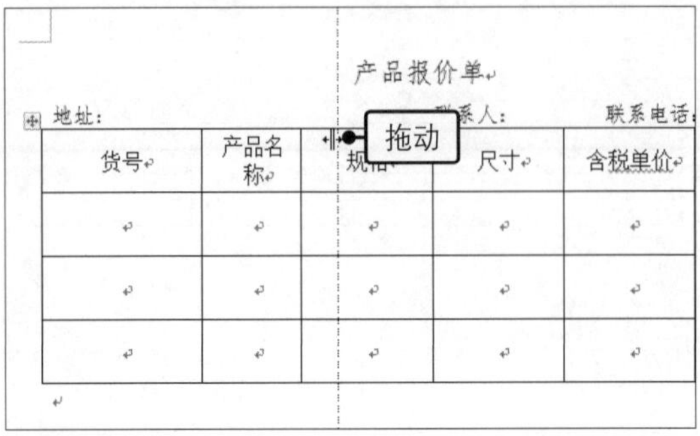

步骤09 选择样式。选中表格，切换到"表格工具-设计"选项卡，单击"表格样式"组中的快翻按钮，在展开的样式库中选择"网格表2，着色6"样式，如下图所示。

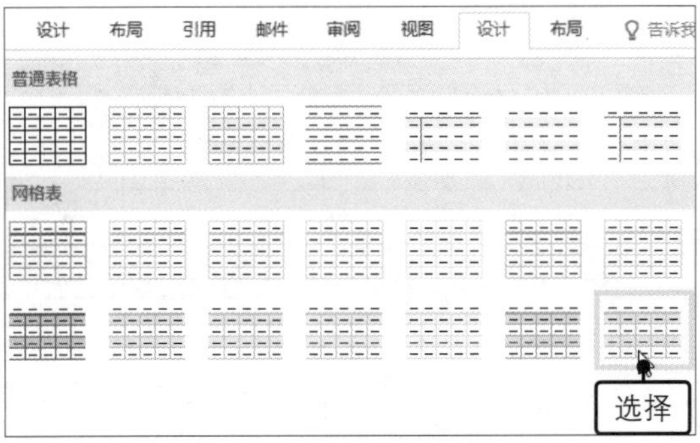

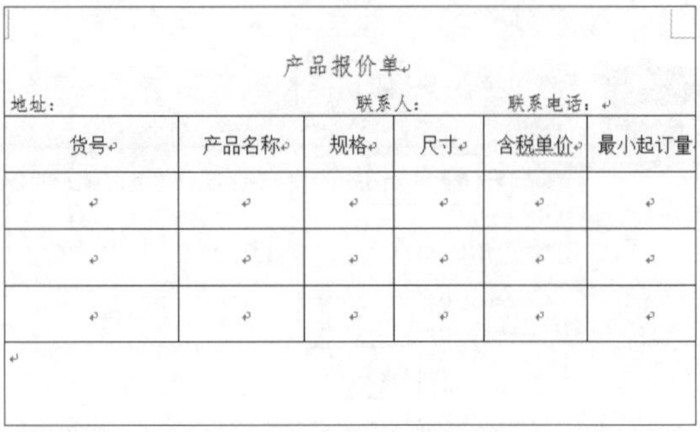

步骤10 应用样式的效果。此时，为表格应用了所选样式，完成了产品报价单的制作，效果如下图所示。可以根据实际的需要，在此产品报价单上填写公司相应的产品信息。

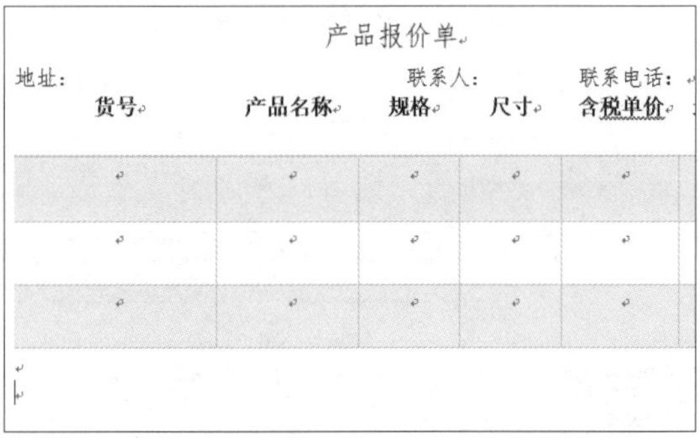

读书笔记

美化和规范文档页面

第6章

在 Word 中完成文档的制作后，为了使文档变得更加美观和规范，可以利用 Word 组件中的页面背景、页面边距、页眉和页脚及分栏等功能规范并美化文档，这样不仅能够便于文档的浏览，还能增强文档的美观度。本章将对文档规范和美化过程中涉及的功能进行详细介绍。

6.1 设置文档的页面背景

要美化一个文档，最直接的操作莫过于对文档的页面背景进行设置，因为页面背景填充了整个文档，它能在最大程度上改变文档的显示效果。设置页面背景包括为页面添加水印、设置页面的背景颜色及为页面添加边框。

6.1.1 添加水印效果

水印包括文字水印和图片水印两种，两种水印所展现的效果全然不同，可以根据实际需求选择水印类型。本小节以选择图片作为水印添加到文档页面中为例进行讲解，具体操作如下。

◎ 原始文件：实例文件\第6章\原始文件\添加水印效果.docx、图片.jpg
◎ 最终文件：实例文件\第6章\最终文件\添加水印效果.docx

步骤01 单击"自定义水印"选项。打开原始文件，❶在"设计"选项卡下单击"页面背景"组中的"水印"按钮，❷在展开的列表中单击"自定义水印"选项，如下图所示。

步骤02 单击"选择图片"按钮。弹出"水印"对话框，❶单击选中"图片水印"单选按钮，❷单击"选择图片"按钮，如下图所示。

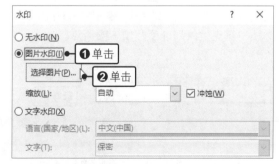

步骤03 选择图片。弹出"插入图片"对话框，选择"从文件"中选择图片的方式，然后在对话框中选中需要使用的图片，如下左图所示。

步骤04 取消冲蚀设置。单击"插入"按钮后，返回到"水印"对话框，取消勾选"冲蚀"复选框，如下右图所示，完成后单击"确定"按钮。

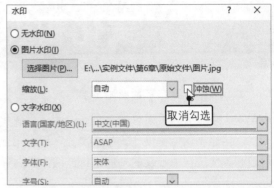

步骤05 添加图片水印的效果。此时文档中添加了一个图片水印，如右图所示。

> **提示** 除了自定义为文档添加图片水印外，还可以单击"水印"按钮，在展开的水印样式库中选择预设的文字水印样式添加到文档中。类似机密、紧急文件等添加文字水印说明效果更强。

6.1.2 填充文档背景

为了制作的文档更加饱满和美观，可以对文档的背景设置填充颜色或渐变的填充效果，具体的操作方法如下。

◎ 原始文件：实例文件\第6章\原始文件\填充文档背景.docx
◎ 最终文件：实例文件\第6章\最终文件\填充文档背景.docx

步骤01 单击"填充效果"选项。打开原始文件，❶在"设计"选项卡下单击"页面背景"组中的"页面颜色"按钮，❷在展开的列表中单击"填充效果"选项，如下图所示。

步骤02 设置渐变色填充。弹出"填充效果"对话框，❶单击"双色"单选按钮，设置颜色为"红色，个性色2，淡色80%"和"白色"，❷在"底纹样式"选项组下单击"中心辐射"单选按钮，如下图所示。

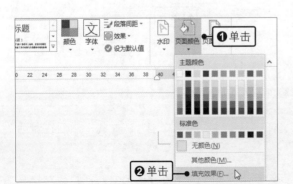

步骤03 填充的效果。即可为文档页面背景填充渐变色效果，如右图所示。

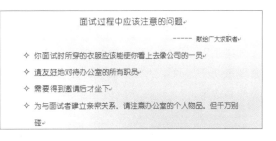

6.1.3　设置页面边框

边框是页面背景中的另一种元素，它也可以实现美化文档的效果，添加页面边框时可以选择边框的样式、颜色和宽度等。

◎ **原始文件**：实例文件\第6章\原始文件\设置页面边框.docx
◎ **最终文件**：实例文件\第6章\最终文件\设置页面边框.docx

步骤01 单击"页面边框"按钮。打开原始文件，在"设计"选项卡下单击"页面背景"组中的"页面边框"按钮，如下图所示。

步骤02 设置边框样式。弹出"边框和底纹"对话框，❶单击"方框"选项，❷设置边框的"颜色"为"深蓝，文字2"、"宽度"为"6磅"，❸单击"确定"按钮，如下图所示。

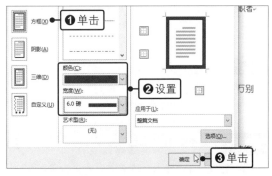

步骤03 添加边框的效果。此时为页面添加了一个边框，显示效果如右图所示。

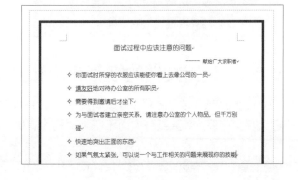

6.2　文档的页面设置

文档的页面设置包括设置文档的页边距、设置文档的纸张大小和方向等内容，通过这些设置可以使文档页面更加规范。

6.2.1 设置文档页边距

所谓页边距就是指内容与文档边缘之间的距离，页边距越大空白位置越多，页边距的宽窄还是要取决于工作中的具体需要，例如，需要将文档进行装订的时候，就可以在装订的一侧设置较宽的页边距。

◎ 原始文件：实例文件\第6章\原始文件\设置文档页边距.docx
◎ 最终文件：实例文件\第6章\最终文件\设置文档页边距.docx

步骤01 单击"页面设置"对话框启动器。打开原始文件，❶切换到"布局"选项卡，❷单击"页面设置"组中的对话框启动器，如下图所示。

步骤02 设置页边距。弹出"页面设置"对话框，在"页边距"选项组下设置页面的上下左右边距，并设置"装订线"为"2厘米"、"装订线位置"为"左"，如下图所示。

步骤03 设置页边距的效果。单击"确定"按钮，返回文档中可看到页面的上方和左方预留了更多的空白，更便于装订文档，如右图所示。

提示 除了自定义文档的页边距外，用户还可以在"页面设置"组中单击"页边距"按钮，在展开的列表中选择预设的页边距样式。这些预设的边距样式也是较为常用的。

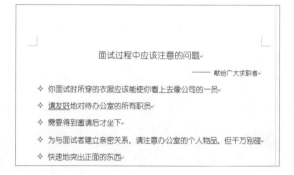

6.2.2 设置文档的纸张大小和方向

纸张的型号多种多样，在实际工作中，需要根据文档内容的多少或打印机的型号来设置纸张的大小；此外，如果纸张方向不符合文档内容的展示，还可以对纸张的方向进行更改。

◎ 原始文件：实例文件\第6章\原始文件\设置文档的纸张大小和方向.docx
◎ 最终文件：实例文件\第6章\最终文件\设置文档的纸张大小和方向.docx

步骤01 选择纸张的大小。打开原始文件，❶切换到"布局"选项卡，❷单击"页面设置"组中的"纸张大小"按钮，❸在展开的列表中单击"A5"选项，如下左图所示。

步骤02 设置纸张大小的效果。设置好了纸张大小后，显示效果如下右图所示。

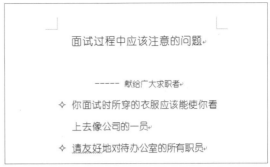

步骤03 选择纸张的方向。❶在"页面设置"组中单击"纸张方向"按钮，❷在展开的列表中单击"横向"选项，如下图所示。

步骤04 设置纸张方向的效果。纸张的方向由纵向改变为横向后，能使每一行中尽可能地包含更多的内容，如下图所示。

提示 除了使用预设的纸张大小外，还可以单击"页面设置"组中的对话框启动器，在"页面设置"对话框的"纸张"选项卡下，自定义设置纸张的高度和宽度。

6.3 为文档添加页眉与页脚

为了让创建的文档更加专业，还能向读者快速传递文档的一些基本信息，如作者、徽标等，可在 Word 中插入页眉和页脚。如果想要区分多页文档每一页的页码数，可以在文档中插入页码。

6.3.1 插入 Word 内置的页眉和页脚

内置的页眉和页脚的样式很多，可根据需要选择插入。页眉和页脚是不能同时处于编辑状态的，因为它们的层次不同，所以在编辑页眉和页脚的时候，只能先编辑完一个，再编辑另一个。

◎ **原始文件：**实例文件\第6章\原始文件\插入Word内置的页眉和页脚.docx
◎ **最终文件：**实例文件\第6章\最终文件\插入Word内置的页眉和页脚.docx

步骤01 选择页眉的样式。打开原始文件，❶在"插入"选项卡下单击"页眉和页脚"组中的"页眉"按钮，❷在展开的列表中选择"花丝"样式，如下左图所示。

步骤02 添加页眉的效果。此时文档的顶端添加了页眉，并在页眉区域显示了"标题"和"作者"控件，如下右图所示。

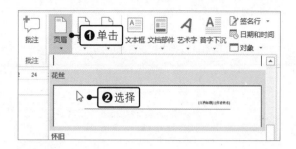

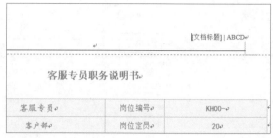

步骤03 编辑页眉文本。在页眉的提示框中输入"信息心心通服务有限公司"，在右侧的提示框中输入日期为"2017"，如下图所示。

步骤04 编辑页脚文本。按下键盘中的向下方向键，切换至页脚区域，输入页脚的内容为"第一页"，如下图所示，完成页眉和页脚的添加。

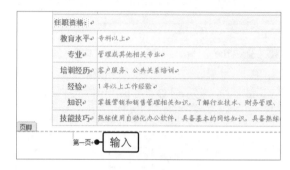

6.3.2 自定义页眉和页脚

　　自定义页眉和页脚是指根据文档的实际需求，对文档中的页眉和页脚样式进行个性化设置，例如，可以在页眉中插入和文档相关的图片，把图片作为文档中每页的页眉内容，或者在页脚中插入日期并实现实时更新日期。由于内置的页眉和页脚都有固定的样式和格式，所以当需要不受限制地设置某些内容时，自定义页眉页脚会更为方便。

　　◎ 原始文件：实例文件\第6章\原始文件\自定义页眉和页脚.docx、图片1.jpg
　　◎ 最终文件：实例文件\第6章\最终文件\自定义页眉和页脚.docx

步骤01 插入空白页眉。打开原始文件，❶在"插入"选项卡下单击"页眉和页脚"组中的"页眉"按钮，❷在展开的列表中选择"空白"样式，如下图所示。

步骤02 插入图片。文档中插入了一个空白样式的页眉，将光标定位在页眉要插入图片的位置，在"页眉和页脚工具-设计"选项卡下单击"插入"组中的"图片"按钮，如下图所示。

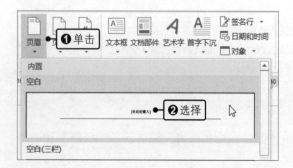

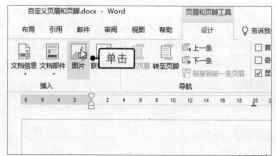

步骤03　选择图片。弹出"插入图片"对话框，在图片的保存位置单击要插入的图片，如下图所示。

步骤04　自定义页眉的效果。单击"插入"按钮，即可在页眉处插入该图片，如下图所示。

步骤05　插入日期。按下向下方向键，切换到页脚中，在"插入"组中单击"日期和时间"按钮，如下图所示。

步骤06　选择日期格式。弹出"日期和时间"对话框，❶在"可用格式"列表框中选择日期的格式后，❷勾选"自动更新"复选框，❸单击"确定"按钮，如下图所示。

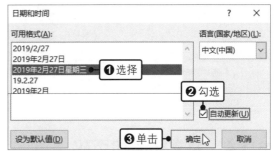

步骤07　自定义页脚的效果。此时页脚中插入了当前日期，如右图所示。关闭页眉和页脚，完成页眉和页脚的制作。

6.3.3　制作首页不同的页眉

默认情况下，在文档中插入了页眉和页脚后，文档中所有页的页眉和页脚都是相同的。有时可能需要制作出首页不同的页眉或页脚，下面介绍具体的操作方法。

◎　原始文件：实例文件\第6章\原始文件\制作首页不同的页眉.docx
◎　最终文件：实例文件\第6章\最终文件\制作首页不同的页眉.docx

步骤01　勾选"首页不同"复选框。打开原始文件，❶切换到"页眉和页脚工具-设计"选项卡，❷在"选项"组中勾选"首页不同"复选框，如下左图所示。

步骤02　清除已有的首页页眉。此时系统会自动删除首页页眉的内容，而其他页的页眉保持不变，如下右图所示。

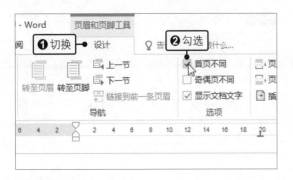

步骤03 插入文档部件。❶在"插入"选项卡下的"文本"组中单击"文档部件"按钮，❷在展开的列表中单击"文档属性>单位"选项，如下图所示。

步骤04 输入页眉内容。此时在页眉处，插入了一个"单位"控件，在文本框中输入单位名称为"**信息服务有限公司"，如下图所示，即可完成首页的页眉制作。

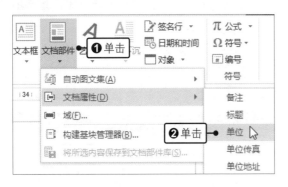

6.3.4 为文档添加页码

当文档中的页数过多时，添加页码就显得很重要，否则不利于浏览文档。Word 2019 中预设了多种多样的页码样式。当然，插入的页码是可以自动更新的。

◎ **原始文件：** 实例文件\第6章\原始文件\为文档添加页码.docx
◎ **最终文件：** 实例文件\第6章\最终文件\为文档添加页码.docx

步骤01 选择页码的样式。打开原始文件，❶单击"页眉和页脚"组中的"页码"按钮，❷在展开的列表中单击"页面顶端>圆角矩形1"选项，如下图所示。

步骤02 插入页码的效果。此时文档的每页顶端都添加了样式为圆角矩形的页码，默认以数值"1"开始，如下图所示。

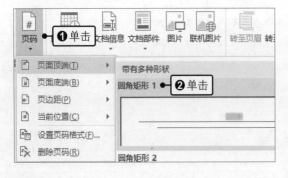

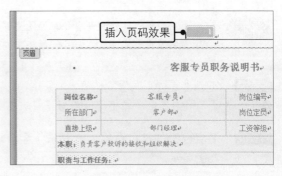

步骤03　查看第二页的页码效果。切换到文档的第二页，可以看见第二页的页码自动显示为"2"，如右图所示。这说明了插入的页码会自动匹配相应的页数。

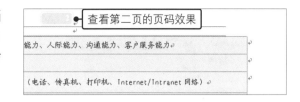

6.4 分栏显示文档内容

所谓分栏就是将 Word 文档全部页面或选中的内容设置为多栏显示，要实现文档内容的分栏显示，既可以使用预设的分栏选项，也可以自定义分栏。

6.4.1　使用预设格式快速分栏

如果想要快速为文档内容进行分栏，可直接使用 Word 中已有的预设栏样式对文档内容进行分栏设置。

◎ 原始文件：实例文件\第6章\原始文件\使用预设格式快速分栏.docx
◎ 最终文件：实例文件\第6章\最终文件\使用预设格式快速分栏.docx

步骤01　选择栏数。打开原始文件，❶切换到"布局"选项卡，❷单击"页面设置"组中的"栏"按钮，❸在展开的列表中单击"两栏"选项，如下图所示。

步骤02　分栏的效果。此时，全部文档内容将分成两栏显示，效果如下图所示。

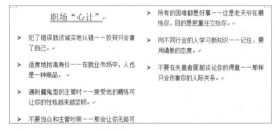

6.4.2　自定义分栏

自定义分栏可以为文档内容设置分栏分隔线及指定每栏的宽度和间距，较之于预设格式更加灵活。

◎ 原始文件：实例文件\第6章\原始文件\自定义分栏.docx
◎ 最终文件：实例文件\第6章\最终文件\自定义分栏.docx

步骤01　单击"更多栏"选项。打开原始文件，选中文档的正文内容，❶单击"布局"组中的"栏"按钮，❷在展开的列表中单击"更多栏"选项，如下左图所示。

步骤02　设置分栏。弹出"栏"对话框，❶单击"预设"选项组下的"三栏"图标，❷勾选"分隔线"复选框，❸设置"栏"的"宽度"为"9字符"、"间距"为"7.99字符"，如下右图所示，最后单击"确定"按钮。

 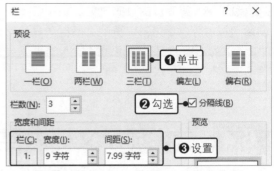

步骤03 自定义分栏的效果。返回到文档中后，此时文档的内容以三栏的形式显示，每栏的宽度为"9字符"，并且栏与栏之间出现一条分隔线，如右图所示。

知识拓展

▶ 设置页面边框的边距

当文档中的内容较少并且集中在文档页面的中间位置时，可以为文档添加边框。添加的边框默认位于文档的页面边缘处，离文档内容很远，导致整篇文档不协调，这时可以设置边框和页面边缘的距离，以缩进边框与文档内容的距离。

步骤01 打开原始文件，在"边框和底纹"对话框中切换到"页面边框"选项卡，单击"选项"按钮，弹出"边框和底纹选项"对话框，单击"边距"选项组下的微调按钮，调整边框的上下左右边距，如下左图所示。

步骤02 单击"确定"按钮，返回文档，可以看见设置边框边距后的效果，如下右图所示。

 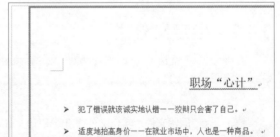

▶ 为页面添加具有特色的边框线

对于宣传类或表现力强的文档，还可以添加更有特色的边框样式，Word 2019 提供了多种边框样式，并将这些边框样式内置在"边框和底纹"对话框的"艺术型"列表中。

步骤01 打开原始文件，打开"边框和底纹"对话框，❶单击"艺术型"右侧的下拉按钮，❷在展开的列表中选择合适的样式，如下左图所示。

步骤02　单击"确定"按钮，可以看见为文档添加了具有特色的艺术型边框的效果，如下右图所示。

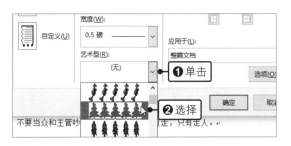

▶ 从文档任意页开始插入页码

如果一篇文档中包含目录，为文档插入页码时，可能需要避开目录页，从正文页开始插入页码，以便于统计正文的页数。

步骤01　打开原始文件，假设从第二页开始插入页码。将光标定位在文档第二页的首字符前，❶切换到"布局"选项卡，❷单击"页面设置"组中的"分隔符"按钮，❸在展开的列表中单击"下一页"选项，如下左图所示。

步骤02　❶在"插入"选项卡下单击"页眉和页脚"组中的"页眉"按钮，❷在展开的列表中选择"空白"样式，如下右图所示。此时为文档插入了空白的页眉和页脚。

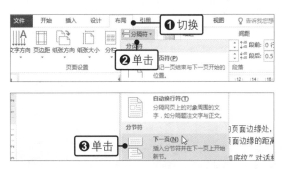

步骤03　将光标定位在第二页的页脚处，❶切换到"页眉和页脚工具-设计"选项卡，❷单击"导航"组中的"链接到前一条页眉"按钮，如下左图所示，即可断开同前一节的链接。

步骤04　在文档的底部插入页码后，将光标定位在文档第二页的页脚位置，在"插入"选项卡下单击"页码"按钮，在展开的列表中单击"设置页码格式"，打开"页码格式"对话框，❶在"页码编号"选项组中单击"起始页码"单选按钮，设置起始页为"1"，❷单击"确定"按钮，如下右图所示。

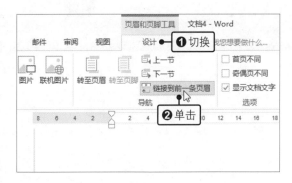

步骤05 返回文档中可以看见文档首页不显示页码，而从文档的第二页开始，页码显示为"1"，如右图所示。依次类推，如果在文档中继续输入内容，则第三页页码为"2"，第四页页码为"3"……

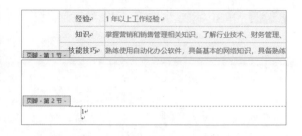

▶ 为文档添加两种不同的页码效果

在默认状态下，不管选择什么样式的页码插入到文档中，在文档的每一页显示的页码样式都是一样的，但有时可能会需要文档页码显示奇偶页不同的效果，下面介绍如何为文档添加奇偶页不同效果的页码样式。

步骤01 打开原始文件，进入页眉和页脚的编辑状态，❶切换到"页眉和页脚工具-设计"选项卡，❷单击"页眉和页脚"组中的"页码"按钮，❸在展开的列表中单击"页面顶端>圆形"选项，如下左图所示。此时文档中插入了"圆形"样式的页码。

步骤02 ❶切换到"页眉和页脚工具-设计"选项卡，❷在"选项"组中勾选"奇偶页不同"复选框，如下右图所示。

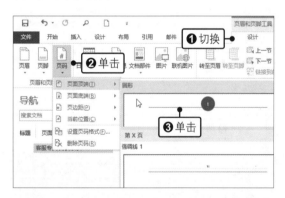

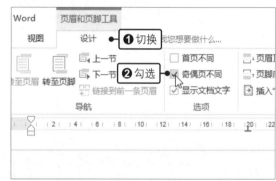

步骤03 将光标定位在第二页的页眉处，❶在"页眉和页脚"组中单击"页码"按钮，❷在展开的列表中单击"页面顶端>圆角矩形2"选项，如下左图所示。

步骤04 此时文档的奇数页和偶数页应用了不同的样式的页码，如下右图所示。

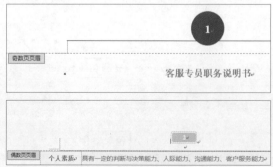

趁热打铁　规范公司制度文档

公司制度是用来规范员工行为和指导员工行动的，面向公司的所有员工开放，因为它在一定程度上展示了公司的外在形象，所以公司制度文档的规范尤为重要。在制作公司制度文档时，可以通过 Word 组件中的页边距、页面背景、页眉页脚和页码等功能对文档进行规范。

◎　原始文件：实例文件\第6章\原始文件\公司制度.docx
◎　最终文件：实例文件\第6章\最终文件\公司制度.docx

步骤01　设置页边距。打开原始文件，❶在"布局"选项卡下单击"页面设置"组中的"页边距"按钮，❷在展开的列表中单击"窄"选项，如下图所示。

步骤02　设置页边距的效果。此时，改变了文档的页边距，减少了页面上下左右的空白，页面得到了最大化的应用，如下图所示。

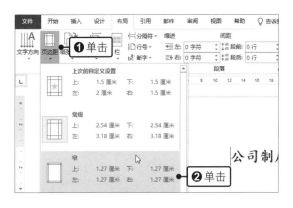

步骤03　添加水印。❶在"设计"选项卡下的"页面背景"组中单击"水印"按钮，❷在展开的列表中选择水印样式，如下图所示。

步骤04　添加水印的效果。此时，文档中添加了所选水印样式，效果如下图所示。

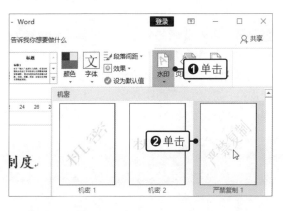

提示　为文档添加文字水印时，也可以自定义文字内容，打开"水印"对话框，单击选中"文字水印"单选按钮，在"文字"文本框中输入水印的文本内容即可。

步骤05 设置背景颜色。❶在"页面背景"组中单击"页面颜色"按钮，❷在展开的列表中选择合适的颜色，如下图所示。

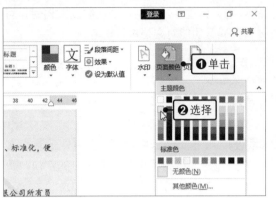

步骤06 设置背景颜色的效果。此时，为文档的页面添加了设置的背景颜色，效果如下图所示。

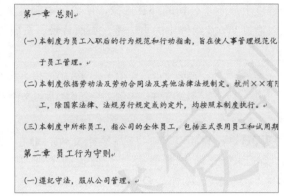

步骤07 插入页眉。❶在"插入"选项卡下单击"页眉和页脚"组中的"页眉"按钮，❷在展开的样式库中选择"奥斯汀"样式，如下图所示。

步骤08 输入页眉的内容。此时页眉的左上角插入了一个"标题"控件，输入页眉的内容为"**有限公司"，如下图所示。

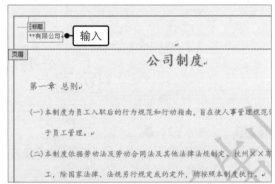

步骤09 插入页码。❶单击"页眉和页脚"组中的"页码"按钮，❷在展开的列表中单击"页面底端>带状物"选项，如下图所示。

步骤10 插入页码的效果。退出页眉和页脚编辑状态，可看到在第一页页面底部自动添加了页码编号"1"，至此完成整个公司制度的页面规范，效果如下图所示。

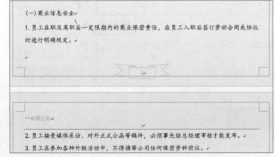

审阅文档

第7章

当文档编辑完成后，为了保证文档内容正确、语言通顺，需要利用 Word 中的文档审阅功能来检查拼写和语法错误。此外还可以对文档中的文本内容进行简繁转换、查看文档页数或字数信息，以及通过对文档添加批注或开启修订功能来突出审阅者的意见，而不破坏原文档的内容。

7.1 对文档进行简繁转换

在 Word 2019 中可对文档进行简繁转换，既可以将简体中文转换为繁体中文，也可以将繁体转换为简体，操作非常简单便捷。

◎ 原始文件：实例文件\第7章\原始文件\对文档进行简繁转换.docx
◎ 最终文件：实例文件\第7章\最终文件\对文档进行简繁转换.docx

步骤01 单击"简转繁"按钮。打开原始文件，❶选中文档中所有内容，❷切换至"审阅"选项卡，❸在"中文简繁转换"组中单击"简转繁"按钮，如下图所示。

步骤02 简体转换为繁体的效果。随后文档就从简体中文全部转换为了繁体中文，如下图所示。

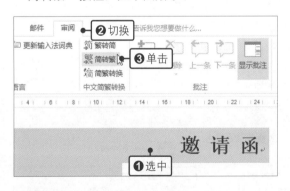

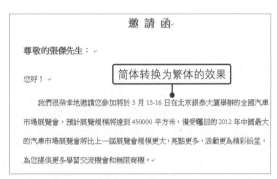

> **提示** 若需将繁体中文转换为简体中文，可单击"繁转简"按钮。另一种简繁互换的方法是单击"简繁转换"按钮，在弹出的"中文简繁转换"对话框中选择转换方向后单击"确定"按钮。

7.2 校对文档内容

当完成文档的编辑后，对其内容的校对是一项必不可少的操作，该操作可以及时标记出文档中的拼音和语法错误，从而避免文档出现内容错误。完成文档校对后，还可查看文档的统计信息，如页数、行数和字数等。

7.2.1 校对文档的拼写和语法

Word 具有追踪和标记文档中出现拼写和语法错误的功能，通过这些标记可以及时发现错误，进而参考系统提出的建议进行修改，而对于一些具有特殊用法但被系统标记为语法错误的标记，可将其忽略。

◎ 原始文件：实例文件\第7章\原始文件\校对文档的拼写和语法.docx
◎ 最终文件：实例文件\第7章\最终文件\校对文档的拼写和语法.docx

步骤01 单击"拼写与语法"按钮。打开原始文件，❶切换至"审阅"选项卡，❷在"校对"组中单击"拼写和语法"按钮，如下图所示。

步骤02 忽略错误。此时文档中可能存在错误的段落会被选中，经过检查如果没有错误，则可单击"校对"窗格下方的"忽略"按钮，如下图所示。

步骤03 显示下一处错误。此时自动跳转到下一处拼写或语法错误处，可以选择合适的方法进行处理，单击"不检查此问题"按钮，如下图所示。

步骤04 完成文档的拼写和语法的校对。当完成拼写和语法检查后，系统将弹出提示框，提示拼写和语法检查已完成，单击"确定"按钮，如下图所示。

7.2.2 查看文档的统计信息

完成对文档的创建和编辑后，可通过字数统计信息查看文档的页数、字数、字符数、行数和段落数等信息。

◎ 原始文件：实例文件\第7章\原始文件\查看文档的统计信息.docx
◎ 最终文件：无

步骤01 单击"字数统计"按钮。打开原始文件，❶选中要统计信息的内容，❷切换至"审阅"选项卡，❸在"校对"组中单击"字数统计"按钮，如下图所示。

步骤02 显示字数统计。此时会弹出"字数统计"对话框，显示所选内容的统计信息，如页数、字数、行数和段落数等，如下图所示。

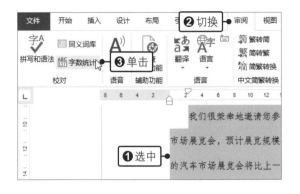

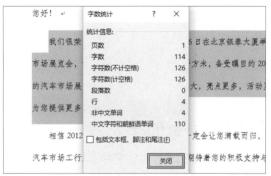

7.3 批注文档

批注由批注标记、连线及批注框组成。需要对文档进行附加说明时，就可插入批注。插入批注后，可以通过特定的定位功能，对批注进行查看。当不再需要某条批注时，可将其删除。

7.3.1 插入批注

对文档进行审阅时，若要对某一字段进行详细注释，或者提出建议，但又不希望更改原文，此时就可以插入批注。

◎ 原始文件：实例文件\第7章\原始文件\插入批注.docx
◎ 最终文件：实例文件\第7章\最终文件\插入批注.docx

步骤01 新建批注。打开原始文件，选中要添加批注的文档内容，❶切换至"审阅"选项卡，❷在"批注"组中单击"新建批注"按钮，如下图所示。

步骤02 插入批注框的效果。此时会在选中的文档内容处插入一个批注标记、连线和批注框，如下图所示。

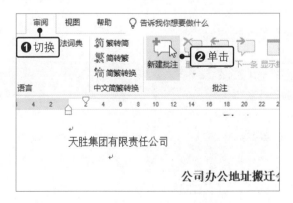

步骤03 输入批注内容的效果。在批注框中输入具体的内容，如右图所示，此时就完成了批注的插入。

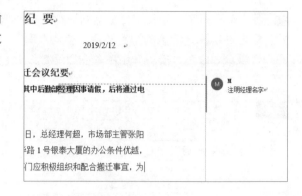

7.3.2 查看批注

查看批注即查看批注框中具体的注释信息，其方法很简单，通过"上一条"或"下一条"命令即可完成多个批注之间的切换。

◎ 原始文件：实例文件\第7章\原始文件\查看批注.docx
◎ 最终文件：无

步骤01 查看下一条批注。打开原始文件，在"审阅"选项卡下的"批注"组中单击"下一条"按钮，如下图所示。

步骤02 查看下一条批注的效果。将跳转到第一个批注框中，继续单击"下一条"按钮，系统将跳转到第二个批注框中，如下图所示。

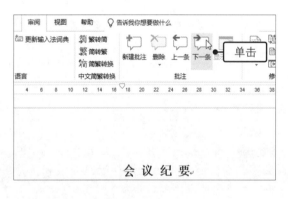

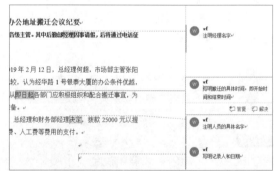

7.3.3 删除批注

完成对批注的审阅或不再需要某项批注时，可以删除批注。

◎ 原始文件：实例文件\第7章\原始文件\删除批注.docx
◎ 最终文件：实例文件\第7章\最终文件\删除批注.docx

步骤01 删除批注。打开原始文件，❶将光标定位在需要删除的批注框中，❷在"批注"组中单击"删除"按钮，如下左图所示。

步骤02 删除批注的效果。此时光标定位的批注就消失了，如下右图所示。

提示 另一种删除批注的方法是直接右击需要删除的批注，在弹出的快捷菜单中单击“删除批注”命令。若要一次性删除文档中的所有批注，只需在“批注”组中单击“删除”下三角按钮，然后在展开的列表中单击“删除文档中的所有批注”选项即可。

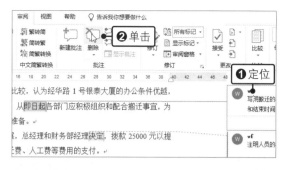

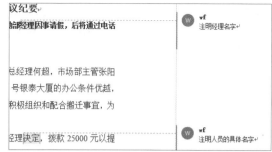

7.4 修订文档

对他人的文档进行修订时，可启用 Word 组件的修订功能，进入修订状态，对文档进行的修改操作都会通过修订标记显示出来，从而不会对原文档进行实质性的删减，并且也能方便原作者查看修订的具体内容。

7.4.1 对文档进行修订

对文档启用修订功能后，审阅者对文档内容或格式进行的修改操作都将以修订的方式进行标记。

◎ 原始文件：实例文件\第7章\原始文件\对文档进行修订.docx

◎ 最终文件：实例文件\第7章\最终文件\对文档进行修订.docx

步骤01 单击“修订”按钮。打开原始文件，在“审阅”选项卡的“修订”组中单击“修订”按钮，如下图所示。

步骤02 修订文档的效果。当对文档进行修改时，就会以相应的标记显示修订的内容，效果如下图所示。

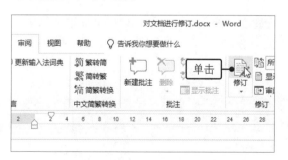

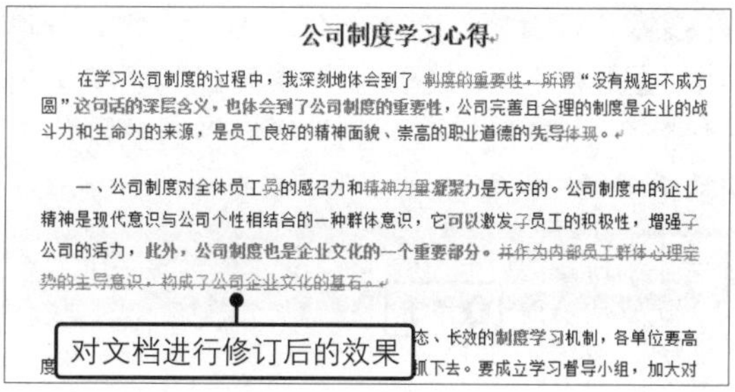

7.4.2 更改修订选项

更改修订选项主要是对修订的标记方式和颜色进行设置，如设置插入内容的标记方式及其颜色、删除内容的标记方式及其颜色、修订行的标记方式及其颜色等。

◎ 原始文件：实例文件\第7章\原始文件\更改修订选项.docx
◎ 最终文件：实例文件\第7章\最终文件\更改修订选项.docx

步骤01 打开"修订选项"对话框。打开原始文件，在"审阅"选项卡的"修订"组中单击对话框启动器，如右图所示。

步骤02 设置高级修订选项。弹出"修订选项"对话框后单击"高级选项"按钮，打开"高级修订选项"对话框。在"标记"选项面板中分别设置插入内容、删除内容和修订行的标记和颜色，如下图所示。

步骤03 更改修订选项的效果。单击"确定"按钮后，文档中的修订就按照设置的修订标记和颜色加以显示，如下图所示。

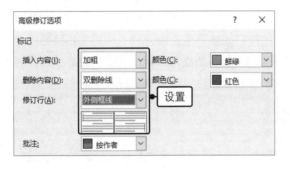

7.4.3 显示修订标记

除了可以自定义修订标记的类型，还可以设置修订标记的显示方式，Word 2019 提供了多种修订标记的显示方式，可根据实际的工作需求选择合适的修订标记显示方式。

◎ 原始文件：实例文件\第7章\原始文件\显示修订标记.docx
◎ 最终文件：实例文件\第7章\最终文件\显示修订标记.docx

步骤01 设置修订选项。打开原始文件，❶单击"显示标记"按钮，❷在展开的列表中单击"批注框>在批注框中显示修订"选项，如下图所示。

步骤02 更改修订选项的效果。此时文档中的修订标记就显示在了批注框中，如下图所示。

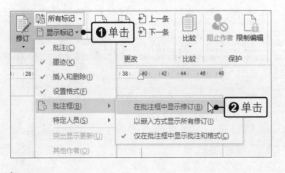

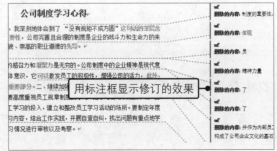

7.4.4　接受与拒绝修订

　　对于审阅者做出的修订，可选择接受或拒绝。接受修订将保留审阅者修订后的内容，而拒绝修订将清除审阅者对文档的修改，保留原有信息。接受或拒绝修订的过程中既可一条一条地进行，也可一次性完成操作。

◎　原始文件：实例文件\第7章\原始文件\接受与拒绝修订.docx
◎　最终文件：实例文件\第7章\最终文件\接受与拒绝修订.docx

步骤01　接受修订。打开原始文件，定位到将接受修订的批注框，❶在"审阅"选项卡下的"更改"组中单击"接受"下三角按钮，❷在展开的列表中单击"接受此修订"选项，如下图所示。

步骤02　接受修订的效果。此时文档就接受了该修订，即修订中要求删除的内容就消失了，如下图所示。

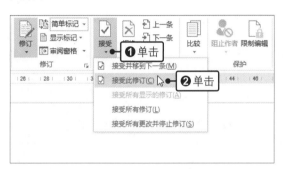

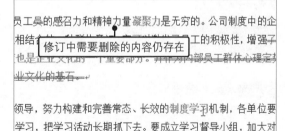

步骤03　拒绝修订。定位到需要执行拒绝修订的批注框，如"删除的内容：精神力量"批注框，❶单击"拒绝"下三角按钮，❷在展开的列表中单击"拒绝更改"选项，如下图所示。

步骤04　拒绝修订的效果。此时文档拒绝了该修订，即没有删除修订中要求删除的内容，如下图所示，"精神力量"字样仍然存在。

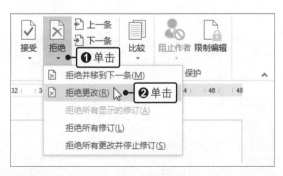

步骤05　接受全部修订。完成文档修订并满意修订内容时，❶可单击"接受"下三角按钮，❷在展开的列表中单击"接受所有修订"选项，如右图所示。

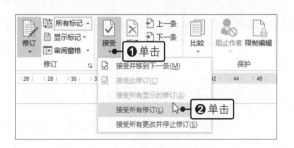

步骤06 接受全部修订的效果。此时文档即可接受所有修订，即文档中的修订标记就全部消失了，如右图所示。

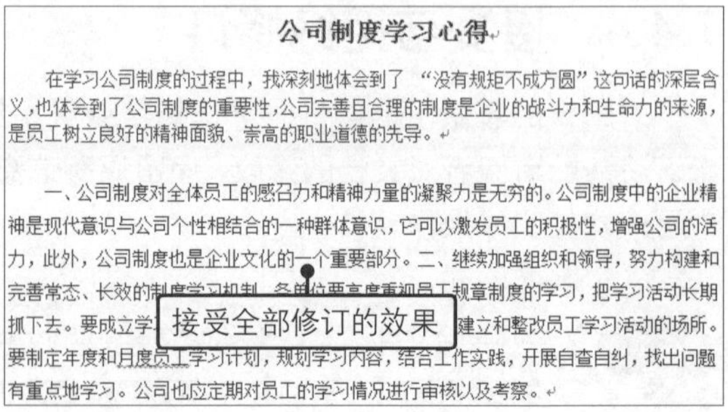

知识拓展

▶ 设置 Word 2019 在更正拼写和语法时检查的内容

利用"拼写和语法"功能检查文档中的内容，实际上是文档创建过程中的自我审阅，可以避免一些常见的拼写语法错误。通常系统会根据默认的拼写和语法检查规则来审阅文档，也可自行设置拼写和语法检查的内容。

步骤01 打开一个空白文档，单击"文件"按钮，在弹出的视图菜单中单击"选项"命令，如下左图所示。

步骤02 弹出"Word选项"对话框，单击"校对"选项，❶在"在Word中更正拼写和语法时"选项组中勾选所需的拼写和语法检查选项，❷单击"设置"按钮，如下右图所示。

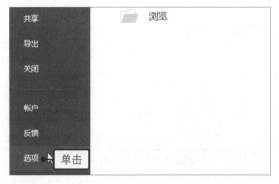

步骤03 打开"语法设置"对话框，在该对话框中，可以设置写作风格和分类词典等选项，如右图所示，设置好以后，依次单击"确定"按钮即可。

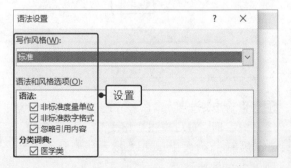

▶ 更改文档语言的首选项

默认情况下，文档语言的首选项是与 Microsoft Windows 匹配的语言，可以将其改为其他语言。

打开"Word 选项"对话框，❶单击"语言"选项，❷在"选择显示语言"下的列表框中选择"2.中文（简体）"，❸单击"设为默认值"按钮，如右图所示。最后单击"确定"按钮并重新启动组件。

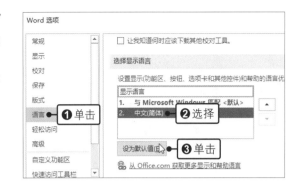

▶ 更改审阅者的用户信息

在开启修订功能审阅文档时，批注框中出现在"批注"字样后的字母或名称就是审阅者的用户信息，在修订文档之前可对用户名进行修改，以表明自己的身份。

步骤01　打开原始文件，在"审阅"选项卡下单击"修订"组中的对话框启动器，在弹出的"修订选项"对话框中单击"更改用户名"按钮，如下左图所示。

步骤02　弹出"Word选项"对话框，此时就可修改用户名信息，如下右图所示。

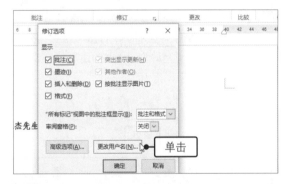

步骤03　单击"确定"按钮后，新建批注时的批注框中用户名信息就显示为了所设置的用户名缩写，如右图所示。

趁热打铁　审阅周工作报告

周工作报告是工作人员对一周的工作情况的总结，通常包括工作开展情况、工作中存在的不足及今后努力发展的方向，其有利于工作人员在总结中发现问题、总结经验。为了让创建的工作报告尽可能完美，可使用 Word 中的各种工具对文本内容进行校对和审阅。

◎ **原始文件：**实例文件\第7章\原始文件\审阅周工作报告.xlsx

◎ **最终文件：**实例文件\第7章\最终文件\审阅周工作报告.xlsx

步骤01 新建批注。打开原始文件，❶将光标定位至需要插入批注的位置，如“周工作报告”标题后，❷在“审阅”选项卡下的“批注”组中单击“新建批注”按钮，如下图所示。

步骤02 插入批注的效果。此时就会插入一个批注框，在批注框中输入相关内容，如下图所示。

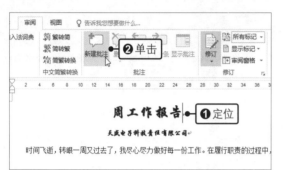

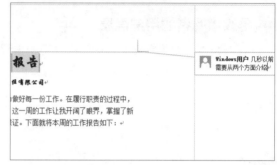

步骤03 单击“修订选项”选项。以同样的方式插入其他批注，为了区分修订的标记和批注标记，可设置修订标记，❶单击“修订”组中的对话框启动器，❷在弹出的“修订选项”对话框中单击“高级选项”按钮，如下图所示。

步骤04 设置修订标记。弹出“高级修订选项”对话框，设置标记插入内容、删除内容、修订行的格式和颜色，如下图所示。

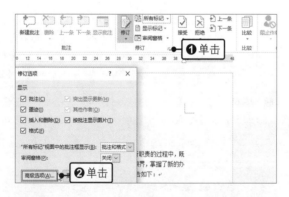

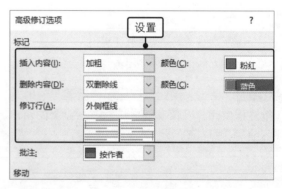

步骤05 修订文档的效果。对文档进行修订，如增加内容或删除一些文本，此时文档修订的效果按照设置的修订标记显示，如右图所示。

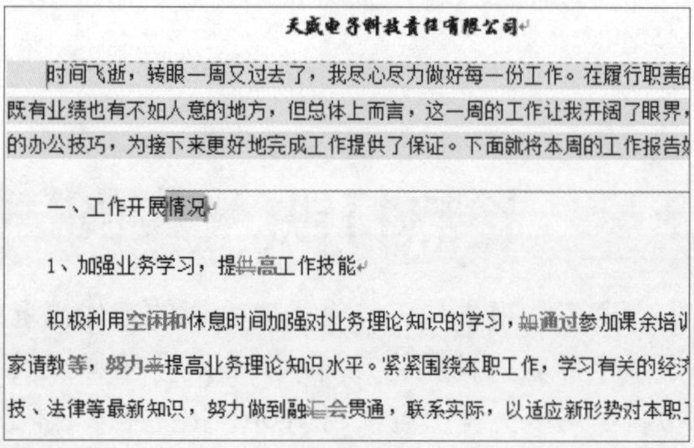

步骤06　设置修订显示的方式。❶单击"显示标记"按钮，❷在展开的列表中单击"批注框>在批注框中显示修订"选项，如右图所示。

步骤07　设置修订显示方式后的效果。此时文档的修订内容就用批注框来表示，即批注框中显示了修订文档过程中删除或增加的内容，如下图所示。

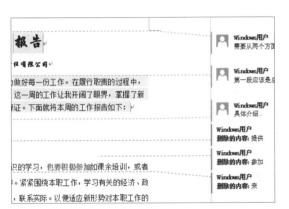

步骤08　接受修订。完成文档的所有修订并确定这些修订时，❶单击"接受"下三角按钮，❷在展开的列表中单击"接受所有修订"选项，如下图所示。

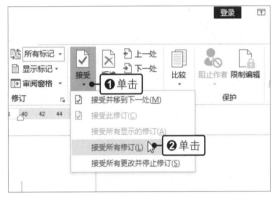

步骤09　接受修订后的效果。此时文档中的所有修订标记就消失了，修订后的效果如下图所示。由于接受修订不能删除批注，所以还需要将批注删除。

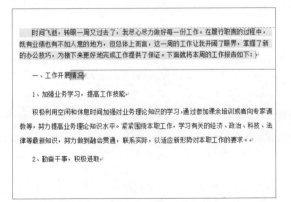

步骤10　删除批注。❶单击"删除"下三角按钮，❷在展开的列表中单击"删除文档中的所有批注"选项，如下图所示。此时，文档中的所有批注将被删除。

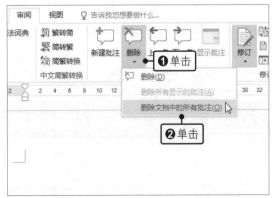

第 8 章 工作表与单元格的基本操作

从某种程度上来说，Excel 组件的基本操作实际上就是对表格中的工作表和单元格的编辑操作，由此可见工作表和单元格在 Excel 中的重要位置。本章将详细讲解 Excel 工作表与单元格的相关知识。通过本章的学习，可掌握操作工作表和单元格的各种方法。

8.1 认识工作簿、工作表与单元格

工作簿、工作表和单元格是 Excel 中的三大主要元素，在讲解它们的基本操作之前，应先了解它们的含义。

工作簿是用来储存并处理工作数据的文件，也就是说 Excel 文件就是工作簿，一般情况下，一个工作簿由一个或多个工作表构成；

工作表常被称作电子表格，用于处理数据信息，每张工作表由行和列所构成的多个单元格组成；

单元格是 Excel 中最基本的存储数据单元，输入的数据都是保存在单元格中，这些数据可以是数字、公式，也可以是图形或声音文件。

8.2 工作表基本操作

工作表是存储和管理各种数据信息的场所，其基本操作包括新建、删除、重命名、移动、复制、隐藏和显示等。

8.2.1 新建与删除工作表

在实际工作中，若工作表数量不够，可以手动插入新工作表以满足工作需要；如果在编辑工作表的过程中，发现有多余或错误的工作表，可以将其删除，以便于更好地管理工作簿。

◎ 原始文件：实例文件\第8章\原始文件\新建与删除工作表.xlsx
◎ 最终文件：实例文件\第8章\最终文件\新建与删除工作表.xlsx

步骤01 创建新工作表。打开原始文件，单击"电话费用报销明细"工作表标签右侧的"新工作表"按钮，如右图所示。

吴**	技术部	AK010	¥150.00	
李**	人事部	AK011	¥180.00	
张**	人事部	AK012	¥120.00	
曹**	销售部	AK013	¥200.00	
李**	销售部	AK014	¥120.00	
徐**	销售部	AK015	¥100.00	单击

员工节日补助费用 | 员工午餐补助费用 | 电话费用报销明细

步骤02　编辑新工作表。此时系统会在"电话费用报销明细"工作表标签后新建一个"Sheet1"工作表，在该工作表中输入本月员工的节日补助费用和午餐补助费用，如下图所示。

各项补助费用合计					
				单位：元	
公司名称	恒胜科技有限公司		时间：	2017 年9月	
姓名	所属部门	员工编号	日津贴金	午餐补贴金	金额合计
张**	人事部	AK001	¥100	¥200	¥300
王**	技术部	AK002	¥150	¥200	¥350
海**	销售部	AK003	¥200	¥250	¥450
田**	销售部	AK004	¥300	¥200	¥500
科**	人事部	AK005	¥200	¥200	¥400
高**	人事部	AK006	¥400	¥180	¥580
刘**	人事部	AK007	¥300	¥150	¥450
李**	技术部	AK008	¥500	¥150	¥650
周**	技术部	AK009	¥400	¥160	¥560

员工节日补助费用　员工午餐补助费用　电话费用报销明细　Sheet1

步骤03　单击"删除"命令。❶按【Ctrl】键选中工作表"员工节日补助费用"和"员工午餐补助费用"，然后右击鼠标，❷在弹出的快捷菜单中单击"删除"命令，如下图所示。

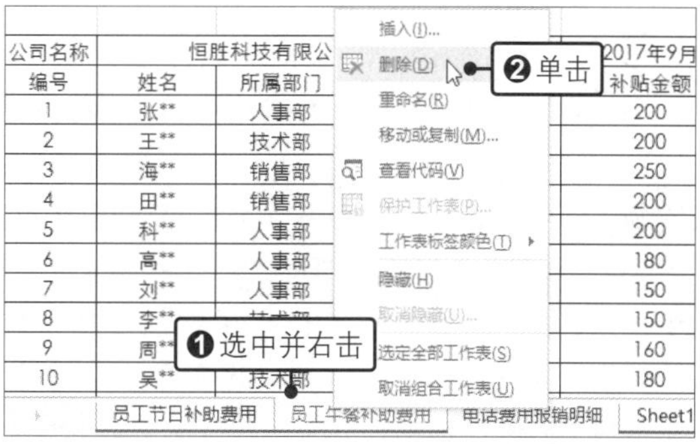

菜单：插入(I)...、删除(D)...❷单击、重命名(R)、移动或复制(M)...、查看代码(V)、保护工作表(P)...、工作表标签颜色(T)、隐藏(H)、取消隐藏(U)、选定全部工作表(S)、取消组合工作表(U)

❶选中并右击

公司名称	恒胜科技有限公		2017年9月
编号	姓名	所属部门	补贴金额
1	张**	人事部	200
2	王**	技术部	200
3	海**	销售部	250
4	田**	销售部	200
5	科**	人事部	200
6	高**	人事部	180
7	刘**	人事部	150
8	李**		150
9	周*		160
10	吴*	技术部	180

员工节日补助费用　员工午餐补助费用　电话费用报销明细　Sheet1

步骤04　确定删除。弹出提示框，提示是否将永久删除此工作表，如果确定删除，单击"删除"按钮，如下图所示。

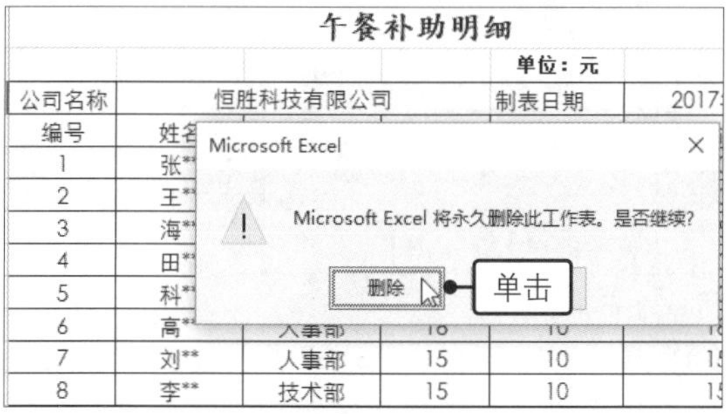

午餐补助明细				
			单位：元	
公司名称	恒胜科技有限公司		制表日期	2017
编号	姓名			

Microsoft Excel ×
Microsoft Excel 将永久删除此工作表。是否继续？
删除　单击

1	张**			
2	王**			
3	海**			
4	田**			
5	科**			
6	高**	人事部	18	10
7	刘**	人事部	15	10	15
8	李**	技术部	15	10	15

步骤05　删除工作表的效果。此时被删除的工作表标签就消失不见了，如下图所示。

	员工电话费用报销明细				
	单位名称	恒胜科技有限公司		时间：2017年9月	
序号	姓名	所属部门	员工编号	移动电话费	
1	张**	人事部	AK001	¥150.00
2	王**	技术部	AK002	¥100.00
3	海**	销售部	AK003	¥120.00
4	田**	销售部	AK004	¥250.00
5	科**	人事部	AK005	¥200.00
6	高**	人事部	AK006	¥180.00
7	刘**	人事部	AK007	¥150.00
8	李**	技术部	AK008	¥120.00

电话费用报销明细　Sheet1　⊕

8.2.2　重命名工作表

工作表名称默认为"Sheet1""Sheet2"……，有时为了便于快速了解工作表中的内容，可重命名工作表。

◎ 原始文件：实例文件\第8章\原始文件\重命名工作表.xlsx
◎ 最终文件：实例文件\第8章\最终文件\重命名工作表.xlsx

步骤01　重命名工作表。打开原始文件，❶右击工作表标签"Sheet1"，❷在弹出的快捷菜单中单击"重命名"命令，如下图所示。

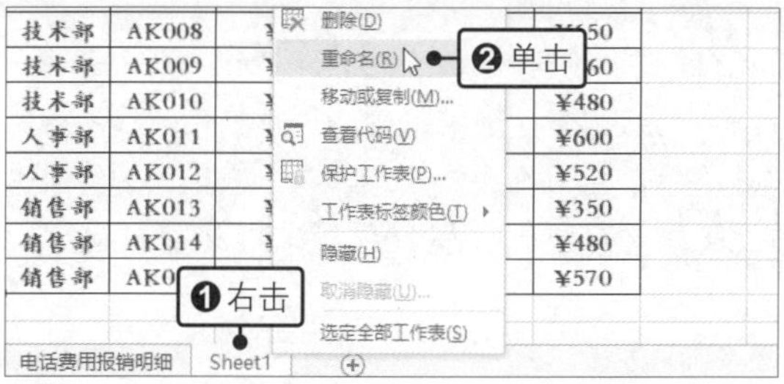

技术部	AK008		删除(D)	¥150
技术部	AK009	重命名(R)❷单击	¥60
技术部	AK010	移动或复制(M)...	¥480
人事部	AK011	查看代码(V)	¥600
人事部	AK012	保护工作表(P)...	¥520
销售部	AK013	工作表标签颜色(T)	¥350
销售部	AK014	隐藏(H)	¥480
销售部	AK0	取消隐藏(U)...	¥570

❶右击　选定全部工作表(S)
电话费用报销明细　Sheet1　⊕

步骤02　输入新工作表名称。输入工作表名称为"补助费用合计"，按下【Enter】键完成输入，如下图所示。

姓名	所属部门	员工编号	节日津贴金额	午餐补贴金额	金额合计
张**	人事部	AK001	¥100	¥200	¥300
王**	技术部	AK002	¥150	¥200	¥350
海**	销售部	AK003	¥200	¥250	¥450
田**	销售部	AK004	¥300	¥200	¥500
科**	人事部	AK005	¥200	¥200	¥400
高**	人事部	AK006	¥400	¥180	¥580
刘**	人事部	AK007	¥300	¥150	¥450
李**	技术部	AK008	¥500	¥150	¥650

电话费用报销明细　补助费用合计　输入

125

8.2.3 移动或复制工作表

工作表在工作簿中的位置并不是固定不变的，在实际工作中，可以通过移动或复制工作表功能来改变工作表的位置及复制工作表内容，即省事又省时。

◎ 原始文件：实例文件\第8章\原始文件\移动或复制工作表.xlsx
◎ 最终文件：实例文件\第8章\最终文件\移动或复制工作表.xlsx

步骤01 移动或复制工作表。打开原始文件，❶单击"电话费用报销明细"工作表标签，❷在"开始"选项卡下单击"单元格"组中的"格式"按钮，❸在展开的列表中单击"移动或复制工作表"选项，如下图所示。

步骤02 选择移动或复制的位置。弹出"移动或复制工作表"对话框，在"下列选定工作表之前"列表框中选择移动或复制后的位置，❶这里单击"（移至最后）"，❷勾选"建立副本"复选框以复制工作表，如下图所示。

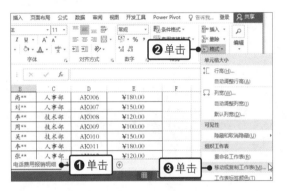

步骤03 移动或复制工作表的效果。单击"确定"按钮后，工作表被复制，复制后的工作表以"电话费用报销明细（2）"命名，如下图所示。

步骤04 编辑复制的工作表。将复制后的工作表重命名为"出差费用报销明细"，并对部分数据进行更改，如下图所示。

A	B	C	D	E
6	高**	人事部	AK006	¥180.00
7	刘**	人事部	AK007	¥150.00
8	李**	技术部	AK008	¥120.00
9	周**	技术部	AK009	¥100.00
10	吴**	技术部	AK010	¥150.00
11	李**	人事部	AK011	¥180.00
12	张**	人事部	AK012	¥120.00
13	曹**	销售部	AK013	¥200.00
14	李**	销售部	AK014	¥120.00

提示 若要移动工作表，就不勾选"建立副本"复选框。另一种移动工作表的方法是，在需要移动的工作表标签上单击并按住鼠标不放，当鼠标指针变成形状时，拖动鼠标到目标位置，释放鼠标左键即可。移动或复制工作表不仅可在同一工作簿中实现，也可在不同工作簿之间完成。只需在"移动或复制工作表"对话框中的"将选定工作表移至工作簿"列表中选择要移到的工作簿即可。

8.2.4　更改工作表标签颜色

为了突出显示某个工作表标签，可更改工作表标签的颜色，具体的操作方法如下。

◎ 原始文件：实例文件\第8章\原始文件\更改工作表标签颜色.xlsx
◎ 最终文件：实例文件\第8章\最终文件\更改工作表标签颜色.xlsx

步骤01 选择工作表标签颜色。打开原始文件，❶右击要更改颜色的工作表标签，如"补助费用合计"，❷在弹出的快捷菜单中单击"工作表标签颜色>红色"命令，如下图所示。

步骤02 更改工作表标签颜色的效果。此时工作表标签的颜色就更改为了红色，如下图所示。

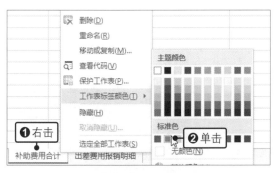

8.2.5　隐藏与显示工作表

在实际工作中，若不想某个工作表中的数据信息被他人编辑和查看，可以将数据所在的工作表隐藏起来，待需要时再重新显示出来。

◎ 原始文件：实例文件\第8章\原始文件\隐藏与显示工作表.xlsx
◎ 最终文件：实例文件\第8章\最终文件\隐藏与显示工作表.xlsx

步骤01 单击"隐藏工作表"命令。打开原始文件，❶按住【Ctrl】键，依次单击"电话费用报销明细"和"出差费用报销明细"工作表标签，❷在"开始"选项卡下的"单元格"组中单击"格式"按钮，❸在展开的列表中单击"隐藏和取消隐藏>隐藏工作表"选项，如右图所示。

步骤02 隐藏工作表的效果。此时工作簿中只有"补助费用合计"工作表，选中的工作表就被隐藏了，如下左图所示。

步骤03 单击"取消隐藏"命令。若需要查看"出差费用报销明细"工作表，❶可右击"补助费用合计"工作表标签，❷在弹出的快捷菜单中单击"取消隐藏"命令，如下右图所示。

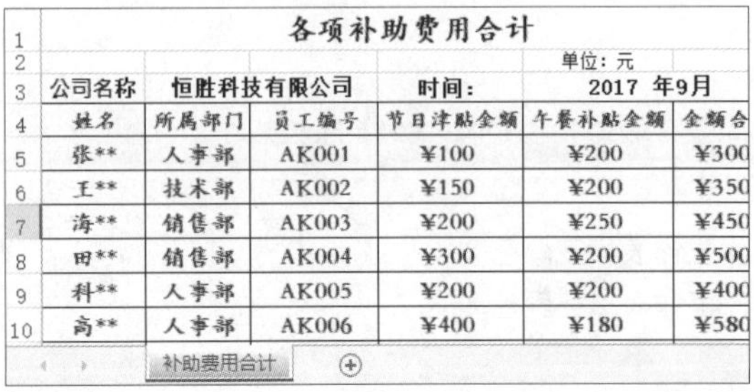

1	各项补助费用合计				
2				单位：元	
3	公司名称	恒胜科技有限公司	时间：	2017 年9月	
4	姓名	所属部门	员工编号	节日津贴金额	午餐补贴金额	金额合
5	张**	人事部	AK001	¥100	¥200	¥300
6	王**	技术部	AK002	¥150	¥200	¥350
7	海**	销售部	AK003	¥200	¥250	¥450
8	田**	销售部	AK004	¥300	¥200	¥500
9	科**	人事部	AK005	¥200	¥200	¥400
10	高**	人事部	AK006	¥400	¥180	¥580

补助费用合计

步骤04 选择取消隐藏的工作表。弹出"取消隐藏"对话框，❶在"取消隐藏工作表"列表框中选择取消隐藏的工作表，如"出差费用报销明细"，❷单击"确定"按钮，如下图所示。

步骤05 显示工作表。返回工作表中，可看到"出差费用报销明细"工作表已显示出来了，如下图所示。

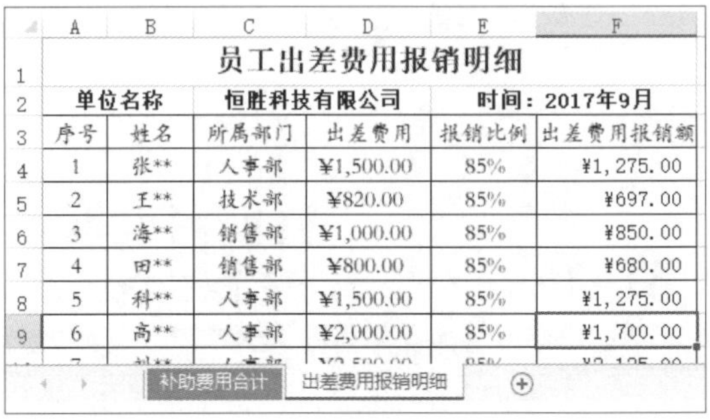

	员工出差费用报销明细				
2	单位名称	恒胜科技有限公司		时间：2017年9月	
3	序号	姓名	所属部门	出差费用	报销比例	出差费用报销额
4	1	张**	技术部	¥1,500.00	85%	¥1,275.00
5	2	王**	技术部	¥820.00	85%	¥697.00
6	3	海**	销售部	¥1,000.00	85%	¥850.00
7	4	田**	销售部	¥800.00	85%	¥680.00
8	5	科**	人事部	¥1,500.00	85%	¥1,275.00
9	6	高**	人事部	¥2,000.00	85%	¥1,700.00

补助费用合计　出差费用报销明细

8.3 在单元格中输入数据

为了制作一张完整的表格，首先要解决的一个问题就是如何选中单元格并在单元格中输入数据，在这个过程中，掌握一些输入数据的技巧，如在连续的多个单元格中输入具有特定规律或完全相同的数据时，启用自动填充功能可以让输入变得更加快捷，有助于提高办公效率。此外，还可以使用数据验证功能保证数据录入的准确和高效。

8.3.1 选择单元格

要想在单元格或编辑栏中输入数据，首先需要选定所在的单元格或单元格区域，具体的操作方法如下。

◎ 原始文件：实例文件\第8章\原始文件\选择单元格.xlsx
◎ 最终文件：无

步骤01 选中单个单元格。打开原始文件，单击要选择的单个单元格，如单元格 B3，该单元格即为活动单元格，其边框用黑色加粗线凸显，编辑栏中还显示了该单元格中的内容，如下左图所示。

步骤02 选择单元格区域。当需要选择连续多个单元格区域时，则在某个单元格上按住鼠标左键不放并拖动鼠标，即可选择连续的单元格组成的单元格区域，如下右图所示。

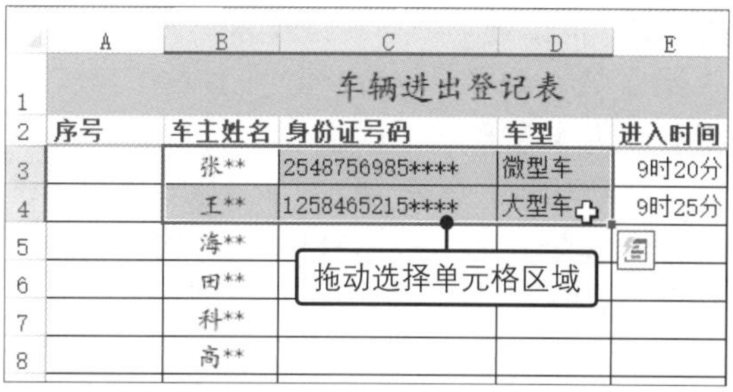

提示　若要选择不相邻的单元格区域，可按住【Ctrl】键不放，再选择需要选定的单元格或单元格区域；若要选择整个工作表，可通过单击工作表左上角行标题与列标题的交叉处的"全选"按钮；若要选择某一行的所有单元格，可单击该行对应的行标题；若要选定多行，只需选定起始行标题，然后按住鼠标左键不放拖动至要选中的最后一行，释放鼠标即可。选定列的方式类似。

8.3.2　输入以 0 开头的数字

默认情况下，如果输入以 0 开始的数字，那么单元格中只会显示 0 之后的数字，所以想要输入以 0 开始的数字，可以将单元格格式设置为"文本"后再输入以 0 开头的数字，也可以输入英文状态下的单撇号再输入以 0 开头的数字。

◎　原始文件：实例文件\第8章\原始文件\输入以0开头的数字.xlsx
◎　最终文件：实例文件\第8章\最终文件\输入以0开头的数字.xlsx

步骤01　输入以0开头的数据。打开原始文件，在单元格A3中输入"'01"，如下图所示。

步骤02　显示输入0开头数据的效果。按下【Enter】键后，单元格中显示"01"，而输入的"'"不会出现在单元格中，且在单元格的左上角会出现一个绿色的三角形符号，如下图所示。

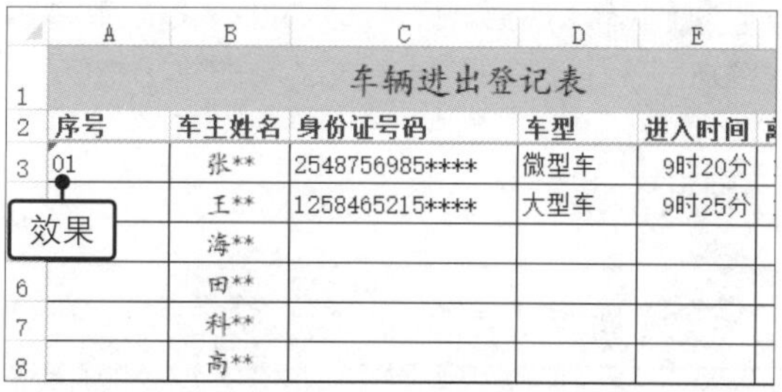

8.3.3　自动填充数据

若要在相邻的多个单元格中输入类似1、2、3……的具有一定规律的数据，为了提高工作效率，可利用 Excel 的自动填充数据的功能完成操作。

◎　原始文件：实例文件\第8章\原始文件\自动填充数据.xlsx
◎　最终文件：实例文件\第8章\最终文件\自动填充数据.xlsx

步骤01 向下拖动鼠标。打开原始文件，选中单元格A3，❶将鼠标指针放在其右下角，当指针变为十字形状时，按住鼠标左键不放，向下拖动鼠标，在适当位置释放鼠标，❷单击"自动填充选项"按钮，❸在展开的列表中选择合适的填充方式，如"填充序列"，如右图所示。

步骤02 自动填充数据的效果。此时鼠标拖动过的单元格就以等差序列填充了，如下图所示。

提示 除了可以使用填充柄自动填充数据，还可使用对话框或快捷菜单来完成。选定需要填充的单元格区域，在"开始"选项卡下的"编辑"组中单击"填充"按钮，在展开的列表中单击填充方式，此时所选单元格区域就填充了相同的数据，若要填充有一定规律的数据，可选择"序列"选项，在弹出的"序列"对话框中选择填充方式，输入步长值和终止值，单击"确定"按钮即可。

8.3.4 在不连续的单元格中输入同一数据

若要在不连续的单元格中输入同一数据，就不能使用自动填充功能，但此时可使用【Ctrl+Enter】组合键快速实现在不连续单元格中输入同一数据。

◎ 原始文件：实例文件\第8章\原始文件\在不连续的单元格中输入同一数据.xlsx
◎ 最终文件：实例文件\第8章\最终文件\在不连续的单元格中输入同一数据.xlsx

步骤01 输入数据。打开原始文件，❶选中单元格D5，按住【Ctrl】键，同时单击单元格D7、D11，❷并在单元格D11中输入"小型车"，如下图所示。

步骤02 按【Ctrl+Enter】组合键。按下【Ctrl+Enter】组合键，此时选中的单元格都输入了"小型车"，实现了在不连续的多个单元格中输入同一数据，如下图所示。

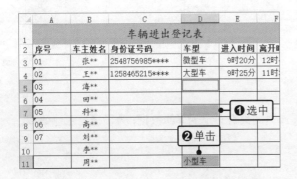

8.3.5 数据的有效性输入

为了提高数据输入的准确度和效率，可根据数据的特性设置数据有效性输入规则，当输入不符合规则的数据时，系统就会提示用户。

◎ 原始文件：实例文件\第8章\原始文件\数据的有效性输入.xlsx
◎ 最终文件：实例文件\第8章\最终文件\数据的有效性输入.xlsx

步骤01 启动数据验证功能。打开原始文件，选择要设置数据验证条件的单元格区域C3:C17，❶切换至"数据"选项卡，❷单击"数据验证"右侧的下三角按钮，❸在展开的列表中单击"数据验证"选项，如右图所示。

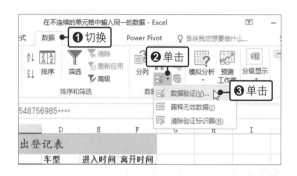

步骤02 设置验证条件。弹出"数据验证"对话框，❶设置"允许"为"文本长度"，❷设置"数据"为"等于"，❸并在"长度"文本框中输入"18"，如下图所示。

步骤03 设置输入信息。❶切换至"输入信息"选项卡，❷在"标题"文本框中输入"身份证号"，❸在"输入信息"文本框中输入"请输入有效并正确的身份证号码！"，如下图所示。

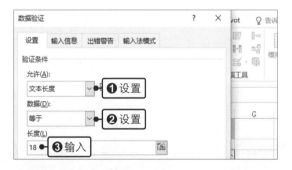

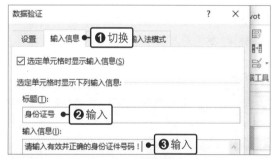

步骤04 设置出错警告。❶切换至"出错警告"选项卡，❷设置"样式"为"停止"，❸在"标题"文本框中输入"输入错误"，❹在"错误信息"文本框中输入"输入的证件号码无效，请重新输入！"，如下图所示。

步骤05 设置输入信息后的效果。单击"确定"按钮，返回到工作表中，此时在选定单元格区域会出现一个输入正确的身份证号的提示框，如下图所示。

步骤06 输入错误时重试。在单元格C3和C4中输入正确位数的身份证号码，如果输入了错误位数的证件号码，按下【Enter】键后会弹出"输入错误"对话框，提示输入的证件号码无效，单击"重试"按钮，如下图所示。

步骤07 重新输入正确的数据。此时单元格呈编辑状态，再次输入身份证号，当位数满足18位时，可以正常输入到单元格中，如下图所示。按照该方法可以完成所有车主身份证号的输入。

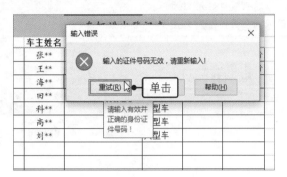

8.4 调整单元格的布局

调整单元格的布局可以使录入的数据能够适应单元格的范围，另一方面也可以使表格更加简洁美观。

8.4.1 调整单元格的大小

在 Excel 表格的编辑过程中，经常需要调整特定的行高或列宽，以避免出现行不够高而只展示部分数据内容及列不够宽使得输入的数据超出该单元格的情况。

◎ 原始文件：实例文件\第8章\原始文件\调整单元格的大小.xlsx
◎ 最终文件：实例文件\第8章\最终文件\调整单元格的大小.xlsx

步骤01 拖动鼠标调整列宽。打开原始文件，将鼠标指针放到要调整列宽的列标题右边线上，当鼠标指针变为✛形状时，按住鼠标左键向右拖动，如下图所示。

步骤02 调整列宽的效果。拖动至适当列宽后，释放鼠标左键，此时A列的列宽就增加了，如下图所示。

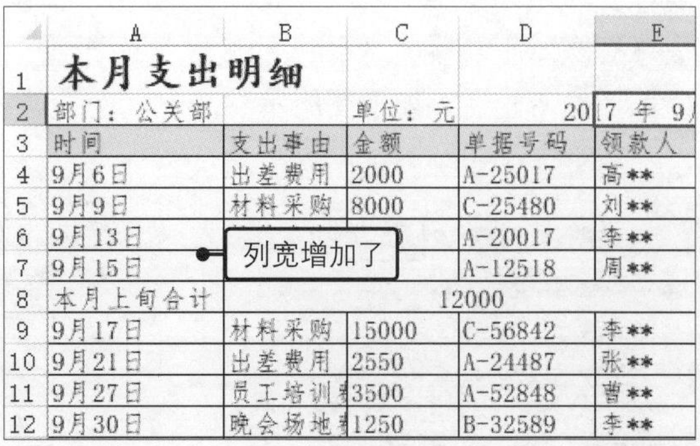

步骤03 单击"行高"选项。❶选择需要调整行高的单元格区域A3:E7和A9:E12，❷在"单元格"组中单击"格式"按钮，❸在展开的列表中单击"行高"选项，如右图所示。

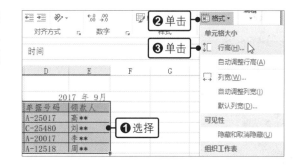

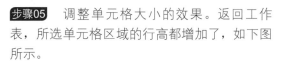

步骤04 输入行高值。弹出"行高"对话框，❶在"行高"文本框中输入新的行高值，如"18"，❷单击"确定"按钮，如下图所示。

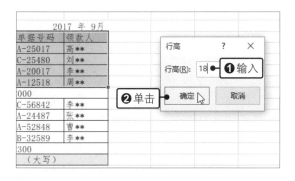

步骤05 调整单元格大小的效果。返回工作表，所选单元格区域的行高都增加了，如下图所示。

8.4.2　插入与删除单元格

制作表格的过程中，有时候可能会遗漏某些数据，此时就可以在原有表格的基础上插入单元格以补充表格所需的数据信息。此外，还可删除多余或无用的单元格。

◎ 原始文件：实例文件\第8章\原始文件\插入与删除单元格.xlsx
◎ 最终文件：实例文件\第8章\最终文件\插入与删除单元格.xlsx

步骤01 插入单元格。打开原始文件，❶右击要插入单元格的位置，如单元格C15，❷在弹出的快捷菜单中单击"插入"命令，如下图所示。

步骤02 选择插入单元格的位置。弹出"插入"对话框，❶单击"活动单元格右移"单选按钮，❷然后单击"确定"按钮，如下图所示。

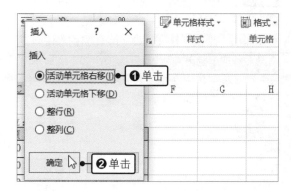

步骤03 插入单元格并输入数据。此时所选单元格右移，原单元格位置上插入了一个空白单元格，此时就可输入数据，如下图所示。

步骤04 单击"删除"命令。❶右击需要删除的单元格，如B14，❷在弹出的快捷菜单中单击"删除"命令，如下图所示。

步骤05 选择删除选项。弹出"删除"对话框，❶单击"右侧单元格左移"单选按钮，❷单击"确定"按钮，如下图所示。

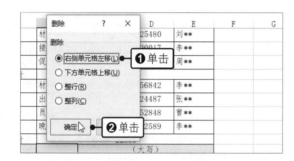

步骤06 删除单元格的效果。此时可看到单元格B14被删除了，而单元格C14左移代替了单元格B14，在单元格 C14中输入数据，如下图所示。

8.4.3　隐藏与显示单元格

在编辑工作表的过程中，如果不想将单元格中的重要数据信息外泄，可以将单元格数据所在的行或列隐藏起来，待需要时再重新显示出来。

◎ 原始文件：实例文件\第8章\原始文件\隐藏与显示单元格.xlsx

◎ 最终文件：实例文件\第8章\最终文件\隐藏与显示单元格.xlsx

步骤01 单击"隐藏"选项。打开原始文件，❶选择第4~7行、第9~12行，❷在"单元格"组中单击"格式"按钮，❸在展开的列表中单击"隐藏和取消隐藏>隐藏行"选项，如下图所示。

步骤02 隐藏单元格的效果。此时选择的单元格区域就被隐藏了，如下图所示。

步骤03 单击"取消隐藏"选项。若要查看本月上旬支出明细，❶可选中并右击要取消隐藏行所在的相邻两行，❷在弹出的快捷菜单中单击"取消隐藏"命令，如下图所示。

步骤04 取消隐藏的效果。此时被隐藏的本月上旬支出明细单元格区域就显示出来了，如下图所示。

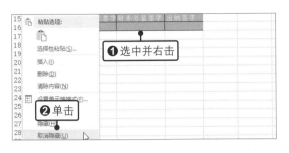

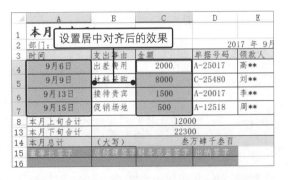

8.4.4　设置单元格的对齐方式

在 Excel 中，输入数据的默认对齐方式为：输入的文本左对齐，输入的数字和日期等右对齐。可根据实际需要设置相应的对齐方式。

◎　原始文件：实例文件\第8章\原始文件\设置单元格的对齐方式.xlsx
◎　最终文件：实例文件\第8章\最终文件\设置单元格的对齐方式.xlsx

步骤01 设置对齐方式。打开原始文件，❶选择要设置对齐方式的单元格区域，❷在"对齐方式"组中单击"居中"按钮，如下图所示。

步骤02 设置对齐方式的效果。此时选择的单元格区域所在的数据就居中对齐了，如下图所示。

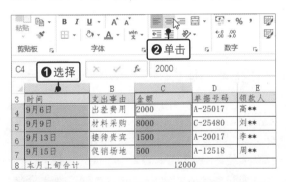

提示 在单元格的"对齐方式"组中，不仅可以设置对齐方式，还可设置文本的自动换行和显示方向。当单元格中的内容过长时可单击"自动换行"按钮增加行高，实现内容的换行显示，而单击"方向"按钮可改变文字的显示方向。

8.4.5　合并单元格

在工作中经常会制作一些 Excel 表格，为了让表格达到最终想要的效果，经常需要将 Excel 中的多个单元格合并为一个单元格，此时可通过合并单元格功能来达到目的。

◎　原始文件：实例文件\第8章\原始文件\合并单元格.xlsx
◎　最终文件：实例文件\第8章\最终文件\合并单元格.xlsx

步骤01　选择合并单元格的方式。打开原始文件，❶选择需要合并的单元格区域，如单元格区域A1:E1，❷单击"合并后居中"右侧的下三角按钮，❸在展开的列表中单击"合并后居中"选项，如下图所示。

步骤02　合并单元格的效果。此时单元格区域A1:E1合并为了一个单元格，以同样的方法合并单元格D2:E2、D15:E15、D16:E16，效果如下图所示。

8.5 ▸ 美化单元格与表格

为了快速为单元格或整张表格设置具有专业水准的外观，可以套用单元格样式或表格样式，也可以根据自己的喜好自定义样式。

8.5.1　套用单元格样式

Excel 中预设了大量的单元格样式，套用这些样式，可以快速美化表格中的单元格。

◎　原始文件：实例文件\第8章\原始文件\套用单元格样式.xlsx
◎　最终文件：实例文件\第8章\最终文件\套用单元格样式.xlsx

步骤01　选择标题样式。打开原始文件，❶选择单元格区域A1:E1，❷在"样式"组中单击"单元格样式"按钮，❸在展开的列表中选择"标题1"样式，如下图所示。

步骤02　选择主题单元格样式。此时所选单元格区域就应用了所选标题单元格的样式，❶选择单元格区域A2:E2，❷单击"单元格样式"按钮，❸在展开的列表中选择合适的主题单元格样式，如下图所示。

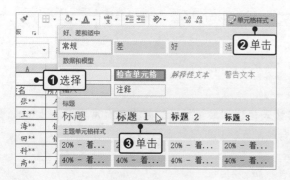

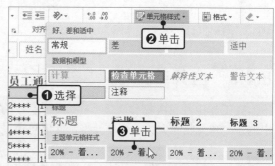

步骤03 套用单元格样式的效果。返回到工作表中，此时所选单元格区域应用了所选的主题单元格样式，如右图所示。

员工通信簿				
姓名	所属部门	固定电话	移动电话	邮箱地址
张**	人事部	010-2052****	1592862****	xhiss2012@163.com
王**	技术部	套用单元格样式后的效果		ss2012@163.com
海**	销售部	010-2054****	1392864****	xhswls2012@163.com
田**	销售部	010-2055****	1892865****	segss2012@163.com
科**	人事部	010-2056****	1592066****	xbwes2012@163.com
高**	人事部	010-2057****	1592867****	kfrfs2012@163.com
刘**	人事部	010-2058****	1523568****	segvs2012@163.com
李**	技术部	010-2059****	1592869****	hjedzs2012@163.com

8.5.2 新建单元格样式

除了可以套用单元格样式外，还可自定义单元格样式，从而使新建的单元格样式更加符合实际需要。

◎ 原始文件：实例文件\第8章\原始文件\新建单元格样式.xlsx
◎ 最终文件：实例文件\第8章\最终文件\新建单元格样式.xlsx

步骤01 新建单元格样式。打开原始文件，❶在"样式"组中单击"单元格样式"按钮，❷在展开的列表中单击"新建单元格样式"选项，如下图所示。

步骤02 单击"格式"按钮。弹出"样式"对话框，❶在"样式名"文本框中输入"自定义样式1"，❷单击"格式"按钮，如下图所示。

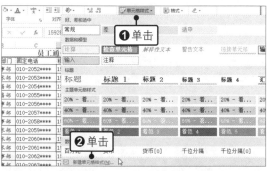

步骤03 设置字体。弹出"设置单元格格式"对话框，❶切换至"字体"选项卡，❷将字体、字形分别设置为"仿宋""加粗"，如下图所示。

步骤04 设置填充颜色。❶切换至"填充"选项卡，❷在"背景色"选项组下单击"黄色"选项，如下图所示。

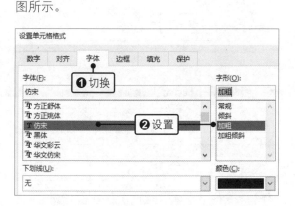

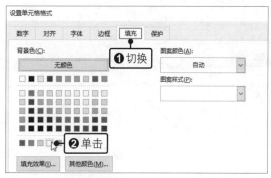

步骤05 应用新建的单元格样式。依次单击 "确定"按钮后，❶选择单元格区域A2:E2，❷在"样式"组中单击"单元格样式"按钮，❸在展开的列表中选择"自定义样式1"选项，如下图所示。

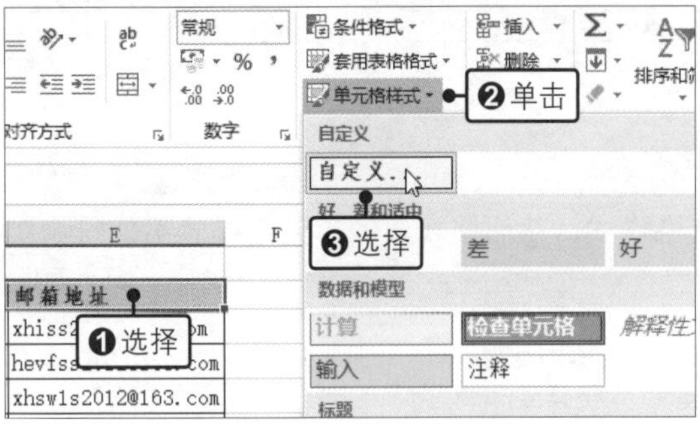

步骤06 应用自定义单元格样式的效果。返回工作表，所选单元格区域就应用了自定义的单元格样式，如下图所示。

8.5.3 套用表格格式

　　Excel 中预设了大量常见的表格格式，这些表格格式可以直接应用到表格中，而不需要进行复杂的设置。具体的操作方法如下。

◎ 原始文件：实例文件\第8章\原始文件\套用表格格式.xlsx
◎ 最终文件：实例文件\第8章\最终文件\套用表格格式.xlsx

步骤01 套用表格格式。打开原始文件，❶选择单元格区域 A2:E17，❷单击"套用表格格式"按钮，❸在展开的列表中选择格式，如下图所示。

步骤02 添加引用位置。弹出"套用表格式"对话框，系统自动引用选中的数据来源，❶保持"表包含标题"复选框的勾选状态，❷单击"确定"按钮，如下图所示。

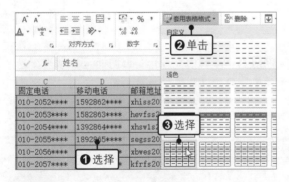

步骤03 套用表格格式的效果。返回工作表，此时所选单元格区域就应用了表格格式，如右图所示。

8.5.4　新建表格样式

当 Excel 中已预设的表格样式不符合实际工作需求时，可根据需要新建表格样式。

◎ 原始文件：实例文件\第8章\原始文件\新建表格样式.xlsx
◎ 最终文件：实例文件\第8章\最终文件\新建表格样式.xlsx

步骤01 单击"新建表格样式"选项。打开原始文件，❶在"开始"选项卡的"样式"组中单击"套用表格格式"按钮，❷在展开的列表中单击"新建表格样式"选项，如下图所示。

步骤02 单击"格式"按钮。弹出"新建表样式"对话框，❶在"表元素"列表框中选择"第一行条纹"选项，❷然后单击"格式"按钮，如下图所示。

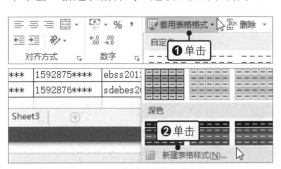

步骤03 设置填充色。弹出"设置单元格格式"对话框，❶切换到"填充"选项卡，❷在"背景色"下选择"绿色"，如下图所示。

步骤04 设置另一个表元素。单击"确定"按钮后返回"新建表样式"对话框，❶选择另一表元素，如"标题行"选项，❷单击"格式"按钮，如下图所示。

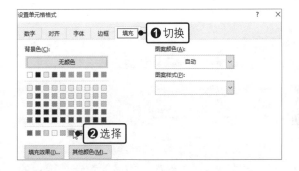

步骤05 设置填充色。❶切换至"填充"选项卡，❷在"背景色"下选择"红色"，如右图所示。

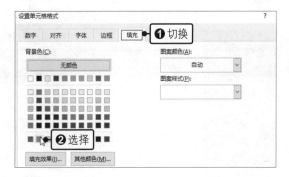

步骤06 选择自定义样式。依次单击"确定"按钮后，返回到工作表，❶单击"套用表格格式"按钮，❷在展开的列表中选择自定义样式，如下图所示。

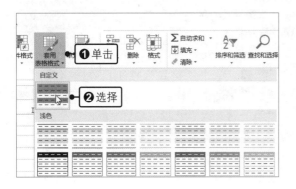

步骤07 设置表数据的来源。弹出"套用表格式"对话框，❶设置好数据来源，保持"表包含标题"复选框的勾选状态，❷单击"确定"按钮，如下图所示。

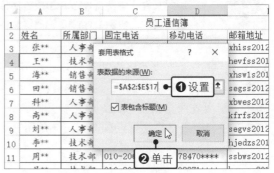

步骤08 应用新建表格样式的效果。此时所选单元格区域应用了自定义表格样式，效果如右图所示。

知识拓展

▶ 更改新建工作簿时默认的工作表数量

在使用 Excel 的过程中可以根据自己的实际情况来设置新建工作簿默认的工作表数量，下面介绍具体的操作步骤。

步骤01 新建工作簿，单击"文件"按钮，在弹出的视图菜单中单击"选项"命令，如下左图所示。

步骤02 弹出"Excel选项"对话框，切换至"常规"选项卡，在"新建工作簿时"选项组中的"包含的工作表数"文本框中设置相应的工作表数量即可，如下右图所示。

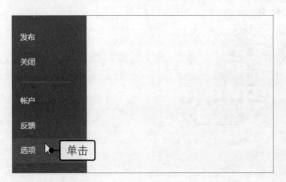

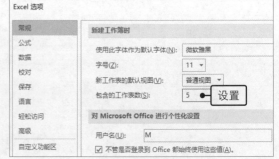

▶ 为单元格添加批注

单元格的批注是指为单元格注释或备忘，为单元格添加批注后，会显示一个指向该单元格的批注框，在其中可输入对单元格具体说明的内容，从而增加工作表的可读性，使单元格中的内容更加清楚。

步骤01　打开原始文件，❶选择要插入批注的单元格，❷在"审阅"选项卡中的"批注"组中单击"新建批注"按钮，如下左图所示。

步骤02　此时会在该单元格中插入一个批注框，在此批注框中输入批注内容即可，如下右图所示。

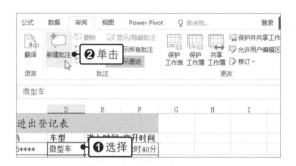 

▶ 在多个工作表中同时输入相同的数据

当需要在多个工作表中的相同单元格中输入相同的数据时，为了提高办公效率，可通过以下方法来实现。

步骤01　打开原始文件，❶选择要输入相同数据的工作表，若是相邻的工作表，可在单击第一个工作表的标签后，按住【Shift】键，然后单击最后一个工作表的标签，或者直接用【Ctrl】键来选择，此时在工作簿名称中会出现"组"文本，❷然后在任意工作表，如"员工节日补助费用"的某一单元格中输入"向明"，如下左图所示。

步骤02　按下【Enter】键后，其他工作表的同一单元格中也输入了"向明"，如下右图所示。

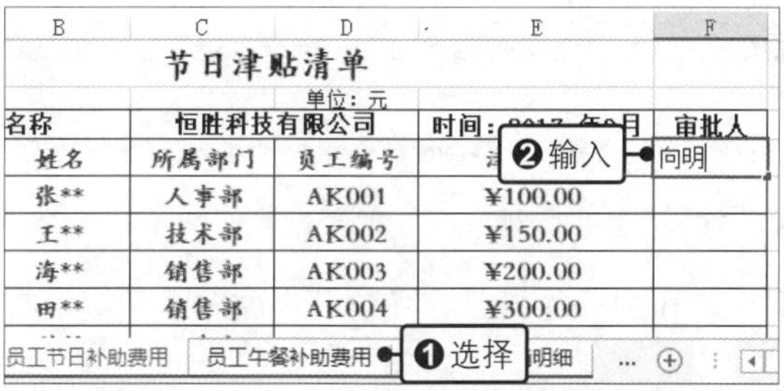

▶ 在同一窗口中同时查看多个工作簿

若要并排查看两个工作簿中的内容，可通过并排查看功能来实现。

步骤01　打开需要查看的两个工作簿，❶切换至"视图"选项卡，❷单击"窗口"组中的"并排查看"按钮，如下左图所示。

步骤02　返回工作表，可看到打开的两个工作簿显示在同一窗口中，如下右图所示。

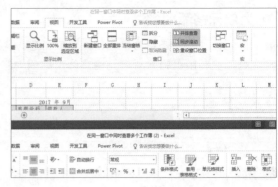

▶ 拆分和冻结窗口

拆分窗口是将工作表窗口拆分为 4 个窗格，而滚动其中的一个小窗格并不会影响其他窗格的内容。冻结窗口就是在拖动滚动条时，被冻结的某一行、某一列、某多行或某多列会一直显示。这两种功能多用于查看内容较多的表格。

步骤01 打开原始文件，❶单击需要拆分窗口位置的单元格，如单元格C4，❷在"视图"选项卡下的"窗口"组中单击"拆分"按钮，如下左图所示。

步骤02 此时工作表窗口就从所选单元格位置自动拆分为4个小窗口，当滚动水平或垂直滚动条时，可查看同一工作表不同位置的内容，如下右图所示。再次单击"拆分"按钮后即可取消拆分。

步骤03 ❶若要冻结第3行以上的内容，就应单击第3行的行标题，❷单击"窗口"组中的"冻结窗格"按钮，❸在展开的列表中单击"冻结窗格"选项，如下左图所示。

步骤04 此时滚动垂直滚动条时，第3行以上的表格标题和列标题内容始终显示在窗口中，如下右图所示。

趁热打铁　创建办公设备管理明细表

办公设备在生产中发挥着重要作用，为了更有效地管理和使用办公设备，减少办公用品的浪费和流失，制定专业有效的办公设备管理明细表就显得非常必要。创建该表格时，为了提高数据输入的效率，可利用自动填充功能快速录入数据；完成表格内容的录入后，可通过调整单元格的布局让管理表显示更为清晰；为了进一步美化单元格，可使用单元格样式、表格样式。

◎　原始文件：实例文件\第8章\原始文件\办公设备管理明细.xlsx
◎　最终文件：实例文件\第8章\最终文件\办公设备管理明细.xlsx

步骤01　输入数据。打开原始文件，❶在单元格A3中输入"1"，将鼠标指针放在单元格A1右下角，❷当鼠标指针变为十字形状时，按住鼠标左键不放向下拖动至单元格A12中，如下图所示。

步骤02　自动填充数据。❶释放鼠标后单击"自动填充选项"按钮，❷在展开的列表中选择填充方式，如"填充序列"，如下图所示。

步骤03　在不连续的单元格中输入数据。此时鼠标拖动过的单元格就以等差序列填充，❶选中单元格C3，按住【Ctrl】键，同时单击单元格C4、C8、C9，❷并在单元格C9中输入"55"，如下图所示。

步骤04　调整列宽。按下【Ctrl+Enter】组合键，此时选中的单元格中都输入了"55"，❶在C列中输入其他设备的数量，❷将鼠标指针移至A列右侧的列标线上，当鼠标指针变为十形状时向左拖动，如下图所示。

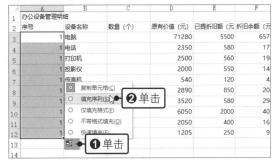

步骤05 设置对齐方式。❶选中整个工作表，❷在"开始"选项卡下的"对齐方式"组中单击"居中"按钮，如下图所示。

步骤06 合并居中单元格数据。❶选择单元格区域A1:E1，❷在"开始"选项卡下的"对齐方式"组中单击"合并后居中"按钮，如下图所示。

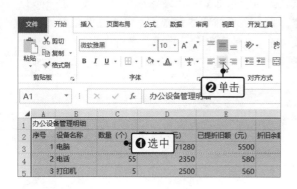

步骤07 套用单元格样式。所选单元格区域就会合并居中显示，选中合并后的单元格，❶单击"单元格样式"按钮，❷在展开的列表中单击要应用的样式，如下图所示。

步骤08 套用表格格式。❶单击"套用表格格式"按钮，❷在展开的列表中选择格式，如下图所示。

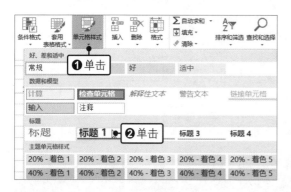

步骤09 套用表格式。打开"套用表格式"对话框，❶设置好数据来源，❷单击"确定"按钮，如下图所示。

步骤10 套用表格格式的效果。返回工作表，此时可看到应用了单元格样式和表格格式后的表格效果，如下图所示。

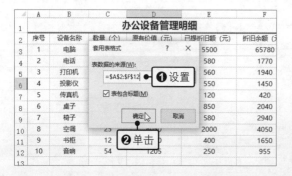

数据的分析与整理

第9章

实际工作中经常需要在大量数据中获取有价值的信息，如按照某些条件对数据进行排序或从大量数据中挑选出符合要求的记录，这些都需要用到 Excel 组件中的一些数据分析功能。此外，在 Excel 中还可以对同类的数据进行汇总。灵活地掌握和运用 Excel 的数据分析功能，在处理和分析数据的过程中将更为得心应手。

9.1 使用条件格式分析单元格中的数据

在查看或分析数据时，可以使用条件格式功能让数据的分析更为直观形象，因为条件格式可以突出显示需要关注的数据记录，还可以通过设置单元格内条形图和图标展示数据的变化区域。当不再需要使用条件格式时，可将其删除。

9.1.1 添加预设的条件格式分析数据

在 Excel 2019 中，可使用系统预设的条件格式来突出显示满足特定条件的数据。系统预设的条件格式可分为两种：一种是突出显示大于、小于、等于某个数值的数据，或者突出显示重复值及高于、低于平均值的数据；另一种是用图标、颜色的深浅或数据条的长短来表示数据的大小。

1 以颜色突出显示特定的数据

当需要突出显示大于、小于、等于某个数值或介于某个数据区域的数据，或是需要突出显示数值位居前几项及高于、低于平均值的数据时，使用条件格式中的"突出显示单元格规则"及"项目选取规则"就能以字体或单元格填充色的形式突出显示满足条件的数据。

◎ 原始文件：实例文件\第9章\原始文件\以颜色突出显示特定的数据.xlsx
◎ 最终文件：实例文件\第9章\最终文件\以颜色突出显示特定的数据.xlsx

步骤01 选择条件格式规则。打开原始文件，❶选择"成绩"列单元格区域，❷在"开始"选项卡下单击"样式"组中的"条件格式"按钮，❸在展开的列表中单击"突出显示单元格规则>介于"选项，如下图所示。

步骤02 设置突出显示单元格的规则。弹出"介于"对话框，❶在"为介于以下值之间的单元格设置格式"文本框中输入"60"和"80"，❷在"设置为"列表框中选择"浅红填充色深红色文本"，❸单击"确定"按钮，如下图所示。

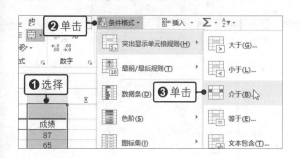

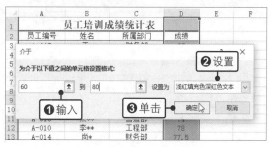

145 ◀

步骤03 突出显示特定数据的效果。返回工作表，"成绩"列单元格区域中成绩在60和80之间的所有数据就突出显示出来了，如右图所示。

提示 想突出显示值最大或最小的前几项，或者高于、低于所选区域平均值的数据，可在"样式"组中单击"条件格式"，在展开的列表中单击"最前/最后规则"，在级联列表中选择需要突出显示的规则，在弹出的对话框中具体设置突出显示的格式规则即可。

员工培训成绩统计表

员工编号	姓名	所属部门	成绩
A-005	王*	财务部	87
A-001	张*	财务部	65
A-009	张*	财务部	93.5
A-015	周*	采购部	91
A-007	张*	营运部	85
A-008	杜*	采购部	81
A-003	陈*	营运部	90
A-002	李*	工程部	87
A-016	朱**	营运部	74
A-010	李**	工程部	78
A-014	尚*	财务部	77.5

2 利用数据条和图标集显示数据

利用数据条、图标集或色阶显示数据，可使展示的数据更加明了和形象，并且有利于直观地对比数据之间的大小，提高分析数据的效率。

◎ **原始文件**：实例文件\第9章\原始文件\利用数据条和图标集显示数据.xlsx
◎ **最终文件**：实例文件\第9章\最终文件\利用数据条和图标集显示数据.xlsx

步骤01 选择数据条填充方式。打开原始文件，❶选择"成绩"列单元格区域，❷单击"条件格式"按钮，❸在展开的列表中单击"数据条>蓝色数据条"选项，如下图所示。

步骤02 数据条的显示效果。此时所选单元格区域中单元格分别根据其数值填充了蓝色的数据条，数值越大其数据条越长，如下图所示，这样数据的大小就更加直观了。

员工培训成绩统计表

员工编号	姓名	所属部门	成绩
A-005	王*	财务部	87
A-001	张*	财务部	65
A-009	张*	财务部	93.5
A-015	周*	采购部	91
A-007	张*	营运部	85
A-008	杜*	采购部	81
A-003	陈*	营运部	90
A-002	李*	工程部	87
A-016	朱**	营运部	74

步骤03 选择图标集的方向。若要用图标表示数据大小，在选定数据后，❶单击"条件格式"按钮，❷在展开的列表中单击"图标集>三向箭头"，如下图所示。

步骤04 用图标集显示数据的效果。返回工作表，即可看到"成绩"列区域中的数据被不同颜色的图标区分开了，如下图所示。

员工培训成绩统计表

员工编号	姓名	所属部门	成绩
A-005	王*	财务部	87
A-001	张*	财务部	65
A-009	张*	财务部	93.5
A-015	周*	采购部	91
A-007	张*	营运部	85
A-008	杜*	采购部	81
A-003	陈*	营运部	90
A-002	李*	工程部	87
A-016	朱**	营运部	74

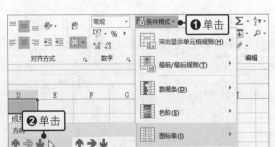

> **提示**　条件格式中的数据条功能是用条形的长度来展示数据大小的，条形图越长说明数据越大，条形图越短说明数据越小，这种数据分析方式有利于更加直观、快速地分辨出大量数据中的较大值和较小值。而图标集功能是将数据分为多个类别，并且每个类别都用不同的图标加以区分，能快速区分数据中的每个等级。条件格式中的色阶是以不同色调来区分数据的最值和中间值，从而使值的区域范围一目了然。

9.1.2　自定义条件格式规则

除了可以使用 Excel 2019 预设的条件格式来分析数据外，还可使用公式自定义设置条件格式规则，即通过公式自行编辑条件格式规则，以使条件格式的运用更为灵活。

◎ 原始文件：实例文件\第9章\原始文件\自定义条件格式规则.xlsx
◎ 最终文件：实例文件\第9章\最终文件\自定义条件格式规则.xlsx

步骤01　单击"新建规则"选项。打开原始文件，❶选择"日期"列单元格区域，❷在"开始"选项卡下单击"样式"组中的"条件格式"按钮，❸在展开的列表中单击"新建规则"选项，如下图所示。

步骤02　设置规则类型。弹出"新建格式规则"对话框，❶在"选择规则类型"列表框中单击"使用公式确定要设置的单元格"，❷在公式文本框中输入"=AND((A3-TODAY())<=7,(A3-TODAY())>=0)"，其中当前日期为2019/3/5，❸单击"格式"按钮，如下图所示。

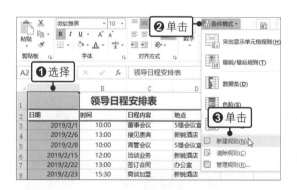

步骤03　设置单元格填充颜色。弹出"设置单元格格式"对话框，❶切换至"填充"选项卡，❷选择"黄色"，如下图所示。

步骤04　使用自定义条件格式规则的效果。依次单击"确定"按钮，返回工作表中，可以看到"日期"列区域中符合条件的日期用黄色突出显示了，如下图所示。

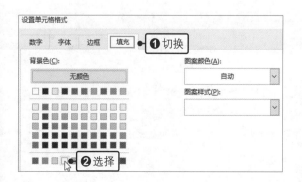

	A	B	C	D	E
1	领导日程安排表				
2	日期	时间	日程内容	地点	
3	2019/2/1	10:00	董事会议	5楼会议室	
4	2019/2/6	13:00	接见贵宾	新锐酒店	
5	2019/2/8	10:00	高管会议	5楼会议室	
6	2019/2/15	12:00	洽谈业务	新锐酒店	
7	2019/2/22	13:00	签订合同	办公室	
8	2019/2/23	15:30	商谈加盟	新锐酒店	
9	2019/3/1	9:00	商谈订单	办公室	
10	2019/3/8	11:00	接待贵宾	办公室	
11	2019/3/9	12:30	董事会议	6楼会议室	
12	2019/3/10	15:00	签订合同	办公室	
13	2019/3/11	10:00	商谈合作	5楼会议室	

9.1.3 管理条件格式

如果工作簿中已经制作好的条件格式不符合实际的工作需求或设置的效果不便于查看，可对制作好的条件格式进行管理和编辑。

◎ 原始文件：实例文件\第9章\原始文件\管理条件格式.xlsx
◎ 最终文件：实例文件\第9章\最终文件\管理条件格式.xlsx

步骤01 单击"管理规则"选项。打开原始文件，若要更改应用的数据条，❶可先选择其所在单元格区域E3:E15，❷单击"样式"组中的"条件格式"按钮，❸在展开的列表中单击"管理规则"选项，如下图所示。

步骤02 单击"编辑规则"按钮。弹出"条件格式规则管理器"对话框，❶选择要更改的数据条规则，❷然后单击"编辑规则"按钮，如下图所示。

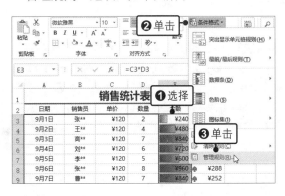

步骤03 设置数据条外观和方向。弹出"编辑格式规则"对话框，❶在"条形图外观"选项组中设置"填充"为"渐变填充"、"颜色"为"红色"、"边框"为"无边框"，❷设置"条形图方向"为"从右到左"，如下图所示。

步骤04 更改数据条外观和方向的效果。依次单击"确定"按钮后，返回工作表，所选区域的数据条外观和方向都发生了变化，如下图所示。

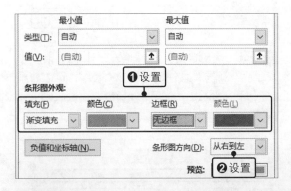

> **提示** 当两个或两个以上的条件格式规则同时应用于同一单元格区域时，可以按照它们在对话框中列出的优先级顺序评估条件格式规则，默认情况下，"条件格式规则管理器"中处于较高处的规则的优先级高于列表中处于较低处的规则，但可单击"上移"和"下移"来修改这些规则的优先级。

步骤05 编辑图标集规则。再次调出"条件格式规则管理器"对话框，❶设置"显示其格式规则"为"当前工作表"，❷选择要更改的图标集规则选项，❸单击"编辑规则"按钮，如下图所示。

步骤06 设置图标集规则。弹出"编辑格式规则"对话框，❶选择"图标样式"为图中所示的样式，❷设置图标对应的值和类型，如下图所示。重新定义不同图标代表的区域范围。

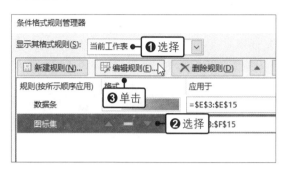

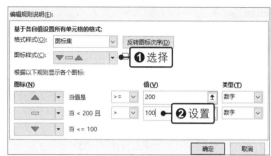

步骤07 管理条件格式的效果。依次单击"确定"按钮，返回工作表，此时就可看到管理条件格式后的效果，如右图所示。

	销售统计表				
	日期	销售员	单价	数量	金额	计提奖金
3	9月1日	张**	¥120	2	¥240 ▼	¥72
4	9月2日	王**	¥120	4	¥480 ▬	¥144
5	9月3日	高**	¥120	7	¥840 ▲	¥252
6	9月4日	刘**	¥120	6	¥720 ▲	¥216
7	9月5日	李**	¥120	5	¥600 ▬	¥180
8	9月6日	张**	¥120	8	¥960 ▲	¥288
9	9月7日	曹**	¥120	7	¥840 ▲	¥252
10	9月8日	李**	¥120	2	¥240 ▼	¥72

9.1.4　清除条件格式

若不再需要单元格区域或整个工作表中的条件格式时，可将其删除。本小节主要介绍如何删除某一单元格区域中的条件格式。

◎ 原始文件：实例文件\第9章\原始文件\清除条件格式.xlsx
◎ 最终文件：实例文件\第9章\最终文件\清除条件格式.xlsx

步骤01 单击"清除所选单元格规则"选项。打开原始文件，❶选择单元格区域E3:E15，❷单击"样式"组中的"条件格式"按钮，❸在展开的列表中单击"清除规则>清除所选单元格的规则"选项，如下图所示。

步骤02 清除所选单元格规则的效果。此时所选单元格区域中的条件格式就清除了，如下图所示。

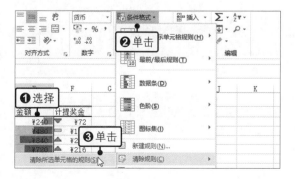

	销售统计表				
	日期	销售员	单价	数量	金额	计提奖金
3	2017-9-1	张**	¥120	2	¥240 ▼	¥72
4	2017-9-2	王**	¥120	4	¥480	¥144
5	2017-9-3	高**	¥120	7	¥840 ▲	¥252
6	2017-9-4	刘**	¥120	6	¥720	¥216
7	2017-9-5	李**	¥120	5	¥600	¥180
8	2017-9-6	张**	¥120	8	¥960 ▲	¥288
9	2017-9-7	曹**	¥120	7	¥840 ▲	¥252
10	2017-9-8	李**	¥120	2	¥240 ▼	¥72
11	2017-9-9	徐**	¥120	8	¥960 ▲	¥288
12	2017-9-10	李**	¥120	7	¥840 ▲	¥252
13	2017-9-11	罗**	¥120	7	¥840 ▲	¥252
14	2017-9-12	段**	¥120	6	¥720 ▬	¥216
15	2017-9-13	刘**	¥120	5	¥600 ▬	¥180

> **提示** 若要一次性清除整个工作表中的条件格式规则，可单击"样式"组中的"条件格式"按钮，在展开的列表中单击"清除规则 > 清除整个工作表的规则"选项即可。

9.2 对数据进行排序

在 Excel 表格中录入数据后，内容可能比较杂乱，不利于查看和比较，此时就需要对数据进行排序。所谓排序，是指对表格中的某个或某几个字段按照特定规律进行重新排列。在 Excel 中，可对单一字段进行排序，也可设定多个关键字的多条件排序，还可自行设定排序序列，进行自定义排序。

9.2.1 单一字段的排序

单一字段排序是设置单一的排序条件，如对工作表中的某一列或某一行进行的排序，它是最简单的排序方式。其中，因为数据通常是按列输入的，所以按列排序较为常用。

◎ 原始文件：实例文件\第9章\原始文件\单一字段的排序.xlsx
◎ 最终文件：实例文件\第9章\最终文件\单一字段的排序.xlsx

步骤01 单击"降序"按钮。打开原始文件，❶选中"综合考核"列中任意含有数据的单元格，❷切换至"数据"选项卡，❸单击"排序和筛选"组中的"降序"按钮，如下图所示。

步骤02 显示单一字段排序的结果。此时工作表中的数据按照综合考核分数从高到低排列，如下图所示。

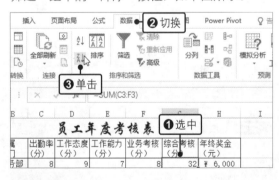

> **提示** 单一字段的排序主要包括升序和降序两种，若要对数据进行升序排序，只需在执行时单击"升序"按钮。除了按列排序，还可按行排序，需单击"排序"按钮，在弹出的"排序"对话框中单击"选项"按钮，然后在"排序选项"对话框中单击"按行排序"单选按钮。

9.2.2 多条件排序

多条件排序中主要通过"主要关键字"和"次要关键字"设置排序条件，数据首先按照主要关键字来排序，当排序结果相同时，再按照次要关键字进行排序。所以多条件排序也可称为多关键字排序，次要关键字可为多个。

◎ 原始文件：实例文件\第9章\原始文件\多条件排序.xlsx
◎ 最终文件：实例文件\第9章\最终文件\多条件排序.xlsx

步骤01 单击"排序"按钮。打开原始文件，❶选中数据区域中的任意单元格，❷切换至"数据"选项卡，❸单击"排序和筛选"组中的"排序"按钮，如下图所示。

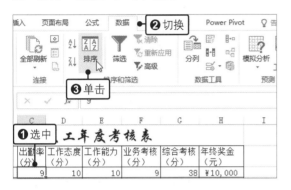

步骤02 设置主要条件。弹出"排序"对话框，❶设置"主要关键字"为"出勤率（分）"，❷设置"次序"为"降序"选项，如下图所示。

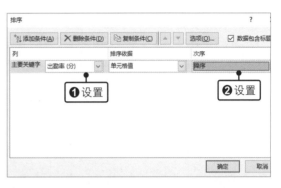

步骤03 添加条件。单击"添加条件"按钮，添加次要条件，如下图所示。

步骤04 设置次要条件。❶设置"次要关键字"为"年终奖金（元）"，❷设置"次序"为"降序"，❸单击"确定"按钮，如下图所示。

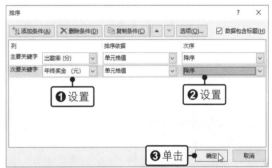

步骤05 显示多条件排序结果。返回工作表，可以查看多条件排序的结果，其中"出勤率"列按照从大到小显示，当出勤考察项的分数相同时，按照年终奖金从大到小显示，如右图所示。

姓名	所属部门	出勤率（分）	工作态度（分）	工作能力（分）	业务考核（分）	综合考核（分）	年终奖金（元）
刘**	采购部	10	10	10	8	38	￥10,000
张**	营运部	10	9	9	9	36	￥ 8,000
李**	工程部	9	10	10	9	38	￥10,000
尚**	财务部	9	8	10	9	36	￥ 8,000
朱**	营运部	9	7	9	10	35	￥ 7,500
李**	工程部	9	8	7	7	31	￥ 5,500
陈**	营运部	8	9	9	10	36	￥ 8,000
孙**	工程部	8	10	7	9	34	￥ 7,000
周**	采购部	8	9	8	9	34	￥ 7,000
张**	财务部	8	9	7	8	32	￥ 6,000
张**	财务部	8		8	8	24	￥ 3,000
张**	营运部	7	8	8	8	31	￥ 5,500

表头：**员工年度考核表**

9.2.3　自定义排序

除单一字段和多条件排序，Excel 还允许自定义排序，即自己定义序列。

◎ 原始文件：实例文件\第9章\原始文件\自定义排序.xlsx
◎ 最终文件：实例文件\第9章\最终文件\自定义排序.xlsx

步骤01 选择"自定义序列"选项。打开原始文件，选中数据清单中的任意单元格，打开"排序"对话框，❶单击"次序"右侧的下拉按钮，❷在展开的列表中单击"自定义序列"选项，如下图所示。

步骤02 输入自定义序列。弹出"自定义序列"对话框，❶在"输入序列"文本框中输入自定义序列"采购部 工程部 营运部 财务部"，❷单击"添加"按钮，如下图所示。

步骤03 设置排序关键字。单击"确定"按钮，返回"排序"对话框，❶单击"主要关键字"右侧的下拉按钮，❷在展开的列表中单击"所属部门"选项，如下图所示。

步骤04 显示自定义排序结果。单击"确定"按钮后，工作表中的数据按照自定义顺序显示，如下图所示。

员工年度考核表						
姓名	所属部门	出勤率（分）	工作态度（分）	工作能力（分）	业务考核（分）	综合考核（分）	年终奖金（元）
刘**	采购部	10	10	10	8	38	￥10,000
周**	采购部	8	9	8	9	34	￥7,000
杜**	采购部	6	9	9	9	33	￥5,800
徐**	采购部	6	8	9	7	30	￥5,000
李**	工程部	9	10	10	9	38	￥10,000
李**	工程部	9	8	7	7	31	￥5,500
孙**	工程部	8	10	7	9	34	￥7,000
高**	工程部	7	9	8	7	31	￥5,500
张**	营运部	10	9	9	8	36	￥8,000
朱**	营运部	9	7	9	10	35	￥7,500
陈**	营运部	8	9	9	10	36	￥8,000
张**	营运部	7	8	8	9	32	￥5,500
尚**	财务部	9	8	10	9	36	￥8,000

9.3 对工作表中的数据进行筛选

Excel 中的筛选功能可快速找出表格中符合条件的数据，其他不满足条件的数据则会自动隐藏。

9.3.1 自动筛选数据

Excel 的自动筛选数据功能是将满足给定条件的数据显示出来，只需单击"筛选"按钮，从中勾选需要筛选的项目即可。

◎ 原始文件：实例文件\第9章\原始文件\自动筛选数据.xlsx
◎ 最终文件：实例文件\第9章\最终文件\自动筛选数据.xlsx

步骤01 单击"筛选"按钮。打开原始文件，❶选中数据表格中的任意单元格，❷切换到"数据"选项卡，❸单击"数据和筛选"组中的"筛选"按钮，如下图所示。

步骤02 选择筛选方式。❶单击"专业"字段右侧的下三角按钮，❷在展开的列表中取消勾选"土木工程"和"建筑系"复选框，勾选"计算机系"复选框，如下图所示。

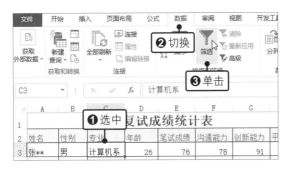

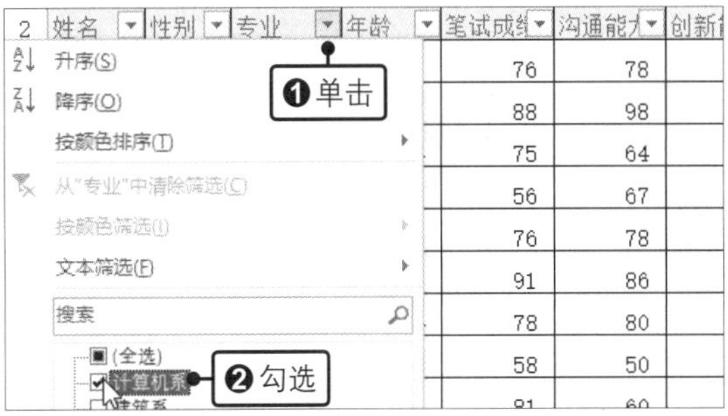

步骤03 显示自动筛选的结果。单击"确定"按钮后，工作表就罗列出专业为计算机系的所有人员信息，如右图所示。

	复试成绩统计表							
2	姓名	性别	专业	年龄	笔试成绩	沟通能力	创新能力	平均分
3	张**	男	计算机系	26	76	78	91	82
5	高**	男	计算机系	24	75	64	88	76
6	刘**	女	计算机系	23	56	67	68	64
8	张**	女	计算机系	25	91	86	74	84
9	曹**	男	计算机系	24	78	80	90	83
16	周**	男	计算机系	30	90	86	78	85
17	杜**	男	计算机系	28	74	87	91	84

9.3.2 输入关键字筛选

利用 Excel 2019 筛选列表中的搜索筛选功能，通过在搜索框中输入要筛选数据的关键字，就可以非常快速、简便地找到满足条件的目标数据。

◎ 原始文件：实例文件\第9章\原始文件\输入关键字筛选.xlsx
◎ 最终文件：实例文件\第9章\最终文件\输入关键字筛选.xlsx

步骤01 输入筛选内容。打开原始文件，启动筛选功能，❶单击"姓名"字段右侧的下三角按钮，❷在搜索文本框中输入搜索条件，如输入姓氏"张"，如下图所示。

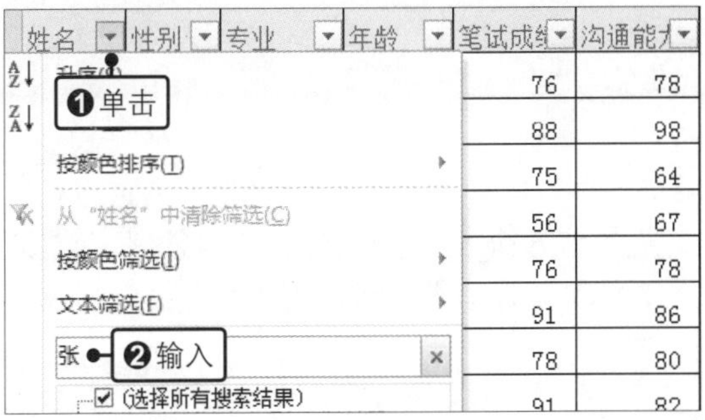

步骤02 显示关键字筛选的结果。单击"确定"按钮后，工作表中姓氏为"张"的所有复试人员记录就显示了出来，如下图所示。

姓名	性别	专业	年龄	笔试成绩	沟通能力	创新能力	平均分
		复试成绩统计表					
张**	男	计算机系	26	76	78	91	82
张**	女	计算机系	25	91	86	74	84
张**	女	建筑系	26	85	84	95	88
张**	女	计算机系	28	85	79	74	79
张**	男	建筑系	26	75	69	74	73
张**	女	建筑系	24	68	68	85	74

> **提示** 筛选出符合条件的数据后，若要清除筛选条件，恢复为原来的数据表，可选中数据清单中的任意单元格，在"数据"选项卡的"数据和筛选"组中再次单击"筛选"按钮即可。

9.3.3 自定义筛选

自定义筛选功能允许设置多个条件进行筛选，从而得到更加精确的结果。自定义筛选方式分为多种，可根据实际情况选择合适的筛选方式。

◎ **原始文件**：实例文件\第9章\原始文件\自定义筛选.xlsx
◎ **最终文件**：实例文件\第9章\最终文件\自定义筛选.xlsx

步骤01 选择筛选方式。打开原始文件，❶单击"平均分"字段右侧的下三角按钮，❷在展开的列表中单击"数字筛选>大于或等于"选项，如下图所示。

步骤02 自定义筛选方式。弹出"自定义自动筛选方式"对话框，❶在"大于或等于"右侧的文本框中输入"90"，❷单击"或"单选按钮，❸设置另一个平均分条件为"小于或等于"，❹并在其后的文本框中输入"60"，如下图所示。

步骤03 显示自定义筛选的结果。单击"确定"按钮，返回到工作表，此时表中显示了平均分在90分以上和60分以下的所有人员信息，如右图所示。

复试成绩统计表

姓名	性别	专业	年龄	笔试成绩	沟通能力	创新能力	平均分
张**	男	计算机系	26	76	78	91	82
王**	男	土木工程	30	88	98	87	91
高**	男	计算机系	24	75	64	88	76
刘**	女	计算机系	23	56	67	68	64
李**	女	建筑系	22	76	78	92	82
张**	女	计算机系	25	91	86	74	84
曹**	男	计算机系	24	78	80	90	83
徐**	男	土木工程	26	81	60	91	77
罗**	男	建筑系	27	90	78	67	78
段**	男	建筑系	28	79	91	75	82

9.3.4 高级筛选

高级筛选可以筛选出同时满足两个或两个以上筛选条件的记录，所以相对于前三种筛选方式，它的操作更加复杂。此外高级筛选要求在工作表无数据的地方输入多个筛选条件，若这些筛选条件是同行排列，筛选方式就为"且"条件高级筛选，若筛选条件为不同行排列，执行的筛选操作就是"或"条件高级筛选，还可组合使用这两种筛选方式。

步骤01 单击"高级"按钮。打开原始文件，在"排序和筛选"组中单击"高级"按钮，如右图所示。

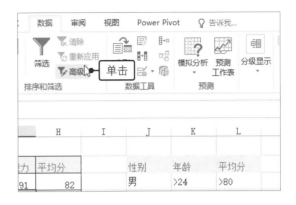

提示 "或"条件高级筛选的操作步骤和"且"条件高级筛选一样，唯一不同的地方是筛选条件的排列方式，"或"条件的筛选条件不能在同一行中，这部分内容将在"知识拓展"中详细介绍。

步骤02 设置高级筛选。弹出"高级筛选"对话框，系统会自动设置"列表区域"为单元格区域A2:H30，❶单击"将筛选结果复制到其他位置"单选按钮，❷将"条件区域"设置为单元格区域J2:L3，将"复制到"设置为单元格J5，❸单击"确定"按钮，如下图所示。

步骤03 显示高级筛选的结果。随即在指定位置显示了筛选结果，即显示性别为男，年龄在24岁以上并且平均分高于80的人员信息，如下图所示。

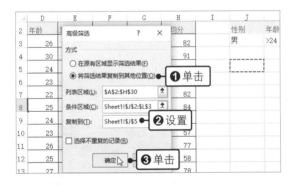

9.4 使用分类汇总分析数据

若想在众多数据中快速汇总各项数据，可使用分类汇总功能，提高工作效率。分类汇总是按照指定分类字段和汇总方式对该字段项目快速汇总的工具，这样就可以快速查看某个项目的统计数据。Excel 2019 中的汇总方式，有求和、求平均值、计数、最大值、最小值、方差和标准差等，可根据实际需要选择合适的汇总方式。

9.4.1 创建分类汇总

要想得到数据的分类汇总结果，首先需要创建分类汇总，对分类字段和汇总方式进行选择，并勾选相应的汇总项。

步骤01 单击"分类汇总"按钮。打开原始文件，该工作表中的数据已经按照"日期"升序进行排序，在"数据"选项卡下的"分级显示"组中单击"分类汇总"按钮，如下图所示。

步骤02 设置分类汇总项。弹出"分类汇总"对话框，❶设置"分类字段"为"日期"选项，设置"汇总方式"为"求和"，❷在"选定汇总项"列表框中勾选"衬衣""短裤""短裙""球鞋"复选框，❸最后单击"确定"按钮，如下图所示。

步骤03 显示分类汇总的结果。返回工作表，可看到销售记录表已按照日期分类汇总出了所有分店各商品的销量总记录，如右图所示。

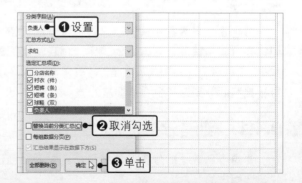

9.4.2 创建嵌套分类汇总

嵌套式分类汇总是对已经汇总的数据再次进行其他字段的汇总，这样汇总结果就包含多个分类字段，也称为多层次分类汇总。

◎ **原始文件**：实例文件\第9章\原始文件\创建嵌套分类汇总.xlsx
◎ **最终文件**：实例文件\第9章\最终文件\创建嵌套分类汇总.xlsx

步骤01 设置嵌套分类汇总。打开原始文件，工作表中的数据已按照"日期"对所有商品的销售进行了汇总，打开"分类汇总"对话框，❶设置"分类字段"为"负责人"，"汇总方式"和"选定汇总项"不变，❷取消勾选"替换当前分类汇总"复选框，❸单击"确定"按钮，如右图所示。

> **提示** 进行嵌套分类汇总前，需要对汇总字段按照顺序进行排序，本例中对"负责人"进行汇总前就已经对该字段进行了排序。

步骤02　显示嵌套分类汇总的结果。此时工作表中的数据在按照"日期"进行汇总的前提下，在下一级还嵌套汇总了各个分店的负责人每天完成的销售总量记录，如右图所示。

9.4.3　隐藏与显示分类汇总明细

在分析和查看数据时，可将不需要的分类汇总明细隐藏起来，以集中查看汇总项，待需要显示时再将隐藏的分类汇总明细重新显示出来。

◎　原始文件：实例文件\第9章\原始文件\隐藏与显示分类汇总明细.xlsx
◎　最终文件：无

步骤01　单击分级显示符。打开原始文件，此时分级显示有4个级别，在列标题左侧的分级显示符中单击分级符3，如下图所示。

步骤02　隐藏明细数据的效果。此时工作表中最后一级的明细数据会隐藏起来，可以清楚地查看所有汇总数据，如下图所示。

步骤03　显示分类汇总明细。当需要查看明细时，可单击分级符4，此时隐藏的具体明细数据就显示出来了。如果要显示所有明细数据，只需单击分级显示符的最低级别，此处为4，如右图所示，而要隐藏所有明细数据，则单击最高级别1。

9.5　手动建立分级显示

对数据进行分类汇总后，Excel 系统会自动按照设置的汇总方式对数据清单进行分级显示。但也可手动建立分级显示，当数据清单中连续多个单元格包含了类似的数据时，就可对其进行分组，以便统一查看同一类型的数据。

◎ 原始文件：实例文件\第9章\原始文件\手动建立分级显示.xlsx
◎ 最终文件：实例文件\第9章\最终文件\手动建立分级显示.xlsx

步骤01 单击"插入"命令。打开原始文件，❶右击工作表第6行，❷在弹出的快捷菜单中单击"插入"命令，如下图所示。

步骤02 创建组。在单元格 B6中输入"上海分公司"，并在单元格D6中计算出上海分公司的总销售额。❶选择单元格区域A3:D5，❷在"数据"选项卡下的"分级显示"组中单击"创建组>创建组"选项，如下图所示。

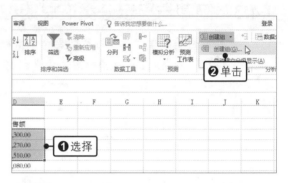

步骤03 设置按行创建组。弹出"创建组"对话框，单击"确定"按钮，如下图所示。

步骤04 显示创建组的效果。返回工作表，此时所选单元格区域就组合为一个组，并显示了折叠按钮，如下图所示。

		A	B	C	D	E
	1		各分公司销售统计			
	2	月份	分公司	销售经理	销售额	
	3	2017年10月	上海分公司	张**	¥152,300.00	
	4	2017年11月	上海分公司	王**	¥185,270.00	
	5	2017年12月	上海分公司	高**	¥196,510.00	
	6		上海分公司		¥534,080.00	
	7	2017年10月	北京分公司	刘**	¥120,850.00	
	8	2017年11月	北京分公司	李**	¥130,540.00	
	9	2017年12月	北京分公司	张**	¥241,100.00	
	10	2017年10月	深圳分公司	曹**	¥204,410.00	
	11	2017年11月	深圳分公司	李**	¥234,100.00	
	12	2017年10月	深圳分公司	徐**	¥155,210.00	
	13	2017年10月	大连分公司	李**	¥124,210.00	

步骤05 创建其他分级显示。使用以上方法可创建其他组，按所有分公司创建组后，效果如下图所示。

步骤06 单击"清除分级显示"选项。❶单击行标题左侧的分级显示按钮，使它变为按钮，就可隐藏明细数据，❷若要清除工作表的分级显示，在"分级显示"组中单击"取消组合>清除分级显示"选项，如下图所示。

	1	各分公司销售统计			
	2	月份	分公司	销售经理	销售额
	3	2017年10月	上海分公司	张**	¥152,300.00
	4	2017年11月	上海分公司	王**	¥185,270.00
	5	2017年12月	上海分公司	高**	¥196,510.00
	6		上海分公司		¥534,080.00
	7	2017年10月	北京分公司	刘**	¥120,850.00
	8	2017年11月	北京分公司	李**	¥130,540.00
	9	2017年12月	北京分公司	张**	¥241,100.00
	10		北京分公司		¥492,490.00
	11	2017年10月	深圳分公司	曹**	¥204,410.00
	12	2017年11月	深圳分公司	李**	¥234,100.00

9.6 对数据进行合并计算

合并计算可以将相同类型的数据进行汇总，并在指定的位置显示计算结果，常用于多个工作表中数据的计算汇总。合并计算有两种方法，一种是按位置合并计算，另一种是按分类合并计算。

9.6.1 按位置合并计算

按位置对数据进行合并计算是将多个工作表中相同位置的数据进行汇总，并建立合并计算表，并且源数据区域中某一条记录名称和字段名称都需要在相同的位置上，所以使用该功能要保证需要合并计算的字段有相同的布局排列。

◎ 原始文件：实例文件\第9章\原始文件\按位置合并计算.xlsx
◎ 最终文件：实例文件\第9章\最终文件\按位置合并计算.xlsx

步骤01 单击"合并计算"按钮。打开原始文件，❶单击"第二季度"工作表标签，❷选中单元格B3，❸在"数据"选项卡下的"数据工具"组中单击"合并计算"按钮，如下图所示。

步骤02 单击"引用位置"右侧的引用按钮。弹出"合并计算"对话框，单击"引用位置"右侧的单元格引用按钮，如下图所示。

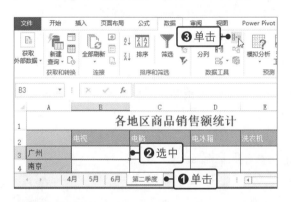

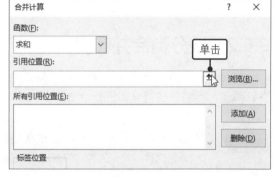

步骤03 选择合并计算的单元格区域。❶单击"4月"工作表标签，❷选择单元格区域B3:E11，如下图所示。

步骤04 添加其他的引用位置。返回到"合并计算"对话框中，系统自动将"引用位置"设置为"4月！$B$3:$E$11"，单击"添加"按钮，如下图所示。

步骤05 继续选择合并计算的单元格区域。❶单击"5月"工作表标签，❷选择单元格区域B3:E11，如下图所示。

步骤06 完成对工作表引用位置的添加。重复上述操作，完成"6月"工作表中引用位置的添加，单击"确定"按钮，如下图所示。

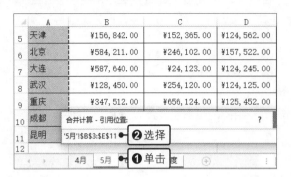

步骤07 按照位置合并计算的结果。此时在"第二季度"工作表中显示了按照位置合并计算的结果，如右图所示。

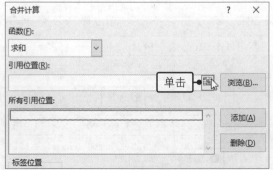

9.6.2 按分类合并计算

在合并计算时，若需要合并的数据类型的位置不同，而分类相同时，就不能再按位置进行合并计算了，而需要按照分类进行合并计算。

◎ 原始文件：实例文件\第9章\原始文件\按分类合并计算.xlsx
◎ 最终文件：实例文件\第9章\最终文件\按分类合并计算.xlsx

步骤01 单击"合并计算"按钮。打开原始文件，❶在"第二季度"工作表中选中单元格A3，❷在"数据"选项卡的"数据工具"组中单击"合并计算"按钮，如下图所示。

步骤02 单击"引用位置"右侧的引用按钮。弹出"合并计算"对话框，单击"引用位置"右侧的单元格引用按钮，如下图所示。

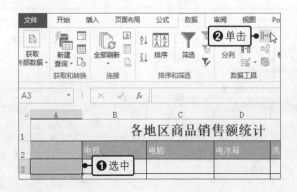

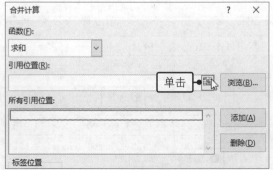

步骤03 选择合并计算的单元格区域。❶单击"4月"工作表标签，❷选择单元格区域A3:E9，如下图所示。

成都	合并计算 - 引用位置:		?
南京	'4月'!$A$3:$E$9 ❷选择		
天津	¥156,842.00	¥152,365.00	¥124,562.00
北京	¥584,211.00	¥246,102.00	¥157,522.00
大连	¥587,640.00	¥24,123.00	¥124,245.00
武汉	¥128,450.00	¥254,120.00	¥124,125.00
重庆	¥347,512.00	¥656,124.00	¥125,452.00
	4月 ❶单击 第二季度 ⊕		

步骤04 添加其他的引用位置。返回到"合并计算"对话框，❶单击"添加"按钮后，所选单元格区域就添加到了"所有引用位置"列表框中，❷再次单击"引用位置"右侧的引用按钮，如下图所示。

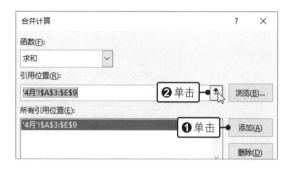

步骤05 继续选择合并计算的单元格区域。❶单击"5月"工作表标签，❷选择单元格区域A3:E11，如下图所示。

4	南京	¥235,681.00	¥126,742.00	¥125,422.00	¥56,284
5	天津	¥156,842.00	¥152,365.00	¥124,562.00	¥25,416
6	北京	合并计算 - 引用位置:		? ×	
7	大连	'5月'!$A$3:$E$11 ❷选择			
8	武汉	¥128,450.00	¥254,120.00	¥124,125.00	¥35,416
9	重庆	¥347,512.00	¥656,124.00	¥125,452.00	¥45,812
10	成都	¥562,413.00	¥245,120.00	¥126,221.00	¥25,451
11	昆明	¥ ❶单击	¥122,210.00	¥125,522.00	¥24,622
12					
		4月 5月 6月 第二季度 ⊕			

步骤06 完成引用位置的添加。返回到"合并计算"对话框，用相同的方式完成"6月"工作表中引用位置的添加，❶最后勾选"最左列"复选框，❷单击"确定"按钮，如下图所示。

步骤07 按照分类合并计算的结果。此时在"第二季度"工作表中，显示了按照分类合并计算的结果，如右图所示。

2		电视	电脑	电冰箱	洗衣机
3	成都	¥1,687,239.00	¥735,360.00	¥378,663.00	¥76,3
4	广州	¥541,021.00	¥472,660.00	¥380,606.00	¥57,9
5	南京	¥481,491.00	¥248,952.00	¥250,944.00	¥80,9
6	天津	¥313,642.00	¥304,730.00	¥249,124.00	¥50,8
7	北京	¥1,168,422.00	¥492,204.00	¥315,044.00	¥45,0
8	大连	¥1,762,920.00	¥72,369.00	¥372,735.00	¥67,3
9	武汉	¥502,710.00	¥630,450.00	¥373,772.00	¥95,4
		4月 5月 6月 第二季度 ⊕			

知识拓展

▶ 按笔画进行排序

默认情况下，Excel 中的文本是按照字母排序的，若需要按笔画数目升序或降序显示文本时，可以按照下面的步骤进行操作。

步骤01 打开原始文件，❶单击数据区域中的任意单元格，❷在"数据"选项卡下的"排序和筛选"组中单击"排序"按钮，如下左图所示。

步骤02 弹出"排序"对话框，❶设置"主要关键字"为"（列A）"、"次序"为"升序"，❷然后单击"选项"按钮。如下右图所示。

步骤03 弹出"排序选项"对话框，❶在"方向"选项组中单击"按列排序"单选按钮，❷在"方法"选项组中单击"笔画排序"单选按钮，如下左图所示。

步骤04 依次单击"确定"按钮，返回工作表，可以看到A列按照文本笔画进行了升序排列，如下右图所示。

大连	¥1,762,920.00	¥72,369.00	¥372,
广州	¥541,021.00	¥472,660.00	¥380,
天津	¥313,684.00	¥304,730.00	¥249,
北京	¥1,168,422.00	¥492,204.00	¥315,
成都	¥1,687,239.00	¥735,360.00	¥378,
武汉	¥502,710.00	¥630,450.00	¥373,
昆明	¥245,810.00	¥122,210.00	¥125,
南京	¥481,491.00	¥248,952.00	¥250,

▶ 使用通配符进行模糊筛选

通配符筛选是指使用通配符和文字组合的形式设置筛选条件的模糊筛选，其中通配符"*"代表任意一组字符或数字，而"?"代表任意单个字符。

步骤01 打开原始文件，❶选中数据区域中的任意单元格，❷在"数据"选项卡下的"排序和筛选"组中单击"筛选"按钮，如下左图所示。

步骤02 ❶单击"所属部门"单元格右侧的下三角按钮，❷在文本框中输入"财务*"，如下右图所示。

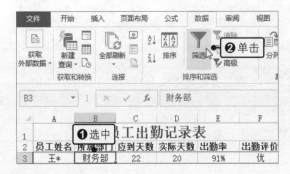

步骤03　单击"确定"按钮后，工作表中只显示了所属部门以"财务"开头的人员信息，如右图所示。

	员工出勤记录表				
员工姓▾	所属部▾	应到天▾	实际天▾	出勤率▾	出勤评▾
王*	财务部	22	20	91%	优
张*	财务部	22	16	73%	差
张*	财务部	22	19	86%	良
尚*	财务部	22	20	91%	优

▶ "或条件"的高级筛选

"或条件"筛选是指筛选结果只需满足众多筛选条件中的一个设置条件即可，所以在输入高级筛选条件时，筛选条件需要按照不同行排列。

步骤01　打开原始文件，❶在源清单的单元格区域J2:L5中输入高级筛选条件，❷在"数据"选项卡下的"排序和筛选"组中单击"高级"按钮，如下左图所示。

步骤02　弹出"高级筛选"对话框，"列表区域"自动设置为单元格区域A2:H30，如下右图所示。

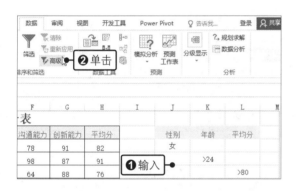

步骤03　❶设置"条件区域"为单元格区域J2:L5，❷并且单击"将筛选结果复制到其他位置"单选按钮，❸然后在"复制到"文本框中输入筛选结果的存放位置，❹单击"确定"按钮，如下左图所示。

步骤04　返回工作表，即可看到工作表中的数据按照设置的条件进行了筛选，并将筛选结果复制到了指定的位置，如下右图所示。

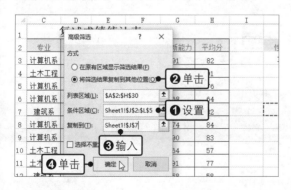

性别	年龄	平均分				
女						
	>24					
		>80				
姓名	性别	专业	年龄	笔试成绩	沟通能力	创新能力	平均分
张**	男	计算机系	26	76	78	91	82
王**	男	土木工程	30	88	98	87	91
刘**	女	计算机系	23	76	67	68	64
李**	女	建筑系	22	76	78	92	82
张**	女	计算机系	25	91	86	74	84
曹**	男	计算机系	24	78	80	90	83
李**	女	土木工程	23	58	50	64	57

▶ 删除分类汇总

完成对分类汇总的查看或分析后，若不再需要以分类汇总的方式来显示数据，可删除分类汇总。

打开原始文件，在"数据"选项卡下单击"分级显示"组中的"分类汇总"按钮，弹出"分类汇总"对话框，单击"全部删除"按钮，如右图所示。

趁热打铁　分析各区域销售报表

想要快速分析各区域销售报表中的数据，如突出显示某种商品在各个片区的销售情况，或者分类汇总各个片区的销售情况，都可以利用 Excel 2019 中的数据工具完成操作。

◎ 原始文件：实例文件\第9章\原始文件\分析各区域销售报表.xlsx
◎ 最终文件：实例文件\第9章\最终文件\分析各区域销售报表.xlsx

步骤01 选择条件格式规则。打开原始文件，选择单元格区域D3:D14，❶在"开始"选项卡下单击"样式"组中的"条件格式"按钮，❷在展开的下拉列表中单击"突出显示单元格规则>大于"选项，如下图所示。

步骤02 设置条件格式规则。弹出"大于"对话框，❶在"为大于以下值的单元格设置格式"下方的文本框中输入"200"，"设置为"列表框中默认选择"浅红填充色深红色文本"选项，❷单击"确定"按钮，如下图所示。

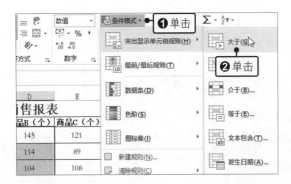

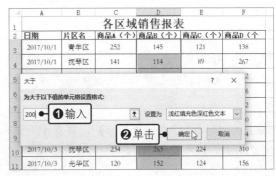

步骤03 突出显示特定数据的效果。此时返回到工作表中，可以看到所选列中数据值大于200的单元格都根据设置突出显示，如下图所示。

步骤04 单击"筛选"按钮。❶选中任意单元格，❷在"数据"选项卡下单击"排序和筛选"组中的"筛选"按钮，如下图所示。

2017-10-1	光华区	116	104	108
2017-10-2	青羊区	210	251	85
2017-10-2	抚琴区	130	245	122
2017-10-2	光华区	141	230	128
2017-10-3	青羊区	204	250	90
2017-10-3	抚琴区	234	265	224
2017-10-3	光华区	120	152	124
2017-10-4	青羊区	140	124	90

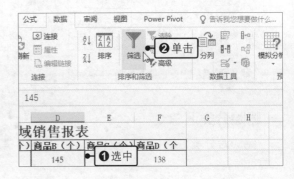

步骤05　选择数字筛选方式。❶单击"商品C(个)"右侧的下三角按钮，❷在展开的下拉列表中单击"数字筛选>小于"选项，如下图所示。

步骤06　设置自动筛选方式。弹出"自定义自动筛选方式"对话框，在"小于"右侧的文本框中输入"100"，如下图所示，单击"确定"按钮后就会显示筛选结果。

步骤07　选择排序的次序。如果要对原有的表格数据进行分类汇总，则返回筛选前的数据效果，单击"排序"按钮，弹出"排序"对话框，❶将"主要关键字"设置为"片区名"，❷在"次序"列表中选择"自定义序列"选项，如下图所示。

步骤08　设置自定义序列。弹出"自定义序列"对话框，❶在"输入序列"框中输入"青羊区 抚琴区 光华区"，❷单击"添加"按钮，如下图所示。

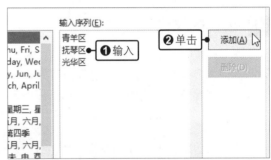

步骤09　设置汇总方式。依次单击"确定"按钮，数据清单就会按自定义序列排序，在"分级显示"组中单击"分类汇总"按钮，❶在对话框中设置"分类字段"为"片区名"，❷设置"汇总方式"为"求和"，❸在"选定汇总项"下方分别勾选四种商品名称，如下图所示。

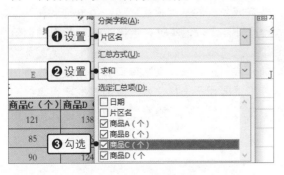

步骤10　分类汇总结果。单击"确定"按钮，返回工作表中，此时数据清单就按照片区名对数据进行了汇总，如下图所示。

165

第 10 章 使用公式与函数计算数据

Excel 提供了两种数据计算的方式：当计算较为简单时，可以在单元格中直接输入公式；当要在海量数据中进行复杂运算时，就需要利用函数来提高计算速度。如果想利用公式或函数快速得到正确的运算结果，就需要掌握公式及函数的结构、用法、引用功能等。

10.1 认识公式

公式是对工作表中的数据进行运算和分析的等式。本节将首先讲解公式的组成，然后讲解输入公式和复制公式的方法。

10.1.1 公式的组成

本小节将讲解公式的必备知识，包括公式的结构，以及运算符的种类、功能和优先级等。

1 公式的结构

在 Excel 中，公式是由等号、常量、单元格引用、函数和运算符构成的。为了与单元格中输入的其他内容有所区别，公式必须以等号开头，其后跟随着参与计算的元素，这些元素通过多个运算符连接起来。公式的结构示例如下图所示。这个公式表示用 SUM 函数对单元格区域 A1:D1 中的值求和，将求和的结果乘以单元格 B1 中的值，再加 40。

2 公式运算符

运算符是对参与运算的元素执行运算的符号，是构成公式的基本要素之一，每一种运算符都代表一种运算。Excel 中的公式运算符包含了算术运算符、比较运算符、连接运算符和引用运算符 4 种。

算术运算符主要用于进行基本的算术运算，如加、减、乘、除及乘幂等运算；比较运算符用于文本或数值的比较，多用在条件运算中；连接运算符主要用于连接文本，生成新的字符串；引用运算符用于单元格的引用，表示单元格在工作表中位置的坐标集。下表所示为四种类型运算符的说明及应用实例。

类别	运算符	运算符说明	应用实例
算术运算符	+ 和 -	加和减	=1+3-2，运算结果是 2
	* 和 /	乘和除	=2*6/4，运算结果是 3
	-	负号	=2*(-3)，运算结果是 -6
	%	百分号	=100*5%，运算结果是 5
	^	乘幂	=2^3，运算结果是 8
比较运算符	=、>、<、>=、<=、<>	等于、大于、小于、大于等于、小于等于、不等于	=(A1=B2)，比较单元格 A1 和 B2 的值是否相等，若成立得 TRUE，若不成立得 FALSE =(A2<=4)，比较单元格 A2 的值是否小于等于 4，若成立得 TRUE，若不成立得 FALSE =(A2<>A3)，比较单元格 A2 和 A3 的值是否不相等，若成立得 TRUE，若不成立得 FALSE
连接运算符	&	连接文本	="销量"&"高"，得到字符串"销量高"
引用运算符	:	区域运算符：冒号	=B1:B5，引用 B1、B2、B3、B4、B5 这五个单元格
	,	联合运算符：逗号	=A1:A3,B1:B5，引用 A1:A3 和 B1:B5 这两个单元格区域
	（空格）	交叉运算符：空格	=A2:B5 B1:B5，引用 A2:B5 和 B1:B5 这两个单元格区域的重叠部分，即 B2、B3、B4、B5 这四个单元格

3 运算符的优先级

当公式中使用了多个运算符时，Excel 在计算时可能不再按照从左向右的顺序进行运算，而是根据各运算符的优先级进行运算，对于同一级别的运算符，再按照从左至右的顺序计算，可见公式中运算符优先级的重要性。只有熟知各运算符的优先级，才能避免公式编辑和运算中出现的错误。各运算符的优先级如下表所示。

优先级	符号	说明
1	:, （空格）	引用运算符
2	-	算术运算符：负号
3	%	算术运算符：百分号
4	^	算术运算符：乘幂
5	*和/	算术运算符：乘和除
6	+和-	算术运算符：加和减
7	&	连接运算符：连接文本
8	=、>、<、>=、<=、<>	比较运算符：等于、大于、小于、大于等于、小于等于、不等于

需要注意的是,括号的优先级高于上表中所有的运算符,因此可以利用括号来调整运算的顺序。若公式中使用了括号,那么就应由最内层的括号逐级向外进行运算。

10.1.2　输入公式

在工作表的空白单元格中输入等号，Excel 就默认该单元格中将输入公式。在输入公式时，如果需要引用单元格或单元格区域，既可以手动输入，也可以通过单击或拖动鼠标来引用。

◎ 原始文件：实例文件\第10章\原始文件\输入公式.xlsx
◎ 最终文件：实例文件\第10章\最终文件\输入公式.xlsx

步骤01 输入公式。打开原始文件，❶选中单元格F4，❷并在其中输入 "=B4-C4-D4-E4"，如下图所示。

商品单位利润对比

单位：元

商品名称	单价	单位成本	单位营业费用	单位税金	单位利润
衬衣	150	105	❷输入		=B4-C4-D4-E4
球鞋	258	200	8	18	❶选中
牛仔裤	98	55	5	8	
休闲裤	120	68	7	8	

步骤02 显示公式计算结果。输入完成后，按下【Enter】键，单元格F4中就显示了公式计算结果，如下图所示。

商品单位利润对比

单位：元

商品名称	单价	单位成本	单位营业费用	单位税金	单位利润
衬衣	150	105	8	12	25
球鞋	258	200	8	18	
牛仔裤	98	55	5	8	
休闲裤	120	68	7	8	

提示 除了在单元格中输入公式，还可在编辑栏中输入，输入完成后单击编辑栏左侧的 "输入" 按钮，或者按下【Enter】键，即可得出计算结果。

10.1.3　复制公式

当需要完成相同计算时，在单元格中输入公式后，可使用填充或拖动的方式将公式复制到其他单元格中，以提高工作效率。

◎ 原始文件：实例文件\第10章\原始文件\复制公式.xlsx
◎ 最终文件：实例文件\第10章\最终文件\复制公式.xlsx

步骤01 选择公式填充的方式。打开原始文件，❶选中单元格F5，❷在 "开始" 选项卡的 "编辑" 组中单击 "填充" 按钮，❸在展开的列表中选择 "向下" 选项，如右图所示。

步骤02 向下复制公式。此时单元格F5中显示了结果，并且编辑栏中也显示了复制的公式。选中单元格F5，将鼠标指针移至其右下角，按住鼠标左键不放并向下拖动，如下图所示。

步骤03 复制公式的效果。拖动鼠标时经过的单元格都显示出了相应的计算结果，如下图所示。选中任意复制了公式的单元格，在编辑栏中即可显示应用的公式。

提示 复制公式还可以利用粘贴选项的功能来实现。选中并右击应用了公式的单元格，在弹出的快捷菜单中单击"复制"命令，然后选中需要粘贴公式的单元格并右击，在弹出的快捷菜单中单击"粘贴选项"组中的"公式"按钮即可。

10.2 使用引用功能快速完成数据的计算

在使用公式进行计算时，为了达到快速计算的目的，可直接引用当前工作表或其他工作表中的单元格或单元格区域。在公式中引用单元格或单元格区域的方式可分为相对引用、绝对引用和混合引用 3 种。

10.2.1 相对引用

相对引用是指公式所在的单元格与被引用单元格之间的位置是相对的，所以当公式所在单元格位置发生改变时，引用的单元格也会随之改变。默认情况下对单元格的引用都是相对引用。

◎ 原始文件：实例文件\第10章\原始文件\相对引用.xlsx
◎ 最终文件：实例文件\第10章\最终文件\相对引用.xlsx

步骤01 输入含有相对引用的公式。打开原始文件，在单元格D4中输入公式"=C4/B4"，该公式默认采用了相对引用，按下【Enter】键得出计算结果，如下图所示。

步骤02 利用相对引用完成计算。向下填充公式，此时公式中引用的单元格地址会发生相应变化，如选中单元格D8，其公式为"=C8/B8"，如下图所示。

10.2.2　绝对引用

绝对引用是指当公式所在单元格位置发生改变时，公式中引用的单元格不会随之改变。在公式中相对引用的单元格的列标题和行标题之前添加"$"符号，便可成为绝对引用。

◎ 原始文件：实例文件\第10章\原始文件\绝对引用.xlsx
◎ 最终文件：实例文件\第10章\最终文件\绝对引用.xlsx

步骤01 输入含有绝对引用的公式。打开原始文件，在单元格E4中输入公式"=D4*$B$2"，其中对单元格B2应用了绝对引用，如下图所示。

步骤02 绝对引用公式的效果。按下【Enter】键，单元格E4中就显示了计算结果，向下复制公式，其中引用的D列单元格会随着E列单元格的变换而变换，但应用了绝对引用的单元格B2却始终不变，如下图所示。

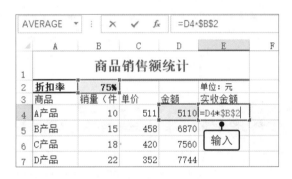

10.2.3　混合引用

混合引用是指在一个单元格引用中同时有绝对引用和相对引用，可以是绝对引用行、相对引用列，也可以是相对引用行、绝对引用列。如果公式所在单元格的位置改变，则相对引用改变，绝对引用不变。

◎ 原始文件：实例文件\第10章\原始文件\混合引用.xlsx
◎ 最终文件：实例文件\第10章\最终文件\混合引用.xlsx

步骤01 输入含有混合引用的公式。打开原始文件，❶选中单元格C7，❷在编辑栏中输入公式"=$B7*C$4"并按下【Enter】键得出结果，公式中使用了混合引用，如下图所示。

步骤02 复制含有混合引用的公式。向下和向右复制公式后，得到不同日期、不同样式的手机价格。查看混合引用的公式变化，如单元格D8的公式为"=$B8*D$4"，如下图所示。

10.2.4　引用其他工作表数据

输入公式时，除了引用同一工作表中的数据外，还可以引用其他工作表中的数据，其一般格式是：'工作表名'！单元格地址。

◎　原始文件：实例文件\第10章\原始文件\引用其他工作表数据.xlsx
◎　最终文件：实例文件\第10章\最终文件\引用其他工作表数据.xlsx

步骤01　在单元格中输入等号。打开原始文件，❶切换至"2月"工作表，❷在单元格B4中输入"="，如下图所示。

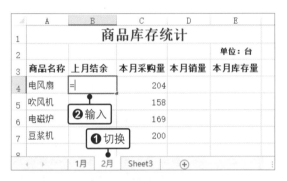

步骤02　引用其他工作表中的数据。❶单击"1月"工作表标签，❷选中单元格E4，编辑栏中自动显示了"'1月'!E4"，如下图所示。

步骤03　显示引用其他工作表数据的结果。按下【Enter】键后，返回"2月"工作表，此时单元格B4中显示了引用的数据，选中单元格B4，并向下拖动填充柄，此时单元格区域B4:B7中就引用了"1月"工作表中单元格区域E4:E7中的数据，如右图所示。

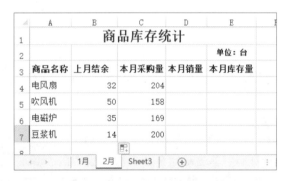

10.3　在公式中使用名称

默认情况下，公式中引用的单元格都是用行标题和列标题来显示的，为了展示出引用的数据内容或类型，可自定义单元格名称，即对需要引用的数据设置一个便于理解和记忆的名称。在公式中应用自定义名称，有利于公式的阅读和管理。

10.3.1　定义名称

定义名称就是为单元格、单元格区域、常量取一个容易理解或记忆的名字，常用方法有 3 种，分别是使用名称框定义名称、根据所选内容创建名称及通过"新建名称"对话框新建名称，其中使用名称框定义名称最为快捷。

◎　原始文件：实例文件\第10章\原始文件\定义名称.xlsx
◎　最终文件：实例文件\第10章\最终文件\定义名称.xlsx

步骤01 输入名称。打开原始文件，❶选择单元格区域B4:B8，❷在名称框中输入"销售收入"，如下图所示。

步骤02 定义名称的效果。按下【Enter】键后完成输入，当再次选择单元格区域B4:B8时，就可在名称框中看见定义的名称，如下图所示。

提示 还可使用对话框定义名称，在"公式"选项卡下"定义的名称"组中单击"定义名称 > 定义名称"选项，在弹出的"新建名称"对话框中设置"名称"和"引用范围"即可。

10.3.2 将名称应用到公式中

完成定义名称操作后，就可以将这些名称应用到公式中，以代替公式引用的单元格地址，使公式看起来更加简洁。在"公式"选项卡下单击"用于公式"按钮，可将要引用的名称应用到公式中。

◎ 原始文件：实例文件\第10章\原始文件\将名称应用到公式中.xlsx
◎ 最终文件：实例文件\第10章\最终文件\将名称应用到公式中.xlsx

步骤01 选择要应用的名称。打开原始文件，❶选中单元格F4并输入"="，❷在"公式"选项卡下单击"定义的名称"组中的"用于公式"按钮，❸在展开的列表中单击"销售收入"选项，如下图所示。

步骤02 再次选择要应用的名称。❶在单元格F4中输入"-"，❷单击"定义的名称"组中的"用于公式"按钮，❸在展开的列表中单击"销售成本"选项，如下图所示。

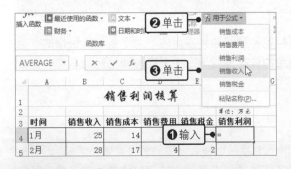

提示 利用公式计算数据时，完成公式输入后，若要以名称替换公式中的单元格引用地址，可以在"定义的名称"组中单击"定义名称"右侧的下三角按钮，在展开的列表中单击"应用名称"选项，弹出"应用名称"对话框，选择要应用的名称，单击"确定"按钮即可。

步骤03 将名称应用到公式中的结果。重复步骤2的操作，当单元格F4中已经输入"=销售收入-销售成本-销售费用-销售税金"时，按下【Enter】键，得出销售利润的结果，此时在编辑栏中也可看见应用了单元格区域名称的公式，如右图所示。

10.4 审核公式

输入公式后，可通过命令、宏或错误值来判断公式计算是否有错。如果有错，可通过返回的错误值的类型来分析错误原因，还可以使用 Excel 提供的公式审核功能对工作表中的错误进行检查或追踪，此外，还可利用显示追踪箭头的方式追查出错的根源。

10.4.1　认识公式返回的错误值

使用公式进行计算时，有时运算结果会以一些特殊的符号来显示，这些符号就是公式返回的错误值，说明公式在计算过程中出错。根据错误值的类型，可判断并找出出错的原因，从而用不同的方法来解决。下表罗列了各类常见的公式返回的错误值及其原因和解决方法。

错误值	错误原因	解决方法
#####	某列宽度不够而无法显示单元格内所有字符	增大列宽
#DIV/0!	一个数除以零（0）或不包含任何值的单元格	将除数更改为非零数
#N/A	某个值不可用于函数或公式	删除函数或公式中不可用的值
#NAME?	Excel 无法识别公式中的文本	检查公式中的函数或字符名称是否正确
#NULL!	试图用交叉运算符为公式中两个不相交的单元格引用区域指定交叉点	更改公式中的单元格引用区域，使引用区域相交
#NUM!	公式或函数包含无效数值	删除函数或公式中的无效数值
#REF!	单元格引用无效	检查是否删除了其他公式所引用的单元格，或者将公式粘贴到其他公式引用单元格上
#VALUE!	公式所包含的单元格有不同的数据类型	启动公式的错误检查，找出公式中所用的错误类型的数值

10.4.2　公式错误检查

当公式返回的是一个错误值时，除了可以利用错误值的类型判断公式出错的原因，还可以利用 Excel 中的错误检查来迅速找出错误，进而修改公式，得到正确的运算结果。

◎ 原始文件：实例文件\第10章\原始文件\公式错误检查.xlsx
◎ 最终文件：实例文件\第10章\最终文件\公式错误检查.xlsx

步骤01 选中错误值单元格。打开原始文件，在单元格E4中利用公式算出结果后，向下拖动鼠标进行填充，但是返回的都是错误值，选中某一错误值，如下图所示。

步骤02 查看公式计算步骤。❶在"公式"选项卡下单击"公式审核"组中的"错误检查"按钮，❷在弹出的"错误检查"对话框中单击"显示计算步骤"按钮，如下图所示。

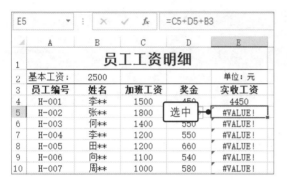

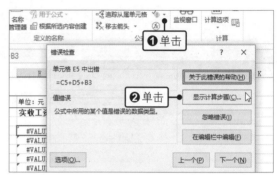

步骤03 显示公式求值流程。弹出"公式求值"对话框，在"求值"列表框中显示了所选单元格的求值过程，如下图所示，单击"求值"按钮逐步检查公式出错的原因。

步骤04 单击"在编辑栏中编辑"按钮。单击"关闭"按钮后返回到"错误检查"对话框中，然后单击"在编辑栏中编辑"按钮，如下图所示。

提示 在"错误检查"对话框中单击"显示计算步骤"按钮后，会弹出"公式求值"对话框，可查看整个计算过程，若单击"选项"按钮会弹出"Excel 选项"对话框，在"错误检查规则"组中可通过勾选复选框来设置错误的检查规则，而在"错误检查"组中，可勾选"允许后台错误检查"复选框，以保证及时查看错误并更正，还可在"使用此颜色标识错误"右侧选择标记错误发生位置的颜色。

步骤05 重新输入公式。在编辑栏中将单元格的公式更改为"=C5+D5+$B$2"，如下左图所示。

步骤06 修改公式的效果。按下【Enter】键得到计算结果，利用新公式向下填充单元格，此时得到了正确的计算结果，如下右图所示。

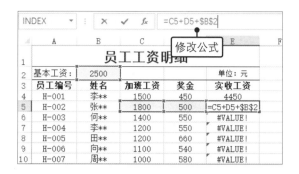

10.4.3　用追踪箭头标识公式

检查公式时，可利用 Excel 中的追踪功能查看公式所在单元格的引用单元格和从属单元格，从而了解公式和值的关系。完成公式的追踪后，还可以选择删除追踪箭头。

1　追踪引用单元格

追踪引用单元格，是指利用箭头标识出公式所在单元格和公式所引用的单元格，其中箭头所在的单元格就是公式所在单元格，而蓝色圆点所在的单元格就是所有引用的单元格。

◎ 原始文件：实例文件\第10章\原始文件\追踪引用单元格.xlsx
◎ 最终文件：实例文件\第10章\最终文件\追踪引用单元格.xlsx

步骤01　追踪引用单元格。打开原始文件，❶选中任意一个应用公式的单元格，如单元格 F4，❷单击"公式审核"组中的"追踪引用单元格"按钮，如下图所示。

步骤02　追踪引用单元格的效果。此时单元格 B4 和单元格 F4 之间出现箭头，蓝色圆点代表公式所在单元格的引用单元格，蓝色箭头表示公式所在单元格，如下图所示。

2　追踪从属单元格

若某一单元格中的公式引用了其他单元格，那么该单元格就是被引用的单元格的从属单元格，如单元格 A3 中的公式引用了单元格 A2，那么单元格 A3 就是单元格 A2 的从属单元格。

◎ 原始文件：实例文件\第10章\原始文件\追踪从属单元格.xlsx
◎ 最终文件：实例文件\第10章\最终文件\追踪从属单元格.xlsx

步骤01 追踪从属单元格。打开原始文件，❶选中单元格C2，❷单击"公式审核"组中的"追踪从属单元格"按钮，如下图所示。

步骤02 追踪从属单元格的效果。此时工作表中出现了许多从单元格C2出发的箭头，箭头指向的单元格就是单元格C2的从属单元格，如下图所示。

10.5 认识与使用函数

Excel 中的函数是一些预定义的公式，它们利用一些参数按照特定的顺序和结构进行复杂的计算。使用函数进行计算可以简化公式的输入过程，并且只需设置函数的必要参数即可，所以和使用公式进行计算相比，使用函数的效率更高。

10.5.1 函数的结构

函数的类型虽然多样，但其结构却大同小异，输入函数时，以等号开头，然后是函数名、括号、参数和参数分隔符，组成一个完整的函数结构。以函数"=SUM(A1,B2,C3)"为例，介绍函数的结构，如下图所示。

$$\text{=SUM(A1,B2,C3)}$$

用括号括起来的参数

等号

函数名

10.5.2 输入函数

要想利用函数得到计算结果，第一步就是在单元格中输入函数，其方法有多种，既可以使用对话框来插入函数，也可以直接输入函数。

1 使用对话框插入函数

对于一些不熟悉的函数，可通过"插入函数"对话框来插入，并且可根据提示了解该函数的用途，在"函数参数"对话框中根据系统提示设置函数参数，避免出错。

◎ 原始文件：实例文件\第10章\原始文件\使用对话框插入函数.xlsx
◎ 最终文件：实例文件\第10章\最终文件\使用对话框插入函数.xlsx

步骤01 单击"插入函数"按钮。打开原始文件，❶选中要插入函数的单元格，❷在"公式"选项卡下的"函数库"组中单击"插入函数"按钮，如下图所示。

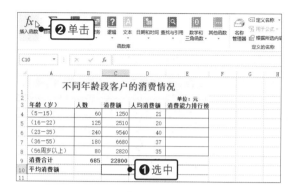

步骤02 选择函数。弹出"插入函数"对话框，❶设置"或选择类别"为"统计"，❷在"选择函数"列表框中单击"AVERAGE"选项，如下图所示。

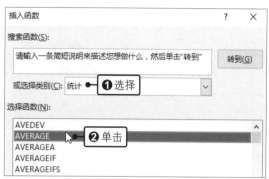

步骤03 设置函数参数。单击"确定"按钮后，弹出"函数参数"对话框，将"Number1"设置为"C4:C8"，如下图所示。

步骤04 显示函数计算结果。单击"确定"按钮后返回到工作表中，可以看到，单元格C10中显示了该函数计算出的消费额平均值，如下图所示。

	A	B	C
4	（5—15）	60	1250
5	（16—22）	125	2510
6	（23—35）	240	9540
7	（36—55）	180	6680
8	（56周岁以上）	80	2820
9	消费合计	685	22800
10	平均消费额		4560

2 直接输入函数

对于较熟悉或常用的函数，可直接在单元格中输入函数名，然后根据屏幕提示为函数设置对应的参数。

◎ 原始文件：实例文件\第10章\原始文件\直接输入函数.xlsx
◎ 最终文件：实例文件\第10章\最终文件\直接输入函数.xlsx

步骤01 输入并选择函数。打开原始文件，❶在单元格E4中输入"=RA"，系统会自动展开函数屏幕提示选项，❷单击"RANK"选项，如右图所示。

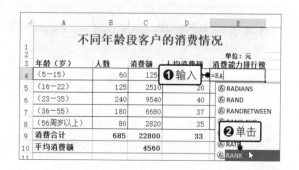

步骤02 显示函数的提示信息。将完整的函数名输入到单元格中后，会显示函数相应的参数提示信息，如下图所示。

不同年龄段客户的消费情况					
				单位：元	
年龄（岁）	人数	消费额	人均消费额	消费能力排行榜	
（5—15）	60	1250	21	=RANK(	
（16—22）	125	2510	20	RANK(**number**, ref, [order])	
（23—35）	240	9540	40		
（36—55）	180	6680	37		
（56周岁以上）	80	2820	35		
消费合计	685	22800	33		
平均消费额		4560			

步骤03 显示函数的计算结果。根据提示信息输入函数的参数，再输入"）"，按下【Enter】键计算出当前单元格的排名情况，向下拖动鼠标复制公式，可计算其他排名，如下图所示。

E6　　　fx　=RANK(D6,$D$4:$D$8)

	不同年龄段客户的消费情况				
1					
2				单位：元	
3	年龄（岁）	人数	消费额	人均消费额	消费能力排行榜
4	（5—15）	60	1250	21	4
5	（16—22）	125	2510	20	5
6	（23—35）	240	9540	计算结果	1
7	（36—55）	180	6680	37	2
8	（56周岁以上）	80	2820	35	3
9	消费合计	685	22800	33	
10	平均消费额		4560		

10.5.3　使用"自动求和"功能自动插入函数

Excel 还提供了"自动求和"功能，可以插入求和、求平均值、计数、求最大值和最小值等函数，便于快速输入使用频率较高的函数。

◎ 原始文件：实例文件\第10章\原始文件\使用"自动求和"功能自动插入函数.xlsx
◎ 最终文件：实例文件\第10章\最终文件\使用"自动求和"功能自动插入函数.xlsx

步骤01 单击"求和"选项。打开原始文件，❶选中要显示自动求和值的单元格，❷在"公式"选项卡下单击"函数库"组中的"自动求和"右侧的下三角按钮，❸在展开的列表中单击"求和"选项，如下图所示。

步骤02 自动求和的效果。此时所选单元格中自动输入求和公式"=SUM()"，输入需要引用的单元格，按下【Enter】键即可快速计算出补助金额合计值，如下图所示。

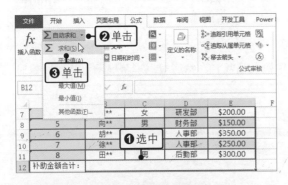

B12　　　fx　=SUM(E4:E11)

	A	B	C	D	E
3	编号	姓名	性别	部门	补助金额（元）
4	1	向**	男	行政部	$250.00
5	2	王**	女	行政部	$300.00
6	3	米**	女	研发部	$250.00
7	4	周**	女	研发部	$200.00
8	5	向**	男	财务部	$150.00
9	6	胡**	男	人事部	$350.00
10	7	徐**	男	人事部	$250.00
11	8	田**	男	后勤部	$300.00
12	补助金额合计：				$2,050.00

10.5.4　输入嵌套函数

嵌套函数是指在运算的过程中，将某一函数作为另一函数的参数。输入嵌套函数的方法与输入普通函数的方法相同，只不过在设置函数参数时，需插入要嵌套的函数。

◎ 原始文件：实例文件\第10章\原始文件\输入嵌套函数.xlsx
◎ 最终文件：实例文件\第10章\最终文件\输入嵌套函数.xlsx

步骤01 查看嵌套函数的条件。打开原始文件，在A列和B列中查看员工提成条件，即按照任务完成率制定的提成比例，如下图所示。

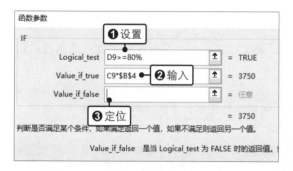

步骤02 选择函数。❶选择将输入公式的单元格E9，❷在"公式"选项卡的"函数库"组中单击"逻辑"按钮，❸在展开的列表中单击"IF"选项，如下图所示。

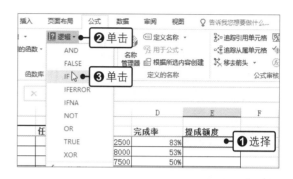

步骤03 设置函数参数。弹出"函数参数"对话框，❶设置"Logical_test"参数为"D9>=80%"，❷在"Value_if_true"文本框中输入"C9*$B$4"，❸将光标置于"Value_if_false"文本框中，如下图所示。

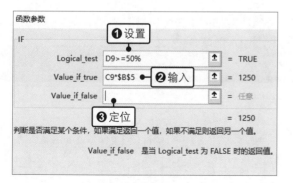

步骤04 再次选择函数。❶单击名称框右侧的下三角按钮，❷在展开的列表中单击"IF"选项，如下图所示。

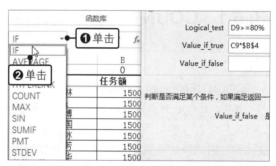

步骤05 设置函数参数。弹出"函数参数"对话框，❶设置"Logical_test"参数为"D9>=50%"，❷在"Value_if_true"文本框中输入"C9*$B$5"，❸将光标置于"Value_if_false"文本框中，如下图所示。

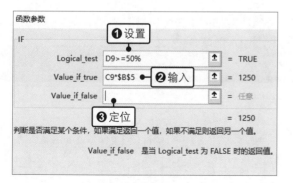

步骤06 设置函数参数。重复步骤04的操作，弹出"函数参数"对话框，❶设置"Logical_test"参数为"D9>=30%"，❷在"Value_if_true"文本框中输入"C9*$B$6"，❸在"Value_if_false"文本框中输入"0"，如下图所示。

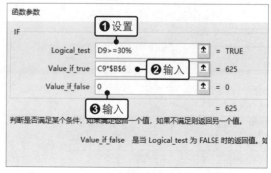

步骤07 显示嵌套函数的计算结果。单击"确定"按钮返回工作表，此时单元格E9中显示了计算结果，如下图所示。

		fx	=IF(D9>=80%,C9*$B$4,IF(D9>=50%,C9*$B$5,IF(D9>=30%,C9*

B	C	D	E	F
0				
任务额	完成额	完成率	提成额度	
15000	12500	83%	3750	
15000	8000	53%		
15000	7500	50%	显示结果	
15000	1580	11%		
15000	9000	60%		
15000	14000	93%		
15000	13500	90%		
15000	12500	83%		
15000	11150	74%		
15000	10050	67%		

步骤08 复制公式。向下复制公式，得到其他单元格的计算结果，如下图所示。这样就根据销售的完成情况得到了每个员工的提成额度。

任务额	完成额	完成率	提成额度
15000	12500	83%	3750
15000	8000	53%	800
15000	7500	50%	750
15000	1580	11%	0
15000	9000	60%	900
15000	14000	93%	4200
15000	13500	90%	4050
15000	12500	83%	3750
15000	11150	74%	1115
15000	10050	67%	1005
15000	14780	99%	4434

10.6 常用函数应用

Excel 提供了很多函数，但在日常工作中经常使用的函数并不多，所以只需掌握日常办公中的常用函数即可，如 COUNTIF 函数、SUMIF 函数和 SUMPRODUCT 函数等。本节具体介绍几种常用函数的使用规则和应用实例。

10.6.1 COUNTIF 函数的使用

COUNTIF 函数用于在指定的单元格区域中统计满足指定条件的单元格的个数，其函数表达式为：

COUNTIF(range,criteria)

其中，range 为必需参数，用于指定要进行计数的单元格区域，该区域中可包括数字、名称、数组或包含数字的引用，其中空值或文本值将被忽略。criteria 为必需参数，为确定哪些单元格将被计算在内的条件，其形式可为进行计数的数字、表达式、单元格引用或文本字符串，也可使用通配符问号（?）和星号（*），并且该条件不区分大小写，其中条件需加双引号。

◎ 原始文件：实例文件\第10章\原始文件\ COUNTIF函数的使用.xlsx
◎ 最终文件：实例文件\第10章\最终文件\ COUNTIF函数的使用.xlsx

步骤01 输入公式。打开原始文件，这里需要统计所有具有博士学历的员工人数，在单元格I4中输入"=COUNTIF($D$3:$D$32, H4)"，如下图所示。

步骤02 显示计算结果。按下【Enter】键计算出员工学历为博士的人数，拖动单元格I4右下角的填充柄向下复制公式，得到其他学历的人数，如下图所示。

10.6.2　SUMIF 函数的使用

SUMIF 函数用于在指定范围内，对符合指定条件的值求和，其函数表达式为：

SUMIF (range, criteria,[sum_range])

其中，range 为必需参数，用于指定按条件求和的单元格区域。每个区域中的单元格必须是数字或名称、数组或包含数字的引用，空值或文本值将被忽略。criteria 也是必需参数，为确定哪些单元格将被计算在内的条件，其形式可为数字、表达式、单元格引用、文本或函数。直接在单元格或编辑栏中指定检索条件时，需用双引号将条件引起来。sum_range 为可选参数，用于指定要进行求和的单元格区域，如果省略，自动对 range 参数中指定的单元格求和。

◎　原始文件：实例文件\第10章\原始文件\ SUMIF函数的使用.xlsx
◎　最终文件：实例文件\第10章\最终文件\ SUMIF函数的使用.xlsx

步骤01　输入SUMIF函数。打开原始文件，选中单元格F3，在编辑栏中输入"=SUMIF(A3:A19,E3,C3:C19)"，按下【Enter】键，就可以统计出"采购部"的出差费合计，如下图所示。

步骤02　显示SUMIF函数的计算结果。若要计算其他部门的出差费合计，❶只需将单元格F3中的计算公式更改为"=SUMIF($A$3:$A$19,E3,$C$3:$C$19)"，❷然后利用自动填充功能将公式复制到其他单元格中，如下图所示。

10.6.3　SUMPRODUCT 函数的使用

SUMPRODUCT 函数用于在给定的几组维数相同的数组中，将数组对应的元素相乘，并返回乘积之和。其函数表达式为：

SUMPRODUCT(array1,[array2],[array3],…)

其中，array1 为必需参数，指定相应元素需要进行相乘并求和的第一个数组参数。参数array2，array3，…为可选参数，指定第 2 到 255 个数组参数，其相应元素需要进行相乘并求和。

◎　原始文件：实例文件\第10章\原始文件\ SUMPRODUCT函数的使用.xlsx
◎　最终文件：实例文件\第10章\最终文件\ SUMPRODUCT函数的使用.xlsx

步骤01　输入SUMPRODUCT函数。打开原始文件，在单元格B20中输入公式"=SUMPRODUCT(C3:C19,D3:D19)"，如下左图所示。

步骤02　显示函数计算结果。按下【Enter】键就可根据加班时数和加班工资计算出加班费的总和，如下右图所示。

	A	B	C	D	E
1		加班费合计			
2	员工姓名	部门	加班时数	加班工资(元)	
3	张*	财务部	6	¥150.00	
4	张*	财务部	8	¥150.00	
5	周*	财务部	10	¥150.00	
16	徐*	技术部	12	¥160.00	
17	高*	技术部	17	¥160.00	
18	王*	技术部	18	¥160.00	
19	田*	技术部	12	¥160.00	
20	加班费合计	=SUMPRODUCT(C3:C19,D3:D19)		←输入	
21					

	A	B	C	D	E
1		加班费合计			
2	员工姓名	部门	加班时数	加班工资(元)	
3	张*	财务部	6	¥150.00	
4	张*	财务部	8	¥150.00	
5	周*	财务部	10	¥150.00	
16	徐*	技术部	12	¥160.00	
17	高*	技术部	17	¥160.00	
18	王*	技术部	18	¥160.00	
19	田*	技术部	12	¥160.00	
20	加班费合计	¥26,970.00			

10.6.4 VLOOKUP 函数的使用

VLOOKUP 函数用于按照指定的查找值从工作表中查找对应的数据，具体而言是按照指定查找的数据返回当前行中指定列处的数值。其函数表达式为：

VLOOKUP(lookup_value,table_array,col_index_num,[range_lookup])

其中，lookup_value 为必需参数，指定在数据清单的第一列中进行查找的数值；参数 table_array 为必需参数，指定要在其中查找数值的清单，在清单的第一列中包含 Lookup_value 参数值；col_index_num 为必需参数，用于指定 table_array 中待返回的匹配值的列序号；range_lookup 为可选参数，用于指定查找时是精确匹配，还是近似匹配，当值为 TRUE 或省略时，返回近似匹配值，当值为 FALSE 时，返回精确匹配值。

使用该函数的重点是参数 range_lookup 的设置，并且该函数的结果返回的是指定列处的数值，要想使计算结果返回的是当前列中指定行处的数值，应该使用 HLOOKUP 函数。

◎ 原始文件：实例文件\第10章\原始文件\VLOOKUP函数的使用.xlsx
◎ 最终文件：实例文件\第10章\最终文件\VLOOKUP函数的使用.xlsx

步骤01 查看数据。打开原始文件，可在员工资料表中查看员工的资料信息，如下图所示。

步骤02 输入VLOOKUP函数。切换至"员工工作证"工作表，❶在单元格B5中输入"CK-016"，❷在单元格B6中输入公式"=VLOOKUP(员工工作证!B5,员工资料表!A1:C31,2,FALSE)"，如下图所示。

	A	B	C	D	E	F	G
1	员工编号	姓名	所在部门	职务	岗位等级	年龄	工龄
2	CK-001	王*	财务部	会计	正式期一级	28	4
3	CK-002	张*	财务部	会计	正式期一级	27	3
4	CK-003	张*	财务部	财务总监	正式期三级	29	7
5	CK-004	周*	采购部	经理	正式期二级	28	5
6	CK-005	陈*	营运部	高级经理	正式期三级	28	5
7	CK-006	杜*	采购部	经理	正式期二级	32	4
8	CK-007	陈*	营运部	代表	正式期一级	25	2
9	CK-008	李*	工程部	代表	正式期一级	25	5
10	CK-009	朱*	营运部	高级技工	正式期二级	28	2
11	CK-010	李*	工程部	高级技工	正式期二级	28	3
12	CK-011	尚*	财务部	财务助理	正式期一级	24	0
13	CK-012	刘*	采购部	司机	正式期一级	24	1
14	CK-013	张*	营运部	司机	试用期	25	0

步骤03 函数计算结果。按下【Enter】键后，单元格B6中就显示了拥有该编号的员工姓名，如右图所示。

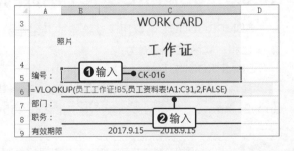

10.6.5　PMT 函数的使用

PMT 函数可在固定利率及等额分期付款方式下，根据现有贷款总额、贷款利率和贷款年限计算贷款的每期付款额，该付款额包括本金和利息。其函数表达式为：

PMT(rate,nper,pv,[fv],[type])。

其中，rate 为必需参数，指贷款利率；nper 为必需参数，指该项贷款的付款总期数；pv 为必需参数，指一系列未来付款的当前值的累积和，也称为本金；fv 为可选参数，指未来值或在最后一次付款后希望得到的现金余额；type 为可选参数，用数字 0 或 1 指示各期的付款时间是在期初还是在期末，1 代表期初，0 代表期末。

◎ 原始文件：实例文件\第10章\原始文件\ PMT函数的使用.xlsx
◎ 最终文件：实例文件\第10章\最终文件\ PMT函数的使用.xlsx

步骤01 输入函数。打开原始文件，在单元格 D6中输入"=PMT(B6/12,C6*12,-A6)"，如下图所示。

步骤02 显示计算结果。按下【Enter】键，用自动填充功能将公式复制到其他单元格中，计算出不同贷款年限下的每月还款额，如下图所示。

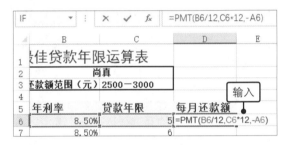

知识拓展

▶ **搜索不熟悉的函数**

利用函数进行运算时，如果只知道某一函数的功能，对函数名称并不熟悉，可通过关键字搜索需要的函数。

步骤01 选中要显示函数结果的单元格，在编辑栏中单击"插入函数"按钮，弹出"插入函数"对话框，❶在"搜索函数"文本框中输入要搜索的关键字，如"泊松分布"，❷单击"转到"按钮，如下左图所示。

步骤02 经过搜索，在"选择函数"列表框中显示搜索到的与关键字匹配的函数，选择需要的函数"POISSON"，如下右图所示。

▶ 在单元格中显示公式

一般来说，使用公式的单元格中显示的是公式的计算结果，所以完成计算后，在单元格中看不到公式，若要在单元格中显示公式，可通过显示公式功能来实现。

步骤01 打开原始文件，❶选中数据区域中的任意单元格，❷在"公式"选项卡下的"公式审核"组中单击"显示公式"按钮，如下左图所示。

步骤02 此时数据区域中使用了公式的单元格都显示为公式，如下右图所示。若要在这些单元格中重新显示值，只需再次单击"显示公式"按钮。

▶ 对嵌套公式进行分步求值

若需要查看使用嵌套公式的数据处理的过程，即对公式表达式的计算过程进行分步查看，可使用"公式求值"功能来完成。

步骤01 打开原始文件，选中要查看公式分解步骤的单元格，在"公式审核"组中单击"公式求值"按钮，弹出"公式求值"对话框，在"引用"位置显示了引用的单元格地址，在"求值"列表框中显示了引用单元格内包含的完整公式，并以下划线标识待计算的参数，单击"步入"按钮，即可将引用的数值代入计算公式中，如下左图所示。

步骤02 单击"步出"按钮后，会取消分步求值的步骤，最后单击"求值"按钮进行计算，如下右图所示，然后继续指向下一个待计算的表达式，使用该方法可以查看公式中每一个参数的计算过程。

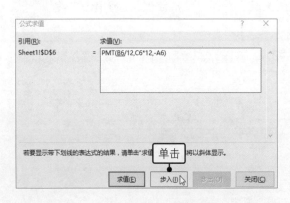

▶ 启用公式的记忆式键入功能

在输入公式时，为了尽可能地减少错误，可使用"记忆式键入"功能。当在单元格中输入"="后，只需输入几个字母，此时单元格下方会显示多个与这些字母相关的有效函数，形成一个动态列表，只需在列表中选择所需选项即可，下面介绍如何启用此功能。

步骤01 打开一个空白工作簿，单击"文件"按钮，在展开的视图菜单中单击"选项"命令，如下左图所示。

步骤02 弹出"Excel选项"对话框，切换到"公式"选项卡，在"使用公式"组中勾选"公式记忆式键入"复选框，如下右图所示。

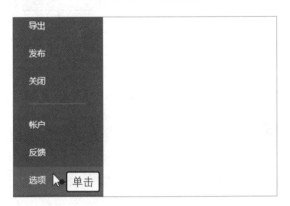

趁热打铁　办公用品采购报价单

采购报价单中确定了所需物品或服务的最佳报价、规格和数量等信息，有利于采购部门准确、有效地满足各个部门的采购要求，也是采购部门向其他部门发出采购邀请的信息来源。下面将在Excel 中使用函数和定义名称等功能计算出需要的采购报价数据。

◎ 原始文件：实例文件\第10章\原始文件\办公用品采购报价单.xlsx
◎ 最终文件：实例文件\第10章\最终文件\办公用品采购报价单.xlsx

步骤01 输入公式。打开原始文件，由于总价等于数量乘以单价，选中单元格F4，输入"="，然后单击单元格C4，再输入"*"，再单击单元格E4，完成公式的输入，如右图所示。

	A	B	C	D	E	F	G
1		办公用品采购报价单					
2	公司名称	亚东电子有限公司		统计日期	9月30日		
3	部门	名称	数量	单位	单价（元）	总价	
4	内勤部	笔记本	15	个	25	=C4*E4	
5	内勤部	文件夹	10	个	8		
6	内勤部	打印纸	250	张	1		
7	内勤部	椅子	5	把	45		
8	销售部	笔记本	14	个	25		
9	销售部	POS机器	5	个	150		
10	销售部	U盘	4	个	120		
11	销售部	椅子	6	把	45		
12	营运部	文件夹	10	个	8		
13	营运部	办公桌	5	套	180		

步骤02 向下复制公式。按下【Enter】键，计算出总价，由于公式中使用了相对引用，所以向下复制公式就可得到其他办公用品的总价，将鼠标指针放置在单元格F4右下角，当鼠标指针变成十字形后向下拖动，如下图所示，完成公式的复制。

3	A 部门	B 名称	C 数量	D 单位	E 单价（元）	F 总价
4	内勤部	笔记本	15	个	25	¥375.00
5	内勤部	文件夹	10	个	8	
6	内勤部	打印纸	250	张	1	
7	内勤部	椅子	5	把	45	
8	销售部	笔记本	14	个	25	
9	销售部	POS机器	5	个	150	
10	销售部	U盘	4	个	120	
11	销售部	椅子	6	把	45	
12	营运部	文件夹	10	个	8	
13	营运部	办公桌	5	套	180	
14	营运部	文件柜	2	个	150	
15	营运部	鼠标	3	个	25	
16	采购费总计			统计人		田锐

步骤03 相对引用公式的结果。拖动至单元格F15后释放鼠标，得到相对引用后的结果。可以发现公式中引用的单元格会随着F列单元格的变化而变化，如下图所示。

F13 ＝C13*E13

3	A 部门	B 名称	C 数量	D 单位	E 单价（元）	F 总价
4	内勤部	笔记本	15	个	25	¥375.00
5	内勤部	文件夹	10	个	8	¥80.00
6	内勤部	打印纸	250	张	1	¥250.00
7	内勤部	椅子	5	把	45	¥225.00
8	销售部	笔记本	14	个	25	¥350.00
9	销售部	POS机器	5	个	150	¥750.00
10	销售部	U盘	4	个	120	¥480.00
11	销售部	椅子	6	把	45	¥270.00
12	营运部	文件夹	10	个	8	¥80.00
13	营运部	办公桌	5	套	180	¥900.00
14	营运部	文件柜	2	个	150	¥300.00

步骤04 单击"定义名称"按钮。❶选择单元格区域C4:C15，❷切换至"公式"选项卡，❸在"定义的名称"组中单击"定义名称"按钮，如下图所示。

文件　开始　插入　页面布局　公式　数据　审阅　视图　开发工具

❷切换　❸单击

C4 15

	A	B	C	D	E	F	G
4	内勤部	笔记本	15	个	25	¥375.00	
5	内勤部	文件夹	10	个	8	¥80.00	
6	内勤部	打印纸	250	张	1	¥250.00	
7	内勤部	椅子	5	把	45	¥225.00	
8	销售部	笔记本	14	个	25	¥350.00	
9	销售部	POS机器	5	个	150	¥750.00	

❶选择

步骤05 设置名称和范围。弹出"新建名称"对话框，保持默认的"名称"和"范围"，确认"引用位置"后单击"确定"按钮，如下图所示。

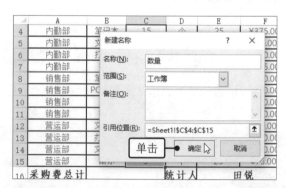

新建名称
名称(N)：数量
范围(S)：工作簿
备注(O)：
引用位置(R)：=Sheet1!$C$4:$C$15
单击　确定　取消

步骤06 显示定义名称的结果。返回工作表，此时所选单元格区域已被命名为"数量"，以同样的方法将单元格区域E4:E15的名称定义为"单价"，如下图所示。

单价 25

	A	B	C	D	E	F	G
4	内勤部	笔记本	15	个	25	¥375.00	
5	内勤部	文件夹	10	个	8	¥80.00	
6	内勤部	打印纸	250	张	1	¥250.00	
7	内勤部	椅子	5	把	45	¥225.00	
8	销售部	笔记本	14	个	25	¥350.00	
9	销售部	POS机器	5	个	150	¥750.00	
10	销售部	U盘	4	个	120	¥480.00	
11	销售部	椅子	6	把	45	¥270.00	
12	营运部	文件夹	10	个	8	¥80.00	
13	营运部	办公桌	5	套	180	¥900.00	
14	营运部	文件柜	2	个	150	¥300.00	
15	营运部	鼠标	3	个	25	¥75.00	

步骤07 输入函数。在单元格B16中输入函数"=SUMPRODUCT(数量,单价)"，如下图所示。

	A	B	C	D	E	F	G	H
4	内勤部	笔记本	15	个	25	¥375.00		内勤部
5	内勤部	文件夹	10	个	8	¥80.00		销售部
6	内勤部	打印纸	250	张	1	¥250.00		营运部
7	内勤部	椅子	5	把	45	¥225.00		
8	销售部	笔记本	14	个	25	¥350.00		
9	销售部	POS机器	5	个	150	¥750.00		
10	销售部	U盘	4	个	120	¥480.00		
11	销售部	椅子	6	把	45	¥270.00		
12	营运部	文件夹	10	个	8	¥80.00		
13	营运部	办公桌	5	套	180	¥900.00		
14	营运部	文件柜	2	个	150	¥300.00		
15	营运部	鼠标	3	个	25	¥75.00		
16	采购费	=SUMPRODUCT(数量,单价)					田锐	
17								
18								

输入

步骤08 得到计算结果。按下【Enter】键，得到计算结果，如下图所示。

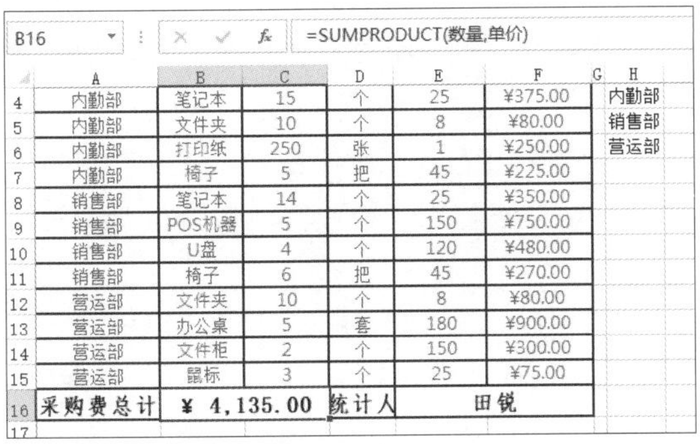

步骤09 输入函数。在单元格I4中输入"=SUMIF (A4:A15,H4,F4:F15)"，如下图所示，按下【Enter】键，计算出内勤部的采购费用合计。

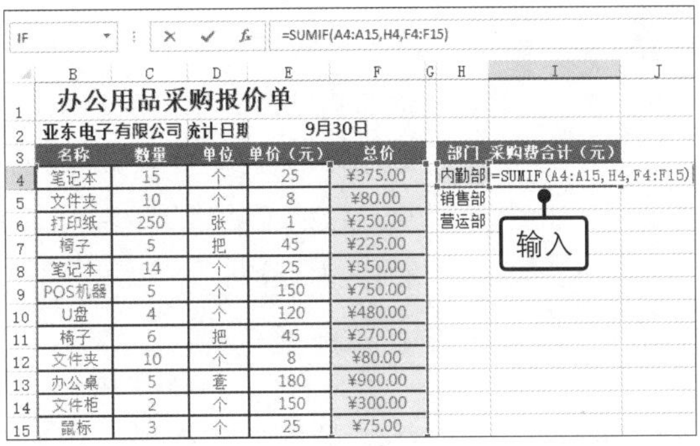

步骤10 修改公式得出结果。若要计算其他部门的采购费用合计，❶只需将单元格I4中的公式修改为"=SUMIF($A$4:$A$15,H4,$F$4: $F$15)"，❷然后将公式复制到其他单元格中，计算出销售部、营运部的采购费用合计，如右图所示。

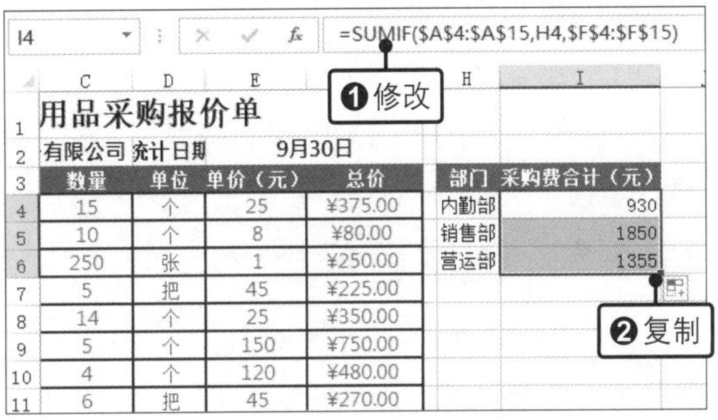

读书笔记

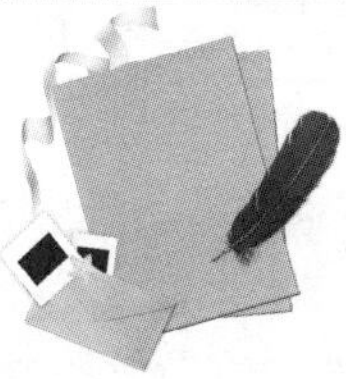

第 11 章 使用图表直观展示数据

通过图表来分析数据可以更直观地展示数据，更有利于理解数据。为了让创建的图表正确、完整且清晰地表达源数据，需要了解图表的一些基础知识，如图表的创建方法、图表的布局和样式的设置等；还可以在 Excel 中对图表进行高级的应用设置，如创建组合图表、将图表保存为模板等。本章将对图表的制作和设置进行详细讲解。

11.1 使用迷你图分析数据

迷你图以单元格为制图区域，能快速地以小图表的形式，来展示简明的数据。为了使单元格中的小图表清楚明了地分析数据，可以更改迷你图的类型、样式和标记颜色。

11.1.1 创建迷你图

迷你图的创建方法非常简单，其类型主要有柱形、折线、盈亏 3 种，在工作中，可根据实际情况选择需要的迷你图来分析数据。

◎ 原始文件：实例文件\第11章\原始文件\创建迷你图.xlsx
◎ 最终文件：实例文件\第11章\最终文件\创建迷你图.xlsx

步骤01 使用折线迷你图。打开原始文件，在"插入"选项卡下单击"迷你图"组中的"折线"按钮，如下图所示。

步骤02 设置迷你图的位置。弹出"创建迷你图"对话框，❶在"数据范围"文本框中输入"B3:G3"，❷在"位置范围"文本框中输入放置迷你图的位置"$H$3"，❸然后单击"确定"按钮，如下图所示。

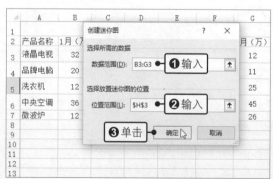

步骤03　向下填充迷你图。此时单元格H3中就创建了折线迷你图，拖动单元格H3右下角的填充柄，可以向下填充迷你图，效果如右图所示。

C	D	E	F	G	H
产品上半年销售情况					
2月（万）	3月（万）	4月（万）	5月（万）	6月（万）	
48	14	32	20	12	
35	48	48	35	11	
11	25	14	48	25	
25	48	18	30	45	
25	36	24	15	26	

提示　通过填充方式生成的迷你图会自动与原迷你图形成一个迷你图组，此时若选中某一迷你图，在设置类型、显示方式、样式、标记颜色后，其他的迷你图也会随之变化。但也可取消迷你图组合，在"迷你图工具-设计"选项卡中单击"分组"组中的"取消组合"按钮即可。

11.1.2　更改迷你图类型

对已经创建好的迷你图，也可以将其更改为其他迷你图类型。Excel 2019 中预设的迷你图类型包括折线、柱形和盈亏 3 种，可根据实际情况选择最合适的迷你图类型。当要查看数据的某种趋势时，可用折线迷你图来展示；当要比较数据的大小时，可用柱形迷你图来展示；当要显示数据的盈亏时，可用盈亏迷你图来展示。

◎　原始文件：实例文件\第11章\原始文件\更改迷你图类型.xlsx
◎　最终文件：实例文件\第11章\最终文件\更改迷你图类型.xlsx

步骤01　更改迷你图。打开原始文件，图中用折线显示了各商品上半年每月利润趋势状况，❶选中迷你图组，❷在"迷你图工具-设计"选项卡下的"类型"组中单击"盈亏"按钮，如下图所示。

步骤02　更改迷你图类型的效果。此时迷你图组就从折线图更改为了盈亏图，如下图所示，当利润为负数时，柱形图向下，当利润为正数时，柱形图向上，每月的盈亏状况更加直观。

名称	1月	2月	3月	4月	5月	6月	利润分析
产品上半年利润分析							
						单位：万	
电视	19	-15	-17	-5	23	25	
电脑	-12	20	12	20	-2	-11	
机	-6	14	15	3	-14	-5	
空调	12	-5	-20	14	25	-7	
炉	5	-10	-23	-21	25	26	

步骤03　单击"柱形图"按钮。❶选中迷你图组中的任意一个迷你图，❷在"类型"组中单击"柱形"按钮，如下左图所示。

步骤04　更改迷你图类型的效果。此时迷你图组就从盈亏迷你图更改为柱形迷你图，如下右图所示，如此既可查看盈亏状况，又可对比每月商品的利润大小。

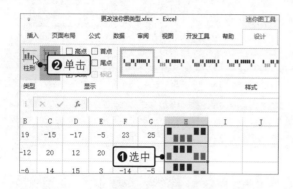

11.1.3　套用迷你图样式

Excel 2019 中内设了多种迷你图样式，所以对于创建的迷你图，可选中所需要的样式，快速美化迷你图。

◎ 原始文件：实例文件\第11章\原始文件\套用迷你图样式.xlsx
◎ 最终文件：实例文件\第11章\最终文件\套用迷你图样式.xlsx

步骤01 单击"样式"组快翻按钮。打开原始文件，❶选中迷你图组中的任意迷你图，❷在"迷你图工具-设计"选项卡下单击"样式"组中的快翻按钮，如右图所示。

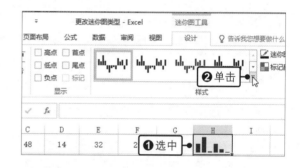

步骤02 选择迷你图样式。在展开的列表中选择要套用的迷你图样式，如下图所示。

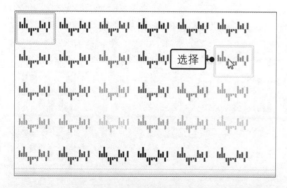

步骤03 套用迷你图样式的效果。此时迷你图组就应用了所选样式，如下图所示。

11.1.4　修改迷你图及其标记颜色

若迷你图的源数据发生了变化，就需要重新选择数据区域。为了让数据区域中的特殊点在迷你图中更加醒目，还可对这些特殊点标记颜色。

◎ 原始文件：实例文件\第11章\原始文件\修改迷你图及其标记颜色.xlsx
◎ 最终文件：实例文件\第11章\最终文件\修改迷你图及其标记颜色.xlsx

步骤01 查看原始的迷你图。打开原始文件，可以看到各个产品从1月至6月的销量情况用柱形图进行了展示，如下图所示。

步骤02 编辑数据。❶选中要更改迷你图数据源的迷你图所在单元格，❷在"迷你图工具-设计"选项卡下单击"编辑数据"下三角按钮，❸在展开的列表中单击"编辑组位置和数据"选项，如下图所示。

产品上半年销售情况					
月（万）	2月（万）	3月（万）	4月（万）	5月（万）	6月（万）
32	48	14	32	20	12
20	35	48	48	35	11
12	11	25	14	48	25
36	25	48	18	30	45
12	25	36	24	15	26

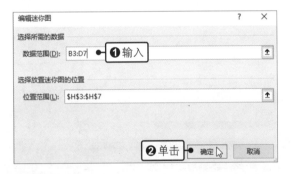

步骤03 更改数据源。弹出"编辑迷你图"对话框，❶在"数据范围"文本框中重新输入用于创建迷你图的单元格区域，❷单击"确定"按钮，如下图所示。

步骤04 修改数据源的效果。此时就可看到迷你图随着数据源的修改发生了改变，效果如下图所示。

1月（万）	2月（万）	3月（万）	4月（万）	5月（万）	6月（万）	
32	48	14	32	20	12	
20	35	48	48	35	11	
12	11	25	14	48	25	
36	25	48	18	30	45	
12	25	36	24	15	26	

步骤05 设置"高点"颜色。❶单击"样式"组中的"标记颜色"按钮，❷在展开的列表中选择"高点"选项，❸在级联列表中选择"绿色"，如下图所示。

步骤06 修改迷你图标记颜色的效果。按照同样的方法，将"低点"设置为"红色"，得到如下图所示的迷你图效果。

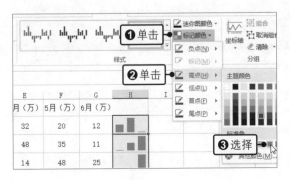

产品上半年销售情况					
1月（万）	2月（万）	3月（万）	4月（万）	5月（万）	6月（万）
32	48	14	32	20	12
20	35	48	48	35	11
12	11	25	14	48	25
36	25	48	18	30	45
12	25	36	24	15	26

提示 系统预设的迷你图特殊点包括高点、首点、低点、尾点、负点和标记。其中高点用于标记迷你图中的最大值，首点用于标记处迷你图中的第一个数据点，低点用于标记迷你图中的最小值，尾点用于标记迷你图中的最后一个数据点，负点可标记迷你图中的所有负数，标记可标记出迷你图中的所有数据点。

11.2 创建与更改图表

在 Excel 中，除了可以使用迷你图直观展示数据外，还可以使用多种图表来分析数据。完成图表的创建后，还可以对图表的类型和数据源等进行设置。

11.2.1 创建图表

在 Excel 中编辑好源数据后，就可以根据这些数据轻松地创建一些简单的图表，下面介绍具体的操作方法。

◎ 原始文件：实例文件\第11章\原始文件\创建图表.xlsx
◎ 最终文件：实例文件\第11章\最终文件\创建图表.xlsx

步骤01 选择图表类型。打开原始文件，选择单元格区域A2:D6，在"插入"选项卡下单击"图表"组中的对话框启动器，打开"插入图表"对话框，❶在"所有图表"选项卡下单击"条形图"选项，❷在右侧的面板中单击"堆积条形图"，如下图所示。

步骤02 显示创建的图表。单击"确定"按钮，返回工作表，此时工作表中就生成了默认效果的堆积条形图，如下图所示。

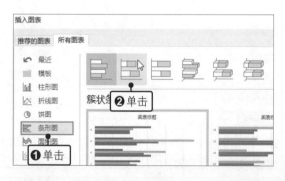

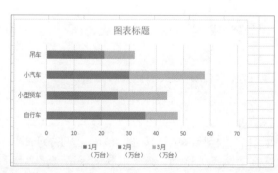

提示 在 Excel 2019 中有多种可供选择的图表类型，可根据数据的特点选择最适合的图表类型，下面简单介绍几种常用图表的特点和使用范围。

柱形图：用柱形的长度描述数据的大小或差异的图表，可用来表现不同类型、不同系列数据的关系。

折线图：用直线段将各数据点连接起来而组成的图表，从而来显示数据的变化趋势。常用于分析数据随时间的变化趋势。

饼图：用各扇形的面积表示部分，而用整个圆表示整体的图表，可反映某一扇形面积占整体的比例，常用于百分构成比情况分析。

　　条形图：以水平放置的柱形来表示数据点，以条形的长度表示数据大小的图表，常用于显示不同类型、不同时期数据的大小关系。

　　面积图：用折线和分类轴组成的面积及两条折线之间的面积显示数据系列值的图表，具有折线图的特点，常用于显示数据随时间的变化情况，以及利用数据的面积显示部分与整体的关系。

　　散点图：用折线将各个数据点连接起来，展示数据变化趋势的图表，多用于数据的变化趋势及相关性分析。

11.2.2　更改图表类型

　　当创建的图表不能直观地表达数据时，可使用更改图表类型功能将已经创建的图表更改为其他合适的图表类型。

　　◎　原始文件：实例文件\第11章\原始文件\更改图表类型.xlsx
　　◎　最终文件：实例文件\第11章\最终文件\更改图表类型.xlsx

步骤01　单击"更改图表类型"按钮。打开原始文件，❶选中图表，❷切换至"图表工具-设计"选项卡，❸单击"更改图表类型"按钮，如下图所示。

步骤02　选择图表类型。弹出"更改图表类型"对话框，❶在左侧列表中单击"柱形图"选项，❷在右侧的面板中单击"簇状柱形图"，如下图所示，然后单击"确定"按钮。

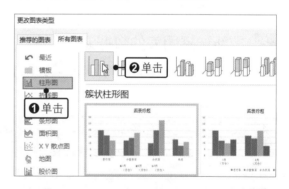

步骤03　更改图表类型的效果。返回工作表，可以看到此时所选图表的图表类型就更改为了簇状柱形图，如右图所示。

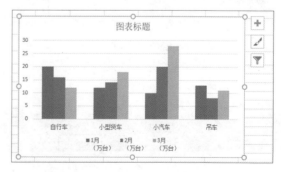

11.2.3　更改图表数据源

　　如果需要添加、删除数据或更改图表行列来满足图表的分析要求，可更改已经创建好的图表的数据源。具体操作方法如下。

1 切换图表的行列

为了从多个角度分析图表，可以切换图表中的行列。此时就需使用"切换行/列"按钮，既可以通过单击"数据"组中的"切换行/列"按钮，也可以通过单击"数据"组中的"选择数据"按钮，在弹出的"选择数据源"对话框中单击"切换行/列"按钮来切换行列。

◎ 原始文件：实例文件\第11章\原始文件\切换图表的行列.xlsx

◎ 最终文件：实例文件\第11章\最终文件\切换图表的行列.xlsx

步骤01 切换行列。打开原始文件，❶选中图表，❷在"图表工具-设计"选项卡下单击"数据"组中的"切换行/列"按钮，如下图所示。

步骤02 切换行列的效果。此时可看到图表的行列进行了切换，效果如下图所示。

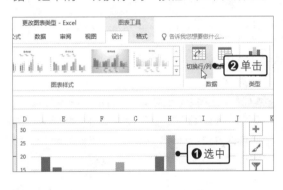

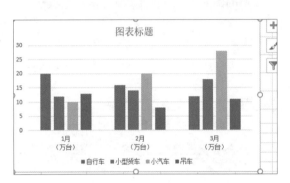

2 重新选择图表的数据源

创建的图表默认显示所有数据，当图表中的数据增加或减少时，为了满足分析需求，可重新选择图表的数据源。

◎ 原始文件：实例文件\第11章\原始文件\重新选择图表的数据源.xlsx

◎ 最终文件：实例文件\第11章\最终文件\重新选择图表的数据源.xlsx

步骤01 单击"选择数据"按钮。打开原始文件，在数据表中添加"摩托车"的订单量数据，❶选中图表，❷在"图表工具-设计"选项卡下单击"数据"组中的"选择数据"按钮，如下图所示。

步骤02 更改图表数据区域。弹出"选择数据源"对话框，❶在"图表数据区域"文本框中更改数据区域，❷然后单击"确定"按钮，如下图所示。

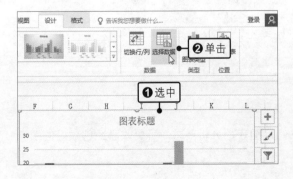

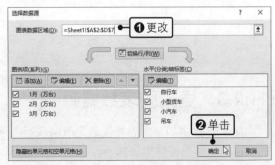

步骤03 更改图表数据源的效果。返回工作表，可看到图表中增加了"摩托车"数据系列，如右图所示。

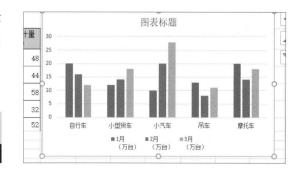

提示 若要在图表中增加系列，可在选择需要添加的数据后，将其直接拖动至图表中。

11.2.4 移动图表的位置

创建好图表后，如果要将图表移动到其他工作表中，可通过 Excel 2019 提供的移动图表功能来实现。

步骤01 单击"移动图表"按钮。打开原始文件，❶选择要移动的图表，❷在"图表工具-设计"选项卡下单击"位置"组中的"移动图表"按钮，如下图所示。

步骤02 选择放置图表的位置。弹出"移动图表"对话框，❶设置"对象位于"为"Sheet3"，❷然后单击"确定"按钮，如下图所示。

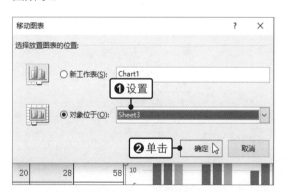

步骤03 移动图表位置的效果。返回工作表，此时图表就移动到了Sheet 3工作表中，如右图所示。

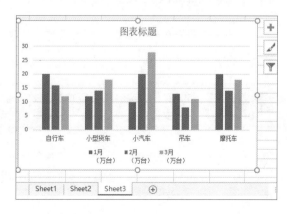

11.3 更改图表布局

图表布局是指图表标题、图例、坐标轴、数据系列和网格线等图表组成元素的显示方式。一般而言，创建的图表采用的是默认的图表布局方式，若要更改图表布局，可以使用预设的图表布局，也可以自定义图表各组成元素的显示方式。

11.3.1 套用预设布局

Excel 2019 提供了多种图表布局类型，都是实际工作中较为常用的，套用预设布局可快速更改图表布局。

◎ 原始文件：实例文件\第11章\原始文件\套用预设布局.xlsx
◎ 最终文件：实例文件\第11章\最终文件\套用预设布局.xlsx

步骤01 选择合适的布局样式。打开原始文件，选中图表，❶在"图表工具-设计"选项卡下单击"图表布局"组中的"快速布局"按钮，❷在展开的列表中选择合适的布局样式，如下图所示。

步骤02 套用预设布局的效果。此时可看到图表应用了所选的预设布局，如下图所示。

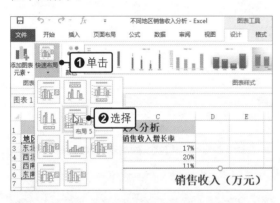

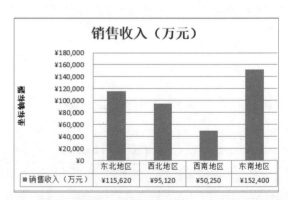

11.3.2 自定义图表布局

当已有的图表布局效果都不符合工作需求时，可根据实际需要来选择图表元素的显示方式，从而改变图表的布局效果。

◎ 原始文件：实例文件\第11章\原始文件\自定义图表布局.xlsx
◎ 最终文件：实例文件\第11章\最终文件\自定义图表布局.xlsx

步骤01 选择图表标题的显示位置。打开原始文件，❶选中图表，❷在"图表工具-设计"选项卡下单击"图表布局"组中的"添加图表元素"按钮，❸在展开的列表中单击"图表标题>图表上方"选项，如下左图所示。

步骤02 修改图表标题的效果。此时可看到图表上方添加了标题占位符，单击占位符即可输入图表标题，如下右图所示。

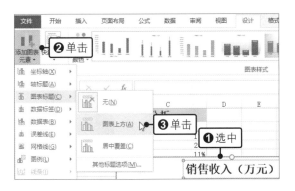

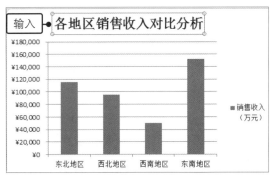

步骤03　选择坐标轴标题显示的位置。❶在"图表布局"组中单击"添加图表元素"按钮，❷在展开的列表中单击"轴标题>主要纵坐标轴"选项，如下图所示。

步骤04　添加坐标轴标题的效果。此时图表的纵坐标左侧出现了标题占位符，单击占位符输入坐标轴标题，如下图所示。

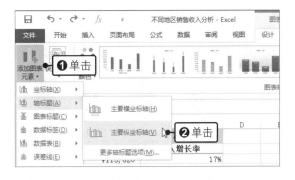

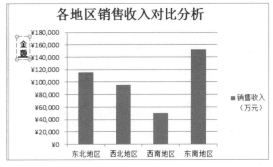

步骤05　选择图例显示的位置。❶在"图表布局"组中单击"添加图表元素"按钮，❷在展开的列表中单击"图例>顶部"选项，如下图所示。

步骤06　更换图例位置的效果。此时图表的图例就位于图表的顶部了，如下图所示。

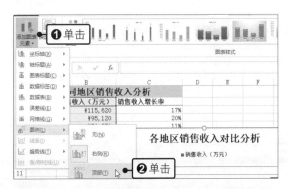

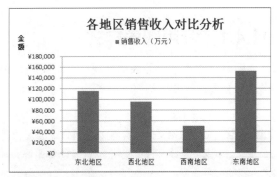

步骤07　选择数据标签显示的位置。❶在"图表布局"组中单击"添加图表元素"按钮，❷在展开的列表中单击"数据标签>数据标签外"选项，如右图所示。

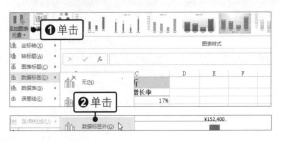

步骤08 添加数据标签的效果。此时就添加了图表的数据标签，效果如右图所示。

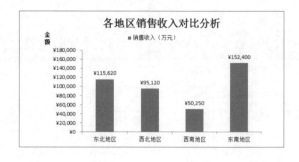

步骤09 选择显示图例项标示。❶在"图表布局"组中单击"添加图表元素"按钮，❷在展开的列表中单击"数据表>显示图例项标示"选项，如下图所示。

步骤10 显示图例项标示的效果。此时图例项标示就显示在了图表的下方，如下图所示。

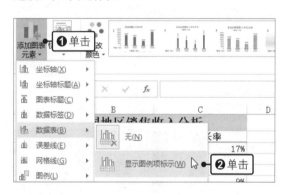

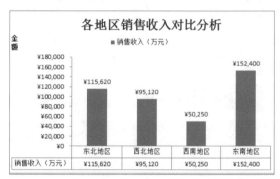

11.4 格式化图表

对于已经创建好的图表，为了使其更加美观，可套用图表样式；而当需要对图表中的某一系列进行美化时，也可以通过形状样式功能来设置。此外，为使图表更加专业及更深层次地分析数据，还可对图表进行格式设置及添加趋势线和误差线。

11.4.1 套用图表样式

图表样式也就是图表的外观，为了实现快速美化图表的效果，可在系统内置的多种图表样式中选择合适的样式。

◎ 原始文件：实例文件\第11章\原始文件\套用图表样式.xlsx
◎ 最终文件：实例文件\第11章\最终文件\套用图表样式.xlsx

步骤01 查看默认图表样式。打开原始文件，插入饼图，此时显示的是默认的饼图样式，如右图所示。

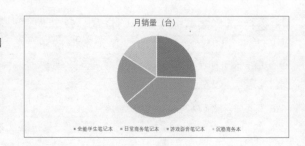

步骤02 选择样式。选中图表，在"图表工具-设计"选项卡下单击"图表样式"组中的快翻按钮，在展开的库中选择合适的样式，如下图所示。

步骤03 套用图表样式的效果。此时图表就套用了所选的图表样式，效果如下图所示。

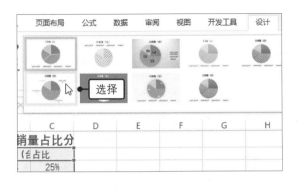

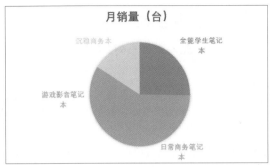

11.4.2　为数据系列套用形状样式

为了让图表中的某一系列效果更加突出，可对系列套用形状样式，例如，要在饼图中突出显示占比最大的系列，就可专门针对该系列设置形状样式。

◎ 原始文件：实例文件\第11章\原始文件\为数据系列套用形状样式.xlsx
◎ 最终文件：实例文件\第11章\最终文件\为数据系列套用形状样式.xlsx

步骤01 选择设置格式的数据系列。打开原始文件，❶在饼图中选中"日常商务笔记本"系列，❷在"图表工具-格式"选项卡下单击"形状样式"组中的快翻按钮，如下图所示。

步骤02 选择形状样式。在展开的列表中选择合适的样式，如下图所示。

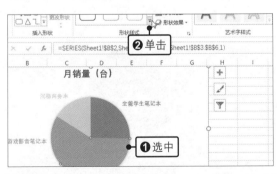

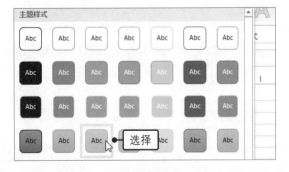

步骤03 套用形状样式的效果。此时图表区中的"日常商务笔记本"系列就应用了所选的形状样式，如右图所示。

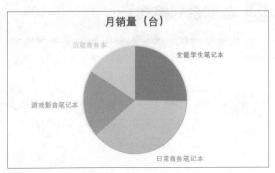

11.4.3　手动设置数据格式

图表数据格式包括数据标签格式和数据系列格式等，本小节将对图表的这两个方面进行详细介绍。

1　数据标签格式

数据标签是对数据系列名称、类别及值的说明，可根据实际情况设置数据标签的显示。

◎　原始文件：实例文件\第11章\原始文件\数据标签格式.xlsx
◎　最终文件：实例文件\第11章\最终文件\数据标签格式.xlsx

步骤01　单击"其他数据标签选项"选项。打开原始文件，❶选中图表，❷在"图表工具-设计"选项卡下单击"添加图表元素"按钮，❸在展开的列表中单击"数据标签>其他数据标签选项"选项，如下图所示。

步骤02　设置标签选项。打开"设置数据标签格式"窗格，在"标签选项"选项组中勾选"类别名称""百分比""显示引导线"复选框，如下图所示。

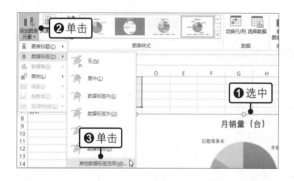

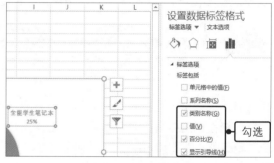

步骤03　设置显示数据标签的效果。此时饼图中的每个扇区都显示了相应的数据标签，用于标明各类型笔记本所占销售比例，如右图所示。

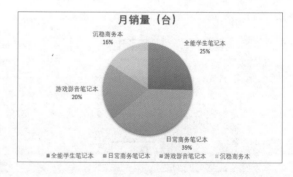

2　数据系列格式

如果要调整 Excel 图表中的数据系列格式，如系列的重叠效果和间隙宽度等，可通过以下方法来实现。

◎　原始文件：实例文件\第11章\原始文件\数据系列格式.xlsx
◎　最终文件：实例文件\第11章\最终文件\数据系列格式.xlsx

步骤01　单击"设置数据系列格式"命令。打开原始文件，❶右击图表数据系列，❷在弹出的快捷菜单中单击"设置数据系列格式"命令，如下图所示。

步骤02　设置数据系列选项。弹出"设置数据系列格式"窗格，❶在"系列选项"选项组中设置"第一扇区起始角度"为"270°"，❷设置"饼图分离程度"为"20%"，如下图所示。

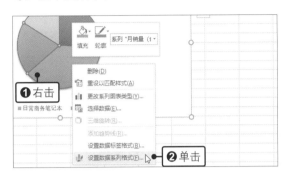

步骤03　设置数据系列的效果。此时图表就应用了设置的数据系列样式，如右图所示。

提示　如果要分离饼图中的某个饼图块，可选中该饼图块，然后按住鼠标左键不放，向外拖动该饼图块至合适的位置即可。

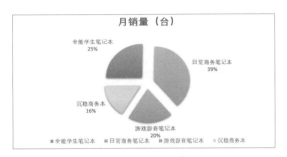

11.5　使用趋势线与误差线分析图表

趋势线显示了数据的趋势和方向，所以可在图表中添加趋势线进行预测分析；误差线体现了数据的潜在误差，所以可通过在图表中添加误差线来明确误差量的大小。

◎　原始文件：实例文件\第11章\原始文件\使用趋势线与误差线分析图表.xlsx
◎　最终文件：实例文件\第11章\最终文件\使用趋势线与误差线分析图表.xlsx

步骤01　选择趋势线种类。打开原始文件，❶在"图表工具-设计"选项卡下单击"图表布局"组中的"添加图表元素"按钮，❷在展开的列表中单击"趋势线>指数"选项，如下图所示。

步骤02　选择添加趋势线的系列。弹出"添加趋势线"对话框，❶选择"实际销售成本（元）"选项，❷然后单击"确定"按钮，如下图所示。

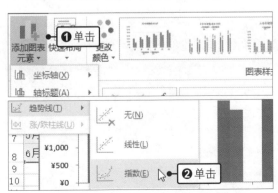

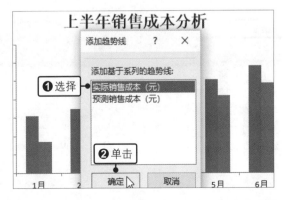

步骤03 添加趋势线的效果。此时图表中的实际销售成本系列上增加了指数趋势线，如下图所示。

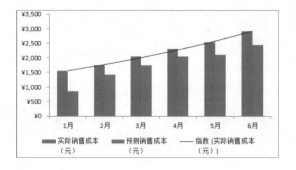

步骤04 选择误差线的类型。❶在"图表工具-设计"选项卡下单击"图表布局"组中的"添加图表元素"按钮，❷在展开的列表中单击"误差线>标准误差"选项，如下图所示。

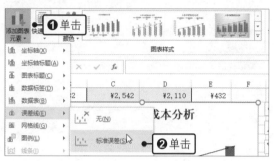

步骤05 显示误差线。此时图表中的两个系列都添加了误差线，如下图所示。删除"实际销售成本"系列的误差线，只显示"预测销售成本"系列的误差线。

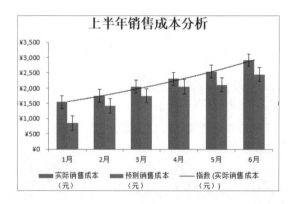

步骤06 设置预测销售成本误差线。❶在"图表工具-格式"选项卡下的 "当前所选内容"组中设置"图表元素"为"系列'预测销售成本（元）'Y 误差线"选项，❷单击"设置所选内容格式"按钮，如下图所示。

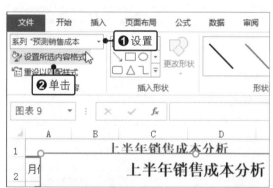

步骤07 设置误差线的显示方式。弹出"设置误差线格式"窗格，单击"正偏差"单选按钮，如下图所示。接着单击"自定义"单选按钮，单击"指定值"按钮。

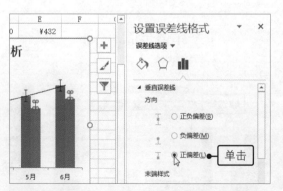

步骤08 自定义错误值。弹出"自定义错误栏"对话框，❶将"正错误值"设置为单元格区域E3:E8，❷然后单击"确定"按钮，如下图所示。

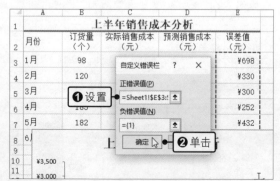

步骤09　显示误差线的效果。返回工作表，可看到设置的趋势线和误差线，如右图所示。

提示　利用趋势线预测数据时，可调用趋势线的公式。右击趋势线，在弹出的快捷菜单中单击"设置趋势线格式"命令，在弹出的"设置趋势线格式"对话框中，勾选"显示公式"复选框，此时就可通过趋势线显示的公式，计算出数据的预测值。

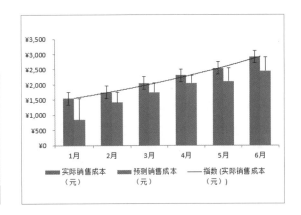

11.6 图表的高级应用

　　默认情况下，系统创建的图表只有一个纵坐标和一个横坐标，即数据系列一般都绘制在主坐标轴上，若要在同一个坐标系上同时显示主坐标轴和次坐标轴，则可以创建组合图表。对已经创建和设置好的图表，用户可将其作为新图表的模板，根据模板创建对应格式的图表。

11.6.1 创建组合图表

　　若要在图表中展示多个类别的数据系列时，可以创建组合图表。本小节就来介绍在 Excel 中创建并设置组合图表的方法。

　　◎　原始文件：实例文件\第11章\原始文件\创建组合图表.xlsx
　　◎　最终文件：实例文件\第11章\最终文件\创建组合图表.xlsx

步骤01　插入组合图。打开原始文件，选中单元格区域A1:E14，❶在"插入"选项卡下单击"图表"组中的"插入组合图"按钮，❷在展开的列表中单击"簇状柱形图-次坐标轴上的折线图"，如下图所示。

步骤02　查看图表情况。插入的组合图效果如下图所示，可发现该图表的图例不符合实际的工作需求。

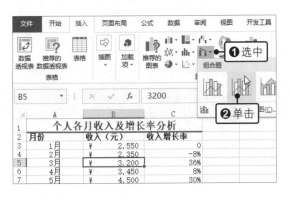

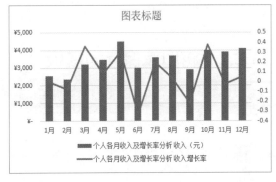

步骤03 选择数据。在"图表工具-设计"选项卡下的"数据"组中单击"选择数据"按钮，如下图所示。

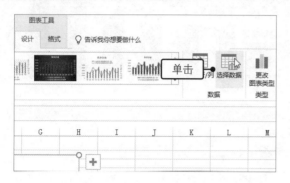

步骤04 选择数据源。打开"选择数据源"对话框，❶重新设置"图表数据区域"，❷单击"确定"按钮，如下图所示。

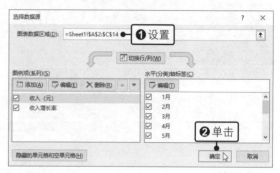

步骤05 设置坐标轴格式。❶右击次坐标轴，❷在弹出的快捷菜单中单击"设置坐标轴格式"命令，如下图所示。

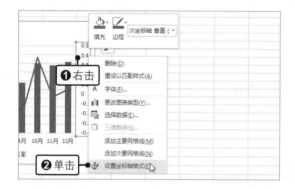

步骤06 设置坐标轴的数字格式。打开"设置坐标轴格式"窗格，设置"类别"为"百分比"、"小数位数"为"0"，如下图所示。

步骤07 创建组合图表的效果。删除图表标题，此时就可以看到一个图表中既显示了收入的对比效果，又展示了收入增长率的浮动情况，如右图所示。

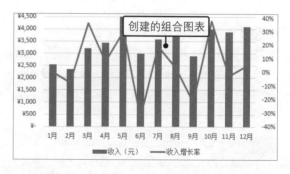

11.6.2 将图表保存为模板

对已创建的图表进行一系列的设置后，若希望以后创建的新图表都可以用此图表的格式，可将此图表保存为模板。

◎ 原始文件：实例文件\第11章\原始文件\将图表保存为模板.xlsx
◎ 最终文件：无

步骤01 设置图表格式。打开原始文件，完成对该图表的格式设置，如下左图所示。

步骤02 单击"另存为模板"按钮。❶选中图表并右击，❷在弹出的快捷菜单中单击"另存为模板"按钮，如下右图所示。

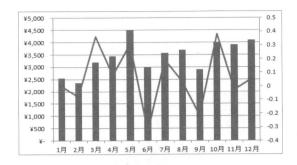

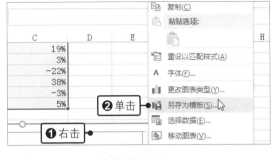

步骤03 输入模板的名称。弹出"保存图表模板"对话框，默认保存路径，在"文件名"文本框中输入图表模板的名称，如下图所示，单击"保存"按钮，即可将图表保存为模板。

步骤04 查看模板。若要查看保存的模板，则需要选中任意数据单元格，在"插入"选项卡下单击"图表"组中的对话框启动器，打开"插入图表"对话框，在"模板"选项面板中可看到保存的模板，如下图所示。

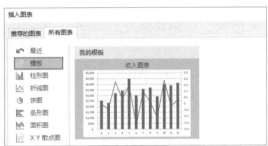

知识拓展

▶ 使用拖动法快速添加数据系列

一般情况下，添加数据系列需要通过添加源数据，然后逐一添加数据系列。为了提高工作效率，可以使用拖动法快速添加数据系列。

步骤01 打开原始文件，❶选中已创建好的图表，❷将鼠标指针放置在单元格D6的右下角，当鼠标指针变成↘时按住鼠标左键不放并向下拖动至需要添加为数据系列的单元格区域，如下左图所示。

步骤02 释放鼠标后，图表中就增加了新的数据系列，如下右图所示。

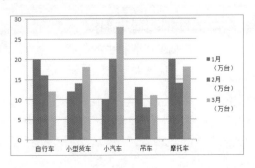

▶ 分离饼图

当利用饼图分析数据时，为了更加清晰明了地分析某系列，常常会将某系列所对应的饼图块分离出来。具体的操作方法如下。

步骤01 打开原始文件，选中饼图，然后单击其中某一系列对应的饼图块，按住鼠标左键向外拖动该饼图块，此时在饼图块边缘呈虚线，可以看到饼块分离的距离，如下左图所示。

步骤02 释放鼠标后，所选的饼块就分离出来了，如下右图所示。

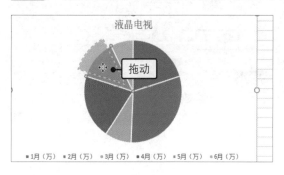
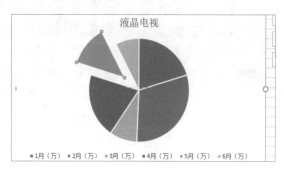

▶ 旋转圆环图并修改其内径

为了让圆环图更加美观，并且清晰明了地看清圆环图中各个部分的占比，可通过旋转圆环图来实现。当圆环图中的较长数据标签和内径大小不符时，数据标签可能会被隐藏，此时可通过修改内径来解决。

步骤01 打开原始文件，选中并右击圆环图系列，在弹出的快捷菜单中单击"设置数据系列格式"命令，打开"设置数据系列格式"窗格，❶在"系列选项"选项组中设置"第一扇区起始角度"为"50°"，❷更改"圆环图内径大小"为"10%"，如下左图所示。

步骤02 单击"关闭"按钮返回到圆环图中，设置效果如下右图所示。

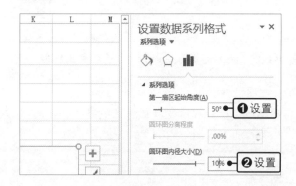
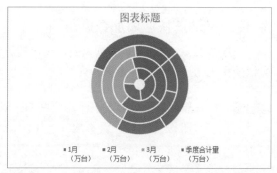

▶ 修改坐标轴的显示单位

图表是根据工作表格中的数据创建的，图表的坐标轴显示单位和表格中的数据单位一致。在实际应用中，可能需要修改坐标轴的显示单位，下面是具体的操作步骤。

步骤01 打开原始文件，选中需要修改的坐标轴并右击，在弹出的快捷菜单中单击"设置坐标轴格式"命令，弹出"设置坐标轴格式"窗格，❶单击"显示单位"右侧的下三角按钮，❷在展开的列表中单击"10000"选项，如下左图所示。

步骤02 单击"关闭"按钮返回到图表中，此时可见坐标轴的刻度单位就发生了变化，如下右图所示。

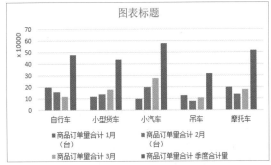

趁热打铁　使用图表分析营业收入月报表

营业收入月报表中包含了各月份的营业收入状况，但是在实际工作中，表格相似的月报表不足以说明一切数据，而且不利于对比各月份收入的差异及收入的趋势，而利用图表分析营业收入月报表就能弥补这一缺点。本节将利用图表及图表的设置功能对营业收入进行分析，从而巩固图表应用的知识。

◎ 原始文件：实例文件\第11章\原始文件\营业收入月报表.xlsx
◎ 最终文件：实例文件\第11章\最终文件\营业收入月报表.xlsx

步骤01 选择图表类型。打开原始文件，❶选择单元格区域A3:B15，❷在"插入"选项卡下单击图表组中的"柱形图>簇状柱形图"选项，如下图所示。

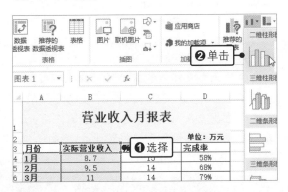

步骤02 选择图表布局。❶在"图表工具-设计"选项卡下单击"图表布局"组中的"快速布局"按钮，❷在展开的列表中选择适当的布局样式，如下图所示。

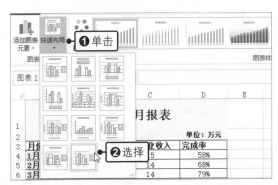

步骤03 展示图表效果。完成图表的插入和布局设置后，得到如右图所示的图表效果。

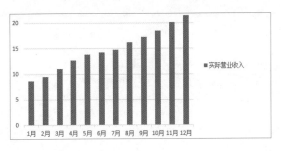

步骤04 重新选择图表数据区域。选中图表，切换至"图表工具-设计"选项卡，单击"数据"组中的"选择数据"按钮，打开"选择数据源"对话框，在"图表数据区域"中更改数据区域，如下图所示。

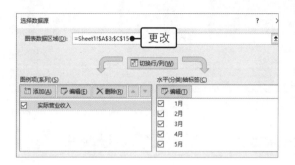

步骤05 添加趋势线。单击"确定"按钮后，返回到工作表，❶在"图表布局"组中单击"添加图表元素"按钮，❷在展开的列表中单击"趋势线>线性预测"选项，如下图所示。弹出"添加趋势线"对话框，单击"实际营业收入"选项后，单击"确定"按钮。

步骤06 设置趋势线格式。选中趋势线并右击，在弹出的快捷菜单中单击"设置趋势线格式"命令，打开"设置趋势线格式"窗格，❶将趋势线名称设置为"实际营业收入趋势"，❷勾选"显示公式"复选框，如下图所示。

步骤07 设置数据系列格式。返回工作表，将图例放置在图表上方，❶右击"预测营业收入"系列，❷在弹出的快捷菜单中单击"设置数据系列格式"命令，如下图所示。

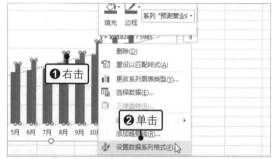

步骤08 设置数据系列的填充方式。弹出"设置数据系列格式"窗格，切换至"填充"选项卡，❶在"填充"选项面板中单击"图片或纹理填充"单选按钮，❷单击"联机"按钮，如下图所示，选择"货币"相关图片，随后继续在窗格中单击"层叠并缩放"单选按钮并设置单位。

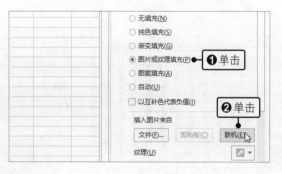

步骤09 显示设置后的营业收入月报表图表。单击"关闭"按钮，此时"预测营业收入"系列中的柱状线就以图片填充的形式显示了，"实际营业收入"系列也以同样的方法填充，添加图表标题并输入"各月营业收入对比及其趋势"，效果如下图所示。

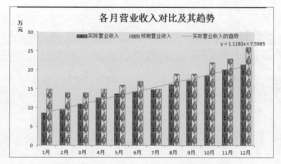

透视分析数据

第12章

透视分析数据指的是具有十分强大的数据重组和数据分析能力的数据透视表功能，该功能不仅能够改变数据表的行列布局，快速汇总大量数据，还可以为数据分组并对建立的分组进行汇总统计。此外，还可以利用数据透视表的结果制作不同类型的数据透视图，从而以更直观的方式展现数据透视表中的数据。

12.1 创建数据透视表

输入完整、详细的源数据后，就可以创建数据透视表了，其方法非常简单：首先选择创建数据透视表的源数据区域，然后选择放置数据透视表的位置，系统会自动创建一个数据透视表模型，根据实际需要选择要显示的字段即可。

◎ 原始文件：实例文件\第12章\原始文件\创建数据透视表.xlsx
◎ 最终文件：实例文件\第12章\最终文件\创建数据透视表.xlsx

步骤01 启动数据透视表功能。打开原始文件，❶选中工作表中任意含有数据的单元格，❷在"插入"选项卡下单击表格组中的"数据透视表"按钮，如下图所示。

步骤02 创建数据透视表。弹出"创建数据透视表"对话框，❶设置"表/区域"为单元格区域A2:F73，❷在"选择放置数据透视表的位置"选项组中单击"新工作表"单选按钮，即将数据透视表放置在新建的工作表中，如下图所示。最后单击"确定"按钮。

> **提示** 在"创建数据透视表"对话框中单击"现有工作表"单选按钮，然后单击"位置"文本框右侧的单元格引用按钮，在工作表中选择要放置数据透视表的位置，可将创建的数据透视表放置在现有工作表中。

步骤03 创建的数据透视表模型。此时系统自动新建一个工作表，在新工作表中显示了创建的数据透视表模型，并显示了"数据透视表字段"窗格，将新建的工作表重命名为"数据透视表"，如下左图所示。

步骤04 添加要分析的字段。在"数据透视表字段"窗格中勾选要分析的字段前的复选框，如"时间""部门""材料名称""数量"等，如下右图所示。

步骤05 创建的数据透视表效果。此时在"数据透视表"工作表中便显示了创建的数据透视表效果，如右图所示。

12.2 更改数据透视表布局

创建好数据透视表后，为了满足对数据分析的需要，可修改数据透视表的布局。当数据透视表中的分析要点不明确时，可通过调整字段的位置来调整布局；当只需查看汇总项时，可将各级别下的明细数据加以隐藏；为了让透视表更加完整，可添加字段，还可根据查看数据的习惯来更改汇总结果显示的位置。

12.2.1 调整字段布局

在创建数据透视表时，添加的字段是系统自动分配到各个区域中的，为了使数据透视表更加符合用户分析需要，可以调整字段布局。

◎ 原始文件：实例文件\第12章\原始文件\调整字段布局.xlsx
◎ 最终文件：实例文件\第12章\最终文件\调整字段布局.xlsx

步骤01 单击"移动到列标签"选项。打开原始文件，❶在"数据透视表字段"窗格中单击"行"标签区域中的"材料名称"字段，❷在展开的列表中单击"移动到列标签"选项，如下图所示。

步骤02 单击"上移"选项。以同样的方法将"列"标签中的"时间"字段移动至"行"标签，❶单击"时间"字段，❷在展开的列表中单击"上移"选项，如下图所示。

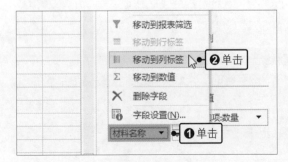

> **提示**　调整字段时，还可用拖动法在"在以下区域间拖动字段"区域完成，按住鼠标左键不放将字段拖动至需要放置的区域，然后释放鼠标左键即可。

步骤03　调整后的字段布局。调整字段布局后，可在"数据透视表字段"窗格中查看到字段在各标签区域中的分布情况，如下图所示。

步骤04　显示调整字段布局后的透视表。调整字段布局后的透视表效果如下图所示。

12.2.2　为透视表添加字段

若需要在已经制作好的数据透视表中添加字段，可直接在"数据透视表字段"窗格中勾选相应字段复选框，也可通过快捷菜单添加。本小节主要讲解如何使用快捷菜单添加字段。

◎ **原始文件**：实例文件\第12章\原始文件\为透视表添加字段.xlsx
◎ **最终文件**：实例文件\第12章\最终文件\为透视表添加字段.xlsx

步骤01　选择字段添加的位置。打开原始文件，❶在"选择要添加到报表的字段"列表框中右击"规格"字段，❷在弹出的快捷菜单中单击"添加到列标签"命令，如下图所示。

步骤02　查看字段的添加和移动结果。此时"规格"字段就出现在了列标签中，将列标签中的"材料名称"移至行标签的最下方，如下图所示，透视表的内容会发生相应变化。

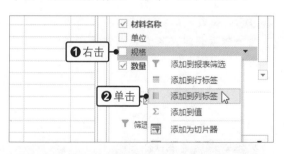

12.2.3　隐藏和显示明细数据

默认情况下，数据透视表中的明细数据是展开的，若这些明细数据的级别太多，不利于查看汇总项，此时，可以隐藏明细数据，待需要查看时，再将其显示出来。

◎ **原始文件**：实例文件\第12章\原始文件\隐藏和显示明细数据.xlsx
◎ **最终文件**：实例文件\第12章\最终文件\隐藏和显示明细数据.xlsx

步骤01 单击"折叠"按钮。打开原始文件，单击字段"2017/11/1"左侧折叠按钮，隐藏时间字段下的部门和材料明细项，如下图所示。

2					
3	求和项:数量	列标签 ▼			
4	行标签 ▼	大号	小号	中号	总计
5	⊟2017-11-1	1150	1340	1450	3940
6	⊟二车间	450	640	650	1740
7	料A	250	340	350	940
8	料B	200	300	300	800
9	⊟一车间	700	700	800	2200
10	材料A	450	500	500	1450
11	材料B	250	200	300	750
12	⊟2017-11-3	1855	1750	1000	4605
13	⊟二车间	950	950	800	2700
14	材料A	500	950	300	1750

（单击）

步骤02 隐藏明细数据的效果。利用以上方法隐藏其他时间字段下方的明细数据，只显示当月所有时间各材料的领料汇总项，如下图所示。

求和项:数量	列标签 ▼			
行标签 ▼	大号	小号	中号	总计
⊞2017-11-1	1150	1340	1450	3940
⊞2017-11-3	1855	1750	1000	4605
⊞2017-11-7	300	1650	1000	2950
⊞2017-11-13	1200	1850	550	3600
⊞2017-11-18	900	1050	1400	3350
⊞2017-11-23	1350	1150	680	3180
⊞2017-11-27	700	1200	700	2600
⊞2017-11-28	250			250
⊟2017-11-30	450	1450	1300	3200
总计	8155	11440	8080	27675

步骤03 显示明细数据的结果。若需查看每个时间的明细数据，只需单击时间字段左侧的展开按钮，此时将在其下方显示该时间各部门领料的具体情况，如右图所示。

2					
3	求和项:数量	列标签 ▼			
4	行标签 ▼	大号	小号	中号	总计
5	⊟2017-11-1	1150	1340	1450	3940
6	⊟二车间	450	640	650	1740
7	材料A	250	340	350	940
8	材料B	200	300	300	800
9	⊟一车间	700	700	800	2200
10	材料A	450	500	500	1450
11	材料B	250	200	300	750
12	⊟2017-11-3	1855	1750	1000	4605
13	⊟二车间	950	950	800	2700
14	材料A	500	950	300	1750

（单击）

12.2.4 更改汇总结果的位置

数据透视表中的每一字段的汇总结果既可显示在组的底部，也可显示在组的顶部。

◎ 原始文件：实例文件\第12章\原始文件\更改汇总结果的位置.xlsx
◎ 最终文件：实例文件\第12章\最终文件\更改汇总结果的位置.xlsx

步骤01 选择分类汇总显示的位置。打开原始文件，❶在"数据透视表工具-设计"选项卡下单击"布局"组中的"分类汇总"按钮，❷在展开的列表中选择"在组的底部显示所有分类汇总"选项，如下图所示。

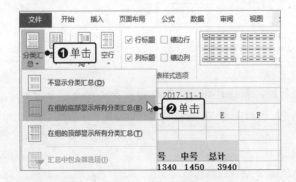

步骤02 更改汇总结果显示位置的效果。此时在数据透视表中，其汇总结果就会显示在组的下方，如下图所示。

求和项:数量	列标签 ▼			
行标签 ▼	大号	小号	中号	总计
⊟2017-11-1				
⊟二车间				
材料A	250	340	350	940
材料B	200	300	300	800
二车间 汇总	450	640	650	1740
⊟一车间				
材料A	450	500	500	1450
材料B	250	200	300	750
一车间 汇总	700	700	800	2200
2017-11-1 汇总	1150	1340	1450	3940

12.3 分析数据透视表

对数据透视表的布局进行设置后，接下来就是利用数据透视表对数据清单进行分析了。为了便于多角度认识、对比数据，可以修改汇总项结果的计算方式及值的显示方式。此外，还可以使用数据透视表中强大的筛选功能，快速查看符合要求的记录。

12.3.1 更改汇总结果的计算方式

默认情况下，数据透视表中的汇总结果是以求和的形式显示的，可以根据需要修改汇总结果的计算方式，如将其修改为计数、平均数、最大值，最小值等。

◎ 原始文件：实例文件\第12章\原始文件\更改汇总结果的计算方式.xlsx
◎ 最终文件：实例文件\第12章\最终文件\更改汇总结果的计算方式.xlsx

步骤01 单击"值字段设置"选项。打开原始文件，❶在"数据透视表字段"窗格中单击"值"区域中的"求和项：数量"按钮，❷在展开的列表中单击"值字段设置"选项，如下图所示。

步骤02 重新选择计算方式。弹出"值字段设置"对话框，在"值汇总方式"选项卡下的"计算类型"列表框中可重新选择计算方式，如选择"平均值"计算方式，如下图所示。

步骤03 更改计算方式后的透视表效果。单击"确定"按钮后，返回工作表，此时透视表的汇总结果已显示了各类材料的平均每日领取量，如右图所示。

12.3.2 更改值的显示方式

默认情况下，数据透视表中的汇总结果的显示方式都是"无计算"，为了满足数据分析的需要，可对其进行修改，例如，当统计某一项目占整体的比例时，可将值的显示方式修改为"百分比"。

◎ 原始文件：实例文件\第12章\原始文件\更改值的显示方式.xlsx
◎ 最终文件：实例文件\第12章\最终文件\更改值的显示方式.xlsx

步骤01 选择值显示方式。打开原始文件，❶右击数据透视表中的数据，❷在弹出的快捷菜单中单击"值显示方式>列汇总的百分比"命令，如下图所示。

步骤02 更改值显示方式的效果。此时数据透视表中的值按选定的显示方式进行显示，此处按行显示百分比统计结果，如下图所示。

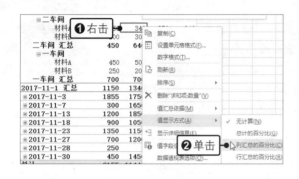

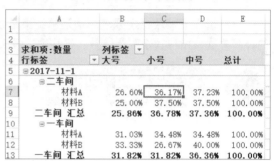

12.3.3 筛选数据透视表中的数据

在数据透视表中，只要活动字段已经添加到了数据透视表中，就都可以进行筛选。其筛选方式与在一般的数据清单中使用的筛选功能相似。

◎ 原始文件：实例文件\第12章\原始文件\筛选数据透视表中的数据.xlsx
◎ 最终文件：实例文件\第12章\最终文件\筛选数据透视表中的数据.xlsx

步骤01 筛选日期。打开原始文件，❶在数据透视表中单击"行标签"右侧的下三角按钮，❷在展开的列表中选择要查看的时间，如勾选"2017/11/1"和"2017/11/3"复选框，如下图所示。

步骤02 筛选日期和部门的效果。以同样的方法设置行标签的选择字段为"部门"，勾选"第二车间"复选框，单击"确定"按钮后，就可查看在11月1日和11月3日第二车间的材料领取情况，如下图所示。

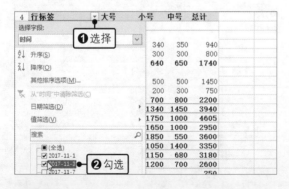

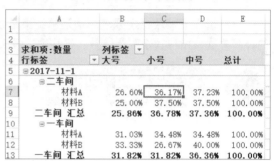

步骤03 筛选材料规格。❶单击"列标签"右侧的下三角按钮，❷在展开的列表中勾选"大号"和"中号"复选框，如下左图所示。

步骤04 显示筛选结果。单击"确定"按钮后就筛选出了"材料规格"为"大号"和"中号"的材料领取数据，如下右图所示。

求和项:数量	列标签		
行标签	大号	中号	总计
□2017-11-1			
二车间			
材料A	250	350	600
材料B	200	300	500
二车间 汇总	450	650	1100
2017-11-1 汇总	450	650	1100
□2017-11-3			
二车间			
材料A	500	300	800
材料B	450	500	950
二车间 汇总	950	800	1750
2017-11-3 汇总	950	800	1750
总计	1400	1450	2850

12.3.4 使用切片器筛选数据

在数据透视表中，另一筛选数据的方式就是利用切片器筛选，虽然在透视表中通过普通的字段筛选也能达到目的，但是这种操作方式相比于切片器，不太直观和快速。本小节介绍切片器的插入和使用方法。

◎ 原始文件：实例文件\第12章\原始文件\使用切片器筛选数据.xlsx
◎ 最终文件：实例文件\第12章\最终文件\使用切片器筛选数据.xlsx

步骤01 插入切片器。打开原始文件，❶切换至"数据透视表工具-分析"选项卡，❷在"筛选"组中单击"插入切片器"按钮，如下图所示。

步骤02 插入切片器的效果。弹出"插入切片器"对话框，勾选要创建的切片器字段复选框，如"时间""部门""材料名称"，如下图所示。单击"确定"按钮后，工作表中就创建了相应的三个切片器。

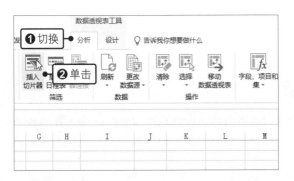

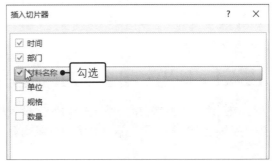

提示 使用切片器可以轻松链接多个透视表，并同步集中控制，是动态交互式的筛选方式。添加了切片器后，筛选的多个项目就以按钮的形式显示在切片器中，可直接使用切片器来筛选数据，比在数据透视表中筛选数据更加直观。

步骤03 设置单个筛选条件。若要查看二车间材料领取情况，只需在"部门"切片器中单击"二车间"字段，数据透视表就会显示二车间的信息，如下左图所示。

步骤04 设置多个筛选条件。若要查看二车间在11月3日材料A的领取情况，❶只需在"时间"切片器中单击"2017-11-3"，❷并且在"材料"切片器中单击"材料A"即可，如下右图所示。

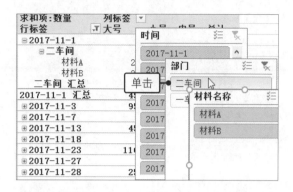

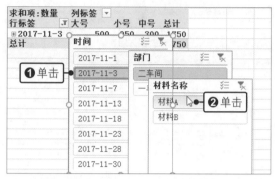

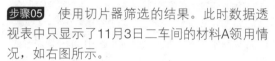

步骤05 使用切片器筛选的结果。此时数据透视表中只显示了11月3日二车间的材料A领用情况，如右图所示。

	求和项:数量	列标签			
	行标签	大号	小号	中号	总计
5	⊟2017-11-3				
6	⊟二车间				
7	材料A	500	950	300	1750
8	二车间 汇总	500	950	300	1750
9	2017-11-3 汇总	500	950	300	1750
10	总计	500	950	300	1750

提示 还可以对插入的切片器进行美化，最快捷的一种方式就是直接套用系统内置的切片器样式。只需选中切片器，在"切片器工具 - 选项"选项卡下单击"切片器样式"组的快翻按钮，在展开的库中选择相应的样式即可。

12.4 对数据透视表中项目进行组合

在数据透视表中，除了可以通过不同的步长值自动组合字段外，还可以自定义组合，并设置相应的组合名称。对应组合数据透视表中数据的两种方法，即使用"组合"对话框进行分组与手动分组所选内容。

12.4.1 使用"组合"对话框分组

数据透视表能够自动识别各个内部字段，从而对其进行组合，自动生成分组结构，并对各个内部字段进行分类汇总，这就是字段分组功能。启动这种功能需要使用"组合"对话框，设置分组类型。

◎ 原始文件：实例文件\第12章\原始文件\使用"组合"对话框分组.xlsx
◎ 最终文件：实例文件\第12章\最终文件\使用"组合"对话框分组.xlsx

步骤01 单击"将字段分组"按钮。打开原始文件，若要对日期进行分组，❶选中"日期"字段中的任意单元格，❷在"数据透视表工具-分析"选项卡下单击"组合"组中的"分组字段"按钮，如右图所示。

步骤02　设置"组合"对话框。弹出"组合"对话框，保留起始和终止日期的默认设置，❶单击"步长"列表框中的"日"选项，❷在"天数"文本框中输入"15"，❸单击"确定"按钮，如下图所示。

500	1450
300	750
800	2200
1450	3940
1000	4605
1000	2950
550	3600
1400	3350
680	3180
700	2600
	250
1300	3200
8080	27675

自动
☑ 起始于(S)： 2017-11-1
☑ 终止于(E)： 2017-12-1
步长(B)：
秒
分
小时
日　❶单击
月
季度
年
天数(N)： 15
❷输入
❸单击　确定　取消

步骤03　显示分组结果。单击"确定"按钮后，返回到工作表中，此时数据透视表中的数据自动按照日期步长值15进行了分组，如下图所示。

求和项:数量		列标签		
行标签		大号	小号	中号	总计
⊟2017-11-1 - 2017-11-15					
⊟二车间					
材料A		1200	2440	850	4490
材料B		650	1250	1100	3000
二车间 汇总		1850	3690	1950	7490
⊟一车间					
材料A		1205	1250	1000	3455
材料B		1450	1650	1050	4150
一车间 汇总		2655	2900	2050	7605
2017-11-1 - 2017-11-15 汇总		4505	6590	4000	15095
⊟2017-11-16 - 2017-11-30					
⊟二车间					
材料A		1350		850	2200
材料B		450	1450	1340	3240
二车间 汇总		1800	1450	2190	5440
⊟一车间					

12.4.2　手动将所选内容进行分组

相对而言，另一种分组方式更有个性、更加灵活，因为在分组前是自行选择分组区域的，并且分组名称也是自行定义的。

◎ **原始文件：** 实例文件\第12章\原始文件\手动将所选内容进行分组.xlsx
◎ **最终文件：** 实例文件\第12章\最终文件\手动将所选内容进行分组.xlsx

步骤01　选择分组区域。打开原始文件，❶在数据透视表中选择要分为一组的区域，如单元格区域A5:A7，❷在"数据透视表工具-分析"选项卡下的"组合"组中单击"分组选择"按钮，如右图所示。

步骤02　分组效果。此时所选单元格区域上方出现了"数据组1"，表明已经将所选单元格区域分为了一组，以同样的方式对其他区域进行分组，如下图所示。

⊟数据组1				
⊞2017-11-1	1150	1340	1450	3940
⊞2017-11-3	1855	1750	1000	4605
⊞2017-11-7	300	1650	1000	2950
⊟数据组2				
⊞2017-11-13	1200	1850	550	3600
⊞2017-11-18	900	1050	1400	3350
⊟数据组3				
⊞2017-11-23	1350	1150	680	3180
⊞2017-11-27	700	1200	700	2600
⊞2017-11-28	250			250
⊞2017-11-30	450	1450	1300	3200
总计	8155	11440	8080	27675

步骤03　更改分组名称的效果。单击数据组1所在单元格，在编辑栏中输入"11月上旬"，然后用同样的方法更改其他分组名称，效果如下图所示。

求和项:数量		列标签			
行标签		大号	小号	中号	总计
⊟11月上旬					
⊞2017-11-1		1150	1340	1450	3940
⊞2017-11-3		1855	1750	1000	4605
⊞2017-11-7		300	1650	1000	2950
⊟11月中旬					
⊞2017-11-13		1200	1850	550	3600
⊞2017-11-18		900	1050	1400	3350
⊟11月下旬					
⊞2017-11-23		1350	1150	680	3180
⊞2017-11-27		700	1200	700	2600
⊞2017-11-28		250			250
⊞2017-11-30		450	1450	1300	3200

12.5 套用数据透视表格式

为了使经过创建和设置的数据透视表更加美观，可套用数据透视表的格式，达到快速美化数据透视表的效果。

◎ 原始文件：实例文件\第12章\原始文件\套用数据透视表格式.xlsx
◎ 最终文件：实例文件\第12章\最终文件\套用数据透视表格式.xlsx

步骤01 选择数据透视表样式。打开原始文件，在"数据透视表工具-设计"选项卡下单击"数据透视表样式"组中的快翻按钮，在展开的库中选择合适的样式，如下图所示。

步骤02 套用数据透视表样式的效果。此时数据透视表套用了所选样式，效果如下图所示。

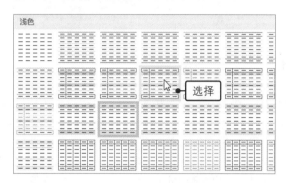

求和项:数量	列标签			
行标签	大号	小号	中号	总计
11月上旬				
2017-11-1	1150	1340	1450	3940
2017-11-3	1855	1750	1000	4605
2017-11-7	300	1650	1000	2950
11月中旬				
2017-11-13	1200	1850	550	3600
2017-11-18	900	1050	1400	3350
11月下旬				
2017-11-23	1350	1150	680	3180
2017-11-27	700	1200	700	2600
2017-11-28	250			250
2017-11-30	450	1450	1300	3200
总计	8155	11440	8080	27675

12.6 创建数据透视图分析数据

为了更加形象地展示数据所包含的信息，可根据数据透视表来创建数据透视图，数据透视图和常规图表的最大不同在于，在数据透视图中可以使用数据透视图工具，灵活改变图表中展示的数据信息。

12.6.1 插入数据透视图

数据透视图是依托于数据透视表而存在的，所以完成对数据透视表的设置后，就可以插入数据透视图。只需单击"数据透视图"按钮，并选择合适的图表类型，系统即可根据数据透视表自动生成数据透视图。

◎ 原始文件：实例文件\第12章\原始文件\插入数据透视图.xlsx
◎ 最终文件：实例文件\第12章\最终文件\插入数据透视图.xlsx

步骤01 单击"数据透视图"按钮。打开原始文件，在"数据透视表工具-分析"选项卡下单击"工具"组中的"数据透视图"按钮，如下左图所示。

步骤02 选择图表类型。弹出"插入图表"对话框，选择插入的数据透视图的类型，如"簇状柱形图"，如下右图所示。

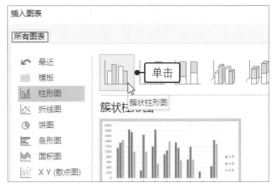

步骤03　插入数据透视图的效果。单击"确定"按钮后返回工作表，此时可以看到创建的数据透视图，效果如右图所示。

> **提示**　若还未创建数据透视表，也可插入数据透视图，只需在"插入"选项卡下单击"数据透视图"按钮，在打开的对话框中设置数据透视图的放置位置及源数据的引用位置即可。

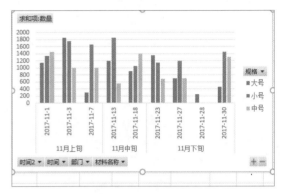

12.6.2　在数据透视图中筛选数据

数据透视图也具有筛选功能，数据透视图中包含了添加到数据透视表中的活动字段，只需单击相应的活动字段，并勾选相应复选框来设置筛选条件，就能查看筛选结果。

◎ 原始文件：实例文件\第12章\原始文件\在数据透视图中筛选数据.xlsx
◎ 最终文件：实例文件\第12章\最终文件\在数据透视图中筛选数据.xlsx

步骤01　筛选材料名称。打开原始文件，若要查看材料A的领取情况，可以筛选材料名称，❶单击数据透视图中的"材料名称"按钮，❷在展开的列表中勾选要显示的材料名称，如勾选"材料A"复选框，如下图所示。

步骤02　显示筛选结果。单击"确定"按钮，数据透视图中就只显示了材料A的领用情况，如下图所示。

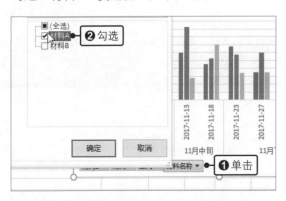

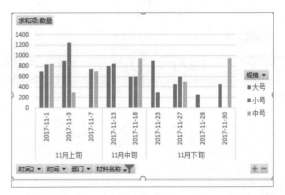

步骤03　选择筛选方式。数据透视图中还可进行值筛选，单击"材料名称"按钮，在展开的列表中单击"值筛选>大于"选项，如下图所示。

步骤04　设置筛选条件。弹出"值筛选"对话框，在文本框中输入要筛选的大于值，如输入"1000"，如下图所示。

步骤05　显示值筛选的结果。单击"确定"按钮，此时数据透视图中只显示材料领取量总计超过1000件的日期，如右图所示。

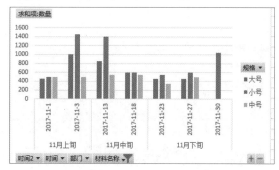

12.6.3　设计数据透视图

设计数据透视图主要是对图表的布局样式、图表样式、形状样式和艺术字样式等进行设计，让数据透视图更加美观。Excel 中预设了多种样式，套用这些样式就能快速美化数据透视图。

◎ 原始文件：实例文件\第12章\原始文件\设计数据透视图.xlsx
◎ 最终文件：实例文件\第12章\最终文件\设计数据透视图.xlsx

步骤01　单击"快速布局"按钮。打开原始文件，❶选中数据透视图，❷在"数据透视图工具-设计"选项卡下单击"图表布局"组中的"快速布局"按钮，如下图所示。

步骤02　选择图表布局样式。在展开的列表中选择新的图表布局，如选择"布局5"，如下图所示。

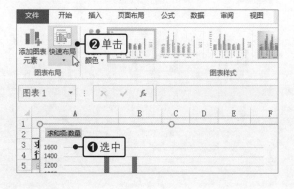

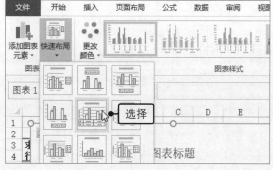

步骤03 显示重新布局后的图表效果。此时数据透视图就套用了所选图表布局样式，如下图所示。

步骤04 选择图表样式。单击"图表样式"快翻按钮，在展开的库中选择图表样式，如下图所示。

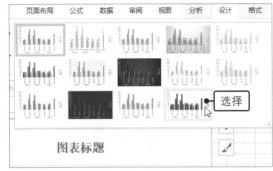

步骤05 图表套用样式后的效果。此时可看到套用了图表样式后的数据透视图效果，如下图所示。

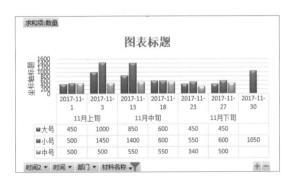

步骤06 设置数据标签。❶在"数据透视图工具-设计"选项卡下的"图表布局"组中单击"添加图表元素"按钮，❷在展开的库中单击"数据标签>居中"选项，如下图所示。

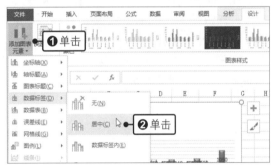

步骤07 显示数据标签的效果。此时数据标签显示在了图表中间，如下图所示。

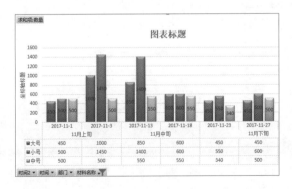

步骤08 选择形状样式。选中图表，在"数据透视图工具-格式"选项卡下单击"形状样式"组中的快翻按钮，在展开的库中选择内置的形状样式，如下图所示。

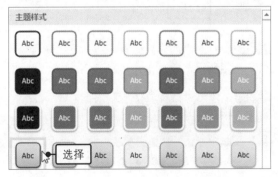

步骤09 选择艺术字样式。单击"艺术字样式"组中的快翻按钮，在展开的库中选择合适的艺术字样式，如下左图所示。

步骤10 设计后的数据透视图。此时数据透视图中图表区就套用了所选的形状样式和艺术字样式，如下右图所示。

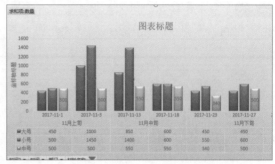

知识拓展

▶ 导入外部数据创建数据透视表

　　创建数据透视表时，不仅可以在当前工作表中选择数据源，还可以导入外部数据来创建，但其操作会相对复杂一些。

步骤01 新建一个工作表，在"插入"选项卡下单击"表格"组中的"数据透视表"按钮，弹出"创建数据透视表"对话框。❶在"选择放置数据透视表的位置"选项组中单击"现有工作表"单选按钮，❷在"请选择要分析的数据"选项组中单击"使用外部数据源"单选按钮，❸再单击"选择连接"按钮，如下左图所示。

步骤02 弹出"现有连接"对话框，选择要连接的文件，若需浏览更多的文件，可单击"浏览更多"按钮，如下右图所示。

步骤03 弹出"选择数据源"对话框，❶选择要导入数据的保存位置，❷然后单击要导入的文件，如下左图所示，最后单击"打开"按钮。

步骤04 弹出"选择表格"对话框，❶选择要导入数据所在的工作表，❷单击"确定"按钮，如下右图所示。

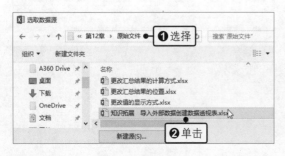
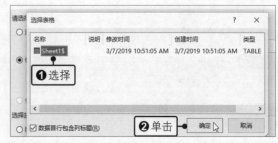

步骤05 返回"创建数据透视表"对话框，单击"确定"按钮，此时系统自动在工作表中创建数据透视表，如下左图所示。

步骤06 在"数据透视表字段"窗格中会显示外部工作簿中相应的字段，勾选相应的字段名复选框，创建的数据透视表如下右图所示。

▶ 使用经典数据透视表布局

默认情况下，在 Excel 2019 中创建好数据透视表后，若要添加字段或调整字段布局，需要通过"数据透视表字段"窗格来完成，但还有一种调整数据透视表布局的快捷方式，即调用经典数据透视表布局，该方式允许将字段直接拖动到数据透视表中。

步骤01 打开原始文件，在"数据透视表工具-分析"选项卡下单击"选项"右侧的下三角按钮，在展开的列表中单击"选项"选项。弹出"数据透视表选项"对话框，❶切换至"显示"选项卡，❷勾选"经典数据透视表布局"复选框，如下左图所示。

步骤02 单击"确定"按钮，形成了经典数据透视表布局形式，如下右图所示。

步骤03 此时可将活动字段拖动至相应的区域，如选中"时间2"字段，按住鼠标左键不放，将该字段拖动至指定位置，释放鼠标，即可将"时间2"字段添加至指定位置，如下左图所示。

步骤04 ❶单击"时间2(全部)"字段右侧的下三角按钮，在展开的列表中勾选"11月上旬"，❷单击"确定"按钮后，可以看到数据透视表中只显示了11月上旬的订单情况，如下右图所示。

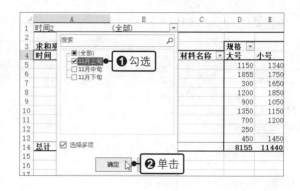

▶ 以大纲形式和表格形式显示数据透视表

数据透视表的显示方式有多种，如以压缩形式显示、以大纲形式显示、以表格形式显示及重复所有项目标签形式等，其中，当以大纲形式显示时，没有汇总项，而以表格形式显示时，将用特殊颜色的线条显示汇总项目。

步骤01 打开原始文件，选中数据透视表，❶在"数据透视表工具-设计"选项卡下的"布局"组中单击"报表布局"按钮，❷在展开的列表中单击"以大纲形式显示"选项，如下左图所示。

步骤02 此时数据透视表就按照所选布局显示，行标签和列标签都显示了具体的字段，如下右图所示，可通过单击活动字段右侧的下三角按钮来筛选数据。

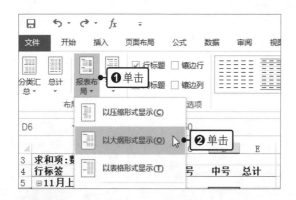 

步骤03 ❶单击"报表布局"按钮，❷在展开的列表中选择"以表格形式显示"选项，如下左图所示。

步骤04 此时数据透视表就以表格形式对每一级别的数据都进行了汇总，如下右图所示。

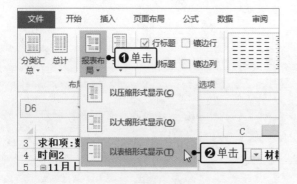

材料名称	规格			
	大号	小号	中号	总计
	1150	1340	1450	3940
	1855	1750	1000	4605
	300	1650	1000	2950
	1200	1850	550	3600
	900	1050	1400	3350
	1350	1150	680	3180
	700	1200	700	2600
	250			250
	450	1450	1300	3200
	8155	11440	8080	27675

趁热打铁　企业人力资源透视分析

　　企业为了对各个部门的员工信息进行分析，首先会对所有员工的信息，如所在部门、工作职位、年龄、工龄、学历、姓名、性别和工资等情况进行统计，这些数据往往比较庞大和复杂，分析员工信息并不容易，这时可以借助数据透视表分析企业人力资源状况，此外，还可根据数据透视表创建数据透视图，让各个部门的人力资源情况更加直观。

◎ 原始文件：实例文件\第12章\原始文件\企业人力资源透视分析.xlsx
◎ 最终文件：实例文件\第12章\最终文件\企业人力资源透视分析.xlsx

步骤01 启动创建数据透视表功能。打开原始文件，❶选中工作表中任意含有数据的单元格，❷在"插入"选项卡下单击"表格"组中的"数据透视表"按钮，如下图所示。

步骤02 设置"创建数据透视表"对话框。弹出"创建数据透视表"对话框，在"表/区域"文本框中保持默认的单元格区域A2:J70，在"选择放置数据透视表的位置"选项组中单击"新工作表"单选按钮，如下图所示，单击"确定"按钮。

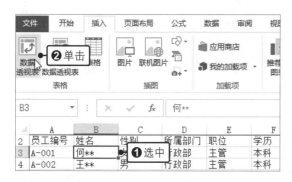

步骤03 创建的数据透视表模型。此时系统自动在新工作表中创建了数据透视表模型，并显示了"数据透视表字段"窗格，如下图所示。

步骤04 勾选要分析的字段。在"选择要添加到报表的字段"列表框中勾选要分析的字段，如"性别""所属部门""基本工资"等，如下图所示。

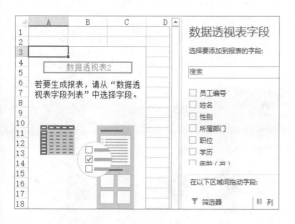

步骤05　调整字段的效果。❶在"行标签"列表框中单击"所属部门"按钮，❷在展开的列表中单击"移动到列标签"选项，如下图所示，此时数据透视表按照所设置的字段对表格的布局进行了调整。

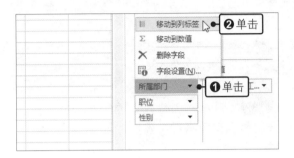

步骤06　选择值显示方式。单击"求和项：基本工资"按钮，在展开的列表中单击"值字段设置"选项。弹出"值字段设置"对话框，❶在"值显示方式"选项卡下选择"行汇总的百分比"选项，❷最后单击"确定"按钮，如下图所示。

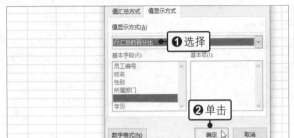

步骤07　利用百分比显示数据透视表。返回到工作表中，此时数据透视表中的数据按百分比的形式显示，从而可以分男女对比不同职务各部门薪资所占比例，如下图所示。

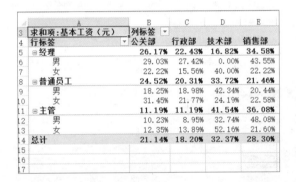

步骤08　重新选择和调整字段。重新选择和设置"所属部门""学历""基本工资"字段，如下图所示，此时就可根据数据透视表来了解各个部门不同学历的比例。

步骤09　选择数据透视图类型。在"数据透视表工具-分析"选项卡下的"工具"组中单击"数据透视图"按钮。弹出"插入图表"对话框，❶单击"柱形图"选项，❷选择柱形图类型，如下图所示。

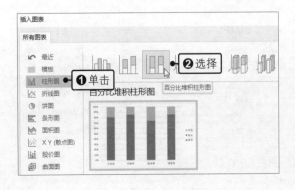

步骤10　显示数据透视图。单击"确定"按钮后，在工作表中就创建了默认样式的数据透视图，添加标题和数据标签，并更改图表样式，下图所示即为设置后的图表效果，从中可直观了解各个部门的学历结构。

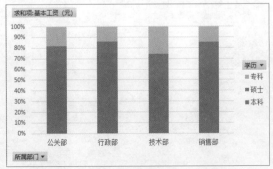

使用数据工具分析数据

第13章

Excel 提供了丰富而又实用的数据分析工具，为数据的运算和分析提供了方便。当需要测试公式中某一因素的变动对试验结果的影响、对比各个方案的运算结果或获取最优方案时，都可以利用 Excel 2019 中功能强大的数据分析工具来完成操作。本章将对数据分析工具中的模拟分析、规划求解及分析工具库中的工具进行具体的介绍。

13.1 数据的模拟分析

Excel 不仅具有数据编辑和计算功能，还具有模拟分析功能，该功能包括模拟运算表、单变量求解和方案管理器。在工作中，可根据实际情况选择合适的模拟分析工具来分析表格数据。

13.1.1 模拟运算分析

模拟运算分析可在一个计算公式中测试出某些参数值的变化对计算结果的影响，而模拟运算表实际上是一个单元格区域，显示一个或多个公式中改变不同值时的结果。模拟运算表可分为单变量模拟运算表和双变量模拟运算表两种。

1 单变量模拟运算表

使用单变量模拟运算表求解前，应在工作表中建立正确的数学模型，通过公式和函数描述数据之间的关系。单变量模拟运算表就是在工作表中输入一个变量的多个不同值，分析这些不同变量值对一个或多个公式计算结果的影响。

◎ 原始文件：实例文件\第13章\原始文件\单变量模拟运算表.xlsx
◎ 最终文件：实例文件\第13章\最终文件\单变量模拟运算表.xlsx

步骤01 输入公式计算月还款额。打开原始文件，在单元格B6中输入公式"=PMT(B4/12, A6*12,-B3)"，按【Enter】键后返回计算结果，如下图所示。

步骤02 单击"模拟运算表"选项。选择单元格区域A6:B13，❶在"数据"选项卡下单击"预测"组中的"模拟分析"按钮，❷在展开的列表中单击"模拟运算表"选项，如下图所示。

| B6 | | ▼ | : | × | ✓ | fx | =PMT(B4/12,A6*12,-B3) |

▲	A	B	C
1	公司的每月还款金额		
2	公司名称	尚美电子科技有限公司	
3	贷款总额	¥200,000.00	
4	贷款利率	6.70%	
5	贷款年限	月还款额	
6	3	¥ 6,148.02	
7	4		
8	5		
9	6		

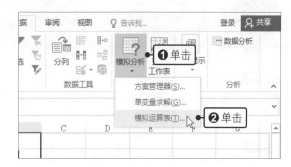

步骤03 设置输入引用列的单元格。弹出"模拟运算表"对话框，❶选择"输入引用列的单元格"为A6，❷单击"确定"按钮，如下图所示。

步骤04 计算不同贷款年限下的月还款额。返回工作表中，此时系统自动计算出了不同贷款年限下的月偿还金额，如下图所示。

2 双变量模拟运算表

双变量模拟运算表是分析两个不同变量的数值变化对公式计算结果的影响，其中两个变量分别在一行和一列中，而两个变量所在的行与列交叉的单元格反映的是将这两个变量代入公式后得到的计算结果。

◎ 原始文件：实例文件\第13章\原始文件\双变量模拟运算表.xlsx
◎ 最终文件：实例文件\第13章\最终文件\双变量模拟运算表.xlsx

步骤01 输入公式计算公司的可贷款金额。打开原始文件，在单元格D7中输入公式"=PV(C3/12,C4*12,-C5)"，按下【Enter】键后计算出公司的可贷款金额，如下图所示。

步骤02 单击"模拟运算表"选项。❶选择单元格区域D7:J17，❷在"数据"选项卡下单击"预测"组中的"模拟分析"按钮，❸在展开的列表中单击"模拟运算表"选项，如下图所示。

> **提示** 虽然工作表中的任何单元格都可作为输入单元格，但双变量模拟运算表中的公式必须引用两个不同的输入单元格。

步骤03 设置输入引用行列的单元格。弹出"模拟运算表"对话框，❶设置"输入引用行的单元格"为单元格C4，设置"输入引用列的单元格"为单元格C5，❷然后单击"确定"按钮，如下左图所示。

步骤04 不同年限下的月还款额和贷款金额。返回工作表，此时系统自动计算出了不同年限下的月还款额和公司贷款金额，如下右图所示。

13.1.2　单变量求解

单变量求解是先假设公式中某一变量的结果值已知，然后计算出该变量的引用单元格的取值，所以它可对数据结果进行逆运算。本例讲解如何在已知公司的最大月还款额、贷款年利率，贷款年限的情况下，计算出公司最高的可贷金额。

◎ 原始文件：实例文件\第13章\原始文件\单变量求解.xlsx
◎ 最终文件：实例文件\第13章\最终文件\单变量求解.xlsx

步骤01 输入公式计算月还款额。打开原始文件，在单元格C6中输入公式"=PMT(C3/12,C4*12,C5)"，按下【Enter】键后返回计算结果，如下图所示。

步骤02 单击"单变量求解"选项。❶在"数据"选项卡下的"预测"组中单击"模拟分析"按钮，❷在展开的列表中单击"单变量求解"选项，如下图所示。

步骤03 设置"单变量求解"对话框。弹出"单变量求解"对话框，❶设置"目标单元格"为单元格C6，由于公司每月可承受的最大还款额为10000元，所以设置"目标值"为"10000"，设置"可变单元格"为单元格C5，❷单击"确定"按钮，如右图所示。

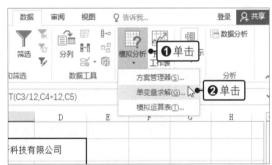

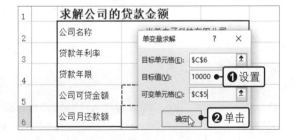

提示 一般情况下，当单变量求解正在计算时，"单变量求解状态"对话框会动态显示"在进行第N次迭代计算"，若"单变量求解状态"对话框告知无解时，就说明单变量求解模型进行的逆向分析是无解的。

步骤04 单变量求解状态。弹出"单变量求解状态"对话框，该对话框提示单变量求解求得一个解，单击"确定"按钮即可，如下图所示。

步骤05 查看单变量求解结果。返回工作表，此时单元格C5中就显示了公司在月还款最大金额为10000元的情况下，最大的贷款金额为506225元，如下图所示。

13.1.3 最优方案分析

在进行决策分析前，需要创建并显示方案，再对比各种方案，根据评估和计算选出最优值，这个过程就是最优方案分析过程。

1 创建与显示方案

创建方案主要是对方案的名称和方案变量值进行设置，显示方案是为了显示创建的方案结果。

◎ 原始文件：实例文件\第13章\原始文件\最优方案分析.xlsx
◎ 最终文件：实例文件\第13章\最终文件\最优方案分析.xlsx

步骤01 单击"方案管理器"选项。打开原始文件，❶在"预测"组中单击"模拟分析"按钮，❷在展开的列表中单击"方案管理器"选项，如下图所示。

步骤02 单击"添加"按钮。在弹出的"方案管理器"对话框中单击"添加"按钮，如下图所示。

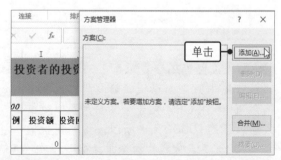

步骤03 编辑方案。弹出"编辑方案"对话框，❶在"方案名"文本框中输入"方案一：激进型投资"，❷设置"可变单元格"为单元格区域B5:B7，如下左图所示，单击"确定"按钮。

步骤04 输入可变单元格的值。弹出"方案变量值"对话框，❶根据激进型投资的特点输入可变单元格数值，❷最后单击"确定"按钮，如下右图所示。

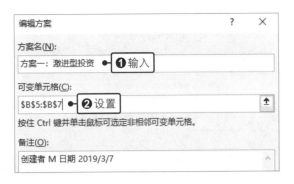 

> **提示** 添加方案时需定义方案的四大要素，分别是方案的名称、变量、方案的说明和方案的保护。

步骤05 单击"添加"按钮。返回"方案管理器"对话框，再次单击"添加"按钮，如下图所示。

步骤06 编辑方案。弹出"编辑方案"对话框，❶在"方案名"文本框中输入"方案二：进取型投资"，❷设置"可变单元格"为单元格区域B5:B7，如下图所示，单击"确定"按钮。

 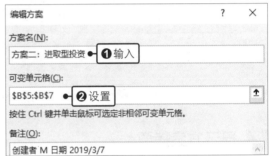

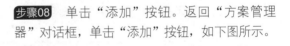

步骤07 输入可变单元格的值。弹出"方案变量值"对话框，❶输入方案二的变量值，❷单击"确定"按钮，如下图所示。

步骤08 单击"添加"按钮。返回"方案管理器"对话框，单击"添加"按钮，如下图所示。

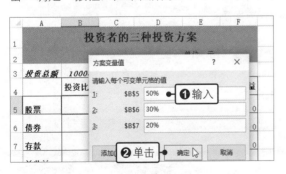 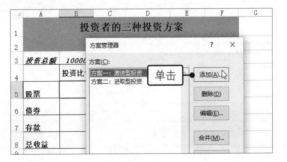

步骤09 编辑方案。❶在"方案名"文本框中输入"方案三：稳健型投资"，❷设置"可变单元格"为单元格区域B5:B7，如下左图所示，最后单击"确定"按钮。

步骤10 输入可变单元格的值。根据稳健型投资的特点，❶输入方案三的变量值，❷单击"确定"按钮，如下右图所示。

步骤11 显示方案。返回"方案管理器"对话框，❶在"方案"列表框中选择"方案一：激进型投资"，❷单击"显示"按钮，如下图所示。

步骤12 显示方案的结果。此时工作表中的可变单元格中就显示了方案一的变量值，并计算出了投资总收益，如下图所示，如果要查看方案二和方案三的投资总收益，可在"方案管理器"对话框中选择对应的方案即可。

投资者的三种投资方案

单位：元

投资总额	100000				
	投资比例	投资额	投资回报率	投资风险	投资收益
股票	70%	70000	50%	60%	21000
债券	20%	20000	30%	20%	1200
存款	10%	10000	10%	10%	100
总收益			22300		

2 显示方案摘要

为方便对每种方案进行对比分析，可选择显示方案摘要，它有两种类型：一种是方案摘要，以大纲形式来展示报告；另一种是方案数据透视表，以数据透视表形式来展现方案结果。

◎ 原始文件：实例文件\第13章\原始文件\显示方案摘要.xlsx
◎ 最终文件：实例文件\第13章\最终文件\显示方案摘要.xlsx

步骤01 单击"方案管理器"选项。❶在"预测"组中单击"模拟分析"按钮，❷在展开的列表中单击"方案管理器"选项，如下图所示。

步骤02 单击"摘要"按钮。弹出"方案管理器"对话框，单击"摘要"按钮，如下图所示。

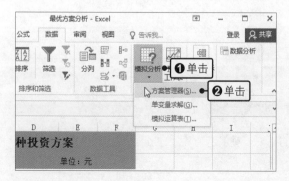

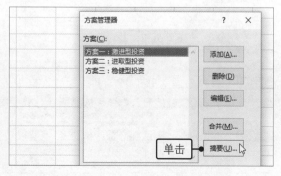

步骤03 显示方案摘要。弹出"方案摘要"对话框，❶单击"方案摘要"单选按钮，❷单击"确定"按钮，如右图所示，即可查看创建的方案摘要。

13.2 数据的规划分析

在实际工作中，常常需要求解规划问题的最优解，即在合理利用有限资源的情况下，得到最佳结果，这个计算过程涉及众多的关联因素和复杂的数量关系，通过变量求解工具无法实现，此时可以利用 Excel 的规划求解工具，它可以将规划问题数学化、模型化，将实际生活中的规划问题通过一组变量、不等式或等式表示的约束条件、目标函数来表示，然后通过简单的设置就可得到规划求解的结果。

13.2.1 加载规划求解

默认情况下，Excel 并未加载规划求解工具，当需要对数据进行规划求解时，首先应对其进行加载。

步骤01 单击"选项"命令。打开一个空白工作簿，单击"文件"按钮，在弹出的视图菜单中单击"选项"命令，如下图所示。

步骤02 单击"转到"按钮。弹出"Excel选项"对话框，❶单击"加载项"选项，❷在"管理"下拉列表框中选择"Excel加载项"选项，❸再单击"转到"按钮，如下图所示。

步骤03 勾选"规划求解加载项"复选框。弹出"加载宏"对话框，❶勾选"规划求解加载项"复选框，❷单击"确定"按钮，如下图所示。

步骤04 显示加载的"规划求解"选项。返回工作表，在"数据"选项卡下的"分析"组中查看新加载的"规划求解"工具，如下图所示。

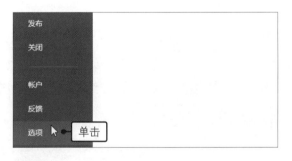

13.2.2 规划求解

利用 Excel 规划求解功能前，需要创建规划求解模型，从数学角度分析规划问题，这就涉及决策变量、约束条件和目标函数。决策变量是指一组需要求解的未知数；约束条件是指对规划问题的决策变量有一定限制的条件，通常由与决策变量相关的不等式或等式表示；目标函数由与决策变量相关的函数表示。

◎ 原始文件：无

◎ 最终文件：实例文件\第13章\最终文件\规划求解.xlsx

步骤01 创建规划求解基本模型。新建一个工作表，❶创建月销售成本最小化规划分析的基本模型，❷选择单元格E4，输入公式"=D4*B4"，按下【Enter】键后向下复制公式至E6，如下图所示。

步骤02 计算实际月销售利润。在单元格B13中输入公式"=SUMPRODUCT(C4:C6,D4:D6)，按下【Enter】键计算出实际月销售利润，如下图所示。

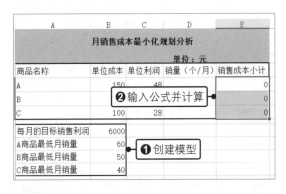

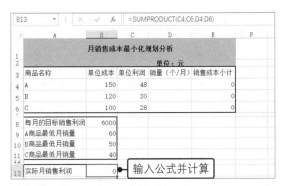

> **提示** 规划求解大致上有以下几步，首先建立规划模型，并将规划模型的相关数据输入到工作表中；然后是规划求解，设置目标函数、决策变量和约束条件；最后是选择保存规划求解的结果，并生成运算结果的相关报告。

步骤03 计算每月最低生产成本。选择单元格B14，输入公式"=SUM(E4:E6)"，按下【Enter】键计算每月最低生产成本，如下图所示。

步骤04 单击"规划求解"按钮。在"数据"选项卡下的"分析"组中单击"规划求解"按钮，如下图所示。

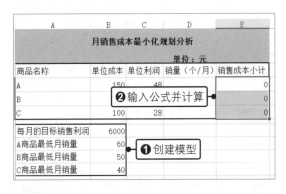

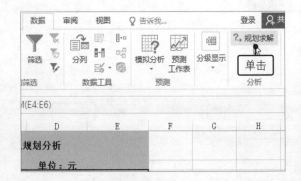

步骤05　单击"添加"按钮。弹出"规划求解参数"对话框，❶设置目标单元格为B14，❷单击"最小值"单选按钮，❸设置"通过更改可变单元格"区域为D4:D6，❹最后单击"添加"按钮，添加约束条件，如下图所示。

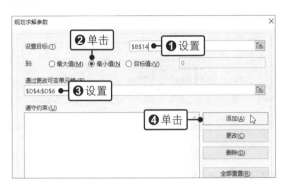

步骤07　设置约束条件2。第二个约束条件是A商品销量要大于等于其最低月销量，❶在弹出的"添加约束"对话框中设置单元格D4中的值大于等于单元格B9中的值，❷单击"添加"按钮继续添加约束条件，如下图所示。

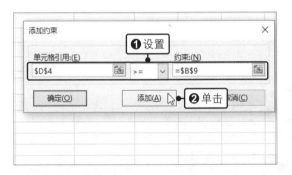

步骤09　设置约束条件4。第四个约束条件是B商品销量要大于等于其最低销量，❶在弹出的"添加约束"对话框中设置单元格D5中的值大于等于单元格B10中的值，❷单击"添加"按钮，如下图所示。

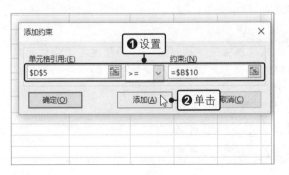

步骤06　设置约束条件1。弹出"添加约束"对话框，第一个约束条件是A商品销量为整数，❶设置单元格引用为单元格D4，❷然后从中间的列表中选择"int"选项，❸设置约束条件为"整数"，❹单击"添加"按钮继续添加约束条件，如下图所示。

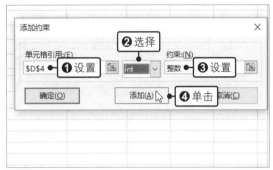

步骤08　设置约束条件3。第三个约束条件是B商品销量为整数，❶在弹出的"添加约束"对话框中，设置单元格D5中的值为整数，❷单击"添加"按钮，如下图所示。

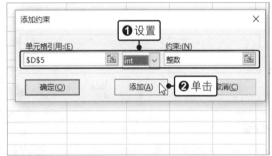

步骤10　设置约束条件5。第五个约束条件是C商品销量为整数，❶在弹出的"添加约束"对话框中设置单元格D6中的值为整数，❷单击"添加"按钮，如下图所示。

步骤11 设置约束条件6。第六个约束条件是C商品销量要大于等于其最低销量，❶在弹出的"添加约束"对话框中设置单元格D6中的值大于等于单元格B11中的值，❷单击"添加"按钮，如下图所示。

步骤12 设置约束条件7。第七个约束条件是实际销售利润要大于等于目标销售利润6000元，❶在"添加约束"对话框中设置单元格B13中的值大于等于单元格B8中的值，❷单击"确定"按钮完成约束条件的设置，如下图所示。

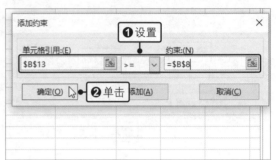

步骤13 求解规划结果。返回"规划求解参数"对话框，在"遵守约束"列表框中可看到所有的约束条件，确定约束都设置完毕后，单击"求解"按钮，如下图所示。

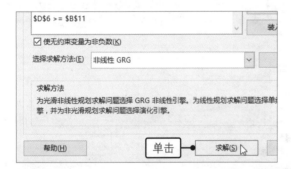

步骤14 保留规划求解的解。弹出"规划求解结果"对话框，提示找到一个解，能满足所有的约束，单击"确定"按钮即可，如下图所示。

步骤15 查看月销售成本最小化的结果。返回工作表，此时可以看到当A商品、B商品、C商品的销量，分别是71、50和40个时，每月销售成本最低，且最低成本额为20650元，如右图所示。

	A	B	C	D	E	F
3	商品名称	单位成本	单位利润	销量（个/月）	销售成本小计	
4	A	150	48	71	10650	
5	B	120	30	50	6000	
6	C	100	28	40	4000	
8	每月的目标销售利润	6000				
9	A商品最低月销量	60				
10	B商品最低月销量	50				
11	C商品最低月销量	40				
13	实际月销售利润	6028				
14	每月最低生产成本	20650				

13.2.3　分析规划求解结果

通过规划求解工具生成的各种报告可以分析规划求解结果，从报告中可清楚地看出最佳方案和原方案的差异。在保存规划求解方案时，可选择报告类型，如运算结果报告、敏感度分析报告和限制范围报告等。

◎ 原始文件：实例文件\第13章\原始文件\分析规划求解结果.xlsx
◎ 最终文件：实例文件\第13章\最终文件\分析规划求解结果.xlsx

步骤01 单击"求解"按钮。打开原始文件，单击"规划求解"按钮，在弹出的"规划求解参数"对话框中单击"求解"按钮，如下图所示。

步骤02 选择规划求解报告。❶在"规划求解结果"对话框中的"报告"列表框中单击"运算结果报告"选项，❷单击"确定"按钮，如下图所示。

步骤03 插入运算结果报告工作表。返回工作表，系统会自动在当前工作表前插入一个"运算结果报告1"工作表。显示此次规划求解的运算结果分析，如右图所示。

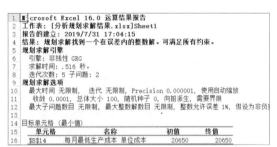

提示 若要修改约束条件，可调出"规划求解参数"对话框，选中需要更改的约束条件，单击"更改"按钮即可。当规划模型发生变化时，可在工作表中修改相关数据后，重新运行规划求解功能。

13.3 使用分析工具库分析数据

Excel 2019 中有一组强大的数据分析工具，称为"分析工具库"，它包含有方差分析、相关性分析、协方差分析、描述统计分析和指数平滑分析等工具，这些数据分析工具具有很强的专业性，可以用于解决实际应用中的诸多问题，并且在数据的统计和分析上可节省很多操作步骤。

13.3.1 加载分析工具库

要想使用分析库中的数据分析工具，必须先加载分析工具库。需要注意的是，只有第一次使用分析工具库时才需要加载。

步骤01 单击"加载项"选项。启动Excel 2019，调出"Excel选项"对话框，❶单击"加载项"选项，❷在右侧面板的"管理"列表框中选择"Excel加载项"选项，❸单击"转到"按钮，如下左图所示。

步骤02 勾选"分析工具库"复选框。弹出"加载宏"对话框，❶在"可用加载宏"列表框中勾选"分析工具库"复选框，❷单击"确定"按钮，如下右图所示。

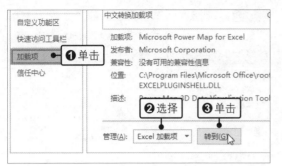

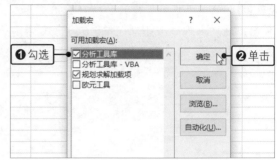

步骤03 显示加载的数据分析工具。返回工作表，在"数据"选项卡的"分析"组中可查看新加载的"数据分析"工具，如右图所示。

13.3.2 方差分析工具

在试验和实际工作中，影响事物的因素有多种，有的因素对事物影响较大，而有些因素的影响较小，若能找出对事物影响最显著的因素，并集中分析该因素，可促使事物向好的方面发展，而方差分析就是在分析众多因素对事物结果的影响时，鉴别出有显著影响的因素的分析方式。在试验中若只有一个因素变化，相应的方差分析就称为单因素方差分析，若试验中有多个因素变化，相应方差分析就称为多因素方差分析。

1 单因素方差分析

如果只考虑一个因素对某项实验指标的影响力是否显著，则可通过对此因素的多个水平试验结果进行比较，这个比较的过程就是单因素方差分析。

◎ 原始文件：实例文件\第13章\原始文件\单因素方差分析.xlsx
◎ 最终文件：实例文件\第13章\最终文件\单因素方差分析.xlsx

步骤01 单击"数据分析"选项。打开原始文件，在"数据"选项卡的"分析"组中单击"数据分析"按钮，如下图所示。

步骤02 选择单因素方差分析。弹出"数据分析"对话框，❶单击"方差分析：单因素方差分析"选项，❷单击"确定"按钮，如下图所示。

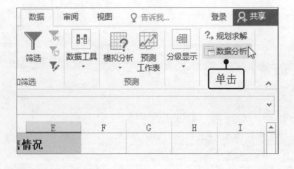

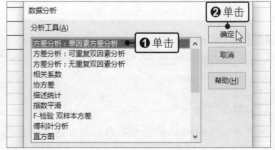

步骤03 设置方差分析。弹出"方差分析：单因素方差分析"对话框，❶将"输入区域"设置为单元格区域B3:E9，❷勾选"标志位于第一行"复选框，❸并在显著性水平文本框中输入"0.05"，❹然后单击"输出区域"单选按钮，并将其设置为"$A$11"，如下图所示。

步骤04 显示单因素方差分析结果。单击"确定"按钮后，系统会在输出区域显示检验结果，可看到在显著性水平0.05下，F=1.098小于F crit=3.098，说明A商品的销量与各城市的平均销量不具有显著性影响，如下图所示。

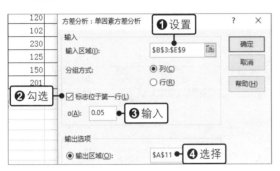

2 双因素方差分析

双因素方差分析是在一项试验中有两大因素变化，在其他因素保持不变的情况下，观察两大因素的不同水平对研究对象的影响是否具有显著性的差异，这种分析方法主要用于在两个不同维度分类时的数据。

◎ 原始文件：实例文件\第13章\原始文件\双因素方差分析.xlsx
◎ 最终文件：实例文件\第13章\最终文件\双因素方差分析.xlsx

步骤01 单击"数据分析"选项。打开原始文件，在"数据"选项卡下单击"分析"组中的"数据分析"按钮，如下图所示。

步骤02 选择可重复双因素分析。弹出"数据分析"对话框，❶单击"方差分析：可重复双因素分析"选项，❷单击"确定"按钮，如下图所示。

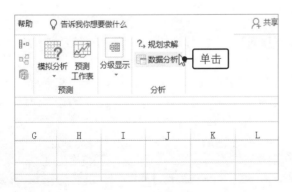

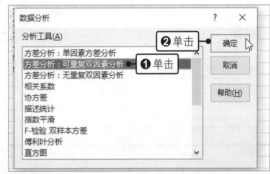

步骤03 设置方差分析。弹出"方差分析：可重复双因素分析"对话框，❶设置输入区域，❷并在"每一样本的行数"文本框中输入"3"，❸设置"输出区域"，❹单击"确定"按钮，如下左图所示。

步骤04 显示方差分析结果。系统会在输出区域显示双因素分析检验结果，并以城市为准划分了多个方案，如下右图所示。

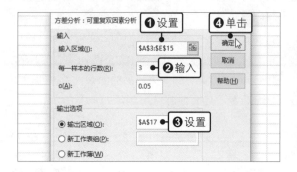

	A	B	C	D	E	F
17	方差分析：可重复双因素分析					
18						
19	SUMMARY	三亚	桂林	咸阳	苏州	总计
20	第一季度					
21	观测数	3	3	3	3	12
22	求和	196	92	153	75	516
23	平均	65.333333	30.666667	51	25	43
24	方差	165.33333	26.333333	31	1	324
25						
26	第二季度					
27	观测数	3	3	3	3	12
28	求和	130	141	85	109	465
29	平均	43.333333	47	28.3333333	36.333333	38.75
30	方差	37.333333	67	12.3333333	26.333333	81.47727
31						

步骤05 得出结论。在"方差分析"区域中，通过两因素的交互作用，可以看到F=25.826，而F crit=2.188，F值大于F crit值，如右图所示，这说明不同季度、不同旅游城市对旅游人数有显著影响。

总计				
观测数	12	12	12	12
求和	547	493	350	414
平均	45.583333	41.083333	29.1666667	34.5
方差	304.81061	228.62879	206.515152	129.54545

方差分析						
差异源	SS	df	MS	F	P-value	F crit
样本	1179.5	3	393.166667	12.399474	1.52E-05	2.90112
列	1879.1667	3	626.388889	19.754709	1.97E-07	2.90112
交互	7370.3333	9	818.925926	25.826836	3.08E-12	2.188766
内部	1014.6667	32	31.7083333			
总计	11443.667	47				

提示 根据两大因素是否具有交互作用，双因素方差分析又可分为可重复双因素分析和无重复双因素方差分析，上例中就介绍了可重复双因素分析的方法，即对两个因素的每一组合至少做两次试验，而在双因素无重复试验中，对两个因素的每一组合只做一次试验。

13.3.3 移动平均工具

Excel 中的移动平均是一种简单的平滑预测技术，它可以平滑数据，消除数据的周期变动和随机变动的影响，展示事件的发展方向与趋势。具体而言，它的计算方法是根据时间序列资料计算包含某几个项数的平均值，反映数据的长期趋势方向。

◎ 原始文件：实例文件\第13章\原始文件\移动平均工具.xlsx
◎ 最终文件：实例文件\第13章\最终文件\移动平均工具.xlsx

步骤01 选择"移动平均"工具。打开原始文件，单击"数据分析"按钮后，弹出"数据分析"对话框，❶选择"移动平均"分析工具，❷单击"确定"按钮，如下图所示。

步骤02 设置移动平均。弹出"移动平均"对话框，❶选择"输入区域"为单元格区域C2:C16，❷勾选"标志位于第一行"复选框，❸在"间隔"文本框中输入"2"，❹设置"输出区域"为单元格D3，❺最后单击"确定"按钮，如下图所示。

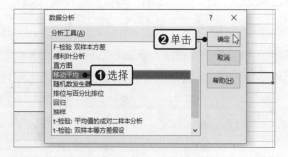

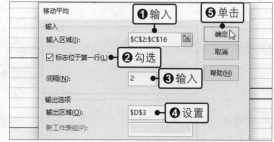

步骤03 显示间隔为2的移动平均值。返回工作表，可看到使用2项移动平均的计算结果，如下图所示。

年份	月份	股价（元）	间隔为2时	间隔为5时
2017	6	10.17	#N/A	
	7	9.14	9.655	
	8	10.17	9.655	
	9	11.84	11.005	
	10	13.83	12.835	
	11	13.46	13.645	
	12	13.92	13.69	
2018	1	14.32	14.12	
	2	15.64	14.98	
	3	16.05	15.845	
	4	17.14	16.595	
	5	16.62	16.88	

步骤04 修改移动平均的间隔和输出区域。为了比较，❶在"移动平均"对话框中，设置"间隔"为"5"，❷设置"输出区域"为单元格"E3"，输入区域不变，❸最后单击"确定"按钮，如下图所示。

提示 在"移动平均"对话框中，"输入区域"指定要分析的统计数据所在的单元格区域，"间隔"指定移动平均的项数，若勾选"图表输出"和"标准误差"复选框，系统在完成数据计算时，还将自动绘制出曲线图，以及计算出标准误差数据。

步骤05 对比间隔不同的移动平均值。返回工作表，可看到5项移动平均的计算结果，如右图所示，和2项移动平均的计算结果相比，2项移动平均值更接近于实际值，所以以该间隔为准预测后市股价。

年份	月份	股价（元）	间隔为2时	间隔为5时
2017	6	10.17	#N/A	#N/A
	7	9.14	9.655	#N/A
	8	10.17	9.655	#N/A
	9	11.84	11.005	#N/A
	10	13.83	12.835	11.03
	11	13.46	13.645	11.688
	12	13.92	13.69	12.644
2018	1	14.32	14.12	13.474
	2	15.64	14.98	14.234
	3	16.05	15.845	14.678
	4	17.14	16.595	15.414

步骤06 输入公式预测8月个股股价。单击单元格D17，输入公式"=AVERAGE(D15/:D16)"，预测2018年8月个股股价，如下图所示。

	8	10.17	9.655	#N/A
	9	11.84	11.005	#N/A
	10	13.83	12.835	11.03
	11	13.46	13.645	11.688
	12	13.92	13.69	12.644
2018	1	14.32	14.12	13.474
	2	15.64	14.98	14.234
	3	16.05	15.845	14.678
	4	17.14	16.595	15.414
	5	16.62	16.88	15.954
	6	17.72	17.17	16.634
	7	18.47	18.095	17.2
预测值	8		=AVERAGE(D15:D16)	
	9			
	10			

步骤07 预测9月和10月的个股股价。以同样的方法预测出2018年9月的和10月的个股股价，如下图所示。

	8	10.17	9.655	#N/A
	9	11.84	11.005	#N/A
	10	13.83	12.835	11.03
	11	13.46	13.645	11.688
	12	13.92	13.69	12.644
2018	1	14.32	14.12	13.474
	2	15.64	14.98	14.234
	3	16.05	15.845	14.678
	4	17.14	16.595	15.414
	5	16.62	16.88	15.954
	6	17.72	17.17	16.634
	7	18.47	18.095	17.2
预测值	8		17.633	
	9		17.864	
	10		17.748	

13.3.4 指数平滑工具

指数平滑功能对移动平均功能进行了改进，移动平均工具中，每个时期的数据的加权系统都是相同的，但是在实际工作中，不同时期的数据对预测值的影响是不同的，所以不同时期的数据应给定不同的加权系数。在指数平滑工具中，越近的数据其加权系数越大，越远的数据其加权系数越小，并且权数之和为 1。

◎ 原始文件：实例文件\第13章\原始文件\指数平滑工具.xlsx
◎ 最终文件：实例文件\第13章\最终文件\指数平滑工具.xlsx

步骤01 计算指数平滑的初始值。打开原始文件，确定指数平滑分析的初始值，可通过计算前三项的平均值得到，❶选中单元格C3，❷在编辑栏中输入公式"=SUM(C4:C6)/COUNT(C4:C6)"，按下【Enter】键，就可得到初始结果，如右图所示。

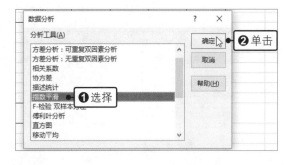

步骤02 选择指数平滑分析工具。在"数据"选项卡下单击"数据分析"按钮，弹出"数据分析"对话框，❶在"分析工具"列表框中选择"指数平滑"分析工具，❷然后单击"确定"按钮，如下图所示。

步骤03 设置输入输出选项。弹出"指数平滑"对话框，❶设置"输入区域"为单元格区域C3:C15，❷在"阻尼系数"文本框中输入"0.4"，❸设置"输出区域"为单元格区域D3:E15，❹勾选"标准误差"复选框，如下图所示。

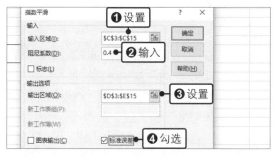

步骤04 显示预测值和标准误差值。单击"确定"按钮，返回工作表，此时在指定位置就可看到阻尼系数为0.4时的预测值和标准误差，如下图所示。

步骤05 重新设置阻尼系数和输出区域。再次打开"指数平滑"对话框，❶将阻尼系数设置为0.6，❷设置"输出区域"为单元格区域F3:G15，其他设置不变，如下图所示。

销售收入预测			阻尼系数=0.4		阻尼系数=0.	
年份	月份	销售收入（万元）	预测值	标准误差	预测值	标准
		259	#N/A	#N/A		
2017	9	234	259	#N/A		
	10	260	243.8667	#N/A		
	11	282	253.5467	#N/A		
	12	267	270.6187	23.65249		
2018	1	290	268.4475	18.99975		
	2	302	281.379	20.71391		
	3	310	293.7516	17.34774		
	4	368	303.5006	19.61078		
	5	409	342.2003	40.20533		
	6	389	382.2801	54.42544		

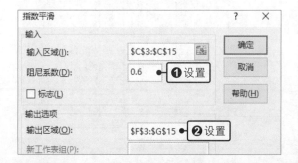

步骤06 显示预测值和标准误差值。单击"确定"按钮，返回工作表，此时可以得到阻尼系数为0.6时的指数平滑预测数据和标准误差值，如下左图所示。

步骤07 利用计算结果进行预测。计算并对比不同阻尼系数下的平均标准误差值，可知阻尼系数为0.4时预测值更精确，所以在预测9月销售收入时，应输入公式"=0.6*C15+0.4*D14"，如下右图所示。

销售收入（万元）	阻尼系数=0.4		阻尼系数=0.6	
	预测值	标准误差	预测值	标准误差
259	#N/A	#N/A	#N/A	#N/A
234	259	#N/A	259	#N/A
260	243.8667	#N/A	248.8	#N/A
282	253.5467	#N/A	253.28	#N/A
267	270.6187	23.65249	264.768	22.79417
290	268.4475	18.99975	265.6608	17.84433
302	281.379	20.71391	275.3965	21.7732
310	293.7516	17.34774	286.0379	20.85766
368	303.5006	19.61078	295.6227	24.99551
409	342.2003	40.20533	324.5736	46.62045
389	382.2801	54.42544	358.3442	65.67714
415	386.312	53.75106	370.6065	66.59844
398	403.5248	42.15196	388.3639	57.84569

知识拓展

▶ 将模拟运算的结果转换为常量

Excel 模拟运算后，数据结果会随着公式中引用单元格内容的改变而有所不同，为了防止计算结果发生变化，需要将 Excel 模拟运算中的公式转为常量。

步骤01　打开原始文件，❶选中模拟运算的结果，❷在"开始"选项卡下单击"剪贴板"组中的"复制"按钮，如下左图所示。

步骤02　选中要粘贴的位置，❶在"剪贴板"组中单击"粘贴"下三角按钮，❷在展开的列表中单击"值"选项，如下右图所示。

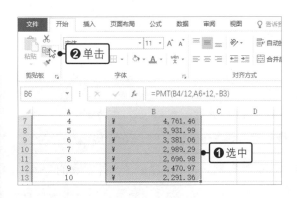

▶ 提高工作表的运算速度

为避免不必要的计算，默认情况下，只有当公式所依赖的单元格发生改变时，Excel 才会自动重新计算公式，也包括其中的模拟运算表或函数。如果工作簿中包含每次重新计算工作簿时都会重新计算的模拟运算表，那么计算过程可能会持续较长时间。为了提高运算速度，可通过设置跳过模拟运算表重新计算。

步骤01　单击"文件"按钮，在弹出的视图菜单中单击"选项"命令，如下左图所示。

步骤02　弹出"Excel选项"对话框，❶在左侧列表框中单击"公式"选项，❷在右侧的"计算选项"选项面板中单击"除模拟运算表外，自动重算"单选按钮，如下右图所示，单击"确定"按钮，完成设置。

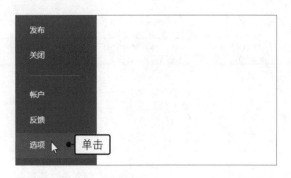 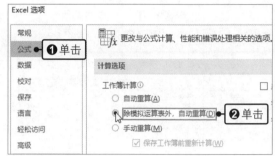

▶ 合并方案

当针对同一计算模型定义了不同的方案，并位于不同工作簿时，可使用合并方案的功能，将不同工作簿中的方案集中在一起，进行统一管理。

步骤01 打开两个原始文件，打开需要合并但位于不同工作簿中的方案，通过方案管理器可知两个工作簿中各有3组方案，如下左图所示。

步骤02 在其中一个工作表窗口中单击"数据"选项卡下的"模拟分析"按钮，在展开的列表中单击"方案管理器"选项，弹出"方案管理器"对话框，单击"合并"按钮，如下右图所示。

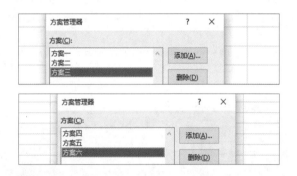 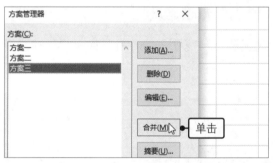

步骤03 弹出"合并方案"对话框，❶在"工作簿"下拉列表框中选择"知识拓展：合并方案1.xlsx"工作簿，❷然后单击"Sheet 1"工作表，❸单击"确定"按钮，如下左图所示。

步骤04 返回到"方案管理器"对话框，完成合并，此时方案列表中就显示了合并得到的方案，如下右图所示，单击"关闭"按钮返回到工作表中。

 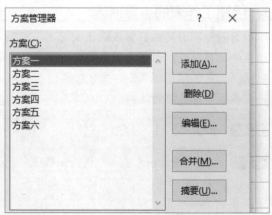

趁热打铁　企业最大利润规划方案

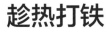

　　企业利润的来源是通过产量来衡量的，但是企业产量并非越多越好，在产量和生产成本达到均衡时，企业利润才会最大，而制定企业最大利润规划方案就是求出产品最优产量的过程，它是指在现有成本（或最小成本）下，在规定时间内生产最多产品的方案，从而指导生产、提升效率。求解最优产量的过程非常简单，在设置目标和约束条件后，调用 Excel 的规划求解功能即可。

◎　原始文件：实例文件\第13章\原始文件\企业最大利润规划方案.xlsx
◎　最终文件：实例文件\第13章\最终文件\企业最大利润规划方案.xlsx

步骤01　查看规划求解模型。打开原始文件，可看到工作表中的规划求解模型，在该模型中，可看到利用公式计算出的实际生产成本、实际生产时间及每月生产利润，如下图所示。

步骤02　设置目标和可变单元格。启动规划求解功能后弹出"规划求解参数"对话框，❶设置"设置目标"为单元格C13，❷单击"最大值"单选按钮，❸设置"通过更改可变单元格"为单元格区域E3:E4，❹单击"添加"按钮，如下图所示。

企业最大利润规划方案					
产品名称	成本（元/个）	生产时间（小时/个）	利润（元/个）	产量（个）	生产利润合计（元）
A	105	5	45		0
B	135	8	58		0
每月成本限制（元）		4500			
每月时间限制（小时）		200			
A产品的产量限制		15			
B产品的产量限制		18			
实际生产成本		0			
实际生产时间		0			
每月生产利润		0			

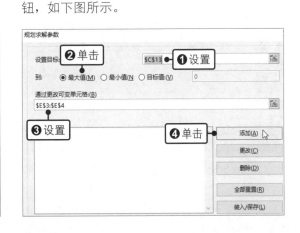

步骤03　设置约束条件1。弹出"添加约束"对话框，❶设置"单元格引用"为单元格区域E3:E4，选择"int"符号，❷在"约束"文本框中输入"整数"，要求产量都为整数，❸单击"添加"按钮，如下图所示。

步骤04　设置约束条件2。要求实际生产成本要小于等于每月的成本限制，❶设置"单元格引用"为单元格C11，选择"<="符号，设置"约束"为单元格C6，❷单击"添加"按钮，如下图所示。

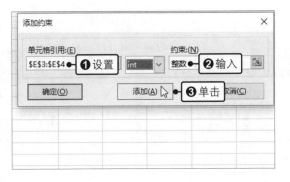

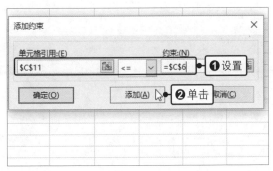

步骤05 设置约束条件3。由于实际生产时间应小于等于每月的时间限制，❶设置"单元格引用"为单元格C12，选择"<="符号，设置"约束"为单元格C7，❷单击"添加"按钮，如下图所示。

步骤06 设置约束条件4。A产品的实际产量应小于等于A产品每月的产量限制，❶设置"单元格引用"为单元格E3，选择"<="符号，设置"约束"为单元格C8，❷单击"添加"按钮，如下图所示。

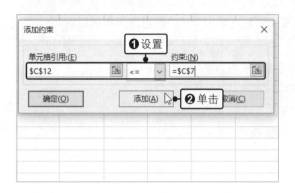

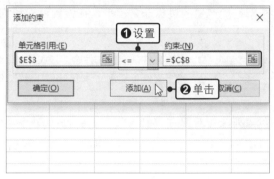

步骤07 设置约束条件5。B产品的实际产量应小于等于B产品每月的产量限制，❶所以设置"单元格引用"为单元格E4，选择"<="符号，设置"约束"为单元格C9，❷单击"确定"按钮，如下图所示。

步骤08 确定规划求解的约束条件。返回到"规划求解参数"对话框，查看添加的所有约束条件，如下图所示。

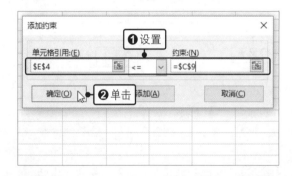

步骤09 确认求解结果。单击"求解"按钮后，弹出"规划求解结果"对话框，单击"确定"按钮，如下图所示。

步骤10 显示求解结果。返回工作表，可以看到单元格C13中显示了规划求解后的结果，当A产品产量为14个，B产品产量为16个时，每月的利润达到最大，如下图所示。

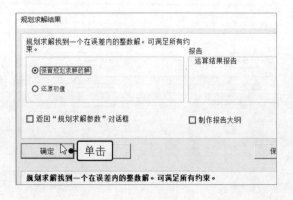

企业最大利润规划方案

产品名称	成本（元/个）	生产时间（小时/个）	利润（元/个）	产量（个）	生产利润合计（元）
A	105	5	45	14	630
B	135	8	58	16	928
每月成本限制（元）	4500				
每月时间限制（小时）	200				
A产品的产量限制	15				
B产品的产量限制	18				
实际生产成本	3630				
实际生产时间	198				
每月生产利润	1558				

在PowerPoint中创建演示文稿

PowerPoint 是功能强大的演示文稿制作组件，可以为读者在公开演讲时提供帮助，在演示文稿中可以插入表格和图表，为演讲者提供数据支撑，还可以添加图片、音频、视频来帮助演讲者增加演讲的吸引力，从而更加完整、生动地展示演讲者所要传达的信息。因此，熟练使用 PowerPoint 对于办公人员来说有着重要的意义。

14.1 新建与管理幻灯片

新建和管理幻灯片是制作演示文稿的基本要求，它要求不仅要会插入各种版式的幻灯片，还要有条理地排列多张幻灯片。

14.1.1 新建幻灯片

默认情况下，新建的空白演示文稿中只有一张标题幻灯片，如果该幻灯片不能满足实际的工作需求，可以插入新的幻灯片。

◎ 原始文件：实例文件\第14章\原始文件\新建幻灯片.pptx
◎ 最终文件：实例文件\第14章\最终文件\新建幻灯片.pptx

步骤01 选择版式。打开原始文件，选中第2张幻灯片，❶在"开始"选项卡下单击"幻灯片"组中的"新建幻灯片"下三角按钮，❷在展开的列表中单击"仅标题"选项，如下图所示。

步骤02 新建幻灯片的效果。此时在第2张幻灯片后新建了一个版式为"仅标题"的幻灯片，如下图所示。

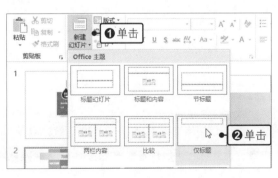

14.1.2 更改幻灯片版式

如果应用了某版式的幻灯片的布局不符合演示需求，还可以为其更换版式。

步骤01 选择版式。打开原始文件，选中第1张幻灯片，❶单击"幻灯片"组中的"版式"按钮，❷在展开的列表中单击"节标题"选项，如下图所示。

步骤02 更改版式的效果。更改幻灯片版式的效果如下图所示。因为使用了新版式，幻灯片中某些占位符放置的位置不太合适，所以需要调整。

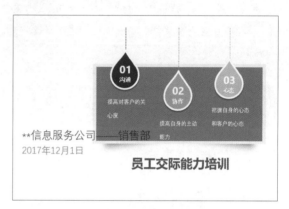

步骤03 调整占位符的位置。拖动幻灯片中需要调整位置的内容占位符，将其移到适当的位置，如右图所示。

14.1.3 移动与复制幻灯片

移动与复制幻灯片是管理幻灯片中最基本的操作，移动幻灯片可以调整幻灯片的顺序，而复制幻灯片可以减少重复制作相似幻灯片的时间。

步骤01 移动幻灯片。打开原始文件，根据内容的需要，选中第3张幻灯片，并将其拖动至标题幻灯片后，如下左图所示。

步骤02 移动幻灯片的效果。释放鼠标，即可将第3张幻灯片移动到第2张幻灯片的位置上，相应幻灯片的序号自动重新排列，如下右图所示。

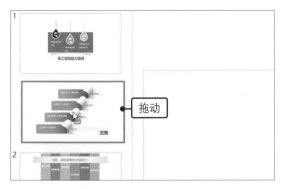

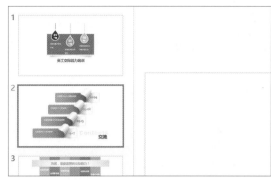

步骤03 复制幻灯片。❶选中并右击幻灯片窗格中的第4张幻灯片，❷在弹出的快捷菜单中单击"复制"命令，如下图所示。

步骤04 粘贴幻灯片。❶在要复制到的目标位置右击鼠标，❷在弹出的快捷菜单中单击"粘贴选项"组中的"保留源格式"按钮，如下图所示。

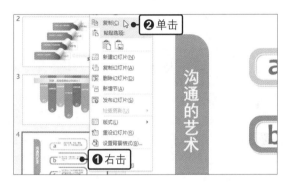

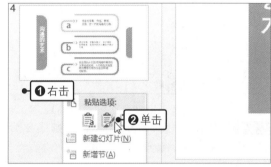

步骤05 复制幻灯片的效果。此时复制了一张和第4张幻灯片一样的幻灯片，系统自动编号为"5"，如下图所示。

步骤06 编辑幻灯片。可根据需要保留幻灯片的样式并对幻灯片中的内容稍作修改，即可快速创建一张美观的幻灯片，如下图所示。

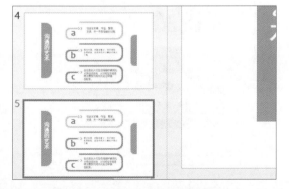

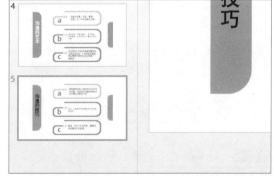

14.1.4　新增节并重命名节

　　节是管理幻灯片的一个关键工具，它可以让很多幻灯片有条理地分类，以便理清整个演示文稿的思路。但是在默认情况下，添加的节名不利于管理幻灯片，所以还必须将节命名为一个可以区分内容的名称，从而更好地管理幻灯片。

◎ 原始文件：实例文件\第14章\原始文件\新增节并重命名节.pptx
◎ 最终文件：实例文件\第14章\最终文件\新增节并重命名节.pptx

步骤01 新增节。打开原始文件，❶在幻灯片窗格中单击要插入幻灯片节的位置，❷在"开始"选项卡下单击"幻灯片"组中的"节"按钮，❸在展开的列表中单击"新增节"选项，如下图所示。

步骤02 重命名节。❶在弹出的"重命名节"对话框中输入节的名称，如"员工交际能力培训内容"，❷单击"重命名"按钮，如下图所示。

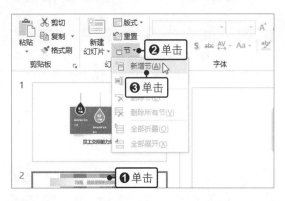

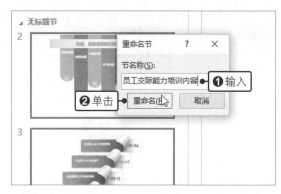

步骤03 使用快捷菜单重命名节。如果要为默认的节重命名，❶则右击"默认节"标题，❷在弹出的快捷菜单中单击"重命名节"命令，如下图所示。

步骤04 输入节名称。弹出"重命名节"对话框，❶在"节名称"文本框中输入"标题页"，❷单击"重命名"按钮，如下图所示。

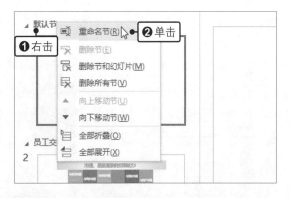

步骤05 查看最终的效果。随后可看到新增节及重命名节后的演示文稿效果，如右图所示。

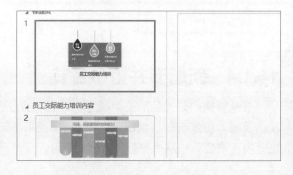

提示 新增节后，可以单击节左侧的"折叠节"按钮或"展开节"按钮来控制节下面的幻灯片的折叠和显示。对于整个节，仍可以在幻灯片窗格中拖动节以调整其位置。

14.2　为幻灯片插入表格和图像

　　幻灯片中常用的内容有文本、图片、图形、表格和图表等，新建幻灯片后，可以根据实际需要将这些内容添加到幻灯片中，以丰富幻灯片。

14.2.1　添加图片

　　在幻灯片中插入与主题相符的图片，不仅可以辅助说明幻灯片的文本内容，还能有效地缓解幻灯片的单调感，使幻灯片更加生动。

　　◎　原始文件：实例文件\第14章\原始文件\添加图片.pptx、图片1.jpg
　　◎　最终文件：实例文件\第14章\最终文件\添加图片.pptx

步骤01　插入图片。打开原始文件，❶选中第1张幻灯片，❷在"插入"选项卡下单击"图像"组中的"图片"按钮，如下图所示。

步骤02　选择图片。弹出"插入图片"对话框，❶选中需要的图片，❷单击"插入"按钮，如下图所示。

步骤03　插入图片的效果。此时在幻灯片中插入了一张图片，可以适当调整图片大小和位置，使幻灯片的内容更加美观，如右图所示。

14.2.2　插入与设置自选图形

　　自选图形是一个个样式各异的形状，除了基本的矩形和椭圆外，还包括箭头及流程样式等，通过组织这些图形可以制作关系图，也可以将其中的单个形状作为文本的项目符号等。

◎ 原始文件：实例文件\第14章\原始文件\插入与设置自选图形.pptx
◎ 最终文件：实例文件\第14章\最终文件\插入与设置自选图形.pptx

步骤01 选择形状。打开原始文件，选中要插入形状的幻灯片，❶在"插入"选项卡下单击"插图"组中的"形状"按钮，❷在展开的形状库中选择"十六角星"样式，如右图所示。

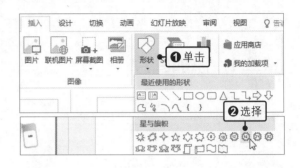

步骤02 绘制形状。此时鼠标指针呈十字形，按住鼠标左键不放，在适当的位置拖动鼠标绘制形状，如下图所示。

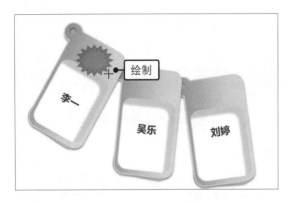

步骤03 复制形状。释放鼠标后，即可完成一个形状的绘制，选中形状，按住【Ctrl】键不放，拖动鼠标，如下图所示。

步骤04 复制形状的效果。释放鼠标，即可复制一个一模一样的形状，采用同样的方法，复制第3个形状，如下图所示。

步骤05 输入文本。❶分别在三个形状中输入"1""2""3"，❷按住【Ctrl】键不放同时选中3个形状，如下图所示。

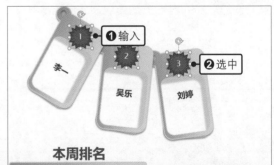

步骤06 选择样式。❶切换到"绘图工具-格式"选项卡，❷单击"形状样式"组中的快翻按钮，在展开的库中选择合适的样式，如下左图所示。

步骤07 套用样式的效果。更改形状样式后，形状更加美观了，如下右图所示。

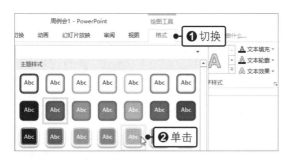

14.2.3　插入与设置表格

在制作一些演示文稿时，为了更形象地说明幻灯片中数据之间的关系，表格就显得尤为重要了，因为它能将各种数据放置在相应的单元格中，让观众更清楚地理解数据的构成，且一个拥有美观布局和样式的表格还能增强演示文稿的专业性。

◎　原始文件：实例文件\第14章\原始文件\插入与设置表格.pptx
◎　最终文件：实例文件\第14章\最终文件\插入与设置表格.pptx

步骤01　插入表格。打开原始文件，选中要插入表格的幻灯片，❶在"插入"选项卡下单击"表格"组中的"表格"按钮，❷在展开的列表中选择要插入的表格行列数，如下图所示。

步骤01　插入表格的效果。此时在幻灯片中显示了插入的表格，根据实际需要，在表格中输入相应的内容，如下图所示。

本周业务完成情况

部门	人数	本周完成业绩	上周完成业绩	同期增长率	备注
销售一部	20	50.1万元	50.3万元	4.07%	
销售二部	18	50.3万元	51.9万元	−3.11%	
销售三部	15	48.5万元	43.6万元	11.23%	

步骤03　设置表格的大小。选中表格，在"表格工具-布局"选项卡下的"表格尺寸"组中设置"高度"为"9.2厘米"、"宽度"为"18.4厘米"，如下图所示。

步骤04　设置表格的对齐方式。❶单击"排列"组中的"对齐"按钮，❷在展开的下拉列表中单击"水平居中"选项，如下图所示。

步骤05 调整表格的效果。此时，设置好了表格的大小和在幻灯片中的位置，使表格符合整个幻灯片的布局需要，效果如下图所示。

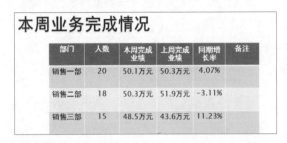

步骤06 设置表格内容的对齐方式。选中表格，在"对齐方式"组中单击"垂直居中"按钮，如下图所示，使表格中的文字在单元格中垂直居中。

步骤07 设置第一列的特殊格式。在"表格工具-设计"选项卡下勾选"表格样式选项"组中的"第一列"复选框，如下图所示。

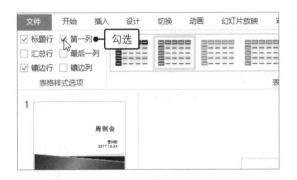

步骤08 设置后的效果。为表格的第一列应用了底纹样式，效果如下图所示。

14.2.4 插入与设置图表

除了表格外，分析数据的另一种工具就是图表，在幻灯片中插入与设置图表的方法与在 Word 中插入与设置的方法相似。

◎ 原始文件：实例文件\第14章\原始文件\插入与设置图表.pptx
◎ 最终文件：实例文件\第14章\最终文件\插入与设置图表.pptx

步骤01 插入图表。打开原始文件，选中第3张幻灯片，在"插入"选项卡下的"插图"组中单击"图表"按钮，如下图所示。

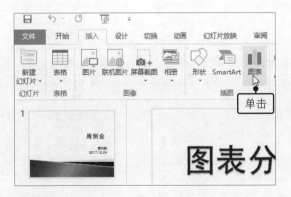

步骤02 选择图表类型。在弹出的"插入图表"对话框中选择合适的图表类型，如"簇状柱形图"，如下图所示。

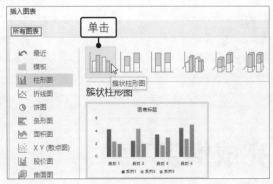

步骤03 插入图表的效果。单击"确定"按钮，此时幻灯片中显示了创建的图表，如下图所示。

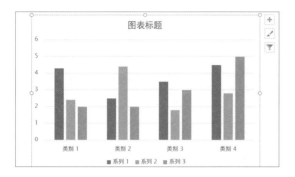

步骤04 编辑数据。在打开的Excel工作表窗口中的图表数据区域输入需要的数据，如下图所示。

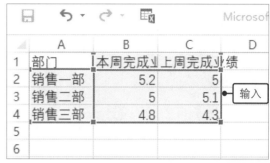

步骤05 设置图表布局。此时图表跟随数据的变化而变化。选中图表，❶在"图表工具-设计"选项卡下单击"图表布局"组中的"快速布局"按钮，❷在展开的列表中选择"布局5"样式，如下图所示。

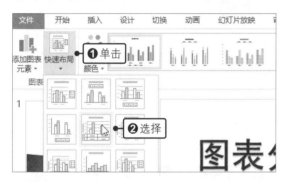

步骤06 调整图表大小。设置了图表布局后可以看见，图表中显示了图表标题及图例项标示等元素，将鼠标指针置于图表右侧，待鼠标指针呈双向箭头形状时，向右拖动鼠标调整图表的宽度，如下图所示。

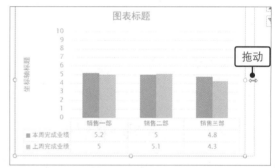

步骤07 完成图表制作的效果。此时就完成了整个图表的插入与设置，显示效果如右图所示。

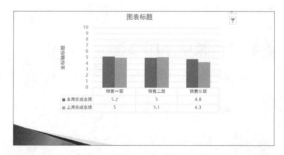

14.3 为幻灯片添加音频

为幻灯片添加音频能够使幻灯片内容更丰富、生动，悦耳的音频可以从听觉上给观众带来一种舒适感。

14.3.1 添加音频

大多数情况下，为演示文稿添加音频主要是将其作为幻灯片的背景音乐，在制作幻灯片时，可以将保存在计算机中的音频文件添加到幻灯片中。

◎ 原始文件：实例文件\第14章\原始文件\插入音频.pptx、音频.mp3
◎ 最终文件：实例文件\第14章\最终文件\插入音频.pptx

步骤01 插入PC上的音频。打开原始文件，选中第1张幻灯片，❶在"插入"选项卡下单击"媒体"组中的"音频"按钮，❷在展开的列表中单击"PC上的音频"选项，如右图所示。

步骤02 选择音频。弹出"插入音频"对话框，❶在音频的存储路径下选中要插入的音频文件，❷单击"插入"按钮，如下图所示。

步骤03 插入音频的效果。此时在幻灯片中插入了一个音频图标，单击"播放/暂停"按钮，可以播放音频，如下图所示。

14.3.2 控制音频的播放

在 PowerPoint 中，为幻灯片中添加音频文件后，还需要掌握控制音频文件播放的方法。控制音频的播放包括为音频添加标签、剪裁音频和设置音频选项等。

1 在音频中添加书签

在音频中添加书签是为了记住音频中的关键位置，以便音频能快速地跳转到该位置进行播放。

◎ 原始文件：实例文件\第14章\原始文件\在音频中添加书签.pptx、音频1.mp3
◎ 最终文件：实例文件\第14章\最终文件\在音频中添加书签.pptx

步骤01 插入并播放音频。打开原始文件，❶根据需要在第1张幻灯片中插入一段音频，此时出现了一个音频图标，将该图标移到适当位置，❷单击"播放"按钮，如右图所示，播放音频。

步骤02 添加书签。当音频播放到需要添加书签的位置时，在"音频工具-播放"选项卡下单击"书签"组中的"添加书签"按钮，如下图所示。

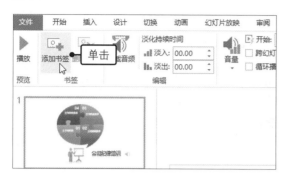

步骤03 添加书签的效果。此时在播放进度条上出现一个小圆点，表示在该处添加了书签，如下图所示。如果需要从书签处开始播放音频，直接单击小圆点即可。

2 剪裁音频

剪裁音频的目的是为了将音频文件的开头或结尾处不需要的部分剪掉，也可以用于控制整个音频播放的时间。

◎ 原始文件：实例文件\第14章\原始文件\剪裁音频.pptx
◎ 最终文件：实例文件\第14章\最终文件\剪裁音频.pptx

步骤01 剪裁音频。打开原始文件，选中音频图标，❶切换到"音频工具-播放"选项卡，❷单击"编辑"组中的"剪裁音频"按钮，如右图所示。

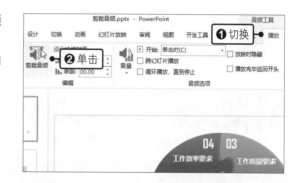

步骤02 剪裁结束时间。弹出"剪裁音频"对话框，向左拖动音频结束时间控制手柄，调整音频的结束时间，以控制整个音频的播放时间，如下图所示。

步骤03 剪裁音频的效果。剪裁音频后，可以单击"播放/暂停"按钮，如下图所示，试听剪裁音频后的效果。

3 设置音频选项

设置音频选项主要是根据整个演示文稿的需要控制音频的播放方式、播放的显示情况及音频播放时的音量大小等。

◎ 原始文件：实例文件\第14章\原始文件\设置音频选项.pptx
◎ 最终文件：实例文件\第14章\最终文件\设置音频选项.pptx

步骤01 设置音频选项。打开原始文件，在"音频工具-播放"选项卡下的"音频选项"组中勾选"跨幻灯片播放"和"放映时隐藏"复选框，如下图所示。

步骤02 设置的效果。放映幻灯片，可以听到音频跨幻灯片连续的播放效果，并且音频图标被隐藏了，如下图所示。

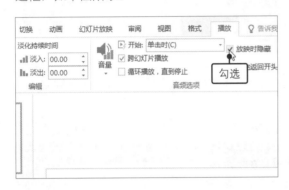

提示 设置音频选项时，也可以单击"音频选项"组中的"音量"按钮，在展开的工具栏中拖动滑块调整音频播放时的音量大小，以免音量过大或过小，影响演示文稿的放映效果。

14.4 为幻灯片添加视频

为了提高演示文稿的观赏性和可信度，可以在演示文稿中插入视频，在添加好视频后，还可以根据需要调整视频的画面效果和海报框架，并对视频的播放进度进行调整。

14.4.1 插入视频

并不是所有的视频文件都可以插入到幻灯片中，在选择视频文件时，一定要选择和幻灯片内容相关的，而且能用于整个演示文稿的视频。

◎ 原始文件：实例文件\第14章\原始文件\插入视频.pptx、种植新品种展示.wmv
◎ 最终文件：实例文件\第14章\最终文件\插入视频.pptx

步骤01 插入视频。打开原始文件，选中第3张幻灯片，❶在"插入"选项卡下单击"媒体"组中的"视频"按钮，❷在下拉列表中单击"PC上的视频"选项，如右图所示。

步骤02 选择视频。弹出"插入视频文件"对话框，❶选择文件的存储路径，❷选择要插入的视频文件"种植新品种展示"选项，❸单击"插入"按钮，如下图所示。

步骤03 插入视频的效果。此时在幻灯片中插入了视频文件。在视频控制条中单击"播放/暂停"按钮，如下图所示，可以播放视频。

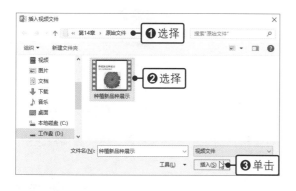

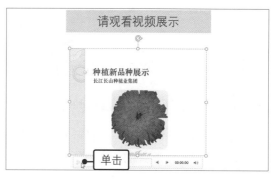

> **提示** 在"视频"下拉列表中单击"联机视频"选项，可以插入网络上的视频文件。

14.4.2　调整视频画面效果

视频的画面效果直接影响着演示文稿的放映效果，为了实现更好的放映效果，需要对视频文件的画面效果进行设置，如更改画面的亮度和对比度、设置画面的样式等。

◎ 原始文件：实例文件\第14章\原始文件\调整视频画面效果.pptx
◎ 最终文件：实例文件\第14章\最终文件\调整视频画面效果.pptx

步骤01 设置亮度和对比度。打开原始文件，选中视频文件，❶在"视频工具-格式"选项卡下单击"调整"组中的"更正"按钮，❷在展开的列表中单击"亮度：-20% 对比度：+20%"选项，如下图所示。

步骤02 设置亮度和对比度的效果。设置视频的亮度和对比度后的效果如下图所示。

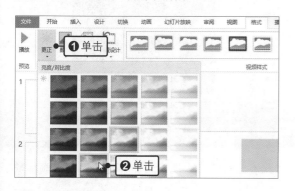

步骤03 套用样式。单击"视频样式"组中的快翻按钮，在展开的库中选择"棱台映像"样式，如下左图所示。

步骤04 套用样式的效果。为视频套用所选样式后，视频看起来更加美观了，如下右图所示。

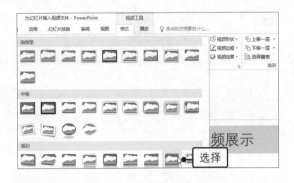

14.4.3　添加海报框架

在 PowerPoint 中，海报框架就是视频的封面，可以根据需求设置海报框架，在视频播放之前，视频封面就会显示为设置的封面图片。

◎ 原始文件：实例文件\第14章\原始文件\添加海报框架.pptx、花.jpg
◎ 最终文件：实例文件\第14章\最终文件\添加海报框架.pptx

步骤01　添加海报框架。打开原始文件，选中第3张幻灯片中的视频，❶在"视频工具-格式"选项卡下单击"调整"组中的"海报框架"按钮，❷在展开的列表中单击"文件中的图像"选项，如右图所示。

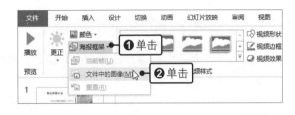

步骤02　选择图片。弹出"插入图片"对话框，单击"来自文件"按钮，❶选择文件保存的路径，❷选择要插入的图片，❸单击"插入"按钮，如下图所示。

步骤03　添加海报框架的效果。此时为视频添加了一个图片海报框架，如下图所示。

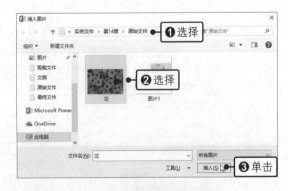

14.4.4　控制视频的播放

控制视频的播放包括剪辑视频、设置视频的淡入淡出时间、为视频添加书签及设置视频播放选项等。

1　剪裁视频

若要指定演示文稿中视频的开始时间和结束时间，可通过 PowerPoint 组件中的剪裁视频功能使视频更加简洁。

◎ 原始文件：实例文件\第14章\原始文件\剪辑视频.pptx
◎ 最终文件：实例文件\第14章\最终文件\剪辑视频.pptx

步骤01 剪裁视频。打开原始文件，在"视频工具-播放"选项卡下单击"编辑"组中的"剪裁视频"按钮，如下图所示。

步骤02 使用控制手柄进行剪裁。弹出"剪裁视频"对话框，拖动控制手柄，对视频的开始或结束位置进行剪裁，如下图所示。单击"确定"按钮后，即完成了视频的剪裁。

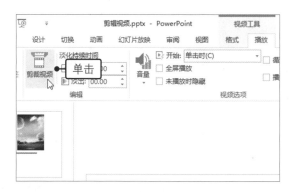

2　设置淡入、淡出时间

视频的淡入、淡出时间功能是指幻灯片在放映时，插入的视频在开始或结束的几秒内使用淡入淡出效果。该功能可让视频与幻灯片切换更完美地结合。

◎ 原始文件：实例文件\第14章\原始文件\设置淡入、淡出时间.pptx
◎ 最终文件：实例文件\第14章\最终文件\设置淡入、淡出时间.pptx

步骤01 设置淡入淡出时间。打开原始文件，选中视频，❶切换到"视频工具-播放"选项卡，❷单击"编辑"组中的微调按钮，设置视频的淡入持续时间为"01:00"、淡出持续时间为"02:00"，如下图所示。

步骤02 设置淡入淡出时间的效果。播放视频，可以看到设置了淡入淡出时间的效果，如下图所示。

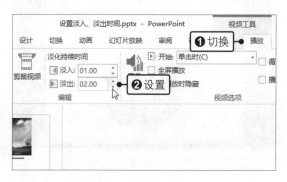

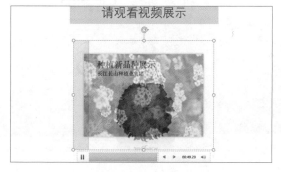

3　为视频添加书签

为视频添加书签的作用和为音频添加书签的作用都是相同的，主要是为快速跳转到指定位置提供了帮助。

◎ 原始文件：实例文件\第14章\原始文件\为视频添加书签.pptx
◎ 最终文件：实例文件\第14章\最终文件\为视频添加书签.pptx

步骤01 添加书签。打开原始文件，对视频进行播放后，在需要加入书签的位置暂停播放，单击"书签"组中的"添加书签"按钮，如下图所示。

步骤02 添加书签的效果。此时，可以看见在控制条中为视频添加了一个黄色的小圆点书签标志，如下图所示。播放视频的时候，单击书签，可直接跳转到书签所在位置进行播放。

4 设置视频选项

在播放视频之前，需要设置视频的播放选项，这样才能确定视频开始的方式，以及是否需要全屏显示等。

◎ 原始文件：实例文件\第14章\原始文件\设置视频选项.pptx
◎ 最终文件：实例文件\第14章\最终文件\设置视频选项.pptx

步骤01 设置视频选项。打开原始文件，选中视频，❶切换到"视频工具-播放"选项卡，❷在"视频选项"组中勾选"全屏播放"复选框，如下图所示。

步骤02 设置视频选项的效果。进入到幻灯片放映状态后，可以看见视频呈全屏播放，如下图所示。

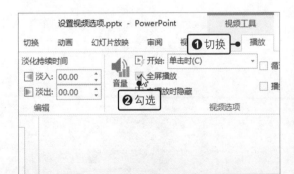

14.5 为幻灯片插入超链接

超链接是幻灯片与幻灯片之间，幻灯片与外界之间的连接通道。为幻灯片插入超链接分为对象直接使用超链接和插入动作按钮两种。

14.5.1　使用超链接

为幻灯片中的对象插入超链接可以将其链接到现有文件、文档中的位置、新建文档及电子邮件的地址等位置。

◎　原始文件：实例文件\第14章\原始文件\使用超链接.pptx
◎　最终文件：实例文件\第14章\最终文件\使用超链接.pptx

步骤01　插入超链接。打开原始文件，选中第1张幻灯片中的椭圆形状，在"插入"选项卡下单击"链接"组中的"链接"按钮，如下图所示。

步骤02　选择链接的文件。弹出"插入超链接"对话框，❶在"链接到"列表框中单击"现有文件或网页"选项，❷单击"当前文件夹"按钮，❸在列表框中单击需要链接的文件，❹单击"确定"按钮，如下图所示。

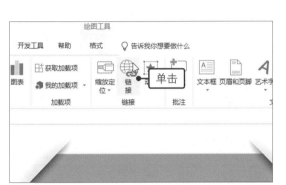

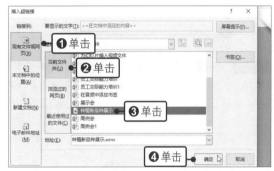

步骤03　单击超链接。返回到幻灯片中，此时为椭圆形状插入了超链接，放映幻灯片，将鼠标指针指向椭圆形状，此时可见一个提示框，显示了链接内容的详细地址，如下图所示。

步骤04　打开链接的效果。单击超链接，即可打开链接的视频文件，如下图所示。如此一来就可以在放映演示文稿的时候，轻松地为观众展示超链接到的文件信息。

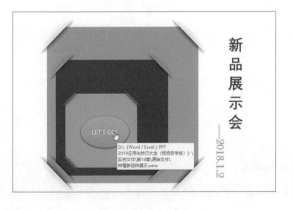

14.5.2　插入动作按钮

为幻灯片中已有的对象设置动作，可以使其成为动作按钮；也可绘制相应的动作按钮，然后在弹出的"操作设置"对话框中编辑动作。

◎ 原始文件：实例文件\第14章\原始文件\插入动作按钮.pptx
◎ 最终文件：实例文件\第14章\最终文件\插入动作按钮.pptx

步骤01 单击"动作"按钮。打开原始文件，选中第1张幻灯片中的标题文本，在"插入"选项卡下单击"链接"组中的"动作"按钮，如下图所示。

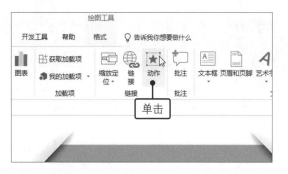

步骤02 设置动作。弹出"操作设置"对话框，❶在"单击鼠标"选项卡下单击"超链接到"单选按钮，❷单击右侧的下拉按钮，❸在展开的列表中单击"下一张幻灯片"，如下图所示。

步骤03 添加动作的显示效果。单击"确定"按钮后，可以看见标题文本上添加了动作，标题文本显示为动作链接的颜色，如下图所示。

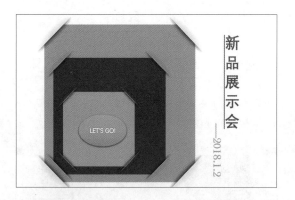

步骤04 选择动作按钮形状。切换到第2张幻灯片，❶单击"插图"组中的"形状"按钮，❷在展开的列表中单击"动作按钮：前进或下一项"选项，如下图所示。

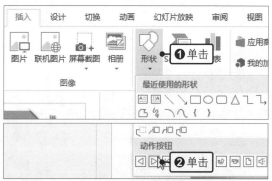

步骤05 绘制形状。此时鼠标指针呈十字形，按住鼠标左键不放，拖动鼠标绘制动作按钮，如下图所示。

步骤06 显示形状的动作。释放鼠标左键后，弹出"操作设置"对话框，在"鼠标悬停"选项卡下设置"超链接到"为"下一张幻灯片"，如下图所示。

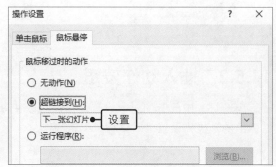

步骤07　绘制另一个动作按钮。单击"确定"按钮，根据需要，绘制"动作按钮，后退或前一项"形状，如下图所示。

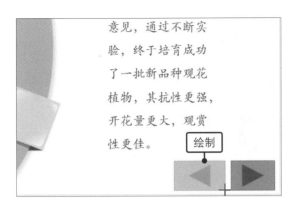

步骤09　添加动作按钮的效果。单击"确定"按钮，可以看到幻灯片中添加的两个动作按钮，效果如下图所示。

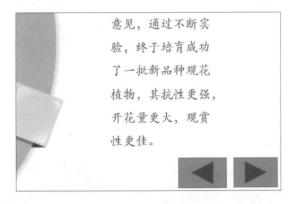

步骤11　显示动作的链接效果。此时跳转到了第2张幻灯片中，如右图所示。当鼠标滑过"前进"或"后退"动作按钮时，也会实现相应的动作链接。

步骤08　显示形状的动作。在弹出的"操作设置"对话框中的"鼠标悬停"选项卡下默认设置"超链接到"为"上一张幻灯片"，如下图所示。

步骤10　单击标题动作。进入到幻灯片放映状态，单击第1张幻灯片的标题，如下图所示，

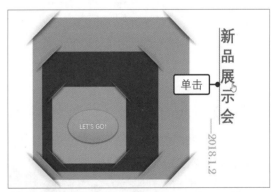

知识拓展

▶ 就近复制幻灯片

就近复制幻灯片是指复制的幻灯片直接显示在对象幻灯片的下方，该方法提高了复制幻灯片的速度。

步骤01 打开原始文件，❶选中要复制的幻灯片并右击，❷在弹出的快捷菜单中单击"复制幻灯片"命令，如下左图所示。

步骤02 此时选中的幻灯片下方自动复制了一张幻灯片，如下右图所示。

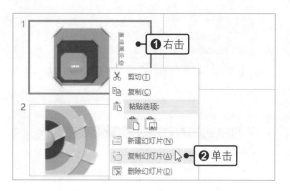
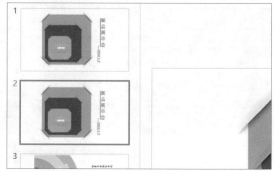

▶ 自定义幻灯片大小

不同大小的幻灯片可以满足工作中不同的需求，下面介绍自定义设置幻灯片大小的方法。

步骤01 打开原始文件，在"设计"选项卡下单击"自定义"组中的"幻灯片大小"按钮，在展开的列表中单击"自定义幻灯片大小"选项，在打开的"幻灯片大小"对话框中设置"幻灯片大小"为"自定义"，设置幻灯片的"宽度"为"30厘米"、"高度"为"15厘米"，如下左图所示。

步骤02 在弹出的提示框中单击"确保合适"按钮，如下右图所示。即可完成幻灯片大小的自定义设置。

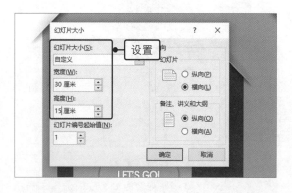
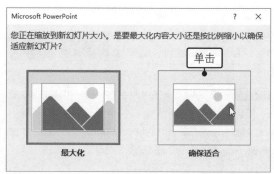

▶ 在幻灯片中录制音频

将自己对幻灯片内容的讲解声音插入其中，在放映演示文稿时可能会起到意想不到的效果。

步骤01 打开原始文件，切换到"插入"选项卡，❶单击"媒体"组中的"音频"按钮，❷在展开的列表中单击"录制音频"选项，如下左图所示。

步骤02 弹出"录制音频"对话框，❶在"名称"文本框中输入录制的音频名称，如"课件解释"，❷单击代表开始录制的按钮，开始录音，如下右图所示。

步骤03　开始录音后，显示了声音总长度，录制完毕后，单击代表停止录制的按钮，如下左图所示。

步骤04　单击"确定"按钮后，在幻灯片中添加了录制的音频，显示了音频图标，如下右图所示。此时可以预览音频效果。

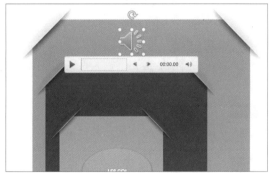

▶ 更改超链接的颜色

　　为文本添加了超链接后，文本会自动添加下划线并将超链接文本显示为指定颜色，超链接文本的颜色可以根据实际需求和个人喜好进行更改。

步骤01　打开原始文件，为幻灯片中的内容添加了超链接后，超链接的显示颜色为"深蓝"，如下左图所示。

步骤02　在"设计"选项卡下单击"变体"组中的快翻按钮，在展开的库中单击"颜色>自定义颜色"选项，如下右图所示。

步骤03 弹出"新建主题颜色"对话框，❶单击"超链接"按钮，❷在展开的列表中选择超链接的颜色，这里选择"黑色，背景1"，如下左图所示。

步骤04 单击"保存"按钮，返回幻灯片中，此时可以看见添加了超链接的文本的颜色变成了黑色，而其他的文本颜色保持不变，如下右图所示。

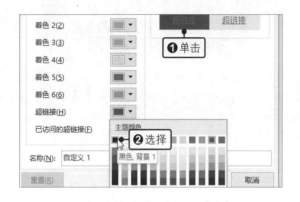

▶ 删除超链接

如果想要删除幻灯片中的超链接，可通过以下方法来实现。

步骤01 打开原始文件，❶选中添加了超链接的文本内容，❷在"插入"选项卡下单击"链接"组中的"链接"按钮，如下左图所示。

步骤02 弹出"编辑超链接"对话框，单击"删除链接"按钮，如下右图所示，即可删除超链接。

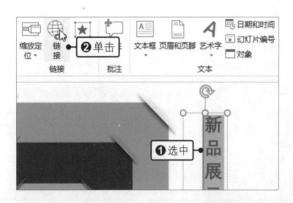

趁热打铁　制作公益宣传幻灯片

公益宣传幻灯片一般用于倡导市民保持良好的行为习惯或生活作风等，为了让公益宣传片吸引观众的注意力，可在幻灯片中插入图片和音频。

◎ 原始文件：实例文件\第14章\原始文件\制作公益宣传幻灯片.pptx、音频1.mp3
◎ 最终文件：实例文件\第14章\最终文件\制作公益宣传幻灯片.pptx

步骤01　新建幻灯片。打开原始文件，❶在"开始"选项卡下单击"幻灯片"组中的"新建幻灯片"按钮，❷在展开的列表中单击"仅标题"选项，如下图所示。

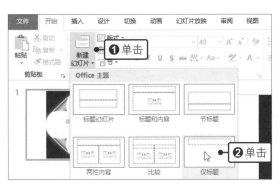

步骤02　新建幻灯片的效果。此时新建了一个"仅标题"版式的幻灯片，如下图所示。

步骤03　插入联机图片。选中第2张幻灯片，❶切换到"插入"选项卡，❷单击"图像"组中的"联机图片"按钮，如下图所示。

步骤04　选择图片。弹出"在线图片"对话框，❶输入关键字"香烟"并搜索，❷在搜索结果中单击要插入的图片，❸单击"插入"按钮，如下图所示。

步骤05　插入图片的效果。此时，幻灯片中插入了一张图片，调整好图片的大小和位置，并设置幻灯片的标题文本内容和样式，效果如下图所示。

步骤06　完成其他幻灯片的制作。应用相同的方法在演示文稿中插入新的幻灯片，并完善该幻灯片的内容，如下图所示。

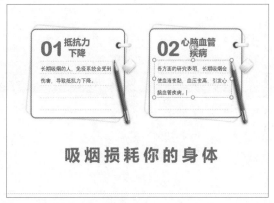

步骤07 插入音频。选中第1张幻灯片，❶在"插入"选项卡下单击"媒体"组中的"音频"按钮，❷在展开的列表中单击"PC上的音频"选项，如下图所示。

步骤08 选择音频。打开"插入音频"对话框，找到音频的存储路径，❶单击要插入的音频文件，❷单击"插入"按钮，如下图所示。

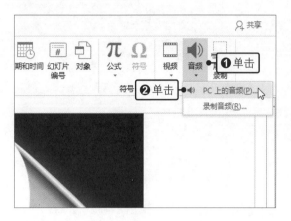

步骤09 完成公益宣传幻灯片的制作。此时为幻灯片添加了背景音乐，将音频图标移动至幻灯片中适当的位置，完成公益宣传幻灯片的制作，如右图所示。

快速统一演示文稿的外观

第15章

当一个演示文稿的外观样式显得杂乱无章时，可以在设置好演示文稿的所有内容后，统一演示文稿的外观。统一演示文稿外观的方法有很多，可以选择为幻灯片应用主题样式、利用幻灯片母版自定义设置幻灯片的样式或为幻灯片添加统一的背景样式。无论采用什么样的方法，都需要结合演示文稿的内容和放映场景具体考虑。

15.1 设置演示文稿的主题

应用演示文稿主题可以快速地统一更改幻灯片的样式和背景，可以为幻灯片使用内置的主题，也可以自定义设置主题。

15.1.1 应用内置主题样式

PowerPoint 2019 的主题样式库中预设了许多主题样式，可以根据自己的喜好选择应用内置的主题样式。

◎ 原始文件：实例文件\第15章\原始文件\应用内置主题样式.pptx
◎ 最终文件：实例文件\第15章\最终文件\应用内置主题样式.pptx

步骤01 选择主题样式。打开原始文件，❶切换到"设计"选项卡，❷在"主题"列表中选择"剪裁"样式，如下图所示。

步骤02 应用主题的效果。此时为幻灯片套用了选择的主题样式，如果其中的文字位置不合适，可以自行拖动调整，最终显示效果如下图所示。

15.1.2 更改主题颜色、字体

每一个主题中都有默认应用于文字和背景的颜色和字体，但是却不一定符合实际工作需求，此时可以对主题中的字体和颜色进行设置。

◎ 原始文件：实例文件\第15章\原始文件\更改主题颜色、字体.pptx
◎ 最终文件：实例文件\第15章\最终文件\更改主题颜色、字体.pptx

步骤01 选择主题颜色。打开原始文件,在"设计"选项卡下单击"变体"组中的快翻按钮,在展开的库中单击"颜色>蓝色Ⅱ"选项,如右图所示。

步骤02 更改颜色的效果。此时更改了主题的颜色,显示效果如下图所示。

步骤03 选择字体。在"设计"选项卡下单击"变体"组中的快翻按钮,❶在展开的库中单击"字体",❷在级联列表中单击合适的字体样式,如下图所示。

步骤04 查看更改字体的效果。此时可看到幻灯片中的字体会随着选择的字体样式而发生变化,如下图所示。

步骤05 查看其他字体效果。如果对选择的字体效果不满意,还可以选择其他字体,显示效果如下图所示。

15.1.3 自定义演示文稿的主题

自定义主题,主要包括自定义主题中的颜色、字体和文本效果。通过自定义主题,可以设计出自己喜欢的色调和文字的搭配方案,使之更符合不同场合的应用需求。

◎ 原始文件:实例文件\第15章\原始文件\自定义演示文稿的主题.pptx
◎ 最终文件:实例文件\第15章\最终文件\自定义演示文稿的主题.pptx

步骤01 单击"新建主题颜色"选项。打开原始文件，在"设计"选项卡下单击"变体"组中的快翻按钮，在展开的库中单击"颜色>自定义颜色"选项，如下图所示。

步骤03 自定义主题颜色的效果。此时演示文稿便应用了新建的主题颜色，效果如下图所示。

步骤05 新建主题字体。弹出"新建主题字体"对话框，❶在"中文"选项组下设置"标题字体"为"华文琥珀"、"正文字体"为"华文细黑"，❷单击"保存"按钮，如下图所示。

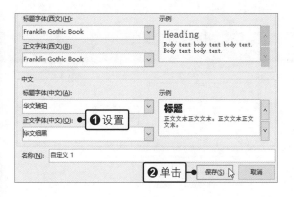

步骤02 自定义主题颜色。弹出"新建主题颜色"对话框，❶在"主题颜色"选项组下设置主题中文字、背景和超链接等的颜色，❷在"名称"文本框中输入主题的名称，❸然后单击"保存"按钮，如下图所示。

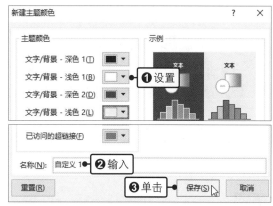

步骤04 单击"自定义字体"选项。在"设计"选项卡下单击"变体"组中的快翻按钮，在展开的库中单击"字体>自定义字体"选项，如下图所示。

步骤06 自定义主题字体的效果。此时为标题和正文自定义设置了不同的字体，显示效果如下图所示。

15.2 幻灯片母版的基本操作

幻灯片母版的功能就是统一演示文稿的风格，在母版中可以设置文本的字形、占位符的大小及位置，可以设计幻灯片背景样式和配色方案等。幻灯片母版中的基本操作包括添加母版或版式、复制母版、重命名母版或删除母版等。

15.2.1 添加母版或版式

如果演示文稿中已有的母版不能满足需求，可通过幻灯片母版功能在演示文稿中添加新的母版。添加了新的母版后，为了让其符合实际的工作需要，还可以对母版中的版式进行设置。

◎ 原始文件：实例文件\第15章\原始文件\添加母版或版式.pptx
◎ 最终文件：实例文件\第15章\最终文件\添加母版或版式.pptx

步骤01 单击"幻灯片母版"按钮。打开原始文件，❶切换到"视图"选项卡，❷单击"母版视图"组中的"幻灯片母版"按钮，如下图所示。

步骤02 插入幻灯片母版。进入到幻灯片母版视图，单击"编辑母版"组中的"插入幻灯片母版"按钮，如下图所示。

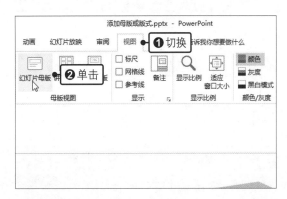

步骤03 插入幻灯片母版的效果。此时可以看见添加的新的空白母版，并自动编号为"2"，如下图所示。

步骤04 插入版式。❶选中第1个幻灯片母版，❷在"编辑母版"组中单击"插入版式"按钮，如下图所示。

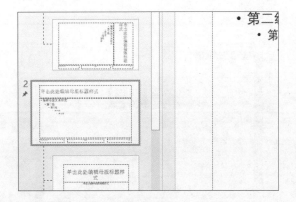
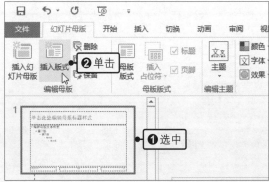

步骤05　插入版式的效果。此时在第1个母版的最后添加了一个"自定义版式"版式，如右图所示。

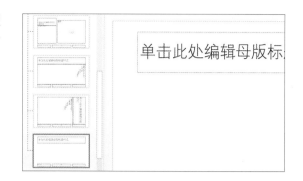

15.2.2　复制母版或版式

复制母版或版式也是添加母版或版式的一种方法，它能快速生成和原有母版或版式一模一样的新母版或版式。

◎　原始文件：实例文件\第15章\原始文件\复制母版或版式.pptx
◎　最终文件：实例文件\第15章\最终文件\复制母版或版式.pptx

步骤01　复制幻灯片母版。打开原始文件，切换至幻灯片母版视图，❶右击幻灯片母版，❷在弹出的快捷菜单中单击"复制幻灯片母版"命令，如下图所示。

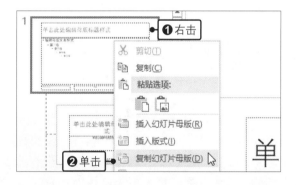

步骤02　复制幻灯片母版的效果。此时可看到复制生成的幻灯片母版，显示编号为"2"，如下图所示。

步骤03　复制版式。若只需复制母板中的某个版式，❶右击需要复制的幻灯片版式，❷在弹出的快捷菜单中单击"复制"命令，如下图所示。

步骤04　粘贴版式。将鼠标指针移至要粘贴版式的位置，❶右击鼠标，❷在弹出的快捷菜单中单击"粘贴选项"选项组下的"使用目标主题"按钮，如下图所示。

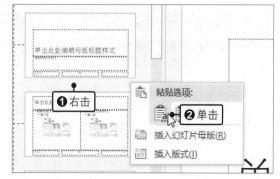

步骤05 复制版式的效果。此时可以看见该位置生成了一个一模一样的幻灯片版式，如右图所示。

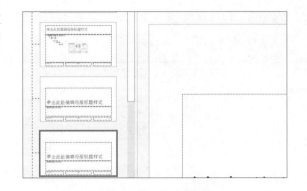

15.2.3 重命名母版或版式

若演示文稿中包含的母版或版式过多，可以重命名母版或版式，以便于更好地区别和调用相应母版或版式。

◎ 原始文件：实例文件\第15章\原始文件\重命名母版或版式.pptx
◎ 最终文件：实例文件\第15章\最终文件\重命名母版或版式.pptx

步骤01 重命名母版。打开原始文件，切换至幻灯片母版视图，❶右击幻灯片母版，❷在弹出的快捷菜单中单击"重命名母版"命令，如下图所示。

步骤02 设置母版名称。弹出"重命名版式"对话框，❶在"版式名称"文本框中输入"办公类型"，❷单击"重命名"按钮，如下图所示。

步骤03 设置母版名称的效果。此时，将鼠标指针放在幻灯片母版上，可以看见幻灯片母版的名称更改了，如下图所示。

步骤04 显示版式的名称。将鼠标指针移至标题幻灯片版式上，可以看见提示框中显示的版式名称，如下图所示。如果对此名称不满意，可以重新设置版式名称。

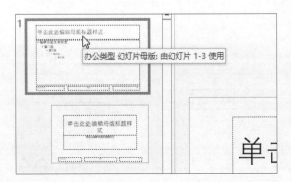
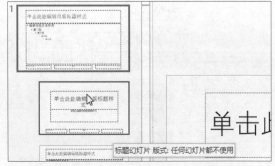

步骤05　单击"重命名"按钮。❶选中标题幻灯片版式，❷在"编辑母版"组中单击"重命名"按钮，如下图所示。

步骤06　设置名称。弹出"重命名版式"对话框，❶在"版式名称"文本框中输入"包含主标题和副标题幻灯片"，❷单击"重命名"按钮，如下图所示，即可重命名该版式。

步骤07　关闭母版视图。为母版和标题幻灯片版式重命名后，单击"关闭"组中的"关闭母版视图"按钮，如下图所示。

步骤08　查看重命名的效果。返回普通视图，单击"开始"选项卡下"幻灯片"组中的"新建幻灯片"按钮，在展开的列表中可以看见幻灯片母版名称更改为"办公类型"，而标题幻灯片的版式名称也更改为"包含主标题和副标题幻灯片"，如下图所示。

15.2.4　删除母版或版式

为了更便于在新建幻灯片时选择版式，可以删除多余或不需要的母版或版式。

◎　原始文件：实例文件\第15章\原始文件\删除母版或版式.pptx
◎　最终文件：实例文件\第15章\最终文件\删除母版或版式.pptx

步骤01　添加母版。打开原始文件，进入幻灯片母版视图，在幻灯片窗格中可以看到当前演示文稿中有两个幻灯片母版，如下左图所示。

步骤02　单击"删除"按钮。❶选中编号为"1"的幻灯片母版，❷在"编辑母版"组中单击"删除"按钮，如下右图所示。

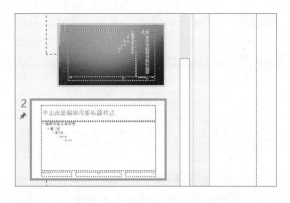

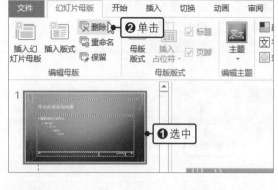

步骤03　删除母版的效果。即可删除幻灯片母版，此时原稿编号为"2"的幻灯片母版编号自动变为了"1"，如下图所示。

步骤04　删除版式。若只需使用母版中的少量版式，❶可以按住Ctrl键依次选中母版中不需要的版式，❷右击鼠标，❸在弹出的快捷菜单中单击"删除版式"命令，如下图所示。

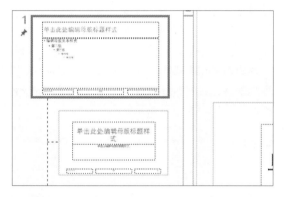

步骤05　删除版式的效果。此时可以看见删除母版中多余版式的效果，如下图所示。

步骤06　查看保留的版式。关闭母版视图，在"幻灯片组"中单击"新建幻灯片"按钮，在展开的下拉列表中可以看见保留的母版版式，如下图所示，此时就可以更快速地选择需要的版式了。

提示　在"幻灯片母版"选项卡下单击"编辑母版"组中的"保留"按钮，可以保留幻灯片中的母版样式，使其在未被使用的情况下依然保留在演示文稿中。

15.3 母版和版式的风格设置

在演示文稿中确定了母版的数量和名称后，就可以开始设置母版的风格了。母版的风格会直接影响到整个演示文稿的布局和风格，所以在设置母版风格的时候，要充分考虑演示文稿的内容要求。

15.3.1 设置母版版式的布局

设置母版版式布局就是为母版添加不同的占位符并通过调节占位符的位置来改变幻灯片的布局。通常可以在幻灯片中插入的占位符有内容、图片、表格和图表等。

◎ 原始文件：实例文件\第15章\原始文件\设置母版版式的布局.pptx
◎ 最终文件：实例文件\第15章\最终文件\设置母版版式的布局.pptx

步骤01 插入表格占位符。打开原始文件，进入到幻灯片母版视图，❶选中仅标题版式幻灯片，❷单击"母版版式"组中的"插入占位符"按钮，❸在展开的列表中单击"表格"选项，如下图所示。

步骤02 绘制占位符。此时鼠标指针呈十字形，按住鼠标左键不放，拖动鼠标绘制一个表格占位符，如下图所示。

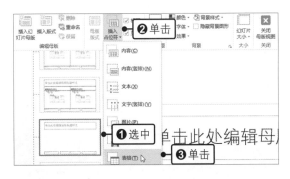

步骤03 插入占位符的效果。释放鼠标，即可完成表格占位符的绘制，效果如下图所示。

步骤04 添加"标题"占位符。在"母版版式"组中勾选"标题"复选框，如下图所示，即可为幻灯片添加一个标题占位符。

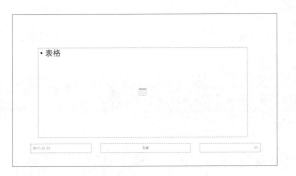

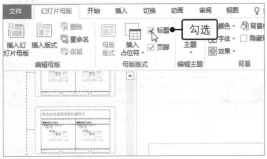

步骤05 选择"媒体"占位符。❶单击"插入占位符"按钮，❷在展开的列表中单击"媒体"选项，如下左图所示。

步骤06 绘制占位符。按住鼠标左键拖动鼠标，在幻灯片的左上角绘制一个"媒体"占位符，如下右图所示。

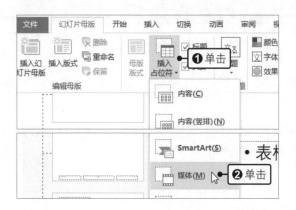 

提示 应用母版设置幻灯片时，除了可以自定义设置版式的布局外，还可以利用母版快速地统一整个演示文稿的样式风格，在"编辑主题"组中，可以设置母版的主题、主题字体和主题颜色等，关闭母版视图后，可以看到统一了风格的演示文稿效果。

步骤07 完成幻灯片布局的设置。释放鼠标后，分别调整好幻灯片中各个占位符的大小和位置，效果如下图所示。

步骤08 查看幻灯片版式的布局效果。关闭母版视图后，返回到普通视图中，在"新建幻灯片"下拉列表中可以看见自定义设置的"仅标题"版式的布局效果，如下图所示。

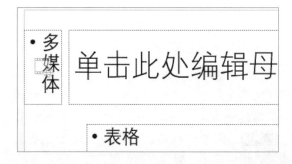 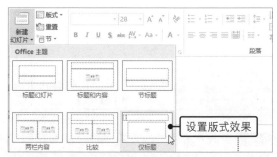

15.3.2 在母版中插入图片和文本

如果想要让幻灯片中的图片和文本内容不被随意编辑，且能够让演示文稿中的幻灯片都被插入相同的图片和文本内容，可以在母版中实现该操作。

◎ 原始文件：实例文件\第15章\原始文件\在母版中插入图片和文本.pptx、图片.jpg
◎ 最终文件：实例文件\第15章\最终文件\在母版中插入图片和文本.pptx

步骤01 插入图片。打开原始文件，进入母版视图，❶选中幻灯片母版，❷在"插入"选项卡单击"图像"组中的"图片"按钮，如下左图所示。

步骤02 选择图片。弹出"插入图片"对话框，❶选择可以作为背景的图片，❷单击"插入"按钮，如下右图所示。

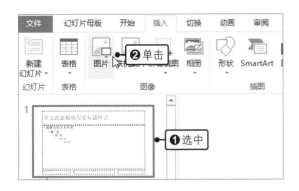

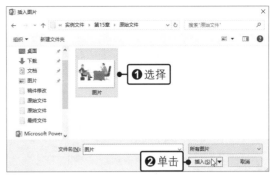

步骤03 设置图片颜色。在母版中插入图片，调整图片的大小使其覆盖整个幻灯片，❶在"图片工具-格式"选项卡下单击"调整"组中的"颜色"按钮，❷在展开的列表中选择样式，如下图所示。

步骤04 插入文本框。❶在"插入"选项卡下的"文本"组中单击"文本框"下三角按钮，❷在展开的列表中单击"绘制横排文本框"选项，如下图所示。

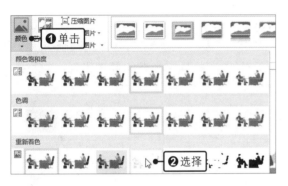

步骤05 设置母版背景的效果。拖动鼠标在幻灯片的左上角绘制一个文本框，并输入文本"基础班"，此时可以看见设置了母版背景的效果，如下图所示。

步骤06 统一演示文稿背景的效果。关闭母版视图，返回到普通视图中，可以看到统一了演示文稿的背景样式，在每张幻灯片中都包含有图片背景和文字内容，如下图所示。

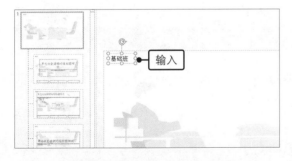

15.3.3　设置母版的页面格式

页面格式包括页面的大小和方向，设置母版的页面格式可以直接统一演示文稿中所有幻灯片的页面。

◎ 原始文件：实例文件\第15章\原始文件\设置母版的页面格式.pptx
◎ 最终文件：实例文件\第15章\最终文件\设置母版的页面格式.pptx

步骤01 单击"自定义幻灯片大小"按钮。打开原始文件，进入幻灯片母版视图后，❶单击"大小"组中的"幻灯片大小"按钮，❷在展开的列表中单击"自定义幻灯片大小"选项，如下图所示。

步骤02 设置页面。弹出"幻灯片大小"对话框，❶设置"幻灯片大小"为"信纸（8.5×11英寸）"，❷设置"幻灯片方向"为"纵向"，❸单击"确定"按钮，如下图所示。

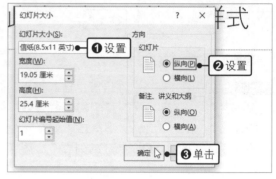

步骤03 设置母版页面格式的效果。在母版视图中可以看见幻灯片页面调整后的显示效果，如下图所示。

步骤04 统一演示文稿的页面格式效果。关闭母版视图，返回普通视图，可以看见所有幻灯片应用了母版页面格式的最终效果，如下图所示。

15.4 设置幻灯片背景

若想要为演示文稿中的所有幻灯片添加固定的背景，而不再需要每次创建新幻灯片时重新设置背景，可通过背景样式功能快速实现幻灯片背景的添加。

15.4.1 应用背景样式库中的样式

如果想要为演示文稿中的幻灯片快速地设置背景样式，可直接套用幻灯片背景样式库中的样式。

◎ 原始文件：实例文件\第15章\原始文件\应用背景样式库中的样式.pptx
◎ 最终文件：实例文件\第15章\最终文件\应用背景样式库中的样式.pptx

步骤01　选择样式。打开原始文件，在"设计"选项卡下单击"变体"组中的快翻按钮，在展开的库中选择"背景样式>样式3"样式，如下图所示。

步骤02　应用背景样式的效果。此时为演示文稿中的所有幻灯片快速应用了该背景样式，如下图所示。

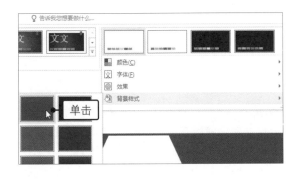
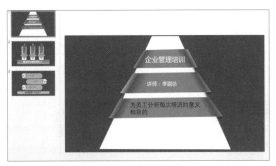

提示　若只想将背景应用于当前幻灯片，可以右击背景样式库中的样式，在弹出的快捷菜单中选择应用于所选幻灯片。

15.4.2　自定义幻灯片背景样式

除了应用内置的背景样式外，PowerPoint 也允许自定义设置幻灯片的纯色、渐变、图片纹理或图案背景的填充效果。

◎ 原始文件：实例文件\第15章\原始文件\自定义幻灯片背景样式.pptx
◎ 最终文件：实例文件\第15章\最终文件\自定义幻灯片背景样式.pptx

步骤01　单击"设置背景格式"选项。打开原始文件，在"设计"选项卡下单击"变体"组中的快翻按钮，在展开的库中单击"背景样式>设置背景格式"选项，如下图所示。

步骤02　选择图案。弹出"设置背景格式"窗格，❶在"填充"选项组中单击"图案填充"单选按钮，❷在"图案"库中选择"浅色横线"图案，如下图所示。

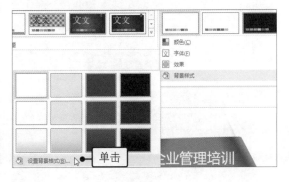
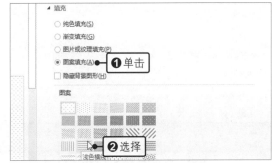

步骤03　单击"应用到全部"按钮。单击"应用到全部"按钮，如下左图所示，最后单击"关闭"按钮。

步骤04　自定义背景样式的效果。此时可以看见为演示文稿中的所有幻灯片应用了自定义的背景样式，如下右图所示。

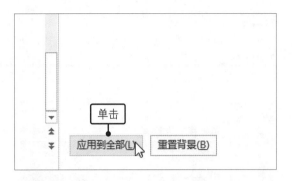

步骤05 打开"设置背景格式"窗格。如果想让标题幻灯片和其他幻灯片的背景样式不一样，可以选中该幻灯片，单击"自定义"组中的"设置背景格式"按钮，如下图所示。

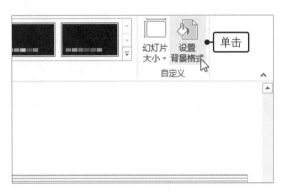

步骤07 设置透明度。设置透明度为"20%"，如下图所示。

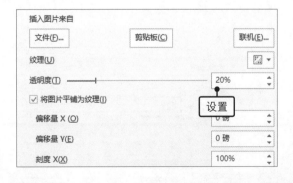

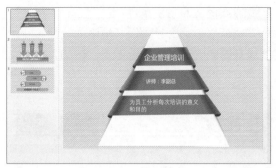

步骤06 选择纹理样式。弹出"设置背景格式"窗格，❶在"填充"选项面板中单击"图片或纹理"单选按钮，❷单击"纹理"下三角按钮，❸在展开的列表中选择"编织物"样式，如下图所示。

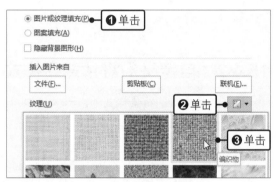

步骤08 设置标题幻灯片背景样式的效果。此时可以看见演示文稿中的标题幻灯片应用了单独的背景样式，效果如下图所示。

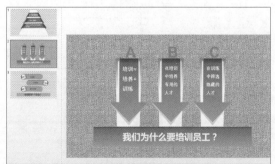

知识拓展

▶ 快速隐藏背景图形

在幻灯片中应用了包含有图形的主题后，如果想要使用这种主题效果而不需要主题中的背景图形，此时可以通过隐藏背景图形来实现。

步骤01　打开原始文件，可看到当前应用的主题中包含有背景图形，若要隐藏图形，可在"设计"选项卡下单击"自定义"组中的"设置背景格式"按钮，在"设置背景格式"窗格中勾选"隐藏背景图形"复选框，如下左图所示。

步骤02　此时主题中的背景图形已经被隐藏了，如下右图所示。

▶ 快速隐藏日期、页脚和编号

可以根据实际的需求，利用幻灯片母版隐藏幻灯片中的日期、页脚和编号内容。

步骤01　进入母版视图，❶切换到"幻灯片母版"选项卡后，❷取消勾选"页脚"复选框，如下左图所示。

步骤02　此时幻灯片中的日期、页脚和编号这三项内容已经被隐藏了，如下右图所示。

▶ 快速调整备注母版的方向

备注母版对于演讲者来说，是相当重要的，它可以存放幻灯片之外的一些内容，方便随时查看，那么如何根据自己的需要来调整备注母版的方向呢？下面就来介绍具体的方法。

步骤01　单击"视图"选项卡下"母版视图"组中的"备注母版"按钮，切换到"备注母版"选项卡。❶单击"页面设置"组中的"备注页方向"按钮，❷在展开的列表中单击"横向"选项，如下左图所示。

步骤02　关闭备注母版后，单击"演示文稿视图"组中的"备注页"按钮，进入"备注页"视图中，可以看见调整备注母版方向后的效果，如下右图所示。

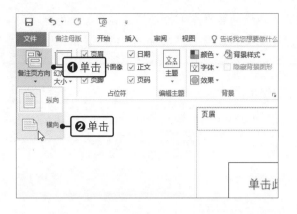
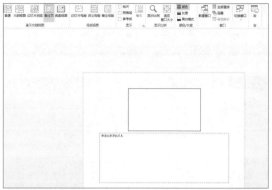

▶ 利用快捷视图按钮实现视图的切换

除了可以使用功能按钮切换到幻灯片母版视图和讲义母版视图外，还可以利用快捷视图按钮快速地进行视图的切换。

步骤01 打开原始文件，按住【Shift】键的同时单击"普通视图"视图按钮，如下左图所示。

步骤02 此时系统快速地切换到幻灯片母版视图中，如下右图所示。

步骤03 如果要从幻灯片母版视图切换到讲义母版视图，按住【Shift】键的同时单击"幻灯片浏览"视图按钮，如下左图所示。

步骤04 此时系统快速地切换到讲义母版视图中，如下右图所示。

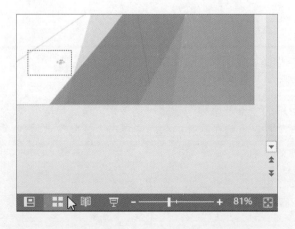
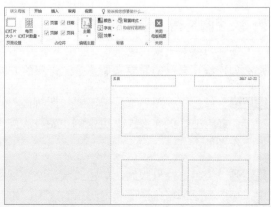

趁热打铁　统一销售报告的风格

为了汇报公司整年的业绩经营情况，需要制作年度销售报告演示文稿，放映给公司的全体员工观看，而统一演示文稿的风格可以增强演示文稿放映的效果。

◎　原始文件：实例文件\第15章\原始文件\统一销售报告演示文稿的风格.pptx
◎　最终文件：实例文件\第15章\最终文件\统一销售报告演示文稿的风格.pptx

步骤01　单击"幻灯片母版"按钮。打开原始文件，在"视图"选项卡下单击"母版视图"组中的"幻灯片母版"按钮，如下图所示。

步骤02　选择主题样式。切换到幻灯片母版视图中，❶单击"编辑主题"组中的"主题"按钮，❷在展开的列表中单击"积分"选项，如下图所示。

步骤03　设置主题的效果。此时，为母版应用了内置的主题样式，效果如下图所示。

步骤04　设置母版的字体。❶单击"背景"组中的"字体"按钮，❷在展开的列表中单击"幼圆"选项，如下图所示。

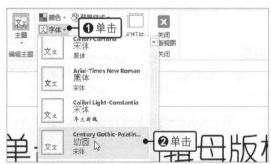

步骤05　设置项目符号。选中母版中的内容占位符，❶在"开始"选项卡下单击"段落"组中"项目符号"右侧的下三角按钮，❷在展开的列表中单击"箭头项目符号"选项，如右图所示。

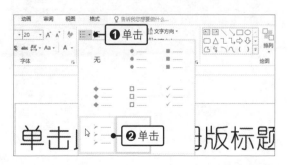

步骤06 设置项目符号的效果。此时更改了幻灯片的字体，为内容占位符应用了新的项目符号，显示效果如下图所示。

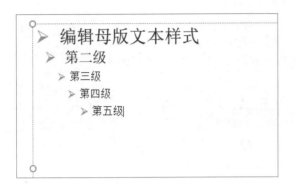

步骤08 为内容套用样式。选中内容占位符，单击"形状样式"组中的快翻按钮，在展开的库中选择样式，如下图所示。

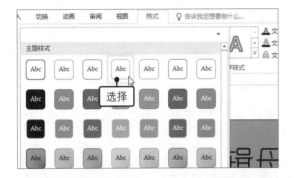

步骤10 设置母版样式的效果。设置了母版各个占位符的样式和母版背景的显示效果如下图所示。

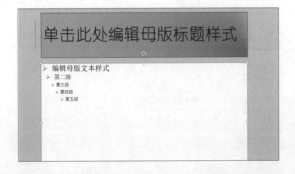

步骤07 为标题套用样式。选中标题占位符，❶切换到"绘图工具-格式"选项卡，❷单击"形状样式"组中的快翻按钮，在展开的库中选择合适的样式，如下图所示。

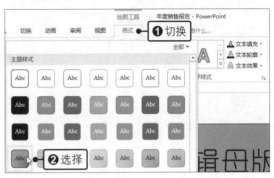

步骤09 设置背景样式。切换到"幻灯片母版"选项卡，❶单击"背景"组中的"背景样式"按钮，❷在展开的列表中选择"样式10"，如下图所示。

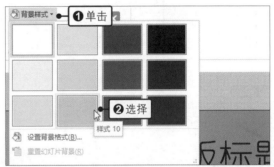

步骤11 统一文稿风格的效果。关闭母版视图，返回到普通视图中，可以看见年度销售报告演示文稿的风格得到了统一，如下图所示。

让幻灯片动起来

要让演示文稿更加生动活泼、引人入胜，可为演示文稿添加切换效果和动画效果。切换效果针对的是整张幻灯片，它决定了放映时新幻灯片进入屏幕画面的方式。动画效果则是为幻灯片中的文本、图片、形状等对象添加进入、退出、移动等动态效果。PowerPoint 2019 预置了丰富的切换效果和动画效果供用户选用，用户还可灵活调整效果参数，得到满意的演示文稿。

16.1 设置幻灯片的换片效果

让整张幻灯片动起来的方式就是为幻灯片设置换片时的动态效果，除了可以为幻灯片添加切换方式外，还可以设置切换的方向和声音。

16.1.1 为幻灯片添加切换效果

幻灯片的切换效果分为细微型、华丽型和动态内容三大类，可以根据自己的喜好自由选择。

◎ 原始文件：实例文件\第16章\原始文件\为幻灯片添加切换效果.pptx
◎ 最终文件：实例文件\第16章\最终文件\为幻灯片添加切换效果.pptx

步骤01 选择切换效果。打开原始文件，选中第1张幻灯片，❶切换到"切换"选项卡，单击"切换到此幻灯片"组中的快翻按钮，❷在展开的库中选择"涟漪"效果，如下图所示。

步骤02 切换效果的预览。系统自动进入幻灯片切换效果的预览状态，效果如下图所示。

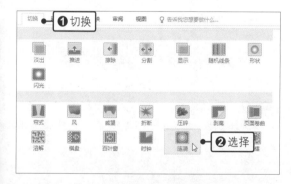

16.1.2 设置切换效果选项

设置切换效果选项其实就是更改切换时的运动方法，每种切换效果的选项都有所不同。

◎ 原始文件：实例文件\第16章\原始文件\设置切换效果选项.pptx
◎ 最终文件：实例文件\第16章\最终文件\设置切换效果选项.pptx

步骤01 选择切换方向。打开原始文件，选中第1张幻灯片，❶在"切换"选项卡下单击"切换到此幻灯片"组中的"效果选项"按钮，❷在展开的列表中单击"从左下部"选项，如下图所示。

步骤02 预览更改后的效果。此时可以预览到更改了选项后的效果，如下图所示。

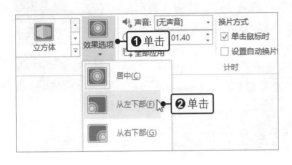

16.1.3 设置幻灯片切换的声音效果

在幻灯片切换的过程中加入与之相匹配的声音效果，可以使幻灯片的切换过程更加生动。

◎ 原始文件：实例文件\第16章\原始文件\设置幻灯片切换的声音效果.pptx
◎ 最终文件：实例文件\第16章\最终文件\设置幻灯片切换的声音效果.pptx

步骤01 选择声音。打开原始文件，选中第1张幻灯片，❶在"切换"选项卡下的"计时"组中单击"声音"右侧的下三角按钮，❷在展开的列表中单击"风铃"选项，如下图所示。

步骤02 单击"应用到全部"按钮。在"计时"组中单击"应用到全部"按钮，如下图所示，将以上设置应用到所有幻灯片中。

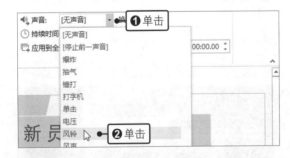

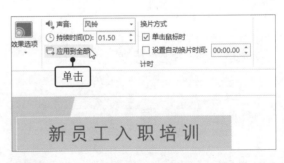

步骤03 启用预览。选中任意一张幻灯片，如第2张幻灯片，在"预览"组中单击"预览"按钮，如下图所示。

步骤04 预览声音效果。此时可以预览到第2张幻灯片切换的效果，如下图所示，其伴随着声音。

16.1.4　设置幻灯片自动换片方式

默认情况下，演示文稿是通过鼠标单击的方式换片的，如果想要经过特定秒数后自动移至下一张幻灯片，可对幻灯片的换片方式进行设置。

◎ 原始文件：实例文件\第16章\原始文件\设置幻灯片自动换片方式.pptx
◎ 最终文件：实例文件\第16章\最终文件\设置幻灯片自动换片方式.pptx

打开原始文件，❶在"切换"选项卡下的"计时"组中勾选"设置自动换片时间"复选框，❷并设置时间为"00:03.00"，❸单击"应用到全部"按钮，将以上设置应用到所有幻灯片中，如右图所示。放映幻灯片时，幻灯片将根据设定的时间自动放映。

16.2　为幻灯片中的对象添加动画效果

让幻灯片中的对象动起来的方法就是为对象添加动画效果，包括放映开始时的进入动画效果，观看过程中的强调动画效果，以及完成放映时的退出动画效果等。

16.2.1　添加进入动画效果

当对象第一次进入观众的视线时，产生的动画效果就是进入动画效果。进入动画效果有很多种，可根据实际需求自由选择。

◎ 原始文件：实例文件\第16章\原始文件\添加进入动画效果.pptx
◎ 最终文件：实例文件\第16章\最终文件\添加进入动画效果.pptx

步骤01　选择动画效果。打开原始文件，选中第1张幻灯片中的标题占位符，❶切换到"动画"选项卡，单击"动画"组中的快翻按钮，❷在展开的库中选择"进入"组中的"翻转式由远及近"选项，如右图所示。

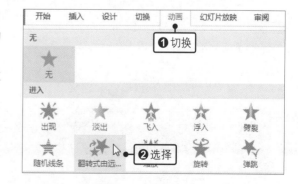

> 提示　为对象添加动画的时候，除了可以使用"动画"组中的动画库，还可以单击"高级动画"组中的"添加动画"按钮，在展开的列表中选择要添加的动画。利用这种方法可以为一个对象添加多个动画。

步骤02 查看动画编号。此时，在标题占位符左侧显示了动画编号"1"，表示此幻灯片中添加了第一个动画，如下图所示。

步骤03 单击"预览"按钮。单击"预览"组中的"预览"按钮，如下图所示，即可预览添加的进入动画效果。

16.2.2 添加强调动画效果

为了在放映时突出显示幻灯片中的某个对象，可以为该对象添加强调动画效果，以吸引观众的注意力。

◎ 原始文件：实例文件\第16章\原始文件\添加强调动画效果.pptx
◎ 最终文件：实例文件\第16章\最终文件\添加强调动画效果.pptx

步骤01 选择动画效果。打开原始文件，选中第2张幻灯片中的图片，在"动画"选项卡下单击"动画"组中的快翻按钮，在展开的库中选择"强调"组中的"放大/缩小"选项，如右图所示。

步骤02 查看动画编号。此时，在图片的左上角显示了动画的编号，如下图所示。

步骤03 预览动画效果。对动画进行预览，可看见"放大/缩小"的动态效果，如下图所示。

16.2.3　添加退出动画效果

当幻灯片中的对象展示完毕后，如果不需要让对象停留在画面中，可以为对象添加退出动画效果，使其慢慢地消失。

◎ 原始文件：实例文件\第16章\原始文件\添加退出动画效果.pptx
◎ 最终文件：实例文件\第16章\最终文件\添加退出动画效果.pptx

步骤01　单击"更多退出效果"选项。打开原始文件，选中第3张幻灯片中的内容占位符，❶切换到"动画"选项卡，单击"动画"组中的快翻按钮，❷在展开的库中单击"更多退出效果"选项，如右图所示。

步骤02　选择动画效果。弹出"更改退出效果"对话框，单击"华丽型"组中的"下拉"选项，如下图所示。

步骤03　预览效果。单击"确定"按钮后，对动画进行预览，可以看到内容占位符中文本内容的退出动画效果，如下图所示。

16.2.4　添加动作路径动画效果

无论是进入、强调还是退出动画，每种动画都有特定的运动轨迹，当然也可以为对象添加自定义动作路径动画效果，下面介绍具体的方法。

◎ 原始文件：实例文件\第16章\原始文件\添加动作路径动画效果.pptx
◎ 最终文件：实例文件\第16章\最终文件\添加动作路径动画效果.pptx

步骤01　单击"自定义路径"选项。打开原始文件，选中第4张幻灯片中的标题占位符，❶切换到"动画"选项卡，单击"动画"组中的快翻按钮，❷在展开的库中选择"动作路径"组中的"自定义路径"选项，如下左图所示。

步骤02　绘制路径。此时鼠标指针呈十字形，按住鼠标左键不放，绘制动画的动作路径，如下右图所示。

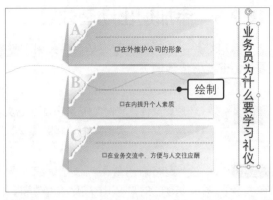

步骤03 绘制路径的效果。释放鼠标左键后，可以看见绘制的动作路径，单击"预览"组中的"预览"按钮，如下图所示。

步骤04 预览运动效果。此时可见，标题将随着绘制的路径运动，如下图所示。

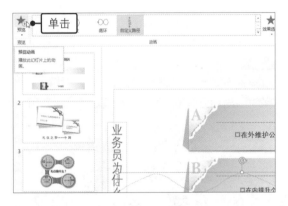

16.3 编辑对象的动画效果

在幻灯片中添加了动画后，可以对动画的效果进行编辑，包括设置动画的运行方式、对动画进行排序、设置动画声音、设置动画的运行时间及为动画添加触发器等。

16.3.1 设置动画的运行方式

设置动画的运行方式就是更改动画的运动方向和运动图形等，当然每种动画包含的运行方式都不一样，需要根据具体的情况而定。

◎ 原始文件：实例文件\第16章\原始文件\设置动画的运行方式.pptx
◎ 最终文件：实例文件\第16章\最终文件\设置动画的运行方式.pptx

步骤01 选择运动方向。打开原始文件，选中第2张幻灯片中应用了"形状"动画效果的图形，❶在"动画"选项卡下单击"动画"组中的"效果选项"按钮，❷在展开的列表中单击"缩小"选项，如下左图所示。

步骤02 预览动画效果。预览动画，可以看见更改了图形运动方向后，图形会由内而外地显示出来，如下右图所示。

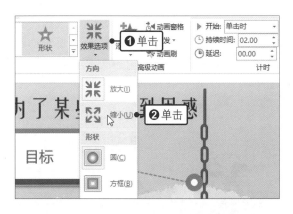

16.3.2　对动画效果进行排序

如果幻灯片中某些对象的动画播放顺序需要调整，可以使用"动画窗格"窗格对这些动画进行排序，使动画效果更加符合放映需求。

◎ 原始文件：实例文件\第16章\原始文件\对动画效果进行排序.pptx
◎ 最终文件：实例文件\第16章\最终文件\对动画效果进行排序.pptx

步骤01 查看动画编号。打开原始文件，选中第4张幻灯片，在幻灯片中可以看见每个对象包含的动画的编号，如下图所示。

步骤02 单击"动画窗格"按钮。在"动画"选项卡下单击"高级动画"组中的"动画窗格"按钮，如下图所示。

步骤03 预览动画。打开"动画窗格"窗格，单击"播放自"按钮，如下图所示，预览幻灯片中的所有动画。

步骤04 拖动动画。选中窗格中的第3个动画，然后将其拖动至第1个动画之前，如下图所示。

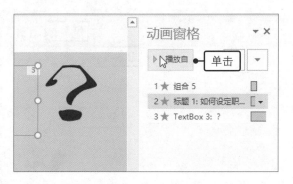

步骤05 调整顺序的效果。释放鼠标后，可以看见动画的顺序被改变了，如下图所示。

步骤06 完成所有动画顺序的调整。采用同样的方法，按照进入动画、强调动画、退出动画的顺序调整幻灯片中动画的播放顺序，如下图所示。

步骤07 查看动画编号的变化。调整顺序后，在幻灯片中可以看见动画的编号发生了相应的变化，如右图所示。放映幻灯片时，可以具体查看动画按照调整后的顺序播放的效果。

16.3.3　设置动画的声音效果

为了配合动画的播放效果，可以为动画添加声音，从而在放映幻灯片时呈现更加生动的演示效果。

◎ 原始文件：实例文件\第16章\原始文件\设置动画的声音效果.pptx
◎ 最终文件：实例文件\第16章\最终文件\设置动画的声音效果.pptx

步骤01 单击"动画"组对话框启动器。打开原始文件，选中第1张幻灯片中设置了动画的标题对象，❶切换到"动画"选项卡，❷单击"动画"组中的对话框启动器，如下图所示。

步骤02 设置动画声音。弹出"上浮"对话框，❶在"效果"选项卡下设置动画的声音为"爆炸"，❷单击"音量"按钮，❸在展开的音量控制框中拖动滑块调节音量大小，如下图所示。播放动画时，即可听到设置的动画声音效果。

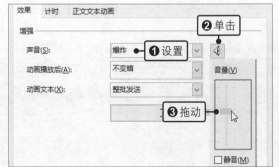

16.3.4　设置动画效果的持续时间

设置动画的持续时间可控制动画运动的快慢。关于动画运动的快慢并没有明确的规定，需要根据整个演示文稿的放映情况及具体的对象进行设置。

◎　原始文件：实例文件\第16章\原始文件\设置动画效果的持续时间.pptx
◎　最终文件：实例文件\第16章\最终文件\设置动画效果的持续时间.pptx

打开原始文件，选中第 3 张幻灯片中添加了动画效果的图片，切换到"动画"选项卡，单击"计时"组中"持续时间"右侧的数值调节按钮，调整动画的持续时间为"05.00"，如右图所示。预览动画，可以看到动画效果的持续时间变长了。

16.3.5　使用触发器控制动画播放

使用触发器控制动画播放其实就是为动画添加一个"开关"，在幻灯片放映过程中单击这个"开关"，就可以触发动画的播放。

◎　原始文件：实例文件\第16章\原始文件\使用触发器控制动画播放.pptx
◎　最终文件：实例文件\第16章\最终文件\使用触发器控制动画播放.pptx

步骤01　设置触发对象。打开原始文件，选中第1张幻灯片中的副标题1，❶在"动画"选项卡下单击"高级动画"组中的"触发"按钮，❷在展开的列表中单击"通过单击>标题1"选项，如下图所示。

步骤02　显示触发器图标。此时副标题1左侧显示了触发器图标，如下图所示。

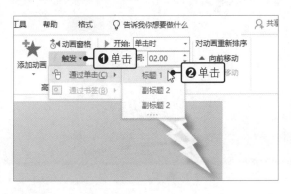

步骤03　单击触发器。进入到幻灯片放映状态后，单击标题1，如下左图所示。

步骤04　触发动画的效果。此时立即触发了副标题1的动画播放，显示效果如下右图所示。

> **提示** 如果幻灯片中有媒体文件，并且为媒体文件添加好了书签，那么在为对象设置触发器的时候，就可以以这些书签为触发器来触发动画。选中一个包含有动画的对象，单击"触发"按钮，在展开的列表中单击"通过书签"选项，在级联列表中单击需要的书签即可。那么当媒体播放到此书签位置时，即会触发动画。

知识拓展

▶ 使用动画刷快速复制动画效果

在一个对象中设置了复杂的动画后，如果想要在其他对象中也设置相同的动画，可以通过动画刷快速实现。

步骤01 打开原始文件，❶选中幻灯片中设置了动画的对象，❷在"动画"选项卡下单击"高级动画"组中的"动画刷"按钮，如下左图所示。

步骤02 此时鼠标指针呈刷子形，单击要应用相同动画的图片对象后，可以看见图片的左上角显示了动画编号"2"，如下右图所示。预览动画时，可以看到两个对象应用的动画相同。

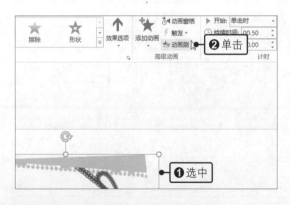

▶ 播放动画后使对象变色

当一个对象的动画效果播放完毕后，如果需要让这个对象退出表演的舞台，让观众将注意力转移到其他对象上，可以设置这个对象在播放动画后自动变为其他颜色。

步骤01　打开原始文件，为对象设置"旋转"动画效果后，打开"旋转"对话框，❶在"效果"选项卡下的"增强"选项组中单击"动画播放后"右侧的下拉按钮，❷在展开的列表中选择"黑色"，如下左图所示。

步骤02　单击"确定"按钮，在动画播放完毕后，可以看见对象自动变为了黑色，如下右图所示。

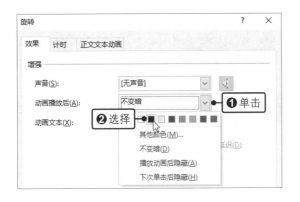

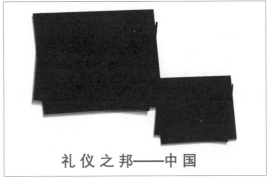

▶ 制作电影字幕效果

在电影开始播放或结尾的时候，都可以看见字幕是从屏幕的下方慢慢出现上升，然后消失在屏幕的上方。在幻灯片中为文本对象设置动画的时候，也可以设置这样的效果。

步骤01　打开原始文件，选中对象，打开"更改进入效果"对话框，❶单击"华丽型"组中的"字幕式"选项，❷单击"确定"按钮，如下左图所示。

步骤02　预览动画，可以看见文本对象呈现电影字幕的动态效果，由下往上缓慢运动，如下右图所示。

▶ 制作不停闪烁的文字

一般情况下，为文字添加了"闪烁"动画效果后，文字只闪烁一下就停止了，如果要实现持续不停闪烁的效果，可使用以下方法。

步骤01　打开原始文件，选中要设置动画的文字对象，打开"更改强调效果"对话框，❶单击"华丽型"组中的"闪烁"选项，❷单击"确定"按钮，如下左图所示。

步骤02　此时为文字添加了闪烁动画效果，❶单击"高级动画"组中的"添加动画"按钮，❷在展开的动画库中选择"退出"组中的"消失"选项，如下右图所示。

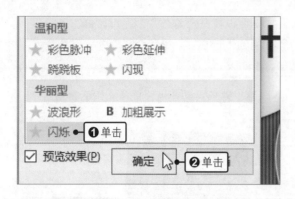
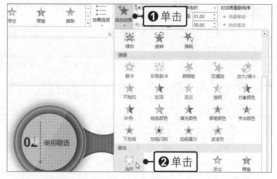

步骤03 此时，为文本对象添加了强调和退出效果，单击"高级动画"组中的"动画窗格"按钮，如下左图所示。

步骤04 打开"动画窗格"窗格，❶单击第一个闪烁动画，❷单击"动画"组中的对话框启动器，如下右图所示。

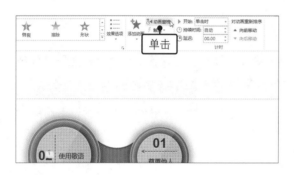

步骤05 弹出"闪烁"对话框，❶在"效果"选项卡下的"动画播放后"列表框中选择"播放动画后隐藏"，❷单击"确定"按钮，如下左图所示。

步骤06 选中文本框，按住【Ctrl】键不放，拖动复制多个文本框，随后选中所有的文本框，如下右图所示。复制的文本框将自动应用同样的动画效果。

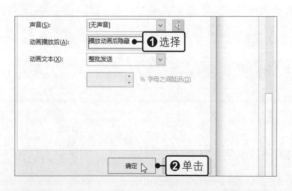

步骤07 ❶在"绘图工具-格式"选项卡下单击"排列"组中的"对齐"按钮，❷在展开的列表中单击"水平居中"选项，如下左图所示。

步骤08 ❶再次单击"对齐"按钮，❷在展开的列表中单击"垂直居中"选项，如下右图所示。

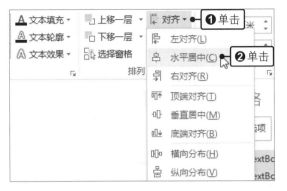

步骤09　此时所有的文本框被重叠放置在一起，如下左图所示。

步骤10　打开"动画窗格"窗格，将所有的退出动画调整到相应的强调动画之前。单击第二个动画，❶右击鼠标，❷在弹出的快捷菜单中单击"从上一项之后开始"命令，如下右图所示。

步骤11　继续单击之后的动画，设置播放开始方式都为"从上一项之后开始"，设置完成后，单击"播放自"按钮，如右图所示，可以看到不停闪烁的文字动画效果。

▶ 实现多个对象同时播放动画

　　按顺序添加的动画通常也是按顺序依次播放，如果需要使动画同时播放，只需更改动画开始播放的方式。

步骤01　打开原始文件，打开"动画窗格"窗格，❶右击要与之前动画同时播放的动画，❷在弹出的快捷菜单中单击"从上一项开始"命令，如下左图所示。

步骤02　用相同的方法继续设置其他要同时播放的动画，单击"全部播放"按钮，如下右图所示。可以看见设置的对象同步播放各自的动画。

趁热打铁 为企业培训课件添加动画效果

公司经常会举办大大小小的培训课程，就需要利用 PowerPoint 制作培训课件。一般来说，培训的过程都会显得相当枯燥，而为培训课件添加动画效果可以活跃课堂的气氛。

◎ 原始文件：实例文件\第16章\原始文件\为企业培训课件添加动画效果.pptx
◎ 最终文件：实例文件\第16章\最终文件\为企业培训课件添加动画效果.pptx

步骤01 设置切换效果。打开原始文件，选中第1张幻灯片，在"切换"选项卡下的"切换到此幻灯片"组中选择"分割"效果，如下图所示。

步骤02 设置效果选项。为幻灯片设置了切换效果后，❶单击"效果选项"按钮，❷在展开的列表中单击"中央向上下展开"选项，如下图所示。

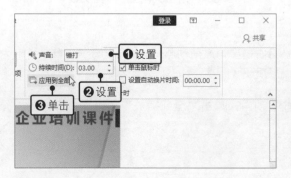 

步骤03 全部应用切换效果。更改了切换的方向后，❶在"计时"组中设置切换的声音为"锤打"，❷设置"持续时间"为"03.00"，❸单击"应用到全部"按钮，如下图所示。

步骤04 为所有幻灯片应用"分割"的效果。此时，在幻灯片浏览窗格中可看到全部幻灯片的左上角出现了一个星星标记，表明全部的幻灯片都应用了切换效果，如下图所示。

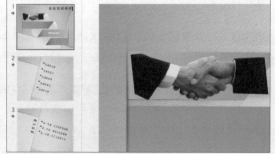

步骤05 设置进入动画效果。选中第1张幻灯片中的图片，❶切换到"动画"选项卡，❷在"动画"组中选择"浮入"动画效果，如下图所示。

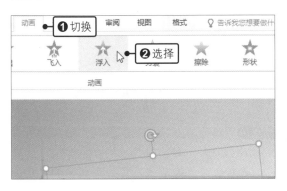

步骤06 设置动画运动方向。❶单击"效果选项"按钮，❷在展开的列表中单击"下浮"选项，如下图所示。

步骤07 添加强调动画效果。❶在"高级动画"组中单击"添加动画"按钮，❷在展开的动画库中选择"强调"组中的"彩色脉冲"动画，如下图所示。

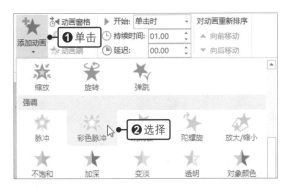

步骤08 设置动画播放方式。❶在"计时"组中设置动画的开始方式为"与上一动画同时"，❷设置"持续时间"为"01.00"，如下图所示。

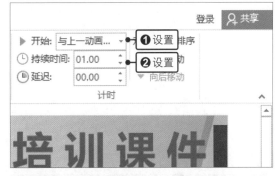

步骤09 单击"动画刷"按钮。设置完图片的动画效果后，单击"高级动画"组中的"动画刷"按钮，如下图所示。

步骤10 使用动画刷。此时鼠标指针呈刷子形，单击第1张幻灯片中的标题占位符，如下图所示。

步骤11 使用动画刷的效果。此时为标题占位符应用了和图片中同样的动画效果，在左上角可以看见设置了动画后显示的动画编号，如下左图所示。

步骤12 再次使用动画刷。继续使用动画刷并单击第2张幻灯片右侧的内容占位符，如下右图所示。

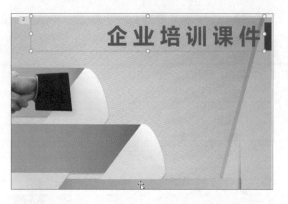

步骤13 使用动画刷的效果。此时内容占位符左侧显示了动画的编号，表示将已有的动画复制到了此内容占位符中，如下图所示。

步骤14 单击"从头开始"按钮。添加完所有的动画效果后，❶切换到"幻灯片放映"选项卡，❷单击"开始放映幻灯片"组中的"从头开始"按钮，如下图所示。

步骤15 观看切换效果。此时进入幻灯片放映状态，当幻灯片进行切换时，可以看见幻灯片的切换效果，如下图所示。

步骤16 观看进入动画效果。放映第2张幻灯片时，每单击一次鼠标，可以观察到为文本添加的进入动画的效果，如下图所示。

步骤17 观看强调动画效果。进入动画效果播放完毕后，每次单击鼠标，会继续显示各个文本对象的强调动画效果，如右图所示。

演示文稿的放映与输出

放映演示文稿前需要做一定的准备工作，例如，如果希望幻灯片能自动演示，就必须使用排练计时或录制幻灯片。为了在放映时做到灵活自如，得先学会控制幻灯片放映过程的一些方法。还可以使用创建视频、打包等方式将演示文稿分享给更多人。本章将对可以实现以上操作的 PowerPoint 功能进行详细讲解。

17.1 ▸ 放映幻灯片的准备工作

为了使幻灯片的放映能顺利进行，必须做好放映前的准备工作。例如，应事先隐藏不准备放映的幻灯片、使用排练计时或录制幻灯片演示设置好放映的时间等。

17.1.1 隐藏不放映的幻灯片

如果一个演示文稿中有一部分幻灯片是不需要放映但又需要保留的，可以将这样的幻灯片隐藏起来。

◎ 原始文件：实例文件\第17章\原始文件\隐藏不放映的幻灯片.pptx
◎ 最终文件：实例文件\第17章\最终文件\隐藏不放映的幻灯片.pptx

步骤01 单击"隐藏幻灯片"命令。打开原始文件，❶在幻灯片浏览窗格中右击第4张幻灯片，❷在弹出的快捷菜单中单击"隐藏幻灯片"命令，如下图所示。

步骤02 隐藏幻灯片的效果。此时将暂时不需要放映的幻灯片隐藏了起来，在幻灯片的左侧出现了一个隐藏标志，如下图所示。当进入到幻灯片放映时，隐藏的幻灯片将不会被放映。

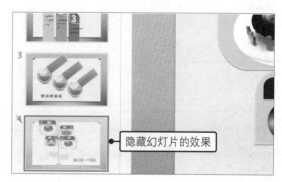

17.1.2 使用排练计时

使用排练计时是放映前的一项彩排工作，可以预先设定演示文稿的放映时间，以便控制整个会议或培训演讲的时间。

◎ 原始文件：实例文件\第17章\原始文件\使用排练计时.pptx
◎ 最终文件：实例文件\第17章\最终文件\使用排练计时.pptx

步骤01 单击"排练计时"按钮。打开原始文件，❶切换到"幻灯片放映"选项卡，❷单击"设置"组中的"排练计时"按钮，如下图所示。

步骤02 单击"下一项"按钮。此时进入到幻灯片放映状态下，显示"录制"工具栏，对当前幻灯片的放映时间进行录制后，要切换到下一张幻灯片，单击"下一项"按钮，如下图所示。

步骤03 单击"暂停录制"按钮。此时切换到第2张幻灯片中，继续对第2张幻灯片的放映时间进行录制，在录制的过程中，如果有其他事情需要暂停录制，可以单击"暂停录制"按钮，如下图所示。

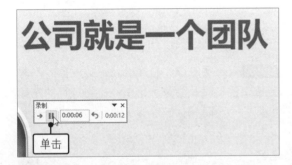

步骤04 单击"继续录制"按钮。弹出提示框，提示录制已暂停，需要继续录制的时候，单击"继续录制"按钮，如下图所示。

步骤05 单击"关闭"按钮。继续单击"下一项"按钮，对剩下的幻灯片进行录制，录制完所有的幻灯片放映时间后，单击"关闭"按钮，如下图所示。

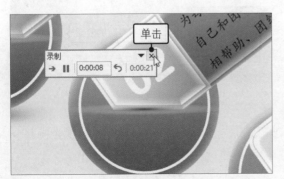

步骤06 确定保留计时。弹出提示框，提示幻灯片放映共需要的时间，以及是否保留新的幻灯片计时。此时单击"是"按钮，如下图所示。

步骤07 排练计时的效果。切换到幻灯片浏览视图中，在幻灯片的下方可以看到幻灯片放映的排练时间，如右图所示。

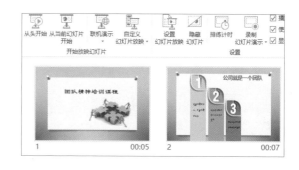

17.1.3　录制幻灯片演示

为了方便日后演讲者不在现场的情况下，观众也能够准确地理解演示文稿的内容，可使用录制幻灯片演示功能将演讲者的解说声音录制下来。

◎ 原始文件：实例文件\第17章\原始文件\录制幻灯片演示.pptx
◎ 最终文件：实例文件\第17章\最终文件\录制幻灯片演示.pptx

步骤01 单击"从头开始录制"选项。打开原始文件，❶在"幻灯片放映"选项卡下单击"设置"组中的"录制幻灯片演示"下三角按钮，❷在展开的列表中单击"从头开始录制"选项，如下图所示。

步骤02 启用录制功能。进入录制界面，单击左上角的"录制"按钮，如下图所示。

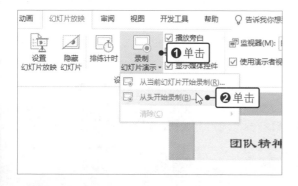

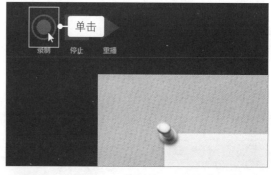

步骤03 开始录制。此时演示文稿的录制将进入倒计时，完成倒计时后，在录制界面滑动鼠标滑轮，可对幻灯片及幻灯片中设置了动画的对象进行切换，如下图所示。

步骤04 退出录制界面。应用相同的方法继续录制幻灯片，完成后，在录制的幻灯片框内单击鼠标，如下图所示。

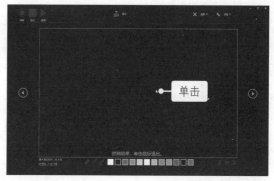

步骤05 完成录制的效果。切换到幻灯片的浏览视图中，在每张幻灯片的下方可以看到该幻灯片的演示时间，如右图所示。

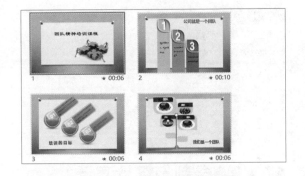

17.2 放映幻灯片

　　幻灯片放映的准备工作完成后，接下来需要设置如何放映，在放映时可以选择内置的放映方式，也可以自定义放映幻灯片。

17.2.1 选择放映方式

　　幻灯片的放映方式有 3 种，即演讲者放映、观众自行浏览和在展台放映，每种放映方式所对应的场景和放映效果都不同，需要根据实际的情况选择最合适的放映方式。

　　◎ 原始文件：实例文件\第17章\原始文件\选择放映方式.pptx
　　◎ 最终文件：实例文件\第17章\最终文件\选择放映方式.pptx

步骤01 单击"设置幻灯片放映"按钮。打开原始文件，❶切换到"幻灯片放映"选项卡，❷单击"设置"组中的"设置幻灯片放映"按钮，如下图所示。

步骤02 选择放映类型。弹出"设置放映方式"对话框，❶在"放映类型"选项组下单击"演讲者放映"单选按钮，❷在"换片方式"选项组下单击"手动"单选按钮，❸单击"确定"按钮，如下图所示。

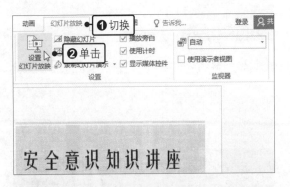

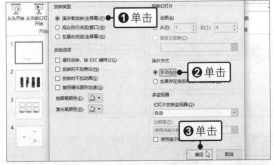

步骤03 单击"从头开始"按钮。返回幻灯片中后，单击"开始放映幻灯片"组中的"从头开始"按钮，如下左图所示。

步骤04 演讲者放映的效果。此时使用演讲者放映类型进行幻灯片的放映，幻灯片显示为全屏幕效果。将鼠标指针指向幻灯片的左下侧，可以看见有一排控制按钮，演讲者可以使用这些控制按钮控制幻灯片的放映，如下右图所示。

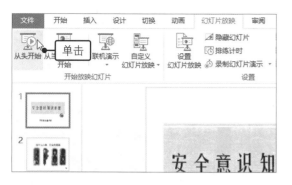
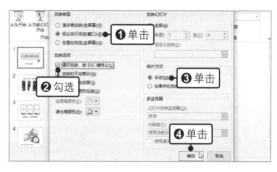

步骤05　选择放映方式。如果需要观众自行浏览幻灯片的时候可以设置观众自行浏览放映类型。打开"设置放映方式"对话框，❶单击"观众自行浏览"单选按钮，❷在"放映选项"选项组下勾选"循环放映，按ESC键终止"复选框，❸在"换片方式"组中单击"手动"单选按钮，❹单击"确定"按钮，如右图所示。

步骤06　从当前幻灯片开始放映。选中第3张幻灯片，在"开始放映幻灯片"组中单击"从当前幻灯片开始"按钮，如下图所示。

步骤07　观众自行浏览的效果。此时进入了观众自行浏览放映状态，从第3张幻灯片开始放映。此状态下幻灯片放映的方式呈窗口形式，可以任意调整放映窗口的大小，方便观看幻灯片的同时进行其他的工作，如下图所示。

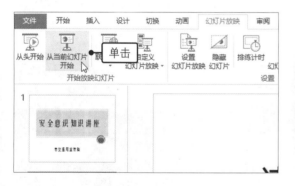

步骤08　选择放映类型。当需要利用展台放映幻灯片时，可以设置幻灯片的放映类型为在展台浏览。打开"设置放映方式"对话框，❶在"放映类型"选项组中单击"在展台浏览"单选按钮，❷在"放映选项"选项组中勾选"放映时不加旁白"和"放映时不加动画"复选框，❸单击"确定"按钮，如下右图所示。

步骤09　展台放映的效果。进入到展台放映模式，幻灯片的放映显示为全屏状态，将鼠标指针指向幻灯片的左下角时，可以看见此状态下并没有控制按钮，即在展台放映幻灯片的时候，不可以控制幻灯片，如下右图所示。由于设置了放映时不加旁白和动画，所以放映过程中，将没有这些效果。需要注意的是，设置在展台运行，则必须为幻灯片设置计时，演示文稿才能自运行。

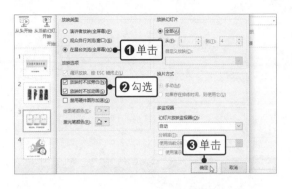

17.2.2　自定义放映幻灯片

自定义放映幻灯片是指在原有的演示文稿中选择其中一部分幻灯片，将其组合在一起放映，使用自定义放映能调整放映的幻灯片内容与顺序，而不用改动原始演示文稿。

◎　原始文件：实例文件\第17章\原始文件\自定义放映幻灯片.pptx
◎　最终文件：实例文件\第17章\最终文件\自定义放映幻灯片.pptx

步骤01　单击"自定义放映"选项。打开原始文件，❶在"幻灯片放映"选项卡下单击"开始放映幻灯片"组中的"自定义幻灯片放映"按钮，❷在展开的列表中单击"自定义放映"选项，如下图所示。

步骤02　单击"新建"按钮。弹出"自定义放映"对话框，单击"新建"按钮，如下图所示。

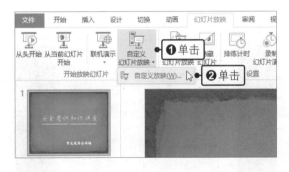

步骤03　添加幻灯片。弹出"定义自定义放映"对话框，❶在"幻灯片放映名称"文本框中输入放映名称，❷在"在演示文稿中的幻灯片"列表框中勾选第2张幻灯片，❸单击"添加"按钮，如下图所示。

步骤04　添加幻灯片的效果。在"在自定义放映中的幻灯片"列表框中可以看见添加的幻灯片，❶继续在"在演示文稿中的幻灯片"列表框中勾选第3张幻灯片，❷单击"添加"按钮，如下图所示。

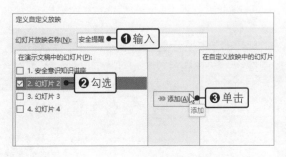

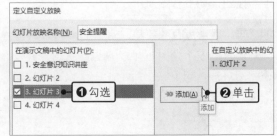

> **提示**　在添加幻灯片的过程中，如果幻灯片添加错误，可以在"在自定义放映中的幻灯片"列表框中单击幻灯片，单击"删除"按钮，即可将添加有误的幻灯片删除。

步骤05　调整幻灯片顺序。❶单击"在自定义放映中的幻灯片"列表框中的第2张幻灯片，❷单击"向上"按钮，如下图所示。

步骤06　调整幻灯片顺序的效果。此时在"在自定义放映中的幻灯片"列表框中可以看见调整后的幻灯片的放映顺序，单击"确定"按钮，如下图所示。

步骤07　单击"关闭"按钮。返回"自定义放映"对话框，在"自定义放映"列表框中可以看见新建的幻灯片放映名称，单击"关闭"按钮，如下图所示。

步骤08　放映自定义放映幻灯片。❶单击"自定义幻灯片放映"按钮，在展开的下拉列表中可以看见显示了新建的幻灯片放映名称，❷若要放映设置自定义放映的幻灯片，可以单击该选项，如下图所示。

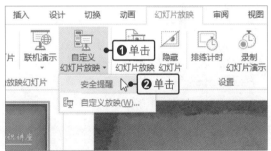

步骤09　自定义放映幻灯片的效果。进入到幻灯片放映状态中，可以看见自定义幻灯片放映的效果，如右图所示。

17.3 ▶ 放映时编辑幻灯片

在幻灯片的放映过程中，为了便于观众按照节奏来观看幻灯片，可以根据需要控制幻灯片的放映，包括切换幻灯片、更改屏幕颜色及对幻灯片中重点内容进行标记等。

17.3.1 切换与定位幻灯片

切换幻灯片是指将幻灯片切换到下一张或上一张，而定位幻灯片则可以快速跳转到指定幻灯片，不需要按顺序逐张切换。

◎ 原始文件：实例文件\第17章\原始文件\切换与定位幻灯片.pptx
◎ 最终文件：无

步骤01 切换到下一张幻灯片。打开原始文件，从头开始放映幻灯片，如果要切换到下一张幻灯片，右击鼠标，在弹出的快捷菜单中单击"下一张"命令，如下图所示。

步骤02 查看所有幻灯片。此时切换到了第2张幻灯片，如果想实现幻灯片的快速跳转，❶右击鼠标，❷在弹出的快捷菜单中单击"查看所有幻灯片"命令，如下图所示。

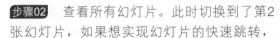

步骤03 选择幻灯片。跳转到幻灯片缩略图列表，单击想要跳转到的幻灯片，如右图所示。此时将跳转到该幻灯片。

提示 在幻灯片放映过程中，除了可以使用右键菜单来控制幻灯片的放映外，还可以通过幻灯片左下角的控制按钮，控制幻灯片的切换、暂停和结束等操作。

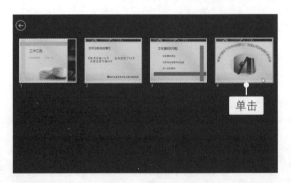

17.3.2 放映过程中切换到其他程序

一般情况下，幻灯片的放映都是在全屏状态下进行的，这样桌面任务栏就被隐藏了起来，不利于切换其他程序，下面就来介绍如何在放映状态下显示任务栏以方便切换其他程序。

◎ 原始文件：实例文件\第17章\原始文件\放映过程中切换到其他程序.pptx
◎ 最终文件：无

步骤01 单击"屏幕>显示任务栏"命令。打开原始文件，进入幻灯片放映状态，如果要切换到其他程序中，❶右击鼠标，❷在弹出的快捷菜单中单击"屏幕>显示任务栏"命令，如下左图所示。

步骤02 单击要打开的程序。此时依然保持了幻灯片的放映状态，在幻灯片下方显示了任务栏，单击任务栏中要切换的程序，如浏览器，如下右图所示。

步骤03　切换程序的效果。此时打开了网页浏览器程序，如右图所示。可以一边放映幻灯片，一边查询一些相关的知识来辅助演讲。

17.3.3　更改屏幕颜色

更改屏幕的颜色其实就是将屏幕停留在黑屏或白屏上，以转移观众的注意力，使观众的注意力放在演讲者身上，下面就来介绍如何更改屏幕的颜色。

　◎　原始文件：实例文件\第17章\更改屏幕颜色.pptx
　◎　最终文件：无

步骤01　屏幕切换与还原。打开原始文件，进入幻灯片放映状态，当放映过程中需要讲解一些其他内容时，可按【B】键，将幻灯片放映切换到黑屏状态。如果需要继续放映幻灯片，❶右击鼠标，❷在弹出的快捷菜单中单击"屏幕>屏幕还原"命令，如下图所示。

步骤02　单击"屏幕>白屏"命令。此时，继续放映幻灯片，如果切换屏幕颜色时，对黑色不满意，也可以右击鼠标，在弹出的快捷菜单中单击"屏幕>白屏"命令，如下图所示。此时屏幕将进入到白屏状态。

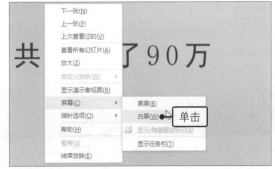

17.3.4　使用墨迹对幻灯片进行标记

在放映过程中，为了突出重点的内容，演讲者可以选择不同颜色的墨迹，使用各种记号笔在幻灯片上进行标记。

◎ 原始文件：实例文件\第17章\原始文件\使用墨迹对幻灯片进行标记.pptx
◎ 最终文件：实例文件\第17章\最终文件\使用墨迹对幻灯片进行标记.pptx

步骤01 单击"荧光笔"命令。打开原始文件，进入幻灯片放映状态，❶右击鼠标，❷在弹出的快捷菜单中单击"指针选项>荧光笔"命令，如下图所示。

步骤02 设置墨迹颜色。❶右击鼠标，❷在弹出的快捷菜单中单击"指针选项"命令，❸在级联列表中单击"墨迹颜色>红色"命令，如下图所示。

步骤03 标记重点。此时鼠标指针显示为荧光笔并呈红色，按住鼠标左键不放，拖动鼠标标记重要内容，如下图所示。

步骤04 单击"橡皮擦"命令。释放鼠标，完成重要内容的标记，如果在标记的过程中有误，❶右击鼠标，❷在弹出的快捷菜单中单击"指针选项>橡皮擦"命令，如下图所示。

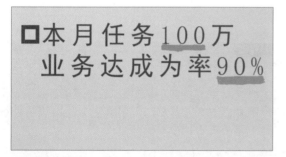

步骤05 使用橡皮擦。此时鼠标指针呈橡皮擦形，单击要擦除的标记，如下图所示，即可清除标记。

步骤06 保留墨迹。当幻灯片放映完成后，将弹出提示框"是否保留墨迹注释？"，单击"保留"按钮，如下图所示。

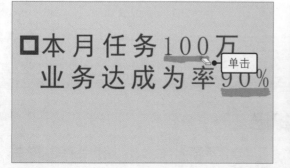

步骤07 保留墨迹的效果。进入幻灯片的普通视图，单击第2张幻灯片，可以看到第2张幻灯片中保留的墨迹注释，如右图所示。

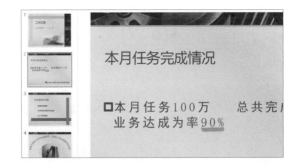

17.4　将演示文稿输出为指定类型的文件

　　在保存新建的演示文稿时，默认情况下会自动保存为 pptx 格式，如果要保存为其他文件类型，如 PDF、视频等，就可以通过本节介绍的方法来实现。

17.4.1　将演示文稿创建为 PDF/XPS 文档

　　当计算机中没有安装 PowerPoint 组件而想要查看他人制作的演示文稿内容时，可让他人将制作的演示文稿保存为 PDF /XPS 格式。

◎　原始文件：实例文件\第17章\原始文件\将演示文稿创建为PDF/XPS文档.pptx
◎　最终文件：实例文件\第17章\最终文件\改革大会.pdf

步骤01 单击"创建PDF/XPS文档"选项。打开原始文件，单击"文件"按钮，❶在弹出的视图菜单中单击"导出"命令，❷在右侧的面板中单击"创建PDF/XPS文档"选项，如下图所示。

步骤02 单击"创建PDF/XPS"按钮。在右侧展开了创建PDF/XPS文档的详细情况，单击"创建PDF/XPS"按钮，如下图所示。

步骤03 保存文件。弹出"发布为PDF或XPS"对话框，系统自动引用了原来的文件名，此时文本的保存类型为"PDF(*pdf)"，❶设置好文档的存储路径和文件名，❷单击"发布"按钮，如下左图所示。

步骤04 显示进度。此时将弹出"正在发布"对话框，并显示发布的进度，如下右图所示。

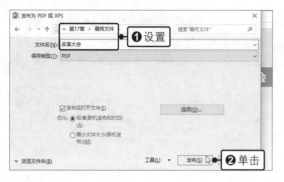

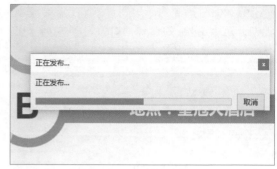

步骤05 生成PDF文档。发布完成后，在文件的存储位置可以看见生成的PDF文件效果，双击PDF文件，如下图所示。

步骤06 打开文件效果。打开浏览器，可查看PDF文件，如下图所示。如果计算机中安装了pdf阅读器，也可以通过阅读器打开该文件。

17.4.2 将演示文稿创建为视频

将演示文稿创建为视频后，可以极大地方便演示文稿在任何地点、环境中进行放映，使用者也不会为没有安装 PowerPoint 程序而感到烦恼了。

◎ **原始文件：** 实例文件\第17章\原始文件\将演示文稿创建为视频.pptx
◎ **最终文件：** 实例文件\第17章\最终文件\改革大会.wmv

步骤01 单击"创建视频"选项。打开原始文件，❶在视图菜单中单击"导出"命令，❷在右侧的面板中单击"创建视频"选项，如下图所示。

步骤02 单击"创建视频"按钮。打开创建视频选项面板，❶单击"放映每张幻灯片的秒数"右侧的数值调节按钮，设置每张幻灯片放映的秒数为"15.00"，❷单击"创建视频"按钮，如下图所示。

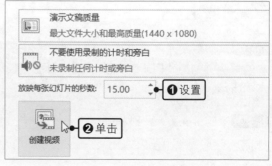

步骤03 保存文件。弹出"另存为"对话框，❶选择视频的存储位置及文件名，在保存类型中可以看到此时文件的保存类型为视频文件，❷单击"保存"按钮，如下图所示。

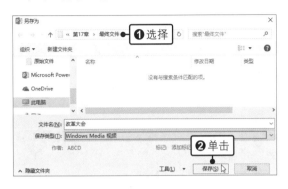

步骤04 显示进度。此时，在幻灯片底部的状态栏中可以看到创建视频的进度，如下图所示。

步骤05 播放视频文件。视频创建完成后，打开视频的存储位置，双击视频文件，如下图所示。

步骤06 创建的视频效果。进入视频播放状态，此时就可以看到将演示文稿创建为视频的效果，如下图所示。

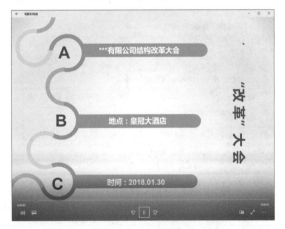

17.4.3 将演示文稿打包

打包演示文稿一般分为将演示文稿打包成文件夹和 CD 两种方式。如果要将演示文稿打包成 CD，那么在计算机中就必须安装 CD 刻录机才能实现，所以此处重点介绍将演示文稿打包成文件夹的方法，打包演示文稿后可以保证幻灯片中的音频和视频文件在任何计算机中都可以播放。

◎ 原始文件：实例文件\第17章\原始文件\将演示文稿打包.pptx
◎ 最终文件：实例文件\第17章\最终文件\公司结构（文件夹）

步骤01 单击"打包成CD"按钮。打开原始文件，❶在视图菜单中单击"导出"命令，❷在右侧的面板中单击"将演示文稿打包成CD"选项，❸单击"打包成CD"按钮，如下左图所示。

步骤02 单击"复制到文件夹"按钮。弹出"打包成CD"对话框，单击"复制到文件夹"按钮，如下右图所示。

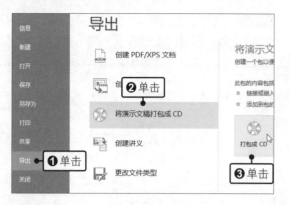 

步骤03 设置文件名称和位置。弹出"复制到文件夹"对话框，❶在"文件夹名称"文本框中输入"公司结构"，❷在"位置"文本框中设置好文件的存储路径，❸勾选"完成后打开文件夹"复选框，❹单击"确定"按钮，如下图所示。

步骤04 打包演示文稿的效果。打包成功后，系统将自动打开打包的文件夹，可以看见打包的文件夹内容，效果如下图所示。

17.4.4 将演示文稿创建为讲义

将演示文稿创建为讲义是将演示文稿转换为 Word 文档，讲义的版式有很多种，较为常用的是在讲义中每张幻灯片旁边配置备注文本框的版式，以便于在文本框中输入对幻灯片内容的介绍。讲义中的幻灯片还能设置为随着原演示文稿的更新而更新。

◎ 原始文件：实例文件\第17章\原始文件\将演示文稿创建为讲义.pptx
◎ 最终文件：实例文件\第17章\最终文件\将演示文稿创建为讲义.docx

步骤01 单击"创建讲义"按钮。打开原始文件，❶在视图菜单中单击"导出"命令，❷在右侧的面板中单击"创建讲义"选项，❸单击"创建讲义"按钮，如右图所示。

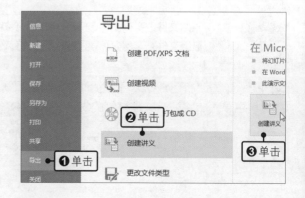

步骤02　设置版式。弹出"发送到Microsoft Word"对话框，❶单击"备注在幻灯片旁"单选按钮，❷单击"粘贴链接"单选按钮，❸单击"确定"按钮，如下图所示。

步骤03　创建讲义的效果。此时将自动打开创建为讲义的Word文档，如下图所示。随后保存该Word文档，需要注意的是，因为上一步设置了粘贴链接，所以Word文档中的讲义内容会随着原演示文稿中的内容的改变而发生变化。

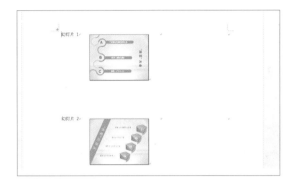

17.4.5　更改文件类型

在 PowerPoint 2019 中，可以很轻松地将演示文稿更改为指定的文件类型，例如，可以将演示文稿更改为图片类型的文件，那么演示文稿中的每张幻灯片就都以图片形式存在了，这样可以很方便地保存独立的幻灯片。

◎　原始文件：实例文件\第17章\原始文件\更改文件类型.pptx
◎　最终文件：实例文件\第17章\最终文件\改革大会（文件夹）

步骤01　单击"更改文件类型"选项。打开原始文件，❶在视图菜单中单击"导出"命令，❷在右侧的面板中单击"更改文件类型"选项，如下图所示。

步骤02　单击"另存为"按钮。❶在右侧的更改文件类型选项组下单击"JPEG文件交换格式"选项，❷单击"另存为"按钮，如下图所示。

步骤03　设置文件名和存储路径。选择文件的存储路径后，❶在"文件名"文本框中输入"改革大会"，❷单击"保存"按钮，如右图所示。

步骤04 单击"所有幻灯片"按钮。弹出提示框，询问想要导出哪些幻灯片，此时单击"所有幻灯片"按钮，如下图所示。

步骤05 单击"确定"按钮。保存成功后将弹出提示框，提示每张幻灯片都以独立文件方式保存，单击"确定"按钮，如下图所示。

步骤06 保存的效果。打开文件夹，可以看见演示文稿中的每张幻灯片都以独立的图片文件形式显示了，双击第1幻灯片，如下图所示。

步骤07 查看图片的效果。此时利用照片查看器打开导出为图片格式的幻灯片，如下图所示。

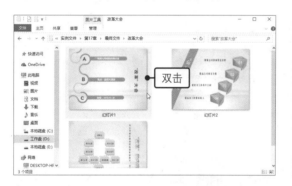

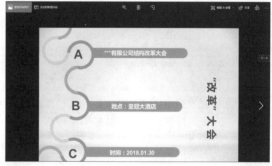

知识拓展

▶ 快速跳转到第 n 张幻灯片

在幻灯片的放映过程中，借助键盘数字键和回车键，便可以轻松地控制幻灯片的跳转。

步骤01 打开原始文件，进入到幻灯片放映状态，如下左图所示。按下数字键3，然后按下【Enter】键。

步骤02 此时快速地跳转到了第3张幻灯片，如下右图所示。

▶ 快速暂停或重新开始自动幻灯片放映

当演示文稿自动放映的时候，如何让演示文稿停止放映，又如何让演示文稿继续放映，下面介绍演示文稿放映过程中的"刹车"和"油门"。

步骤01 打开原始文件，进入到幻灯片放映中，按下【S】键，幻灯片暂停放映，如下左图所示。

步骤02 按下【+】键，幻灯片继续开始放映，如下右图所示。

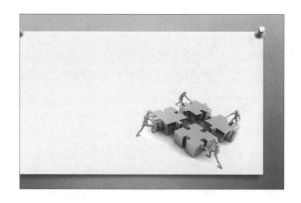 

▶ 快速返回第 1 张幻灯片

在幻灯片放映过程中，如果要暂停后续放映，讲解其他内容，除了使用白屏或黑屏来控制外，演讲者还常常会将幻灯片切换回第 1 张标题页。下面就来介绍如何在演讲过程中快速返回第 1 张幻灯片。

步骤01 打开原始文件，放映幻灯片，放映到任何一张幻灯片中，如下左图所示，按下【Home】键。

步骤02 即可快速返回第1张幻灯片，如下右图所示。

 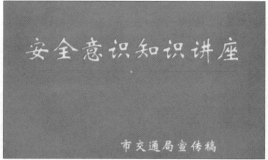

趁热打铁　放映项目策划方案

项目策划方案是非常重要的一种商业策划方案，因为它直接影响整个项目的进度，在制作完成该企划案的演示文稿并放映项目策划方案的时候，需要演讲者亲自控制演示文稿的放映以方便说明幻灯片中的内容，这样可以更便于观众理解整个项目的构造和可实施程度。

◎ 原始文件：实例文件\第17章\原始文件\放映项目策划方案.pptx
◎ 最终文件：无

步骤01 单击"设置幻灯片放映"按钮。打开原始文件，❶切换到"幻灯片放映"选项卡，❷单击"设置"组中的"设置幻灯片放映"按钮，如下图所示。

步骤02 设置放映方式。弹出"设置放映方式"对话框，❶单击"演讲者放映"单选按钮，❷勾选"循环放映，按ESC键终止"复选框，❸在"换片方式"选项组中单击"手动"单选按钮，如下图所示。单击"确定"按钮。

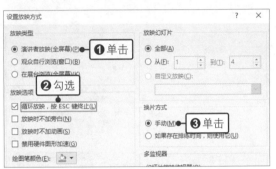

步骤03 单击"从头开始"按钮。在"开始放映幻灯片"组中单击"从头开始"按钮，如下图所示。

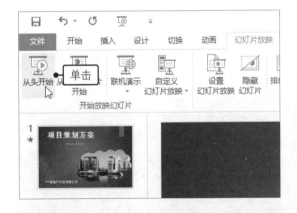

步骤04 进入放映状态。此时进入到幻灯片放映状态，从第1张幻灯片开始放映，如下图所示。

提示 如果要进入小窗口放映，可以按住【Ctrl】键不放，单击"从头开始"按钮，即可以实现演示文稿的窗口放映模式。

步骤05 切换幻灯片。演讲者进行演讲后，按数字键2和【Enter】组合键，切换到第2张幻灯片，即可看到切换的动态效果，如右图所示。

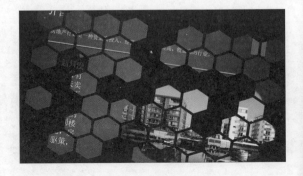

步骤06　使用激光笔。进入第2张幻灯片放映后，按住【Ctrl】键不放，同时按住鼠标左键，鼠标指针呈激光笔状，此时松开【Ctrl】键，拖动鼠标，即可指示幻灯片中的内容，为观众详细讲解该幻灯片中的内容，如下图所示。

步骤07　单击"下一张"命令。❶右击鼠标，❷在弹出的快捷菜单中单击"下一张"命令，如下图所示。

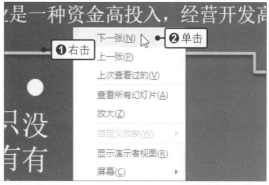

步骤08　使用笔。切换到第3张幻灯片的放映中，❶右击鼠标，❷在弹出的快捷菜单中单击"指针选项>笔"命令，如下图所示。

步骤09　标注重点。此时将鼠标指针切换为了记号笔，按住鼠标左键不放，拖动鼠标标识重点内容，如下图所示。

步骤10　结束放映。继续放映其他幻灯片，放映完毕后，按【ESC】键退出放映，此时弹出提示框"是否保留墨迹注释？"，如果不需要保留，单击"放弃"按钮，如右图所示。完成项目策划方案的放映。

3

综合实训篇

通过前面章节的学习，对 Office 组件中的 Word、Excel 和 PowerPoint 已经有了一个大概的认识和了解，并对它们的基本操作有所掌握，但为了加强对组件知识的掌握和在实际工作中的应用，还需要通过实训来提升。本篇将通过 3 个实例分别对 Word、Excel 和 PowerPoint 在实际工作中的应用进行详细讲解。

- 快速创建劳动合同
- 员工工资管理
- 创建新品发布演示文稿

快速创建劳动合同

第18章

劳动合同是指劳动者与用人单位确立劳动关系、明确双方权利和义务的协议。通常其条款包括劳动合同期限、工作内容、劳动保护和劳动条件、劳动报酬、劳动纪律、劳动合同终止的条件、违反劳动合同的责任等内容。在办公文档中，劳动合同也是最基本的常用文档，本章主要介绍如何利用 Word 组件创建劳动合同，以及如何在 Word 组件中设置并打印劳动合同。

18.1 实例概述

要创建一份完整的劳动合同，首先要确定劳动合同框架、再对合同进行格式化。本节首先来分析该实例的应用环境和制作流程。

18.1.1 分析实例应用环境

任何用人单位都必须与劳动者签订劳动合同，每个企业的劳动合同内容都不相同，都会根据公司的实际情况进行调整。合同内容应遵循平等自愿、协商一致和符合法律三项原则，凡依据三项原则订立的劳动合同，均具有法律的约束力，双方当事人必须履行该合同所规定的义务。

如果只是按条款输入内容，创建合同范本似乎只需要打字，但是作为格式化的合同，其专业性对文档的格式设置与排版提出了更高的要求，而使用 Word 2019 完全可以快速确定合同框架、格式化合同字符、迅速完成合同排版、页面设置和打印，让制作的合同专业、得体。

18.1.2 初探实例制作流程

创建劳动合同，可以遵循以下流程进行操作：

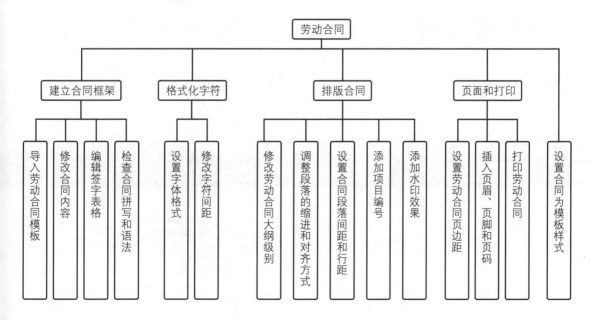

本实例需要用到的 Word 知识点：创建并保存文档；插入表格；拼写和语法；大纲级别；段落缩进和对齐方式；段落间距和行距；项目符号；插入水印；页眉、页脚和页码；打印劳动合同；保存为模板。

18.2 快速确定劳动合同框架

劳动合同框架是整篇合同的重要部分，包含了合同的所有内容。劳动合同的内容可分为两方面，一方面是必备条款的内容，另一方面是用人单位与劳动者协商约定的内容。其中，必备条款包括劳动合同期限、工作内容、劳动保护和劳动条件、劳动报酬、劳动纪律、劳动合同终止的条件及违反劳动合同的责任。本节使用 Word 2019 来快速拟定劳动合同框架。

18.2.1 创建劳动合同文档

创建劳动合同的第一步是创建劳动合同文档，下面介绍具体步骤。

◎ 原始文件：无
◎ 最终文件：实例文件\第18章\最终文件\创建劳动合同文档.docx

步骤01 打开空白文档。启动Word 2019，双击"空白文档"图标，如下图所示。

步骤02 输入文本。打开空白文档后，光标自动定位在文档编辑区域的左上角，切换到中文输入法，输入文本，如下图所示。

步骤03 保存文档。为了方便今后的使用，文档输入完毕后应立即保存。单击窗口左上角的"保存"按钮，如下图所示。

步骤04 选择保存位置。弹出"另存为"对话框，❶设置文档的存储路径，❷输入文档名称，❸单击"保存"按钮，如下图所示。

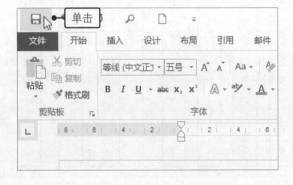

18.2.2　修改合同内容

　　创建好合同文档后，还要根据公司的实际情况对合同内容进行修改。下面介绍在 Word 2019 中修改合同内容的具体步骤。

◎　原始文件：实例文件\第18章\原始文件\修改合同内容.docx
◎　最终文件：实例文件\第18章\最终文件\修改合同内容.docx

步骤01　修改合同内容。打开原始文件，更改合同封面的内容，效果如下图所示。

步骤02　单击"剪切"命令。❶选中文档末尾的"使用说明"文本内容，并右击鼠标，❷在弹出的快捷菜单中单击"剪切"命令，如下图所示。

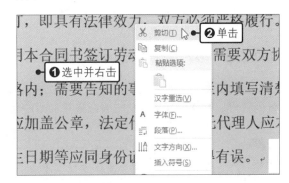

步骤03　粘贴"使用说明"文本内容。将光标定位到"第一条 劳动合同期限"标题前一段落，❶右击鼠标，❷在弹出的快捷菜单中单击"粘贴选项-保留源格式"命令，如下图所示。

步骤04　修改说明标题。此时"使用说明"文本内容被移动到了指定位置，更改标题为"签订说明"，如下图所示，并且根据实际情况适当修改说明内容。

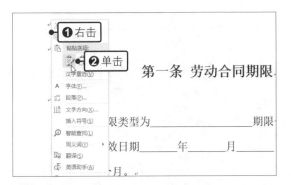

步骤05　修改劳动合同期限条款。在劳动合同中，"合同期限"是非常重要的内容之一，需要将该内容更改为符合公司状况的内容，如右图所示。

步骤06 修改劳动报酬条款。接着在"劳动报酬"内容中根据实际情况进行修改，效果如下图所示。

步骤07 修改其他条款。按照同样的方法修改"劳动合同"中的其他条款，如下图所示。需要注意的是，在修改合同内容时，要仔细筛查，反复检验。

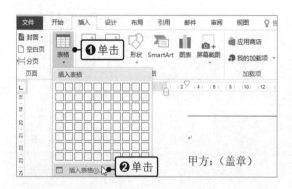

18.2.3 编辑签字表格

合同签章可以理解为甲方（用人单位）和乙方（劳动者）双方的签字和盖章（手印）。这部分内容可以制作成表格，这样看起来更加清楚明了，使用起来也更加方便。

◎ **原始文件**：实例文件\第18章\原始文件\编辑签字表格.docx
◎ **最终文件**：实例文件\第18章\最终文件\编辑签字表格.docx

步骤01 单击"插入表格"选项。打开原始文件，将光标置于合同正文末尾，❶在"插入"选项卡下单击"表格"按钮，❷在展开的列表中单击"插入表格"选项，如下图所示。

步骤02 设置表格尺寸。弹出"插入表格"对话框，❶设置表格的"列数"为"2"、"行数"为"1"，❷单击"固定列宽"单选按钮，❸再单击"确定"按钮，如下图所示。

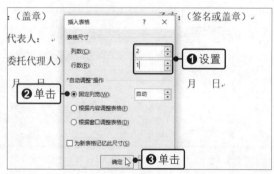

步骤03 调整表格高度。在光标处插入了2列1行的表格，将鼠标指针指向表格底部，当鼠标指针呈÷状时，按住鼠标左键不放拖动表格调整高度，如右图所示。

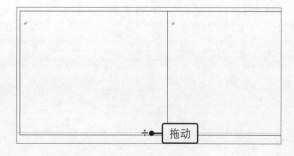

步骤04 调整表格内的文本对齐方式。在表格内输入甲乙双方的签章内容，最后将光标置于"甲方"年月日所在行，在"段落"组中单击"右对齐"按钮，如下图所示。

步骤05 显示完成的签字表格。按照同样的方法设置"乙方"所在年月日行的对齐方式，最终完成的签字表格效果如下图所示。

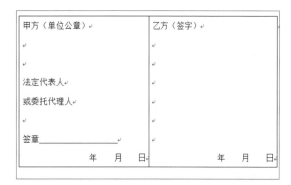

18.2.4 检查合同拼写和语法

合同内容不仅仅是条款要明细，其文本语法也必须要正确，这样才能保证合同的严谨。在Word 组件中，可以通过"拼写和语法"功能来检查，以避免这类错误的发生。

◎ 原始文件：实例文件\第18章\原始文件\检查合同拼写和语法.docx
◎ 最终文件：实例文件\第18章\最终文件\检查合同拼写和语法.docx

步骤01 单击"拼写和语法"按钮。打开原始文件，在"审阅"选项卡下单击"拼写和语法"按钮，如下图所示。

步骤02 查找错误。打开"校对"窗格，此时Word会在列表框中显示搜索出的第一条有语法错误的文本内容，该文本下方显示红线，如下图所示。

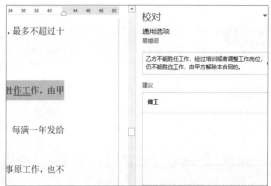

步骤03 更改文本。确认文本错误后在文中更改，更改后文本下方的红线消失，如下左图所示。在窗格中单击"继续"按钮，继续查找错误。

步骤04 继续查找错误。按照同样的方法检查Word搜索出的错误是否有错，当没有错误时，单击"忽略"按钮，如下右图所示。

步骤05 完成检查。检查完毕后弹出提示框，提示拼写和语法检查完成，单击"确定"按钮，如右图所示。

> **提示** 自动检查拼写和语法时，Word 会用红色波形下划线表示可能的拼写错误，用蓝色波形下划线表示可能的语法错误。

18.3 格式化劳动合同字符

专业的合同要求页面整洁，其字符没有具体硬性要求，但也可以根据实际情况进行设置，只要干净整洁、不花哨、条理清楚即可。本节将详细介绍如何设置合同字体和字符间距。

18.3.1 设置字体格式

如果合同内容的字体格式不符合实际的工作需要，可以根据具体要求进行调整。操作方法如下。

◎ 原始文件：实例文件\第18章\原始文件\设置字体格式.docx
◎ 最终文件：实例文件\第18章\最终文件\设置字体格式.docx

步骤01 选中不连续文本。打开原始文件，按住【Ctrl】键不放，按住鼠标左键拖动选取需要设置文本的段落，如下图所示。

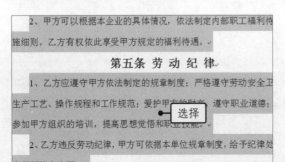

步骤02 设置字体。❶在"开始"选项卡下单击"字体"右侧的下三角按钮，❷在展开的列表中单击"华文仿宋"选项，如下图所示。

步骤03　设置字体效果。经过操作后，所选的文本应用了设置的字体，效果如下图所示。

> 5、甲方为乙方提供必要的劳动条件和劳动工具，流程，制定操作规程、工作规范和劳动安全卫生制度
>
> 6、甲方应按照国家有关部门的规定组织安排乙方
>
> 7、甲方负责对乙方进行政治思想、职业道德、业卫生及有关规章制度的教育和培训。

步骤04　设置加粗格式。❶选中合同中的重要提示内容，❷单击"加粗"按钮，如下图所示。

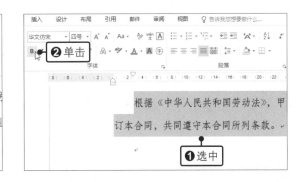

步骤05　设置字体格式的效果。经过操作后，所选文本应用了设置的格式，效果如右图所示。

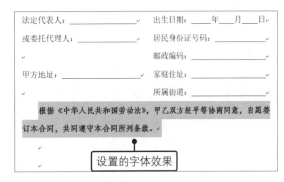

18.3.2　修改字符间距

设置合同的提示内容时，可以对这部分文字进行一定的特殊处理。除了可以设置字体格式外，适当调整字符的间距也可以让文字显示更加清晰。但是对于大段文字，增大间距反而不便于阅读，所以需谨慎使用。

◎ 原始文件：实例文件\第18章\原始文件\修改字符间距.docx
◎ 最终文件：实例文件\第18章\最终文件\修改字符间距.docx

步骤01　单击"字体"组对话框启动器。打开原始文件，❶选中重要的提示文本内容，❷单击"字体"组中的对话框启动器，如下图所示。

步骤02　设置字符间距。弹出"字体"对话框，在"高级"选项卡下设置"间距"为"加宽"、"磅值"为"0.5磅"，如下图所示。

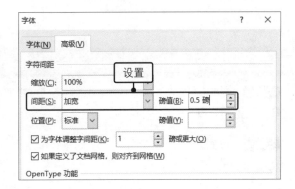

步骤03 设置字符间距的效果。单击"确定"按钮，此时所选的提示文本应用了字符间距效果，如右图所示。

提示 为了使文本更醒目，也可以设置字体缩放，只需要在"字体"对话框的"高级"选项卡中，设置对应的"缩放"比例即可。

性　　别：_____

法定代表人：_____　　出生日期：____年__月__日

或委托代理人：_____　　居民身份证号码：_____

邮政编码：_____

甲方地址：_____　　家庭住址：_____

所属街道：_____

根据《中华人民共和国劳动法》，甲乙双方经平等协商同意，自愿签订本合同，共同遵守本合同所列条款。

18.4 排版劳动合同

完成劳动合同的字符设置后，现在要进一步对合同内容进行排版，如设置合同的大纲级别、段落缩进、间距、行距、项目符号及水印效果等，这样才能让合同文档更加整齐与规范。

18.4.1 修改劳动合同大纲级别

在合同文档中设置大纲级别，不仅可以使文档结构更有层次，还能便于在电子文档的"导航"窗格中快速定位到指定的标题，使阅读和查阅内容更加方便。

◎ 原始文件：实例文件\第18章\原始文件\修改劳动合同大纲级别.docx
◎ 最终文件：实例文件\第18章\最终文件\修改劳动合同大纲级别.docx

步骤01 单击"段落"命令。打开原始文件，❶选中"劳动合同书"标题文本，❷右击鼠标，❸在弹出的快捷菜单中单击"段落"命令，如下图所示。

步骤02 设置1级大纲级别。弹出"段落"对话框，在"缩进和间距"选项卡下，❶单击"大纲级别"右侧的下拉按钮，❷在展开的列表中单击"1级"选项，如下图所示。

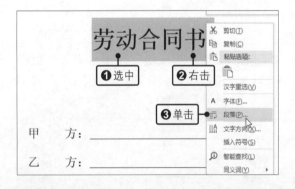

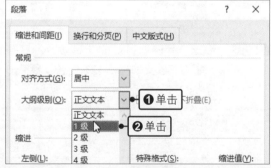

步骤03 单击"段落"命令。单击"确定"按钮返回文档，将光标定位到"签订说明"文本中，❶右击鼠标，❷在弹出的快捷菜单中单击"段落"命令，如下左图所示。

步骤04 设置2级大纲级别。弹出"段落"对话框，❶在"缩进和间距"选项卡下单击"大纲级别"右侧的下拉按钮，❷在展开的列表中单击"2级"选项，如下右图所示，单击"确定"按钮。

步骤05　显示设置大纲级别的效果。按照同样的方法为其他条款应用2级大纲级别。切换至"视图"选项卡，勾选"导航窗格"复选框，在左侧打开的"导航"窗格中可以看到为合同文档应用大纲级别后显示的文档结构效果，如右图所示。

18.4.2　调整合同中段落的缩进

完成合同文字内容编辑后，为了让合同在版式上更加清晰美观，可对合同文档的段落设置缩进效果。

◎　原始文件：实例文件\第18章\原始文件\调整合同中段落的缩进.docx
◎　最终文件：实例文件\第18章\最终文件\调整合同中段落的缩进.docx

步骤01　启动段落调整功能。打开原始文件，❶按住鼠标左键不放，拖动选择需要调整段落格式的文本，❷在"开始"选项卡下单击"段落"组中的对话框启动器，如下图所示。

步骤02　调整段落缩进。在打开的对话框中设置"缩进值"为"0.75厘米"，如下图所示。完成后单击"确定"按钮。

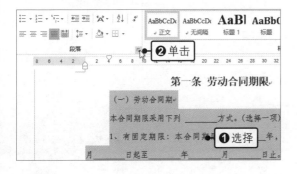

步骤03　应用段落缩进的效果。释放鼠标后，即可看到所选段落应用缩进值后的效果，如下左图所示。

步骤04　完成其他段落缩进的设置。按照同样的方法对合同其他需要调整缩进值的内容进行段落格式的设置，得到如下右图所示的效果。

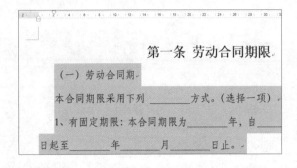
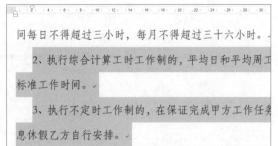

18.4.3 快速设置合同段落间距和行距

对于合同文档中的条款标题，可以设置适合的段落间距和行距，这样可以对标题与条款内容做更有效的区分，使文档更美观。

◎ 原始文件：实例文件\第18章\原始文件\快速设置合同段落间距和行距.docx
◎ 最终文件：实例文件\第18章\最终文件\快速设置合同段落间距和行距.docx

步骤01 单击"段落"命令。打开原始文件，❶将光标定位到"签订说明"文本中间，右击鼠标，❷在弹出的快捷菜单中单击"段落"命令，如下图所示。

步骤02 设置间距和行距。弹出"段落"对话框，在"缩进和间距"选项卡下，❶设置"段前"和"段后"的"间距"为"0.5行"，❷在"行距"列表中单击"1.5倍行距"选项，如下图所示。

步骤03 显示设置间距和行距的效果。单击"确定"按钮，可以看到光标所在段落的间距和行距发生了变化，效果如下图所示。

步骤04 为其他标题设置间距和行距的效果。按照同样的方法，对其他标题都设置相同的间距和行距，效果如下图所示。

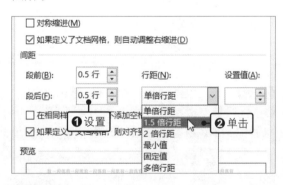

18.4.4　为劳动合同添加项目编号

劳动合同文档里最多的就是双方的约定条款，为了使这些条目更加明晰，可以为合同中的条目添加项目编号。

◎　原始文件：实例文件\第18章\原始文件\为劳动合同添加项目编号.docx
◎　最终文件：实例文件\第18章\最终文件\为劳动合同添加项目编号.docx

步骤01　选择要添加编号的文本段落。打开原始文件，选中"签订说明"下的所有文本内容，如下图所示。

步骤02　选择项目编号。在"开始"选项卡下，❶单击"编号"右侧的下三角按钮，❷在展开的列表中选择编号样式，如下图所示。

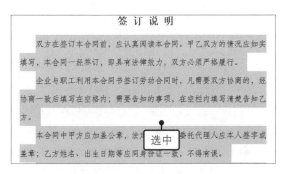

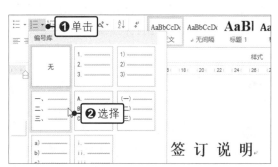

步骤03　显示应用编号的效果。经过操作后，所选"签订说明"下的段落文本即应用了所选的编号样式，如下图所示。

步骤04　选择其他段落文本。对于更下一级的编号，可以使用其他的编号样式以示区别。选择如下图所示的段落文本。

步骤05　选择项目编号样式。在"开始"选项卡下，❶单击"编号"右侧的下三角按钮，❷在展开的列表中选择样式，如下左图所示。

步骤06　显示应用其他样式编号的效果。此时，所选段落应用了所选的编号样式，如下右图所示。按照同样的方法，可以将合同中其他罗列的条目按特定格式编号。需要注意的是，同级别的条目最好应用相同样式的编号，更为规范。

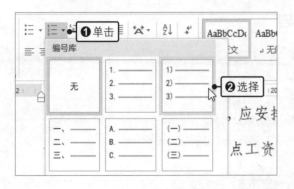
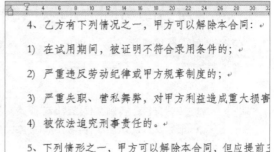

18.4.5　为劳动合同添加水印效果

在劳动合同中，可以通过添加水印来达到"防伪"效果。需要注意的是，添加的水印内容要简明扼要，颜色不能比合同文本的颜色还鲜明。

◎　原始文件：实例文件\第18章\原始文件\为劳动合同添加水印效果.docx
◎　最终文件：实例文件\第18章\最终文件\为劳动合同添加水印效果.docx

步骤01　单击"自定义水印"选项。打开原始文件，❶在"设计"选项卡下单击"页面背景"组中的"水印"按钮，❷在展开的列表中单击"自定义水印"选项，如下图所示。

步骤02　设置文字水印。弹出"水印"对话框，❶单击"文字水印"单选按钮，❷设置"语言"为"中文（中国）"、"文字"为"防伪水印"、"字体"为"宋体"，如下图所示。

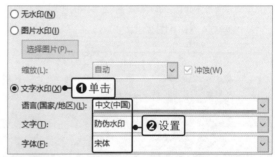

步骤03　设置水印颜色。❶设置"颜色"为"白色，背景1，深色50%"，❷再单击"确定"按钮，如下图所示。

步骤04　显示应用水印的效果。返回文档，即可看到合同文本中显示了插入的水印，效果如下图所示。

18.5 设置劳动合同页面并打印

到目前为止，劳动合同的文本内容已经制作完成了。接下来，需要将其打印出来，为了有更好的打印效果，需要在打印前对合同文档页面进行设置，包括页边距、页眉、页脚和页码等。

18.5.1 设置劳动合同页边距

页边距是指页面四周的空白区域。调整劳动合同文档的页边距，不仅可以让文档内容更加饱满，还可以节省打印纸张。

◎ 原始文件：实例文件\第18章\原始文件\设置劳动合同页边距.docx
◎ 最终文件：实例文件\第18章\最终文件\设置劳动合同页边距.docx

步骤01 打开"页面设置"对话框。打开原始文件，在"布局"选项卡单击"页面设置"组中的对话框启动器，如下图所示。

步骤02 设置页边距。弹出"页面设置"对话框，在"页边距"选项卡下设置"上""下"边距为"2厘米"，"左""右"边距为"2.5厘米"，如下图所示。

步骤03 应用页边距的效果。单击"确定"按钮，可以看到"劳动合同"文档的页边距变窄，页面内容更为饱满，效果如右图所示。

18.5.2 快速插入页眉、页脚和页码

劳动合同的页边距不是设置得越窄越好，而是需要适当留白，而且为了更有效地说明是公司内部的专属文件，可以在劳动合同的页眉处添加公司名称。如果文档的页数较多，还可以在页码处添加文档的页码。

◎ 原始文件：实例文件\第18章\原始文件\快速插入页眉、页脚和页码.docx、徽标.jpg
◎ 最终文件：实例文件\第18章\最终文件\快速插入页眉、页脚和页码.docx

步骤01 选择页眉"空白"样式。打开原始文件，❶在"插入"选项卡下单击"页眉"按钮，❷在展开的列表中选择"空白"样式，如下图所示。

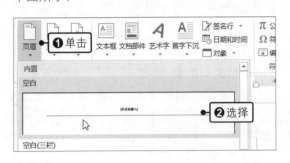

步骤02 输入页眉文本。此时在合同顶部出现页眉编辑区，输入需要的页眉文本，如公司名称，如下图所示。

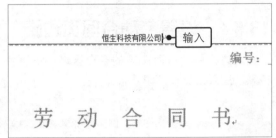

步骤03 选择页脚"空白"样式。❶在"页眉和页脚工具-设计"选项卡单击"页脚"按钮，❷在展开的列表中选择"空白"样式，如下图所示。

步骤04 单击"图片"按钮。此时自动跳转至页面底端的页脚编辑区，在"页眉和页脚工具-设计"选项卡下单击"图片"按钮，如下图所示。

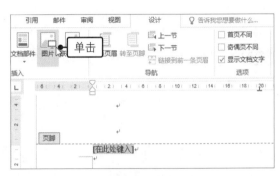

步骤05 选择公司徽标。弹出"插入图片"对话框，❶选中图片，❷再单击"插入"按钮，如下图所示。

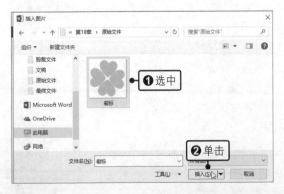

步骤06 显示插入的公司徽标。经过操作后，在页脚处插入了所选的公司徽标图片，调整图片大小即可，如下图所示。

步骤07 选择页码的样式。❶在"页眉和页脚工具-设计"选项卡下单击"页码"按钮，❷在展开的列表中单击"页面底端>加粗显示的数字3"选项，如下左图所示。

步骤08 关闭页眉和页脚。经过操作后，在页面底端显示插入的页码，确认设置结束后，在"页眉和页脚工具-设计"选项卡下单击"关闭页眉和页脚"按钮，如下右图所示。

步骤09　插入页眉和页脚的效果。返回劳动合同文档，可以看到设置的页眉和页脚效果，如右图所示。

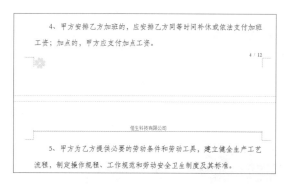

18.5.3　打印劳动合同

对劳动合同进行了页面设置后，就可以打印合同文档了。在"打印"选项面板中，可以预览打印效果，然后设置打印份数、打印范围等。

◎　原始文件：实例文件\第18章\原始文件\打印劳动合同.docx
◎　最终文件：无

步骤01　单击"打印"命令。打开原始文件，单击"文件"按钮，在弹出的视图菜单中单击"打印"命令，如下图所示。

步骤02　设置并打印劳动合同。此时在右侧"打印"选项面板中可以预览合同整体效果，❶设置"份数"为"2"，❷完毕后单击"打印"按钮，如下图所示。

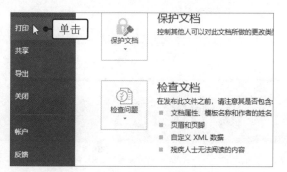

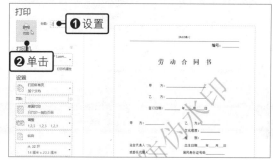

18.6 将劳动合同设置为模板样式

完成劳动合同的文档编辑后，可以将其保存为模板。当下次需要使用的时候，只需要将其打开，再对具体的细节进行改动即可。

◎ 原始文件：实例文件\第18章\原始文件\将劳动合同设置为模板样式.docx
◎ 最终文件：无

步骤01 单击"另存为"命令。打开原始文件，单击"文件"按钮，❶在弹出的视图菜单中单击"另存为"命令，❷在右侧的面板中单击"浏览"按钮，如下图所示。

步骤02 选择保存类型。弹出"另存为"对话框，❶单击"保存类型"按钮，❷在展开的列表中单击"Word模板（*.dotx）"，如下图所示。

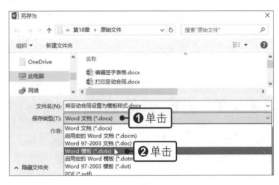

步骤03 显示为模板。可看到模板的保存路径会自动变为"自定义 Office模板"，直接单击"保存"按钮，如右图所示。

提示 如果文档中包含了宏，在保存时设置"保存类型"为"启用宏的Word 模板"即可。

读书笔记

员工工资管理

第19章

工资是指用人单位依据国家有关规定和劳动关系双方的约定，以货币形式支付给员工的劳动报酬。员工工资管理是财务计算出每个员工的工资项目，并且对整个工资报表进行分析，进而有效管理工资的过程。本章将通过一个实例完整地应用 Excel 的表格与数据分析功能，介绍如何计算员工的实发工资及分析员工的工资表。

19.1 实例概述

要分析员工工资，首先就必须建立工资明细表，进行每个月的工资计算，最后从各方面来分析工资状况。本节首先分析该实例的应用环境和制作流程。

19.1.1 分析实例应用环境

随着社会的飞速发展，经济的快速进步，办公自动化已经成为新时期新形势下企业生存发展的必然选择。办公自动化不仅可以让财务人员在工资结算工作上节省时间和人力，也能够保证工资结算的准确性。

19.1.2 初探实例制作流程

员工工资管理可以遵循以下流程进行操作：

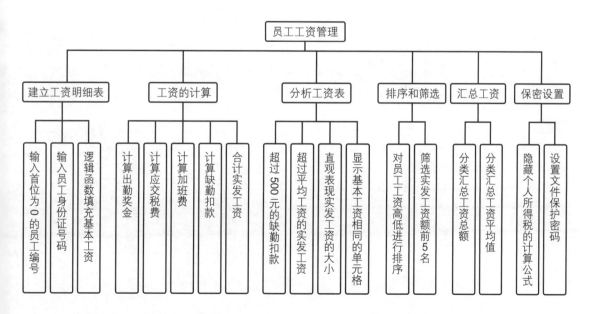

本章制作员工工资管理表需要用到的 Excel 知识点：IF 函数；公式；SUM 函数；VLOOKUP 函数；条件格式；排序；筛选；分类汇总；保护工作表；加密工作簿。

19.2 建立工资明细表

由于各单位管理制度不同，工资管理的方式也会不一样，如各类补贴、奖惩制度、公积金等，这些项目都会直接决定工资明细表的内容。创建第一份工资明细表后，在今后每月使用时只需要修改相应的工资数据，就可以快速得到最终发放的实际工资，这在很大程度上提高了财务或人事专员的工作效率。

19.2.1 输入首位为 0 的员工编号

在构建工资明细表框架时，员工编号是必不可少的项目，它的唯一性可以便于从几十甚至几百号员工中快速查找对应员工的工资记录。很多公司的员工编号都是以 0 开头的，在 Excel 中，如果直接输入首位为 0 的数值，会直接将 0 省去，此时可以按照下面介绍的方法进行操作。

◎ 原始文件：实例文件\第19章\原始文件\输入首位为0的员工编号.xlsx
◎ 最终文件：实例文件\第19章\最终文件\输入首位为0的员工编号.xlsx

步骤01 设置单元格区域的文本格式。打开原始文件，❶在"工资明细表"工作表下选择单元格区域A3:A14，❷在"开始"选项卡下"数字"组中的"数字格式"列表中单击"文本"选项，如下图所示。

步骤02 输入0开头的员工编号。此时所选区域应用了"文本"数字格式，在单元格A3中输入第一位员工编号"00201"，如下图所示。

步骤03 填充员工编号。按下【Enter】键，单元格A3将显示输入的员工编号"00201"，选中该单元格，将鼠标指针移至单元格右下角，待指针呈 **+** 状，按住鼠标左键不放，将其拖动至单元格A14，如右图所示。

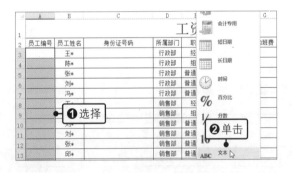

步骤04 显示填充员工编号的效果。释放鼠标左键后，即可看到单元格区域A3:A14填充员工编号的效果，如右图所示。

	A	B	C	D	E
1					工资明
2	员工编号	员工姓名	身份证号码	所属部门	职位
3	00201	王*		行政部	经理
4	00202	陈*		行政部	组长
5	00203	张*		行政部	普通员工
6	00204	刘*		行政部	普通员工
7	00205	冯*		行政部	普通员工
8	00206	王*		销售部	经理
9	00207	陈*		销售部	组长

19.2.2　输入员工身份证号码

身份证号码在工资明细表中不是必需的项目，但是有些公司还是将其列在了工资条中。Excel中每个单元格所能显示的数字最多为 11 位，如果超出，系统会自动将其转换为科学记数格式。若要输入 18 位的身份证号码，除了可以将单元格设置为"文本"格式外，也可以按照下面的方法来快速输入。

◎ 原始文件：实例文件\第19章\原始文件\输入员工身份证号码.xlsx
◎ 最终文件：实例文件\第19章\最终文件\输入员工身份证号码.xlsx

步骤01 输入身份证号码。打开原始文件，在"工资明细表"工作表中的单元格C3中输入身份证号码，需要在身份证号码之前输入英文状态下的单引号"'"，如下图所示。

步骤02 显示输入的身份证号码。按下【Enter】键，即可在单元格C3中显示输入的身份证号码，如下图所示。

	A	B	C	D	E
1					工资明
2	员工编号	员工姓名	身份证号码	所属部门	职位
3	00201	王*	'51010619870221****	行政部	经理
4	00202	陈*	输入	行政部	组长
5	00203	张*		行政部	普通员工
6	00204	刘*		行政部	普通员工
7	00205	冯*		行政部	普通员工

C3 = '51010619870221****

	A	B	C	D	E
1					工资明
2	员工编号	员工姓名	身份证号码	所属部门	职位
3	00201	王*	51010619870221****	行政部	经理
4	00202	陈*		行政部	组长
5	00203	张*		行政部	普通员工
6	00204	刘*		行政部	普通员工
7	00205	冯*		行政部	普通员工
8	00206	王*		销售部	经理
9	00207	陈*		销售部	组长
10	00208	刘*		销售部	普通员工

步骤03 输入其他员工的身份证号码。按照同样的方法在单元格区域C4:C14中输入其他员工的身份证号码，效果如右图所示。

	A	B	C	D	E
1					工资明
2	员工编号	员工姓名	身份证号码	所属部门	职位
3	00201	王*	51010619870221****	行政部	经理
4	00202	陈*	51032019870921****	行政部	组长
5	00203	张*	43021019760321****	行政部	普通员工
6	00204	刘*	45043019880622****	行政部	普通员工
7	00205	冯*	61021019860531****	行政部	普通员工
8	00206	王*	61531019880222****	销售部	经理
9	00207	陈*	31021819830830****	销售部	组长

19.2.3　利用逻辑函数填充基本工资

每个企业的基本工资都不相同，有的企业按照职位来划分基本工资，有的则按照部门来划分基本工资。在本例中，根据职位来划分基本工资，约定如下："经理"基本工资为"￥4500"，"副经理"基本工资为"￥4000"，"组长"基本工资为"￥3800"，"普通员工"基本工资为"￥3000"。下面用 IF 函数来快速填充基本工资。

◎ 原始文件：实例文件\第19章\原始文件\利用逻辑函数填充基本工资.xlsx
◎ 最终文件：实例文件\第19章\最终文件\利用逻辑函数填充基本工资.xlsx

步骤01 输入基本工资的计算函数。打开原始文件，在"工资明细表"工作表中选中单元格F3，输入公式"=IF(E3="经理",4500,IF(E3="副经理",4000,IF(E3="组长",3800,3000)))"，如下图所示。

E	F	G	H	I	J	K
工资明细表						
职位	基本工资	加班费	出勤奖金	应缴税费	缺勤扣款	实发工资
经理	=IF(E3="经理",4500,IF(E3="副经理",4000,IF(E3="组长",3800,3000)))					
组长						
普通员工			输入			
普通员工						
经理						
组长						
普通员工						
普通员工						

步骤02 填充基本工资。按下【Enter】键，即可在单元格F3中显示计算的基本工资，选中该单元格，将鼠标指针移至单元格右下角，待指针呈 ✚ 状，按住鼠标左键不放，将其拖动至单元格F14，如下图所示。

所属部门	职位	基本工资	加班费	出勤奖金	应缴税费	缺勤扣款
行政部	经理	¥4,500.00				
行政部	组长					
行政部	普通员工					
行政部	普通员工					
行政部	普通员工					
销售部	经理					
销售部	组长					
销售部	普通员工					
销售部	普通员工					
销售部	普通员工					
销售部	普通员工					

步骤03 显示填充的基本工资。释放鼠标左键后，在单元格区域F3:F14中显示了根据职位不同填充的基本工资，如右图所示。

行政部	经理	¥4,500.00				
行政部	组长	¥3,800.00				
行政部	普通员工	¥3,000.00				
行政部	普通员工	¥3,000.00				
行政部	普通员工	¥3,000.00				
销售部	经理	¥4,500.00				
销售部	组长	¥3,800.00				
销售部	普通员工	¥3,000.00				
销售部	普通员工	¥3,000.00				
销售部	普通员工	¥3,000.00				
销售部	普通员工	¥3,000.00				

19.3 员工工资的计算

录入了员工工资明细表的各项信息后，就可以根据员工加班、员工考勤的情况来计算员工的加班费、缺勤扣款和出勤奖金等内容，最后计算出应缴税费和实发工资。

19.3.1 计算加班费

对于员工的加班费，根据相关法律法规规定：法定节假日用人单位应当依法支付工资。因此日工资 = 月工资收入 ÷ 月计薪天数；小时工资 = 月工资收入 ÷（ 月计薪天数 ×8 小时 ）；月计薪天数 =(365 天 -104 天)÷12 月，即 21.75 天。本例中只需要根据基本工资计算出员工的时薪，再计算出加班的总小时，最后乘以折算比例，即可算出各员工的加班费。

◎ 原始文件：实例文件\第19章\原始文件\计算加班费.xlsx
◎ 最终文件：实例文件\第19章\最终文件\计算加班费.xlsx

步骤01 计算员工的单次加班总小时。打开原始文件，切换至"加班情况表"工作表，在单元格I3中输入公式"=(G3-F3)*24"，如下左图所示，然后按下【Enter】键，得出计算结果。

步骤02　计算员工的多次加班总小时。在单元格I4中输入公式"=SUM((G4-F4),(G5-F5),(G6-F6))*24",如下右图所示。

结束加班时间	折算比例	合计总小时	加
21:00	200%	=(G3-F3)*24	
21:30			
21:30	200%	输入	
17:00			
15:00			
21:30	200%		

明细表

=SUM((G4-F4),(G5-F5),(G6-F6))*24

员工加班明细表

加班日期	开始加班时间	结束加班时间	折算比例	合计总小时
8月2日	19:00	21:00	200%	2
8月2日	19:00	21:30		
8月9日	19:00	21:30	200%	=SUM((G4-F4)
8月18日	10:00	17:00	输入	,(G5-F5),(
8月4日	9:00	15:00		G6-F6))*24
8月17日	19:00	21:30	200%	
8月25日	10:00	17:00		

步骤03　完成所有员工的加班总小时计算。按下【Enter】键,即可在单元格I4中显示该员工的多次加班总小时。按照同样的方法在单元格区域I3:I35中计算其他员工的加班总小时,结果如下图所示。

步骤04　计算员工的加班费。在单元格J3中输入计算加班费的公式"=((D3/21.75)/8)*I3*H3",如下图所示。

f_x　=SUM((G4-F4),(G5-F5),(G6-F6))*24

F	G	H	I

工加班明细表

开始加班时间	结束加班时间		合计总小时
19:00	21:00	200%	2
19:00	21:30		
19:00	21:30	200%	12
10:00	17:00		
9:00	15:00		
19:00	21:30	200%	16
10:00	17:00		

工加班明细表

开始加班时间	结束加班时间	折算比例	合计总小时	加班费
19:00	21:00	200%	2	=((D3/21.75)
19:00	21:30			/8)*I3*H3
19:00	21:30	200%	12	
10:00	17:00			输入
9:00	15:00			
19:00	21:30	200%		
10:00	17:00			
19:00	21:30	200%		
11:00	15:00	200%		
10:00	17:00			
19:00	21:30	200%		
19:00	21:00			

提示　在本例中,因为每个员工的加班天数都不同,所以无法使用填充柄进行填充。其中步骤01 中的 =(G3-F3)*24 是指该员工的结束加班时间减去开始加班时间,那为什么要在 (G3-F3) 之后乘以 24 呢?因为 Excel 在内部将每 24 小时的时间周期作为一个从 0 至 1 的小数存储,所以 (G3-F3) 得到的只是这两个时间对应的小数差值,这个差值再乘以 24 就可以让计算结果的单位转换为小时。

后面的公式 =SUM((G4-F4),(G5-F5),(G6-F6))*24,也是相同的道理,就是该员工的 3 次加班时间总和乘以 24,将其转换为小时。

提示　在"加班情况表"工作表中计算完员工的加班费后,需要手动将计算结果复制到"工资明细表"中,在粘贴的时候选择"选择性粘贴 > 值和数字格式"命令即可。

步骤05　计算员工多次加班的加班费。按下【Enter】键,即可在单元格J3中显示该员工的加班费。在单元格J4中输入下一个员工的加班费公式"=((D4/21.75)/8)*I4*H4",如下左图所示。

步骤06　计算所有员工的加班费。按下【Enter】键,即可在单元格J4中显示对应员工多次加班的总加班费,按照同样的方法计算其他员工的加班费,如下右图所示。

19.3.2　计算缺勤扣款

通常公司的考勤记录都包括事假、病假、迟到、早退和旷工等项目，每个公司都有自己的考勤规定，直接影响着工资的扣罚结果。本例为方便计算，假设所有的缺勤状况都采用统一扣除当天基本工资的方式进行扣罚，那么直接统计出各项目发生的总次数，再扣除当天基本工资就可以了。当然实际工作中，也可以根据不同的出勤情况采取不同的扣罚标准进行核算。

◎ 原始文件：实例文件\第19章\原始文件\计算缺勤扣款.xlsx
◎ 最终文件：实例文件\第19章\最终文件\计算缺勤扣款.xlsx

步骤01 输入计算缺勤日数的公式。打开原始文件，切换至"员工考勤表"工作表，在单元格I4中输入计算缺勤日数的公式"=SUM(D4:H4)"，如下图所示。

步骤02 填充缺勤日数。按下【Enter】键，即可在单元格I4中显示该员工的缺勤日数，选中该单元格，将鼠标指针指向单元格右下角，待指针呈➕状，按住鼠标左键不放向下拖动，如下图所示，拖至单元格I51后释放鼠标。

步骤03 显示全部员工的缺勤日数。释放鼠标左键后，即可在单元格区域I4:I51中显示所有员工的缺勤日数，效果如下图所示。

步骤04 计算员工的缺勤扣款。在单元格J4中输入公式"=C4/21.75*I4"，如下图所示，即员工的基本工资除以21.75再乘以缺勤日数，便得到员工的缺勤扣款。

步骤05 填充缺勤扣款。按下【Enter】键，即可在单元格J4中显示该员工的缺勤扣款，选中该单元格，将鼠标指针指向单元格右下角，待指针呈 ✚ 状，按住鼠标左键不放，拖动填充柄，如下图所示。

出勤状况				缺勤日数	缺勤扣款	出勤奖金
病假数	迟到数	早退数	旷工数			
				0	￥0	
	3		1	4		
1				1		
				0		
	1			1		
				1		
		1		1		
	2			2		
				0		
	2			2		
				0		
	3			4		
				0		

拖动

步骤06 显示全部员工的缺勤扣款。拖动至单元格J51后释放鼠标左键，即可在单元格区域J4:J51中显示所有员工的缺勤扣款，结果如下图所示。

员工出勤状况表

出勤状况				缺勤日数	缺勤扣款	出勤奖金
病假数	迟到数	早退数	旷工数			
				0	￥0	
	3		1	4	￥699	
1				1	￥138	
				0	￥0	
	1			1	￥138	
				1	￥207	
		1		1	￥175	
	2			2	￥276	
				0	￥0	
	2			2	￥276	

步骤07 在工资明细表中查询引用缺勤扣款。切换至"工资明细表"工作表，在单元格J3中输入公式"=VLOOKUP(A3,员工考勤表!A4:J51,10)"，如右图所示。在工资明细表中引用员工考勤表中的缺勤扣款数目。

工资明细表

门	职位	基本工资	加班费	出勤奖金	应缴税费	缺勤扣款	实发工资
部	经理	￥4,500				=VLOOKUP(A3,员工考勤表!A4:J51,10)	
部	组长	￥3,800					
部	普通员工	￥3,000					
部	普通员工	￥3,000					
部	普通员工	￥3,000	￥68.97				
部	经理	￥4,500	￥620.69				
部	组长	￥3,800	￥677.01				
部	普通员工	￥3,000					
部	普通员工	￥3,000					
部	普通员工	￥3,000					
部	普通员工	￥3,000	￥68.97				

输入

提示 在本例中使用了 VLOOKUP 函数，具体公式为"=VLOOKUP(A3,员工考勤表!A4:J51,10)"，公式的含义是：在"员工考勤表"工作表的单元格区域 A4:J51 中，如果有"工资明细表"工作表中单元格 A3 的内容，则返回该内容所在行的第 10 列数据。

步骤08 填充所有员工的缺勤扣款。按下【Enter】键，即可在"工资明细表"的单元格J3中显示该员工的缺勤扣款，选中该单元格，拖动其右下角的填充柄，如下图所示。

明细表

	基本工资	加班费	出勤奖金	应缴税费	缺勤扣款	实发工资
	￥4,500				￥0	
	￥3,800					
工	￥3,000					
工	￥3,000					
工	￥3,000	￥68.97				
	￥4,500	￥620.69				
	￥3,800	￥677.01				
工	￥3,000					
工	￥3,000					
工	￥3,000					
工	￥3,000	￥68.97				
工	￥3,000	￥137.93				

拖动

步骤09 显示所有员工的缺勤扣款。拖动至单元格J50后释放鼠标左键，即可在单元格区域J3:J50中显示所有员工的缺勤扣款，结果如下图所示。

fx =VLOOKUP(A14,员工考勤表!A15:J62,10)

工资明细表

所属部门	职位	基本工资	加班费	出勤奖金	应缴税费	缺勤扣款	实发工资
行政部	经理	￥4,500				￥0	
行政部	组长	￥3,800				￥699	
行政部	普通员工	￥3,000				￥138	
行政部	普通员工	￥3,000				￥0	
行政部	普通员工	￥3,000	￥68.97			￥138	
销售部	经理	￥4,500	￥620.69			￥207	
销售部	组长	￥3,800	￥677.01			￥175	
销售部	普通员工	￥3,000				￥276	
销售部	普通员工	￥3,000				￥0	
销售部	普通员工	￥3,000				￥276	
销售部	普通员工	￥3,000	￥68.97			￥0	
销售部	普通员工	￥3,000	￥137.93			￥552	
销售部	副经理	￥4,000	￥505.75			￥0	

19.3.3 计算全勤奖金

既然缺勤会惩罚，那么也应该对全勤职员设置奖励。可以在"员工考勤表"工作表中，用 IF 函数对"缺勤日数"为"0"的员工设定出勤奖金，假设该奖励额度为"￥400"。

步骤01 输入计算出勤奖金的公式。打开原始文件，切换至"员工考勤表"工作表，在单元格K4中输入公式"=IF(I4=0,400,0)"，如下图所示。

F	G	H	I	J	K
出勤状况表

出勤状况			缺勤日数	缺勤扣款	出勤奖金
迟到数	早退数	旷工数			
			0	¥0	=IF(I4=0,400,0)
3		1	4	¥699	
			1	¥138	输入
			0	¥0	
1			1	¥138	
			1	¥207	
	1		1	¥175	
2			2	¥276	
			0	¥0	
2			2	¥276	

步骤02 填充出勤奖金。按下【Enter】键，即可在单元格K4中显示计算出的出勤奖金，拖动单元格K4右下角的填充柄至单元格K51，如下图所示。

员工出勤状况表

E	F	G	H	I	J	K	L
出勤状况

病假数	迟到数	早退数	旷工数	缺勤日数	缺勤扣款	出勤奖金
				0	¥0	¥400
	3		1	4	¥699	
				1	¥138	
				0	¥0	
	1			1	¥138	
				1	¥207	
		1		1	¥175	
	2			2	¥276	
				0	¥0	
	2			2	¥276	拖动
	3			4	¥552	
				0	¥0	
				0	¥0	

步骤03 显示所有员工的出勤奖金。拖动至单元格K51后释放鼠标，即可显示所有员工的出勤奖金，结果如下图所示，即若缺勤日数为"0"，则显示出勤奖金为"¥400"。

出勤状况					缺勤日数	缺勤扣款	出勤奖金
事假数	病假数	迟到数	早退数	旷工数			
					0	¥0	¥400
		3		1	4	¥699	¥0
	1				1	¥138	¥0
					0	¥0	¥400
		1			1	¥138	¥0
1					1	¥207	¥0
			1		1	¥175	¥0
		2			2	¥276	¥0
					0	¥0	¥400
		2			2	¥276	¥0
					0	¥0	¥400
1					4	¥552	¥0
					0	¥0	¥400
					0	¥0	¥400
					0	¥0	¥400
	2	5		2	9	¥1,241	¥0
					0	¥0	¥400

步骤04 将出勤奖金引用到工资明细表。切换至"工资明细表"工作表，在单元格H3中输入公式"=VLOOKUP(A3,员工考勤表!A4:K51,11)"，如下图所示。

E	F	G	H	I	J	K
工资明细表

门	职位	基本工资	加班费	出勤奖金	应缴税费	缺勤扣款	实发
部	经理	¥4,500		=VLOOKUP(A3,员工考勤表!A4:K51,11)			
部	组长	¥3,800				¥699	
部	普通员工	¥3,000			输入	¥138	
部	普通员工	¥3,000				¥0	
部	普通员工	¥3,000	¥68.97			¥138	
部	经理	¥4,500	¥620.69			¥207	
部	组长	¥3,800	¥677.01			¥175	
部	普通员工	¥3,000				¥276	
部	普通员工	¥3,000				¥0	
部	普通员工	¥3,000				¥276	
部	普通员工	¥3,000	¥68.97			¥0	
部	普通员工	¥3,000	¥137.93			¥552	
部	副经理	¥4,000	¥505.75			¥0	

步骤05 填充所有员工的出勤奖金。按下【Enter】键，即可在单元格H3中显示计算出的出勤奖金，选中该单元格，拖动其右下角的填充柄，如下图所示。

工资明细表

所属部门	职位	基本工资	加班费	出勤奖金	应缴
行政部	经理	¥4,500		¥400.00	
行政部	组长	¥3,800			
行政部	普通员工	¥3,000			
行政部	普通员工	¥3,000			
行政部	普通员工	¥3,000	¥68.97		
销售部	经理	¥4,500	¥620.69		
销售部	组长	¥3,800	¥677.01		拖动
销售部	普通员工	¥3,000			
销售部	普通员工	¥3,000			
销售部	普通员工	¥3,000			

步骤06 显示所有员工的出勤奖金。拖动至单元格H50后释放鼠标左键，即可在"工资明细表"工作表的单元格区域H3:H50中显示所有员工的出勤奖金，结果如下图所示。

职位	基本工资	加班费	出勤奖金	应缴税费	缺勤扣款	实发工资
经理	¥4,500		¥400		¥0	
组长	¥3,800		¥0		¥699	
普通员工	¥3,000		¥0		¥138	
普通员工	¥3,000		¥400		¥0	
普通员工	¥3,000	¥68.97	¥0		¥138	
经理	¥4,500	¥620.69	¥0		¥207	
组长	¥3,800	¥677.01	¥0		¥175	
普通员工	¥3,000		¥0		¥276	
普通员工	¥3,000		¥400		¥0	
普通员工	¥3,000		¥0		¥276	
普通员工	¥3,000	¥68.97	¥0		¥0	
普通员工	¥3,000	¥137.93	¥400		¥552	
副经理	¥4,000	¥505.75	¥400		¥0	
组长	¥3,800	¥349.43	¥0		¥0	
普通员工	¥3,000		¥400		¥0	
普通员工	¥3,000		¥0		¥1,241	

19.3.5　合计实发工资

当所有工资项目都计算完毕后,根据个人所得税计算方法依次算出应纳税工资额和应缴税费,再将应发工资减去应缴税费,即可得到最终的实发工资。

◎　原始文件:实例文件\第19章\原始文件\合计实发工资.xlsx
◎　最终文件:实例文件\第19章\最终文件\合计实发工资.xlsx

步骤01 输入计算实发工资的公式。打开原始文件,"工资明细表"工作表中已提前计算好应纳税工资额和应缴税费,在单元格M3中输入公式"=J3-L3",如下图所示。

步骤02 填充实发工资。按下【Enter】键,即可在单元格M3中显示计算出的实发工资,选中该单元格,向下拖动填充柄至单元格M50,即可计算出所有员工的实发工资,如下图所示。

J	K	L	M
应发工资	应纳税工资额	应缴税费	实发工资
¥4,900	¥1,400	¥42	=J3-L3
¥3,101	¥0	¥0	
¥2,862	¥0	¥0	输入
¥3,400	¥0	¥0	
¥2,931	¥0	¥0	
¥4,914	¥1,414	¥42	
¥4,302	¥802	¥24	

出勤奖金	缺勤扣款	应发工资	应纳税工资额	应缴税费	实发工资
¥400	¥0	¥4,900	¥1,400	¥42	¥4,858
¥0	¥699	¥3,101	¥0	¥0	¥3,101
¥0	¥138	¥2,862	¥0	¥0	¥2,862
¥400	¥0	¥3,400	¥0	¥0	¥3,400
¥0	¥138	¥2,931	¥0	¥0	¥2,931
¥0	¥207	¥4,914	¥1,414	¥42	¥4,871
¥0	¥175	¥4,302	¥802	¥24	¥4,278
¥0	¥276	¥2,724	¥0	¥0	¥2,724
¥400	¥0	¥3,400	向下复制公式		¥3,400
¥0	¥276	¥2,724			¥2,724
¥400	¥0	¥3,469	¥0	¥0	¥3,469
¥0	¥552	¥2,586	¥0	¥0	¥2,586
¥400	¥0	¥4,906	¥1,406	¥42	¥4,864
¥400	¥0	¥4,549	¥1,049	¥31	¥4,518
¥400	¥0	¥3,400	¥0	¥0	¥3,400
¥0	¥1,241	¥1,759	¥0	¥0	¥1,759

19.4　使用条件格式分析工资表

计算完员工的工资数据后,可以使用 Excel 的条件格式对整个报表进行分析,从而更加直观地查看员工的考勤情况和工资水平状况等内容。本节将使用到突出显示单元格、数据条及色阶等功能。

19.4.1　突出显示超过 500 元的缺勤扣款

从员工的缺勤扣款金额可以直接看出员工的考勤情况,缺勤越多,扣款金额越大,这里将使用"条件格式"突出显示超过 500 元的缺勤扣款记录。

◎　原始文件:实例文件\第19章\原始文件\突出显示超过500元的缺勤扣款.xlsx
◎　最终文件:实例文件\第19章\最终文件\突出显示超过500元的缺勤扣款.xlsx

步骤01 选中缺勤扣款的数据。打开原始文件,选中"工资明细表"工作表中的单元格区域I3:I50,如下左图所示。

步骤02 选择突出显示单元格规则。❶在"开始"选项卡下单击"条件格式"按钮,❷在展开的列表中单击"突出显示单元格规则>大于"选项,如下右图所示。

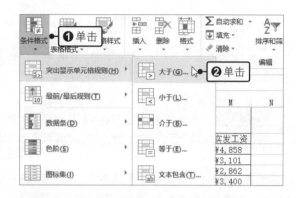

步骤03 设置"大于"规则。弹出"大于"对话框，❶在文本框中输入"500"，❷单击"设置为"右侧的下拉按钮，❸在展开的列表中单击"绿填充色深绿色文本"选项，如下图所示。

步骤04 突出显示大于500元的缺勤扣款。单击"确定"按钮，返回工作表，"缺勤扣款"所在列中大于500元的扣款显示为"绿填充色深绿色文本"样式，如下图所示。

	¥400	¥0	¥4,900	¥1,400
	¥0	¥699	¥3,101	¥0
	¥0	¥138	¥2,862	¥0
	¥400	¥0	¥3,400	¥0
¥68.97	¥0	¥138	¥2,931	¥0
¥620.69	¥0	¥207	¥4,914	¥1,414
¥677.01	¥0	¥175	¥4,302	¥802
	¥0	¥276	¥2,724	¥0
	¥400	¥0	¥3,400	¥0
	¥0	¥276	¥2,724	¥0
¥68.97	¥400	¥0	¥3,469	¥0
¥137.93	¥0	¥552	¥2,586	¥0

19.4.2 突出显示超过平均工资水平的实发工资

若想要查看超过平均实发工资的数据信息，可以通过条件格式中的"最前 / 最后规则"功能快速实现该目的。

◎ 原始文件：实例文件\第19章\原始文件\突出显示超过平均工资水平的实发工资.xlsx
◎ 最终文件：实例文件\第19章\最终文件\突出显示超过平均工资水平的实发工资.xlsx

步骤01 选中实发工资的数据。打开原始文件，选中单元格区域M3:M50，如下图所示。

步骤02 选择高于平均值。❶单击"条件格式"按钮，❷在展开的列表中单击"最前/最后规则>高于平均值"选项，如下图所示。

应发工资	应纳税工资额	应缴税费	实发工资
¥4,900	¥1,400	¥42	¥4,858
¥3,101	¥0	¥0	¥3,101
¥2,862	¥0	¥0	¥2,862
¥3,400	¥0	¥0	¥3,400
¥2,931	¥0	¥0	¥2,931
¥4,914	¥1,414	¥42	¥4,871
¥4,302	¥802	¥24	¥4,278
¥2,724	¥0	¥0	¥2,724
¥3,400	¥0	¥0	¥3,400
¥2,724	¥0	¥0	¥2,724
¥3,469	¥0	¥0	¥3,469
¥2,586	¥0	¥0	¥2,586
¥4,906	¥1,406	¥42	¥4,864

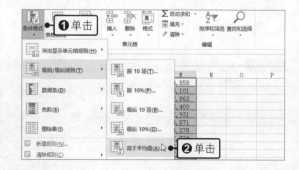

步骤03　设置高于平均值。弹出"高于平均值"对话框，❶设置"针对选定区域，设置为"为"浅红填充色深红色文本"选项，❷然后单击"确定"按钮，如下图所示。

步骤04　突出显示高于平均值的实发工资。返回工作表中，在"实发工资"所在列中高于实发工资平均值的数据显示为"浅红填充色深红色文本"样式，如下图所示。

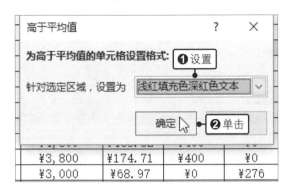

出勤奖金	缺勤扣款	应发工资	应纳税工资额	应缴税费	实发工资
¥400	¥0	¥4,900	¥1,400	¥42	¥4,858
¥0	¥699	¥3,101	¥0	¥0	¥3,101
¥0	¥138	¥2,862	¥0	¥0	¥2,862
¥400	¥0	¥3,400	¥0	¥0	¥3,400
¥0	¥138	¥2,931	¥0	¥0	¥2,931
¥0	¥207	¥4,914	¥1,414	¥42	¥4,871
¥0	¥175	¥4,302	¥802	¥24	¥4,278
¥0	¥276	¥2,724	¥0	¥0	¥2,724
¥400	¥0	¥3,400	¥0	¥0	¥3,400
¥0	¥276	¥2,724	¥0	¥0	¥2,724
¥400	¥0	¥3,469	¥0	¥0	¥3,469
¥0	¥552	¥2,586	¥0	¥0	¥2,586
¥400	¥0	¥4,906	¥1,406	¥42	¥4,864
¥400	¥0	¥4,549	¥1,049	¥31	¥4,518
¥400	¥0	¥3,400	¥0	¥0	¥3,400
¥0	¥1,241	¥1,759	¥0	¥0	¥1,759

19.4.3　使用数据条直观表现实发工资的大小

若要能一眼看出实发工资的多少，可以使用"条件格式"中的"数据条"来表现。工资越高，数据条越长；工资越低，数据条越短。

◎ 原始文件：实例文件\第19章\原始文件\使用数据条直观表现实发工资的大小.xlsx
◎ 最终文件：实例文件\第19章\最终文件\使用数据条直观表现实发工资的大小.xlsx

步骤01　选中实发工资的数据。打开原始文件，选中单元格区域M3:M50，如下图所示。

步骤02　选择数据条。❶单击"条件格式"按钮，❷在展开的列表中单击"数据条>蓝色数据条"选项，如下图所示。

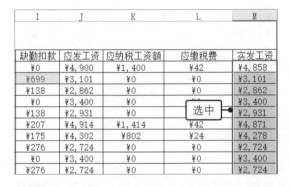

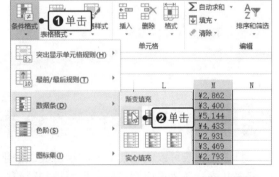

步骤03　应用数据条的效果。返回工作表中，"实发工资"所在单元格区域M3:M50应用了数据条，效果如右图所示。一眼就能看出各个员工的工资高低。

19.4.4　使用色阶显示基本工资相同的单元格

在工资表中，基本工资数据里包含了较多的相同数据，使用"条件格式"的"色阶"功能可以快速将这些相同的单元格以不同颜色表现出来。

◎ 原始文件：实例文件\第19章\原始文件\使用色阶显示基本工资相同的单元格.xlsx
◎ 最终文件：实例文件\第19章\最终文件\使用色阶显示基本工资相同的单元格.xlsx

步骤01　选中基本工资的数据。打开原始文件，选中单元格区域F3:F50，如下图所示。

所属部门	职位	基本工资	加班费	出勤奖金	缺勤扣款
		工资明细表			
行政部	经理	¥4,500		¥400	¥0
行政部	组长	¥3,800		¥0	¥699
行政部	普通员工	¥3,000		¥0	¥138
行政部	普通员工	¥3,000	选中	¥400	¥0
行政部	普通员工	¥3,000		¥0	¥138
销售部	经理	¥4,500	¥620.69	¥0	¥207
销售部	组长	¥3,800	¥677.01	¥0	¥175
销售部	普通员工	¥3,000		¥0	¥276
销售部	普通员工	¥3,000		¥400	¥0

步骤02　选择色阶。❶单击"条件格式"按钮，❷在展开的列表中单击"色阶>绿-黄色阶"选项，如下图所示。

步骤03　显示"基本工资"的色阶效果。返回工作表中，"基本工资"所在单元格区域F3:F50应用了"绿-黄色阶"效果，如右图所示。

> **提示**　除了用正文中的条件格式分析工资情况外，还能用图标集或自定义规则来分析。图标集是以图标的样式区分数据的范围，而自定义规则是通过设置公式与自定义格式来让满足一定条件的单元格以一定格式显示。

职位	基本工资	加班费	出勤奖金	缺勤扣款	应发工资
经理	¥4,500		¥400	¥0	¥4,900
组长	¥3,800		¥0	¥699	¥3,101
普通员工	¥3,000		¥0	¥138	¥2,862
普通员工	¥3,000		¥400		¥3,400
普通员工	¥3,000	¥68.97	¥0	¥138	¥2,931
经理	¥4,500	¥620.69	¥0	¥207	¥4,914
组长	¥3,800	¥677.01	¥0	¥175	¥4,302
普通员工	¥3,000		¥0	¥276	¥2,724
普通员工	¥3,000		¥400		¥3,400
普通员工	¥3,000		¥0	¥276	¥2,724
普通员工	¥3,000	¥68.97	¥400	¥0	¥3,469
普通员工	¥3,000	¥137.93	¥0	¥552	¥2,586
副经理	¥4,000	¥505.75	¥400	¥0	¥4,906
组长	¥3,800	¥349.43	¥400	¥0	¥4,549

19.5　排序和筛选工资表

排序工资表可以便于我们一眼看出员工的工资高低，筛选工资表可以根据条件提取对应的员工薪资数据。通过这两个功能，可以更加得心应手地对工资表进行分析和查看，下面就来介绍具体的操作方法。

19.5.1　对员工工资高低进行排序

通常，工资表的数据是根据员工编号进行排列的，但也可以通过"排序"功能，将员工的实发工资按高低顺序依次排列。

◎ 原始文件：实例文件\第19章\原始文件\对员工工资高低进行排序.xlsx
◎ 最终文件：实例文件\第19章\最终文件\对员工工资高低进行排序.xlsx

步骤01 对"实发工资"列进行升序排序。打开原始文件，❶选中"实发工资"列中任意单元格，❷在"开始"选项卡下单击"排序和筛选"按钮，❸在展开的列表中单击"升序"选项，如下图所示。

步骤02 显示升序排序结果。此时"实发工资"列的数据按照从低到高的顺序排列，效果如下图所示。

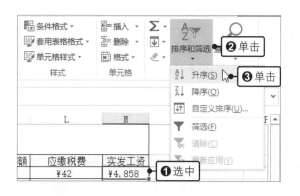

勤奖金	缺勤扣款	应发工资	应纳税工资额	应缴税费	实发工资
¥0	¥1,241	¥1,759	¥0	¥0	¥1,759
¥0	¥828	¥2,172	¥0	¥0	¥2,172
¥0	¥690	¥2,379	¥0	¥0	¥2,379
¥0	¥552	¥2,586	¥0	¥0	¥2,586
¥0	¥414	¥2,655	¥0	¥0	¥2,655
¥0	¥276	¥2,724	¥0	¥0	¥2,724
¥0	¥276	¥2,724	¥0	¥0	¥2,724
¥0	¥414	¥2,793	¥0	¥0	¥2,793
¥0	¥276	¥2,793	¥0	¥0	¥2,793
¥0	¥276	¥2,793	¥0	¥0	¥2,793
¥0	¥138	¥2,862	¥0	¥0	¥2,862
¥0	¥138	¥2,862	¥0	¥0	¥2,862
¥0	¥138	¥2,862	¥0	¥0	¥2,862
¥0	¥138	¥2,862	¥0	¥0	¥2,862
¥0	¥138	¥2,862	¥0	¥0	¥2,862

提示 在使用排序功能分析实发工资时，可以根据分析的需要，使用"自定义排序"功能来设置更多的排序规则。

19.5.2　筛选实发工资额前 5 名

如果想要根据某些条件提取员工的工资信息，可以使用"筛选"功能，下面以筛选实发工资额前 5 名员工的数据信息为例进行介绍。

◎ 原始文件：实例文件\第19章\原始文件\筛选实发工资额前5名.xlsx
◎ 最终文件：实例文件\第19章\最终文件\筛选实发工资额前5名.xlsx

步骤01 单击"筛选"选项。打开原始文件，❶选中"实发工资"列中任意单元格，❷在"开始"选项卡下单击"排序和筛选"按钮，❸在展开的列表中单击"筛选"选项，如下图所示。

步骤02 选择数字筛选。此时工作表的表头显示出筛选按钮，❶单击"实发工资"右侧的筛选按钮，❷在展开的列表中单击"数字筛选>前10项"选项，如下图所示。

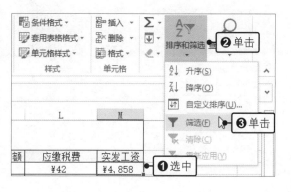

步骤03 设置自动筛选。弹出"自动筛选前10个"对话框，❶在"显示"选项组中依次设置为"最大""5""项"，❷完毕后单击"确定"按钮，如下图所示。

步骤04 显示筛选结果。返回工作表。可看到工作表中只显示了"实发工资"额最高的5个员工信息，如下图所示。

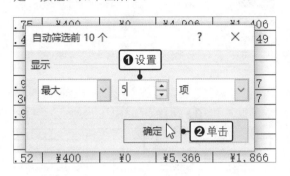

19.6 按照部门分类汇总员工工资

　　每个部门的工资情况也需要统计分析，方便各部门领导进行人事分配和绩效评分等工作。本节将使用"分类汇总"功能，对"所属部门"字段进行汇总分析，查看各部门的工资项总和与平均值。

19.6.1　分类汇总工资总额

　　根据"部门"字段对工资表中的"加班费""出勤奖金""缺勤扣款""应发工资""实发工资"进行分类汇总，查看各部门的工资分布状况。

◎　原始文件：实例文件\第19章\原始文件\分类汇总工资总额.xlsx
◎　最终文件：实例文件\第19章\最终文件\分类汇总工资总额.xlsx

步骤01 选择分类汇总。打开原始文件，❶在"工资明细表"工作表中，选中任意单元格，❷在"数据"选项卡下单击"分级显示"组中的"分类汇总"按钮，如下图所示。

步骤02 选定汇总项。弹出"分类汇总"对话框，❶设置"分类字段"为"所属部门"，❷"汇总方式"为"求和"，❸在"选定汇总项"列表框中勾选"加班费""出勤奖金""缺勤扣款""应发工资""实发工资"复选框，如下图所示。

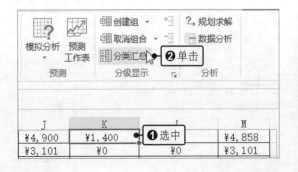

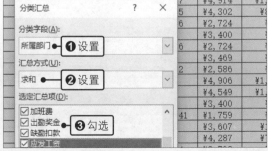

步骤03 显示汇总结果。单击"确定"按钮，返回工作表中，可以看到所有工资项目按照部门进行了汇总，如下图所示。

步骤04 显示2级汇总结果。在工作表左侧的汇总窗格中单击 2 按钮，即可只显示各部门的汇总结果，效果如下图所示。

	工程部 汇总			¥778	¥2,000	¥1,379
51032019800401****	售后部	经理	¥4,500	¥310.34	¥400	¥0
43011019790111****	售后部	组长	¥3,800	¥262.07	¥400	¥0
45099919840622****	售后部	普通员工	¥3,000	¥68.97	¥0	¥138
61021019760311****	售后部	普通员工	¥3,000	¥68.97	¥400	¥0
41531019900213****	售后部	普通员工	¥3,000	¥68.97	¥0	¥276
31021819830202****	售后部	普通员工	¥3,000	¥68.97	¥400	¥0
61021019870831****	售后部	普通员工	¥3,000	¥68.97	¥0	¥414
71021019800907****	售后部	普通员工	¥3,000	¥68.97	¥400	¥0
	售后部 汇总			¥986.21	¥2,000	¥828
62471719901010****	财务部	经理	¥4,500		¥0	¥621
51010619751220****	财务部	普通员工	¥3,000		¥400	¥0
51032019871121****	财务部	普通员工	¥3,000		¥400	¥0
43021019761121****	财务部	普通员工	¥3,000		¥0	¥138
	财务部 汇总			¥0	¥800	¥759

C	D	E	F	G	H	I	J
行政部 汇总				¥68.97	¥800	¥975	¥17,194
销售部 汇总				¥2,861	¥3,600	¥3,140	¥56,221
工程部 汇总				¥778	¥2,000	¥1,379	¥33,699
售后部 汇总				¥986.21	¥2,000	¥828	¥28,459
财务部 汇总				¥0	¥800	¥759	¥13,541
人事部 汇总				¥0	¥1,600	¥828	¥17,272
总计				¥4,694	¥10,800	¥7,908	¥166,386

19.6.2　添加分类汇总工资平均值

在汇总各部门各项明细工资类别的总计值后，可以继续进行第二次嵌套汇总，以分类统计各部门工资类别的平均值。

◎ 原始文件：实例文件\第19章\原始文件\添加分类汇总工资平均值.xlsx
◎ 最终文件：实例文件\第19章\最终文件\添加分类汇总工资平均值.xlsx

步骤01 选择分类汇总。打开原始文件，在"工资明细表"工作表中，取消2级汇总结果显示。❶选中任意单元格，❷单击"分类汇总"按钮，如下图所示。

步骤02 设置汇总方式为"平均值"。弹出"分类汇总"对话框，❶设置"分类字段"为"所属部门"，❷单击"汇总方式"右侧的下拉按钮，❸在展开的列表中单击"平均值"选项，如下图所示。

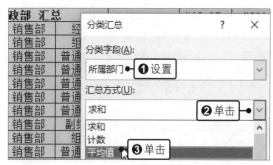

步骤03 取消替换当前分类汇总。勾选"加班费""出勤奖金""缺勤扣款""应发工资""实发工资"复选框，再取消勾选"替换当前分类汇总"复选框，如下左图所示，然后单击"确定"按钮。

步骤04 显示添加平均值的汇总结果。返回工作表中，此时在按部门求和的汇总结果上方，添加了各部门工资项目的平均值统计结果，如下右图所示。

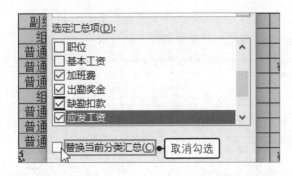

		销售部 平均值			¥318
		销售部 汇总			¥2,861
51032019870921****	工程部	经理	¥4,500	¥465.52
42222019720221****	工程部	组长	¥3,800	¥174.71
45043019880701****	工程部	普通员工	¥3,000	¥68.97
61021019860101****	工程部	普通员工	¥3,000	¥68.97
61531019880501****	工程部	普通员工	¥3,000	
31021819830630****	工程部	普通员工	¥3,000	
61021019890217****	工程部	普通员工	¥3,000	
71021019800430****	工程部	普通员工	¥3,000	
62401719731012****	工程部	普通员工	¥3,000	
51010619770203****	工程部	普通员工	¥3,000	
	工程部 平均值			¥195
	工程部 汇总			¥778

19.7 工资表的保密设置

工资表属于重要文件，若不小心流失会造成不良影响，因此很有必要对工资表进行加密保护。本节将为大家介绍隐藏个人所得税的计算公式及设置文件保护密码保护工作表的方法。

19.7.1 隐藏个人所得税的计算公式

在工资表中，"个人所得税"的公式是比较复杂的，为了防止其他人对公式进行修改，财务人员通常都会把该公式隐藏起来，这样也达到了保密的目的。

◎ 原始文件：实例文件\第19章\原始文件\隐藏个人所得税的计算公式.xlsx
◎ 最终文件：实例文件\第19章\最终文件\隐藏个人所得税的计算公式.xlsx

步骤01 查看单元格中的公式。打开原始文件，在"工资明细表"工作表中，选中含有公式的任意单元格，在编辑栏中可以看到完整的公式，如下图所示。

步骤02 选择"设置单元格格式"命令。❶选中需要隐藏公式的单元格区域L3:L50，❷右击鼠标，❸在弹出的快捷菜单中单击"设置单元格格式"命令，如下图所示。

提示 按照此方式可以对表格中的其他公式进行隐藏。

步骤03 勾选"隐藏"复选框。弹出"设置单元格格式"对话框，❶切换至"保护"选项卡，❷勾选"隐藏"复选框，如下图所示。

步骤04 保护工作表。单击"确定"按钮，返回工作表，❶切换至"审阅"选项卡，❷在"更改"组中单击"保护工作表"按钮，如下图所示。

步骤05 设置允许用户进行的操作。弹出"保护工作表"对话框，❶勾选"保护工作表及锁定的单元格内容"复选框，在"允许此工作表的所有用户进行"列表框中保留默认设置，❷再单击"确定"按钮，如下图所示。

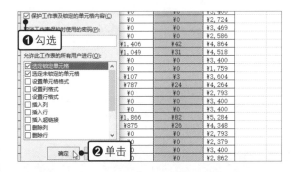

步骤06 隐藏公式的结果。返回工作表中，在单元格区域L3:L50中任意选中一个单元格，其编辑栏中就不会再显示公式了，如下图所示。

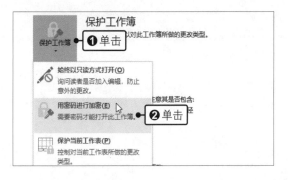

19.7.2　设置文件保护密码

如果不想让自己的 Excel 工作簿被别人查看，最好为该工作簿设置保护密码。这样，没有密码的用户就无法打开工作簿查看里面的数据。

◎ 原始文件：实例文件\第19章\原始文件\设置文件保护密码.xlsx
◎ 最终文件：实例文件\第19章\最终文件\设置文件保护密码.xlsx

步骤01 选择"用密码进行加密"。打开原始文件，单击"文件"按钮，❶在视图菜单的右侧面板中单击"保护工作簿"按钮，❷在展开的列表中单击"用密码进行加密"选项，如右图所示。

步骤02 设置加密文档的密码。弹出"加密文档"对话框，❶在"密码"文本框中输入该文件的密码"123456"，❷单击"确定"按钮，如下图所示。

步骤03 确认密码。弹出"确认密码"对话框，❶重新输入前面设置的密码"123456"，❷完毕后单击"确定"按钮，如下图所示。

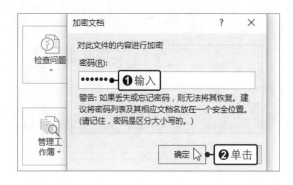

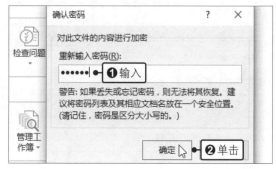

步骤04 重新打开工作簿的效果。将该工作簿保存后关闭。再次双击打开时会弹出"密码"对话框，要求输入设定的密码，如右图所示。如果密码输入正确，便会成功打开工作簿；如果密码输入错误，则无法打开该工作簿。

提示 在"保护工作簿"列表中，还可以选择以下几种保护功能："标记为最终状态"为告知当前工作簿是最终版本，并将其设置为只读；"保护当前工作表"为控制对当前工作表所做的更改类型；"保护工作簿结构"为防止对工作簿结构进行不需要的更改，如添加、删除工作表；"按人员限制权限"为授予用户访问权限，同时限制其编辑、复制和打印的能力；"添加数字签名"为通过添加不可见的数字签名来确保工作簿的完整性。

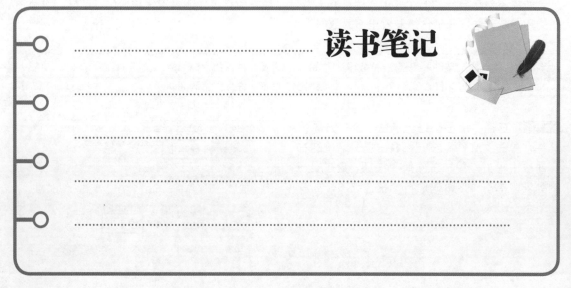

读书笔记

创建新品发布演示文稿

第 20 章

对企业来说，举办新品发布会，是联络客户和宣传产品的重要手段之一。而新品发布会中最重要的一部分就是用来介绍和说明新品的演示文稿，为了让客户更加了解公司的新产品并且赢得客户的好感，就需要把新品发布演示文稿做得更加美观和生动。本章主要介绍如何利用 PowerPoint 使用母版统一新产品发布幻灯片的整体风格及为幻灯片添加动画效果。

20.1 实例概述

要创建一份"新产品发布"演示文稿，不仅要在幻灯片中添加产品的资料信息，包括文字、图片和视频等内容，还需要进行交互式的相关设置。本章首先来分析该实例的应用环境和制作流程，让读者对本章有一个初步的认识。

20.1.1 分析实例应用环境

不同的新产品采用不同的发布形式，取得的效果不同，新品发布会有如服装走秀发布会和明星代言发布会等多种形式，而这里介绍的 PowerPoint 放映幻灯片的方式是最经济实惠的，可以在多种环境下进行放映，让客户了解公司背景、产品研发及新产品使用方式等内容。

制作整个新产品发布演示文稿的时间，只需几小时甚至几十分钟，只需将材料准备好，了解前面章节所介绍的幻灯片制作方法，便可以很轻松地制作出精美的幻灯片。

20.1.2 初探实例制作流程

交互式的新品发布演示文稿，可以遵循以下流程进行制作：

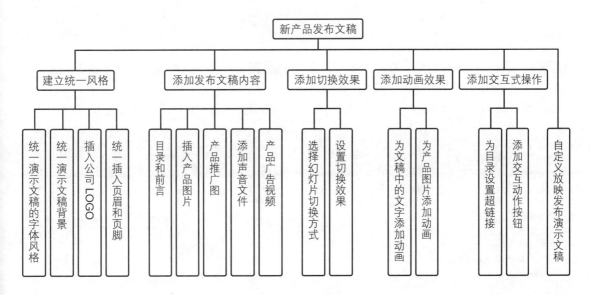

本章制作新品发布演示文稿需要用到的 PowerPoint 知识点：使用母版；插入图片；插入 SmartArt 图形；插入音频文件；插入视频文件；设置幻灯片切换方式；设置幻灯片动画效果；超链接；动作链接、自定义放映。

20.2 使用母版统一新品发布文稿风格

制作大型、正规的新产品发布演示文稿时，使用母版来统一整个文稿的风格是最好的选择，这样能彰显企业的专业形象。例如，统一字体风格、幻灯片背景和页脚页眉，最重要的还有插入公司的徽标。

20.2.1 统一新品发布文稿的字体风格

制作新品发布演示文稿，会用到多种版式的幻灯片，为了统一演示文稿中不同版式幻灯片的字体，可以在母版中设置每个幻灯片版式的字体格式。

◎ 原始文件：实例文件\第20章\原始文件\统一新品发布文稿的字体风格.pptx
◎ 最终文件：实例文件\第20章\最终文件\统一新品发布文稿的字体风格.pptx

步骤01 单击"幻灯片母版"按钮。打开原始文件，❶切换至"视图"选项卡，❷单击"幻灯片母版"按钮，如下图所示。

步骤02 选中母版标题样式文本框。在母版视图中，❶在左侧单击"标题幻灯片"版式，❷在右侧单击"母版标题样式"占位符，如下图所示。

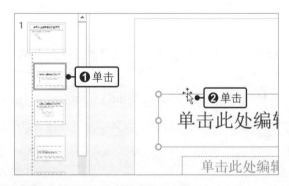

步骤03 设置标题字体格式。❶在"开始"选项卡下单击展开"字体"列表，❷单击"华文行楷"选项，如下图所示。

步骤04 设置字体艺术字样式。❶切换至"绘图工具-格式"选项卡，❷在"艺术字样式"列表中选择合适的样式，如下图所示。

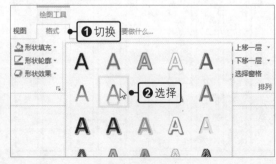

步骤05 设置副标题字体格式。选中"母版副标题样式"占位符，❶切换至"开始"选项卡，❷在展开的"字体"列表中单击"华文新魏"选项，如下图所示。

步骤06 设置母版字体格式的效果。继续在左侧选择其他需要统一文本格式的母版，并设置相应的字体格式，在母版状态的效果如下图所示。

20.2.2　统一新品发布文稿背景

制作新品发布演示文稿时，为了让幻灯片更加多彩，可以对其背景进行统一设置，使整个演示文稿更加和谐统一。

◎ 原始文件：实例文件\第20章\原始文件\统一新品发布文稿背景.pptx、背景图片.jpg
◎ 最终文件：实例文件\第20章\最终文件\统一新品发布文稿背景.pptx

步骤01 单击"设置背景格式"选项。打开原始文件，❶在"幻灯片母版"选项卡下单击"背景"组中的"背景样式"按钮，❷在展开的列表中单击"设置背景格式"选项，如下图所示。

步骤02 单击"文件"按钮。弹出"设置背景格式"窗格，❶在"填充"选项组中单击选中"图片或纹理填充"单选按钮，❷单击"文件"按钮，如下图所示。

步骤03 选择图片。弹出"插入图片"对话框，❶选择图片所在路径，❷选中所需图片，❸单击"插入"按钮，如下图所示。

步骤04 全部应用背景图片。返回"设置背景格式"窗格，单击"应用到全部"按钮，如下图所示。

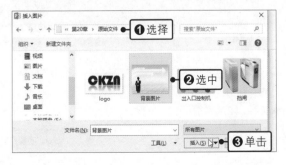

步骤05 应用图片背景的母版效果。经过操作后，在母版视图下可以看到所有幻灯片都应用了所选图片作为背景，效果如右图所示。

20.2.3 插入公司徽标

公司徽标是指企业商标或品牌的图形表现，由特定的字体、设计和编排组成。通常在幻灯片中加入公司徽标，能让客户在观看整个文稿时，随时联想到企业品牌。借助新品发布让更多的商户或客户了解自己的企业品牌形象，是一个非常不错的企业品牌营销手段。

◎ 原始文件：实例文件\第20章\原始文件\插入公司徽标.pptx、徽标.jpg
◎ 最终文件：实例文件\第20章\最终文件\插入公司徽标.pptx

步骤01 单击"图片"按钮。打开原始文件，在母版视图下，❶选中第1张母版幻灯片，❷在"插入"选项卡下单击"图片"按钮，如下图所示。

步骤02 选择徽标图片。弹出"插入图片"对话框，❶选择公司徽标图片的保存路径，❷单击要插入的图片，❸单击"插入"按钮，如下图所示。

步骤03 调整徽标位置。此时母版幻灯片中显示了插入的徽标图片，按住鼠标左键不放，将其拖动至幻灯片右下角，如下图所示。

步骤04 显示插入的徽标效果。可以看到母版视图中其他版式的幻灯片中都在相同位置插入了公司徽标，如下图所示。

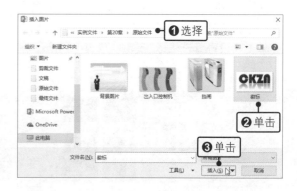

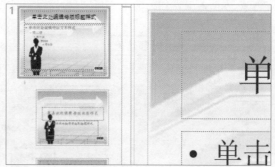

20.2.4　统一设置页眉和页脚

在新品发布演示文稿的母版幻灯片中，可以看到"页眉和页脚"的编辑范围，不过编辑页眉页脚中的内容，还是需要在相应的"页眉和页脚"对话框中才能进行，如设置自动更新的日期、幻灯片编号及页脚文本等内容。

◎　原始文件：实例文件\第20章\原始文件\统一设置页眉和页脚.pptx
◎　最终文件：实例文件\第20章\最终文件\统一设置页眉和页脚.pptx

步骤01　单击"页眉和页脚"按钮。打开原始文件，在母版视图下，❶切换至"插入"选项卡，❷单击"页眉和页脚"按钮，如下图所示。

步骤02　设置选择日期和时间。弹出"页眉和页脚"对话框，❶在"幻灯片"选项卡下勾选"日期和时间"复选框，❷单击"自动更新"单选按钮，如下图所示。

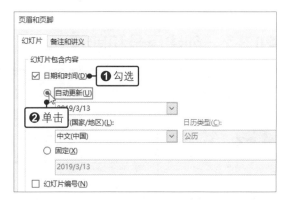

步骤03　全部应用设置的内容。❶勾选"幻灯片编号"与"页脚"复选框，❷并在文本框中输入页脚的文本内容，❸单击"全部应用"按钮，如下图所示。

步骤04　显示插入的页眉和页脚。经过操作后，可以在母版视图中看到每张幻灯片插入的日期和页脚效果，如下图所示。

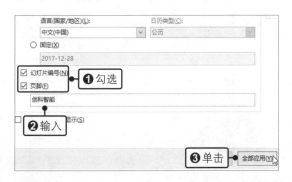

步骤05　关闭母版视图。在"幻灯片母版"选项卡下单击"关闭母版视图"按钮，如下左图所示。

步骤06　在普通视图下查看页眉和页脚。返回普通视图，可以在每张幻灯片的底部，查看设置的日期、页脚和幻灯片编号信息，如下右图所示。

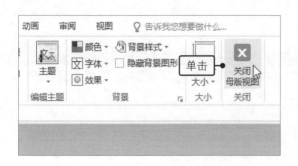

20.3 为新品发布文稿添加内容

设计好新品发布演示文稿的整体风格后，接下来就要对演示文稿添加具体的产品资料了，这也是整个制作的重要部分。为了使内容多元化，可以添加新产品的图片资料和声音文件等。

20.3.1 创建目录和前言

为了让客户在一开始就了解到整个文稿有哪些内容，可以创建新品发布演示文稿的目录及前言，让客户明白整个演示流程，以免错漏自己最关心的内容。

◎ 原始文件：实例文件\第20章\原始文件\创建目录和前言.pptx
◎ 最终文件：实例文件\第20章\最终文件\创建目录和前言.pptx

步骤01 新建两栏内容的幻灯片。打开原始文件，❶在"开始"选项卡下单击"新建幻灯片"下三角按钮，❷在展开的列表中选择"两栏内容"版式，如下图所示。

步骤02 显示新建的两栏幻灯片。此时在第1张幻灯片后，新建了第2张幻灯片，其版式为"两栏内容"，可以看到该版式的幻灯片效果，如下图所示。

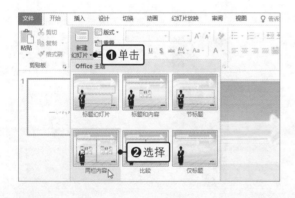

步骤03 输入目录文本。在第2张幻灯片中输入目录文本内容，效果如下左图所示。

步骤04 输入前言内容。按照前面的方法，新建"标题和竖排文本"版式的幻灯片，并在其中输入前言文本内容，效果如下右图所示。

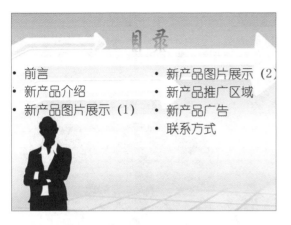

20.3.2　插入新品图片

新产品图片在整个演示文稿中的作用是非常大的，它不仅可以展示产品的"庐山真面目"，还能与文字相结合，让整个产品的亮点更加突出，通过"图片与标题"的幻灯片版式，可以轻松地插入新产品图片。

◎　原始文件：实例文件\第20章\原始文件\插入新品图片.pptx、挡闸.jpg、出入口控制机.jpg
◎　最终文件：实例文件\第20章\最终文件\插入新品图片.pptx

步骤01　选择"插入来自文件的图片"。打开原始文件，选中第5张幻灯片，在幻灯片中单击"图片"按钮，如下图所示。

步骤02　插入图片。弹出"插入图片"对话框，❶选择图片所在路径，❷选中要插入的图片，❸单击"插入"按钮，如下图所示。

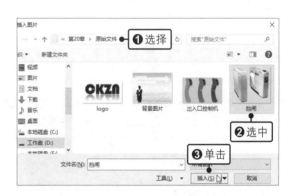

步骤03　选择图片样式。❶切换至"图片工具-格式"选项卡，❷在"图片样式"中选择合适的样式，如右图所示。

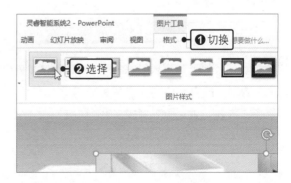

步骤04 显示应用样式的效果。经过操作后，所选的产品图片应用了所选的图片样式，效果如下图所示。

步骤05 插入并设置第2张产品图片。按照同样的方法，在第6张幻灯片中插入第2张产品图片，并将其设置成"简单框架-白色"样式，效果如下图所示。

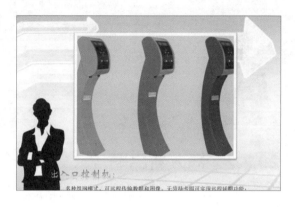

20.3.3 利用 SmartArt 图形制作新品推广区域图

推广区域是指公司的服务网络，通常公司产品都要靠各区域的经销商推广出去，以让消费者熟悉自己的品牌和产品，在演示文稿中加上"推广区域图"，可以让客户了解该品牌在哪些地区有销售渠道。

◎ 原始文件：实例文件\第20章\原始文件\利用SmartArt图形制作新品推广区域.pptx
◎ 最终文件：实例文件\第20章\最终文件\利用SmartArt图形制作新品推广区域图.pptx

步骤01 单击SmartArt按钮。打开原始文件，选中第7张幻灯片，❶切换至"插入"选项卡，❷单击SmartArt按钮，如下图所示。

步骤02 选择SmartArt图形。弹出"选择SmartArt图形"对话框，❶单击"列表"标签，❷单击"垂直箭头列表"选项，❸再单击"确定"按钮，如下图所示。

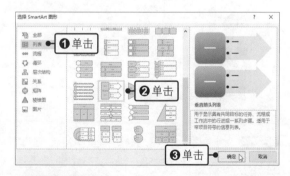

步骤03 添加形状。❶选中插入的SmartArt图形，❷右击鼠标，❸在弹出的快捷菜单中依次单击"添加形状>在后面添加形状"命令，如右图所示。

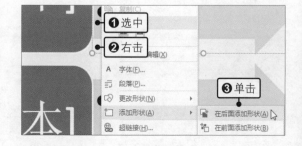

步骤04 显示添加的形状效果。按照同样的方法继续在后面添加形状，最终效果如下图所示。

步骤05 输入新品推广区域。依次在SmartArt图形中输入新品推广区域的内容，如下图所示。

步骤06 更改SmartArt图形颜色。选中SmartArt图形，❶切换至"SmartArt工具-设计"选项卡，❷单击"更改颜色"按钮，❸在展开的列表中选择"彩色-强调文字颜色5至6"样式，如下图所示。

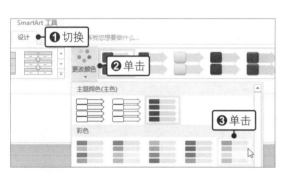

步骤07 显示应用样式后的SmartArt图形。经过操作后，所选的SmartArt图形应用了选择的颜色样式，效果如下图所示。

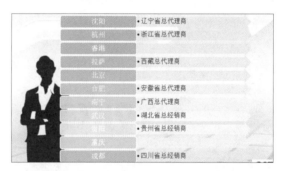

20.3.4　为新品发布文稿添加声音

制作新品发布演示文稿时，可以添加音频文件，这样客户在观看到产品资料信息的同时，还能享受到悦耳的音乐。

◎ 原始文件：实例文件\第20章\原始文件\为新品发布文稿添加声音.pptx、背景音乐.mp3
◎ 最终文件：实例文件\第20章\最终文件\为新品发布文稿添加声音.pptx

步骤01 单击"PC上的音频"选项。打开原始文件，选中第1张幻灯片，❶在"插入"选项卡下单击"音频"按钮，❷在展开的列表中单击"PC上的音频"选项，如右图所示。

步骤02 选择插入的音频。弹出"插入音频"对话框，❶选择音频文件所在路径，❷选中要插入的音频文件，如下图所示。

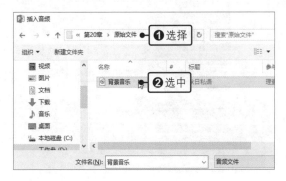

步骤03 插入音频。单击"插入"按钮，此时幻灯片中将显示音频图标，如下图所示。

步骤04 调整音频图标位置。选中音频图标，按住鼠标左键不放，将其拖动至适当位置，如下图所示。

步骤05 调整音频选项。选中音频图标，❶切换至"音频工具-播放"选项卡，❷在"音频选项"组中勾选"跨幻灯片播放"复选框和"循环播放，直到停止"复选框，如下图所示。

步骤06 播放音频文件。在"音频工具-播放"选项卡下的"预览"组中单击"播放"按钮，如右图所示，即可预览插入的音频文件播放效果。在放映状态下，即使切换幻灯片，插入的音乐也不会终止，直到退出放映。

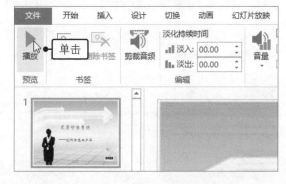

20.3.5 插入新品介绍广告片

如果能在新产品的演示文稿中添加新产品的广告片，对于企业产品宣传来说则是锦上添花。下面就来介绍加入新产品的视频文件的方法，其可以使新品发布的介绍内容更加完整。

◎ **原始文件：** 实例文件\第20章\原始文件\插入新品介绍广告片.pptx、停车场动画.mp4
◎ **最终文件：** 实例文件\第20章\最终文件\插入新品介绍广告片.pptx

步骤01 单击"插入媒体剪辑"按钮。打开原始文件，选中第8张幻灯片，在幻灯片的内容占位符中单击"插入视频文件"按钮，如下图所示。弹出"插入视频"对话框，单击"来自文件"右侧的"浏览"按钮。

步骤02 选择插入的视频文件。弹出"插入视频文件"对话框，❶选择视频文件所在的路径，❷选中视频，如下图所示。

步骤03 显示插入的视频文件。单击"插入"按钮，即可在第8张幻灯片中插入所选的视频文件，如下图所示。

步骤04 选择视频样式。选择插入的视频文件，❶切换至"视频工具-格式"选项卡，❷在"视频样式"列表中选择合适的样式，如下图所示。

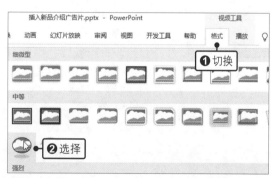

步骤05 设置视频选项。❶在"视频工具-播放"选项卡下的"视频选项"组中设置"开始"为"自动"，❷勾选"播放完毕返回开头"复选框，如下图所示。

步骤06 播放视频文件。插入的视频文件应用了所选的样式，❶将其选中，❷在下方出现的播放条中单击"播放/暂停"按钮，如下图所示。

步骤07 播放视频文件。此时在幻灯片中，就可以预览到广告片的播放效果，如右图所示。设置的自动播放在放映该张幻灯片时，才可以看见其自动播放的效果。

开始播放产品广告

20.4 为新品发布文稿添加切换效果

新品发布会上一定是重商云集，为了更好地烘托演示效果，让演示现场的气氛更好，这就要运用到 PowerPoint 的"幻灯片切换"功能了。默认情况下，幻灯片之间的切换是没有任何特点的，可以设置幻灯片的切换方式和切换效果，使每张幻灯片在切换时都与众不同。

20.4.1 选择幻灯片切换方式

在设置幻灯片切换效果之前，可以先设置切换方式，包括切换效果的声音和持续时间等内容。为了使演示的风格协调一致，最好统一切换方式。

◎ 原始文件：实例文件\第20章\原始文件\选择幻灯片切换方式.pptx
◎ 最终文件：实例文件\第20章\最终文件\选择幻灯片切换方式.pptx

步骤01 设置幻灯片的切换声音。打开原始文件，在"切换"选项卡下的"计时"组中单击"声音"列表中的"风铃"选项，如下图所示。

步骤02 设置持续时间。❶在"持续时间"文本框中输入"02.00"，❷再单击"应用到全部"按钮，如下图所示，即可将设置的切换声音和幻灯片持续时间统一应用于演示文稿的所有幻灯片。

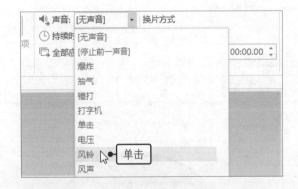

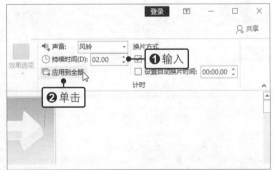

20.4.2 设置切换效果

为了使新品发布演示更为生动，可以将幻灯片的切换效果设为不同样式。PowerPoint 2019提供了包含细微型、华丽型和动态内容在内的几十种切换方案。还可以通过各方案的效果选项，精确设置幻灯片切换的效果。

◎ 原始文件：实例文件\第20章\原始文件\设置切换效果.pptx
◎ 最终文件：实例文件\第20章\最终文件\设置切换效果.pptx

步骤01 选择切换动画效果。打开原始文件，选中第1张幻灯片，❶切换至"切换"选项卡，❷在"切换到此幻灯片"列表框中选择"分割"样式，如下图所示。

步骤02 设置效果选项。❶在"切换"选项卡下单击"效果选项"按钮，❷在展开的列表中单击"中央向上下展开"选项，如下图所示。

步骤03 预览切换效果。当设计完成后，在"切换"选项卡下单击"预览"按钮，如下图所示。

步骤04 显示"分割"切换动画。此时开始放映该幻灯片的"分割"切换动画，效果如下图所示。如果不满意还可以另外选择，用同样的方法完成演示文稿所有切换效果的设置。

提示 本例中还需要为后面的幻灯片设置以下切换效果：第 2 张幻灯片为"形状"；第 3 张幻灯片为"时钟"；第 4 张幻灯片为"涟漪"；第 5 张幻灯片为"蜂巢"；第 6 张幻灯片为"闪耀"；第 7 张幻灯片为"涡流"，其效果选项为"自顶部"；第 8 张幻灯片为"翻转"；第 9 张幻灯片为"飞过"，其效果选项为"弹跳切出"。

20.5 为新品发布文稿添加动画效果

　　有时会发现在放映新品发布演示文稿时，内容的显示非常死板，没有层次性，而且有些需要重点突出的内容也无法很好地得到表达，这是因为没有为幻灯片添加动画效果，为文字和图片添加进入动画和强调动画后，就可以改善幻灯片的显示效果了。

20.5.1　为新品发布文稿中的文字添加进入动画效果

在新品发布演示文稿的"前言"和"新品介绍"幻灯片页中，若是按照默认的无动画效果，则较多的文字看起来会让人觉得很枯燥，此时为其添加动画效果是较好的解决方法之一。适当的进入动画效果可以使放映时前言文字的进入有一个缓冲过程。

◎ 原始文件：实例文件\第20章\原始文件\为新品发布文稿中的文字添加进入动画效果.pptx
◎ 最终文件：实例文件\第20章\最终文件\为新品发布文稿中的文字添加进入动画效果.pptx

步骤01 选中要添加动画的对象。打开原始文件，选中第3张幻灯片中的前言内容占位符，如下图所示。

步骤02 选择动画样式。❶在"动画"选项卡下单击"添加动画"按钮，❷在展开的列表中选择"劈裂"进入动画样式，如下图所示。

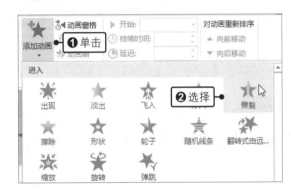

步骤03 单击"效果选项"命令。在"高级动画"组中单击"动画窗格"按钮，❶在打开的"动画窗格"窗格列表框中右击添加的动画选项，❷在弹出的快捷菜中单击"效果选项"命令，如下图所示。

步骤04 设置动画效果。弹出"劈裂"对话框，❶在"效果"选项卡，设置"方向"为"中央向上下展开"，❷在"声音"列表中单击"激光"选项，如下图所示。

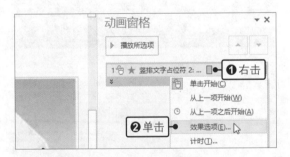

步骤05 设置动画计时。❶切换至"计时"选项卡，❷设置"开始"为"与上一动画同时"，❸单击"期间"右侧的下拉按钮，❹在展开的列表中单击"中速(2秒)"选项，如右图所示。

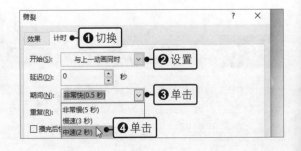

步骤06　预览动画效果。单击"确定"按钮，此时可以看到幻灯片中设置的动画效果自动播放，如右图所示，通过预览可查看设置的效果是否合适。

提示　本例中第 4 张新品介绍幻灯片中的占位符需设置为如下动画效果：设置"形状"进入动画，并在"计时"组中设置"开始"为"上一动画之后"、"持续时间"为"2 秒"。

20.5.2　为新品图片添加强调动画效果

既然是新品发布，新品的展示图片就很重要，在幻灯片中设置强调动画可以让客户对幻灯片内容的印象更加深刻。

◎　原始文件：实例文件\第20章\原始文件\为新品图片添加强调动画效果.pptx
◎　最终文件：实例文件\第20章\最终文件\为新品图片添加强调动画效果.pptx

步骤01　添加强调动画。打开原始文件，选中第5张幻灯片，选中产品图片，❶在"动画"选项卡下单击"添加动画"按钮，❷在展开的列表中选择"跷跷板"强调样式，如下图所示。

步骤02　单击"效果选项"命令。打开"动画窗格"窗格，❶在列表中右击添加的动画选项，❷在弹出的快捷菜单中单击"效果选项"命令，如下图所示。

步骤03　设置动画计时选项。弹出"跷跷板"对话框，❶切换至"计时"选项卡，❷设置"开始"为"与上一动画同时"，❸在"期间"列表中单击"中速（2秒）"，如下图所示。

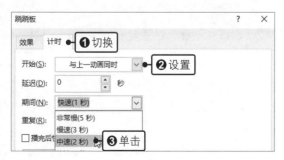

步骤04　显示设置的动画效果。单击"确定"按钮，返回幻灯片，设置的动画效果会自动播放，如下图所示。

步骤05 添加强调动画。在第6张幻灯片中，选中插入的第2张产品图片，❶在"动画"选项卡下单击"添加动画"按钮，❷在展开的列表中选择"放大/缩小"强调样式，如右图所示。

步骤06 设置开始时间。在"计时"组中，❶单击"开始"右侧的下三角按钮，❷在展开的列表中单击"上一动画之后"选项，如下图所示。

步骤07 预览设置的动画效果。经过操作后，该产品图片开始自动播放设置的动画效果，如下图所示。

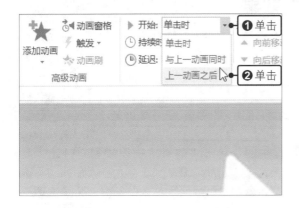

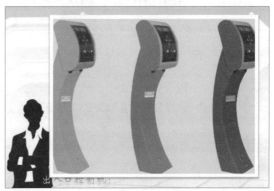

20.6 为新品发布文稿添加交互式操作

默认情况下，在放映幻灯片时，若要跳转，只能使用控制按钮、右键命令或快捷键来进行操作。本节中将会利用超链接与动作按钮来创建交互式的效果，可以更加轻松地链接任意幻灯片。

20.6.1 为目录设置超链接

为了使新品发布演示架构更清晰，目录页的创建是必不可少的，而使用"超链接"功能，可以轻松把目录页与相应的内容页链接在一起。这样，通过目录即可快速跳转到指定的幻灯片页。

◎ 原始文件：实例文件\第20章\原始文件\为目录设置超链接.pptx
◎ 最终文件：实例文件\第20章\最终文件\为目录设置超链接.pptx

步骤01 为目录设置超链接。打开原始文件，选中第2张幻灯片，❶选中需要设置超链接的文本，❷在"插入"选项卡下单击"链接"按钮，如下左图所示。

步骤02 选择链接的位置。弹出"插入超链接"对话框，❶在左侧单击"本文档中的位置"按钮，❷在右侧"请选择文档中的位置"列表框中单击需要链接的幻灯片，如下右图所示。

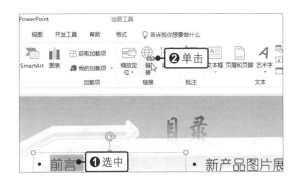

步骤03 显示完成链接后的目录。单击"确定"按钮，返回幻灯片，可以看到所选的文本设置了超链接，按照同样的方法为其他目录文本设置超链接，如下图所示。

步骤04 使用超链接。放映幻灯片，在"目录"幻灯片中，单击设置的超链接，如"新产品图片展示（2）"，如下图所示。

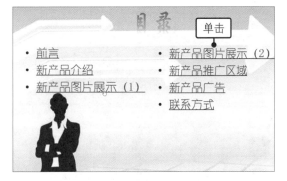

步骤05 显示链接的幻灯片。此时会跳转至第6张幻灯片，自动演示该幻灯片中的内容"新产品图片展示（2）"，如右图所示。

20.6.2　添加交互动作按钮

在新品发布演示文稿中，可以绘制动作按钮并为其添加单击该按钮时执行跳转幻灯片的操作，这就是添加"动作"的功能。本小节以绘制箭头并设置操作设置为例进行讲解。

◎ **原始文件：**实例文件\第20章\原始文件\添加交互动作按钮.pptx
◎ **最终文件：**实例文件\第20章\最终文件\添加交互动作按钮.pptx

步骤01 单击"右箭头"图标。打开原始文件，❶选中第1张幻灯片，❷在"插入"选项卡下单击"形状"按钮，❸在展开的列表中单击"箭头：右"图标，如下左图所示。

步骤02 绘制右箭头。在第1张幻灯片中的适当位置，按住鼠标左键不放，绘制出所选的形状，如下右图所示。

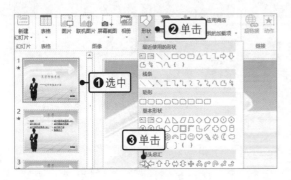

步骤03 选择形状样式。选中绘制的形状，❶切换至"绘图工具-格式"选项卡，❷在"形状样式"列表框中选择合适的样式，如下图所示。

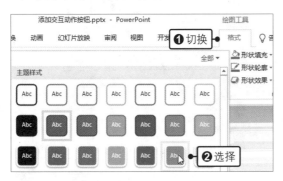

步骤04 单击"动作"按钮。在"插入"选项卡下的"链接"组中单击"动作"按钮，如下图所示。

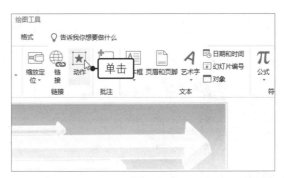

步骤05 设置单击鼠标时的动作。弹出"操作设置"对话框，❶在"单击鼠标"选项卡下单击"超链接到"单选按钮，❷并在其展开的列表中选择"下一张幻灯片"选项，如下图所示。

步骤06 确认设置。❶勾选"播放声音"复选框，设置播放的声音为"硬币"，❷勾选"单击时突出显示"复选框，❸再单击"确定"按钮，如下图所示。

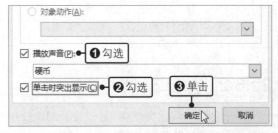

步骤07 应用设置的动作按钮。应用相同的方法在其他幻灯片中添加左箭头、右箭头及动作链接，并对箭头样式进行设置。需要注意的是，第1张幻灯片可不添加左箭头。放映幻灯片，在第1张幻灯片中单击插入的右箭头，如右图所示。

步骤08　单击添加了动作的左箭头。此时会切换至下一张幻灯片"目录"，单击设置了动作的"左箭头"形状，如下图所示。

步骤09　切换至上一张幻灯片。经过操作后，会切换至上一张幻灯片，如下图所示。

20.7　自定义放映新品发布演示文稿

一个完美的新品发布会，除了要有别出心裁的幻灯片设计外，还需要有万无一失的放映过程。因此调整该演示文稿的放映效果是最后要完成的工作。对于不同的客户，也许会放映不同的幻灯片，此时就需要使用"自定义放映"功能来挑选要放映的幻灯片。

◎ 原始文件：实例文件\第20章\原始文件\自定义放映新品发布演示文稿.pptx
◎ 最终文件：实例文件\第20章\最终文件\自定义放映新品发布演示文稿.pptx

步骤01　单击"自定义放映"选项。打开原始文件，❶切换到"幻灯片放映"选项卡，❷单击"自定义幻灯片放映"按钮，❸在展开的列表中单击"自定义放映"选项，如下图所示。

步骤02　单击"新建"按钮。弹出"自定义放映"对话框，单击"新建"按钮，如下图所示。

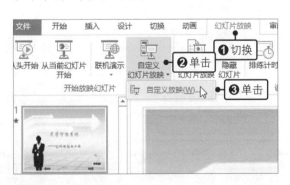

步骤03　定义自定义放映。弹出"定义自定义放映"对话框，❶在"幻灯片放映名称"文本框中输入自定义名称，❷在左侧列表框中选择要放映的幻灯片，❸然后单击"添加"按钮，最后单击"确定"按钮，如下左图所示。

步骤04　确认定义的幻灯片。按照前面的方法，在左侧列表框中添加需要放映的幻灯片，确认无误后单击"确定"按钮，如下右图所示。

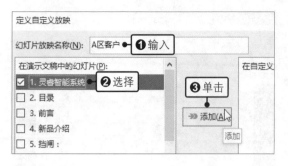
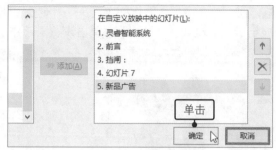

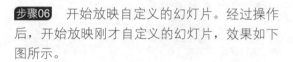

步骤05 放映自定义幻灯片。返回"自定义放映"对话框，显示自定义放映的项目，确认后单击"放映"按钮，如下图所示。

步骤06 开始放映自定义的幻灯片。经过操作后，开始放映刚才自定义的幻灯片，效果如下图所示。

读书笔记

第4篇

4

三大组件协作与共享篇

在 Word 文档中插入 Excel 工作簿和 PowerPoint 演示文稿、将文档转换为演示文稿或在演示文稿中插入工作簿，以上的协作和组合方式可以在任意一个组件中发挥其他组件的优势，取长补短，使文字、数据和演讲的处理和展示更加方便，同时使文档的内容更加丰富。

● 三大组件的协作与共享

第 21 章

三大组件的协作与共享

通过前面的介绍，大家学习了怎样使用 Word、Excel、PowerPoint 完成日常工作，但为了更加方便和轻松地完成工作，还可以让 Office 各组件之间进行协作。除此之外，Office 各组件之间的共享功能还能更加容易地与他人分享数据信息。

21.1 Word与Excel之间的协作

Word 与 Excel 是 Office 中最常用的两个组件，经常需要在它们之间相互调用数据信息，如果重新输入数据，虽然可行，但是会浪费时间，降低效率。此时若能掌握它们之间的协作方法，工作起来会更加得心应手。

21.1.1 在 Word 中插入现有 Excel 表格

制作调查报告和年度总结等文档时，表格数据是其中不可缺少的一部分，而这些数据很有可能是已经整理好的 Excel 数据。这时可以直接在 Word 文档中使用"对象"功能插入现有的 Excel 表格。

◎ 原始文件：实例文件\第21章\原始文件\销售年终报告.docx、销售分析表.xlsx
◎ 最终文件：实例文件\第21章\最终文件\在Word中插入现有Excel表格.docx

步骤01 定位光标。打开原始文件，将光标定位至需要的位置，如下图所示。

步骤02 单击"对象"按钮。在"插入"选项卡下的"文本"组中单击"对象"按钮，如下图所示。

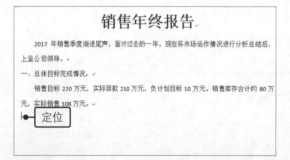

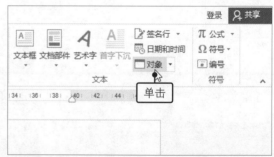

步骤03 由文件创建。弹出"对象"对话框，❶切换至"由文件创建"选项卡，❷单击"浏览"按钮，如下左图所示。

步骤04 选择文件。弹出"浏览"对话框，❶在地址栏中选择文件所在路径，❷选中"销售分析表.xlsx"，如下右图所示。

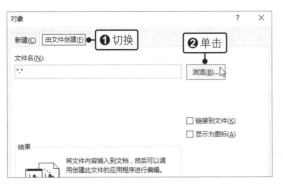

步骤05 确认选择的文件。单击"插入"按钮,返回"对象"对话框,在"文件名"文本框中显示所选文件路径,确认后单击"确定"按钮,如下图所示。

步骤06 显示插入的工作表对象。经过操作后,在"销售年终报告"文档中显示了插入的"销售分析表"工作表对象,如下图所示。

区域	计划目标(万)	销售回款(万)	库存(万)	实际销售(万)
江南1	100	75	27	33
江南2	50	65	15	25
江北1	30	40	23	30
江北2	40	30	15	20
合计	220	210	80	108

2017 年销售季度渐进尾声,面对过去的一年,现在将市场运作情况进行分析总结后,上呈公司领导。
一、总体目标完成情况。
销售目标 220 万元,实际回款 210 万元,负计划目标 10 万元。销售库存合计约 80 万元,实际销售 108 万元。

16 年与 17 年销售数据对比

区域	计划目标(万)	实际达成(万)	+/-
江南16年	70	55	-15
17年	150	140	-10
江北16年	45	30	-15
17年	75	70	-5

步骤07 编辑工作表对象。如果要编辑工作表对象,❶可以右击该对象,❷在弹出的快捷菜单中单击"工作表对象>编辑"命令,如下图所示。

步骤08 修改格式和数据。此时工作表对象呈编辑状态,可以在单元格中更改数据,应用功能区更改单元格格式,如下图所示。

计划目标(万)	销售回款(万)	库存(万)	实际销售(万)
100	75	27	33
50	65	15	25
30	40	23	30
40	30	15	20
220	210	80	108

16 年与 17 年销售数据

计划目标(万)	实际达成(万)
70	55
150	140
45	30
75	70

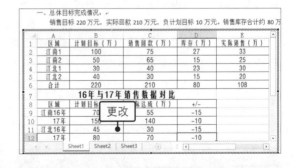

步骤09 显示更改后的工作表对象。完成编辑后,单击Word文档的任意位置,即可在文档中看到更改后的Excel工作表对象,如右图所示。

销售年终报告

2017 年销售季度渐进尾声,面对过去的一年,现在将市场运作情况进行分析总结后,上呈公司领导。
一、总体目标完成情况。
销售目标 220 万元,实际回款 210 万元,负计划目标 10 万元。销售库存合计约 80 万元,实际销售 108 万元。

区域	计划目标(万)	销售回款(万)	库存(万)	实际销售(万)
江南1	100	75	27	33
江南2	50	65	15	25
江北1	30	40	23	30
江北2	40	30	15	20
合计	220	210	80	108

16 年与 17 年销售数据对比

区域	计划目标(万)	实际达成(万)	+/-
江南16年	70	55	-15
17年	150	140	-10
江北16年	45	30	-15
17年	80	70	-10

提示 如果要让插入的 Excel 表格与源工作表关联，可以在"对象"对话框中的"由文件创建"选项卡下勾选"链接到文件"复选框，这样在 Word 文档中编辑工作表对象时，源工作表的数据也会随之更改。

21.1.2　在 Word 中引用 Excel 表格部分数据

使用"对象"功能插入现有 Excel 表格的方法，只能将整个表格全部插入，若只需引用 Excel 表格中的部分数据，可以使用"复制"功能来完成。

◎ 原始文件：实例文件\第21章\原始文件\销售分析表.xlsx、销售年终报告.docx
◎ 最终文件：实例文件\第21章\最终文件\在Word中引用Excel表格部分数据.docx

步骤01 复制单元格区域。打开原始文件，❶选中需要引用的单元格区域A1:E6，❷在"开始"选项卡的"剪贴板"组中单击"复制"按钮，如下图所示。

步骤02 粘贴为"使用目标样式"。打开"销售年终报告"文档，将光标定位在需要粘贴数据的位置，❶在"剪贴板"组中单击"粘贴"下三角按钮，❷在展开的列表中单击"使用目标样式"图标，如下图所示。

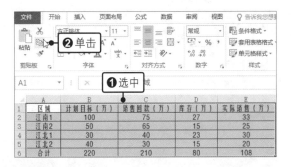

步骤03 显示引用Excel单元格区域的效果。经过操作后，在"销售年终报告"文档指定位置显示了引用"销售分析表"工作表中单元格区域A1:E6的效果，如右图所示。

提示 如果要在 Excel 工作表中将所选单元格区域"复制为图片"，可以选取单元格区域后，切换至"开始"选项卡，在"剪贴板"组中单击"复制 > 复制为图片"选项，在弹出的对话框中保留默认值，单击"确定"按钮，打开 Word 文档，在指定位置右击鼠标，在弹出的快捷菜单中单击"粘贴"命令，即可在文档中显示粘贴为图片的 Excel 表格。

21.1.3　将 Word 表格转换为 Excel 表格

要将在 Word 中制作好的表格转换为 Excel 表格，一般来说，只需要进行"复制""粘贴"操作即可，但如果 Word 表格中的单元格中有多段文字，那么粘贴后会出现多段文字的单元格，而且该单元格所在行的其他单元格都成为合并单元格，不但不美观，而且会给编辑带来诸多不便。为了解决这个问题，可以使用下面的方法来完成。

◎ 原始文件：实例文件\第21章\原始文件\客户资料.docx
◎ 最终文件：实例文件\第21章\最终文件\将Word表格转换为Excel表格.xlsx

步骤01 选定整个表格。打开原始文件，将鼠标指针指向文档中的表格，表格左上角会显示⊞按钮，单击该按钮选中整个表格，如下图所示。

步骤02 单击"替换"按钮。在"开始"选项卡下的"编辑"组中单击"替换"按钮，如下图所示。

步骤03 单击"更多"按钮。弹出"查找和替换"对话框，❶将光标定位在"替换"选项卡下"查找内容"文本框中，❷单击"更多"按钮，如下图所示。

步骤04 设置查找段落标记格式。❶在展开的"替换"选项组中单击"特殊格式"按钮，❷在展开的列表中单击"段落标记"选项，如下图所示。

步骤05 设置查找和替换内容。在"查找内容"文本框中显示段落标记"^p"，保持"替换为"文本框为空白，再单击"全部替换"按钮，如下图所示。

步骤06 继续替换。弹出提示框，提示在所选内容中替换了7处，如果要继续替换其他部分，则单击"是"按钮，如下图所示。

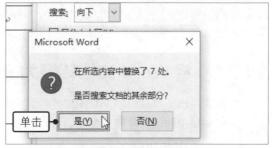

步骤07 显示替换数量。此时Word又从开始处搜索，并显示替换了8处，询问用户是否继续搜索，单击"是"按钮，如下图所示。

步骤08 确认替换。若Word文档已从头搜索完毕，会弹出提示框，显示"全部完成。完成8处替换"，单击"确定"按钮，如下图所示。

步骤09 复制Word表格。返回Word文档，此时表格中多余的段落标记已经清除，❶右击鼠标，❷在弹出的快捷菜单中单击"复制"命令，如下图所示。

步骤10 在Excel中粘贴表格。打开一个空白Excel工作簿，❶右击单元格A1，❷在弹出的快捷菜单中单击"保留源格式"命令，如下图所示。

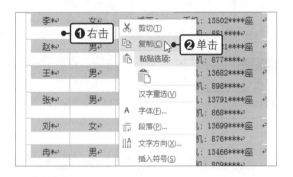

步骤11 显示Word表格转换为Excel表格的效果。此时在Excel工作表中显示粘贴"客户资料"文档表格的效果，可以适当调整表格列宽以显示全部内容，如右图所示。

姓名	性别	地区	联系方式		
王*	女	城西	手机：18902**** 座机：891****		
李*	女	城西	手机：13502**** 座机：881****		
赵*	男	城东	手机：18021**** 座机：877****		
王*	男	城北	手机：13682**** 座机：898****		
张*	男	城北	手机：13791**** 座机：868****		

21.2 Word与PowerPoint之间的协作

　　Word 组件与 PowerPoint 组件之间的信息共享，可以随意在 Word 文档中调用 PowerPoint 演示文稿或在 PowerPoint 中使用 Word 内容。通过这些操作，可以提高工作效率。

21.2.1 将 Word 文档转换为 PowerPoint 演示文稿

　　当需要将已制作完成的 Word 文档创建为 PowerPoint 演示文稿时，不需要重新进行编辑，只要在演示文稿中利用"复制"功能即可。

◎ 原始文件：实例文件\第21章\原始文件\篮球战术教学.docx
◎ 最终文件：实例文件\第21章\最终文件\将Word文档转换为PowerPoint演示文稿.pptx

步骤01 选中全部文本。打开原始文件，按【Ctrl+A】组合键选中所有文本，如下图所示。

步骤02 单击"复制"命令。❶右击鼠标，❷在弹出的快捷菜单中单击"复制"命令，如下图所示。

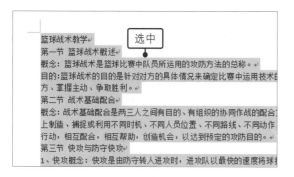

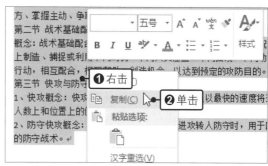

步骤03 启动PowerPoint演示文稿。❶在桌面任务栏上单击"开始"菜单，❷在弹出的菜单中单击"PowerPoint"程序，如下图所示。

步骤04 在大纲窗格下粘贴文本。打开空白演示文稿，切换至大纲视图，❶在左侧的大纲视图中右击鼠标，❷在弹出的快捷菜单中单击"只保留文本"命令，如下图所示。

步骤05 定位切分幻灯片位置。在大纲窗格中显示复制的文档内容，在右侧幻灯片中会显得很凌乱，没有层次，将光标放置到需要切分的文本位置，如下图所示。

步骤06 切分幻灯片。按下【Enter】键，即可将光标后的文本切分为第2张幻灯片，按照同样的方法切分其他幻灯片，如下图所示。

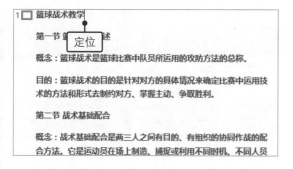

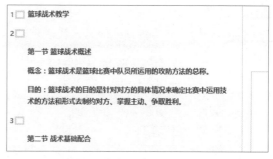

步骤07 显示调整幻灯片后的效果。在"幻灯片窗格"中可以看到新切分的幻灯片效果，其文本内容的位置会有异常，需要自行调整，调整后的效果如下图所示。

步骤08 单击"主题"快翻按钮。完成幻灯片文本制作后，单击"设计"选项卡下的"主题"组中的快翻按钮，如下图所示。

步骤09 选择主题样式。在展开的"主题"列表中选择合适的样式，如下图所示。

步骤10 显示应用幻灯片样式的效果。经过操作后，幻灯片应用了所选样式，效果如下图所示，现在便完成了将Word文档转换为PowerPoint演示文稿的操作。

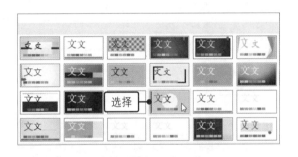

21.2.2　将 PowerPoint 演示文稿链接到 Word 文档中

使用超链接功能可以快速打开或跳转到另一个窗口或位置中，在 Office 的各个组件中都提供了超链接功能，充分利用超链接所带来的便捷，可以满足日常工作需求。

◎ 原始文件：实例文件\第21章\原始文件\各球类战术指导.docx、篮球战术教学.pptx
◎ 最终文件：实例文件\第21章\最终文件\将PowerPoint演示文稿链接到Word文档中.docx

步骤01 选择需要调整的区域。打开原始文件，选择要应用超链接的文本"篮球战术指导"，如下图所示。

步骤02 单击"链接"按钮。在"插入"选项卡的"链接"组中单击"链接"按钮，如下图所示。

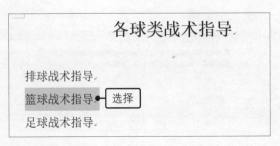

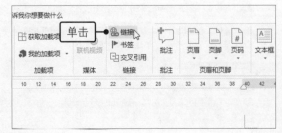

步骤03 选择查找范围。弹出"插入超链接"对话框，❶在左侧单击"现有文件或网页"按钮，❷在"查找范围"下拉列表中选择目标位置，如下图所示。

步骤04 选择链接文件。❶在目标位置下选择需要链接的"篮球战术教学"演示文稿，❷单击"确定"按钮，如下图所示。

> **提示** 当不再需要文档中的超链接，可以将其删除，只需要右击需要删除的超链接文本，在弹出的快捷菜单中单击"取消超链接"命令即可。

步骤05 显示创建的超链接。返回Word文档，已经为所选文本创建了超链接，将鼠标指针指向文本，会显示超链接提示信息，按住【Ctrl】键不放，单击该链接，如下图所示。

步骤06 显示链接的PPT。会打开之前设置"链接到"的"篮球战术教学"演示文稿，如下图所示。

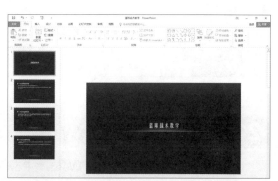

> **提示** 默认情况下，超链接的提示文本会显示链接到的地址信息，不过可以对其进行更改，方法为：右击含有超链接的文本，在弹出的快捷菜单中单击"编辑超链接"命令，在弹出的对话框中，单击"屏幕提示"按钮，弹出"设置超链接屏幕提示"对话框，在"屏幕提示文字"文本框中重新输入内容，再单击"确定"按钮即可。

21.2.3 将 PowerPoint 转换为 Word 文档讲义

Office 2019 中的各个组件中都有着良好的协作关系。不仅可以将 Word 文档转换成幻灯片，也可以将幻灯片转换成 Word 文档讲义的形式。

◎ 原始文件：实例文件\第21章\原始文件\篮球战术教学.pptx
◎ 最终文件：实例文件\第21章\最终文件\将PowerPoint转换为Word文档讲义.docx

步骤01　查看原始表格。打开原始文件，单击"文件"按钮，在展开的视图菜单中单击"导出"命令，如下图所示。

步骤02　创建讲义。❶在右侧的"导出"界面中单击"创建讲义"选项，❷再单击"创建讲义"按钮，如下图所示。

步骤03　设置Word使用的版式。弹出"发送到Microsoft Word"对话框，在"Microsoft Word使用的版式"选项组中选择讲义版式，如单击选中"空行在幻灯片旁"单选按钮，如下图所示。

步骤04　显示创建的Word讲义。单击"确定"按钮，此时会新建一个Word文档，会在其中显示创建的Word讲义，效果如下图所示。

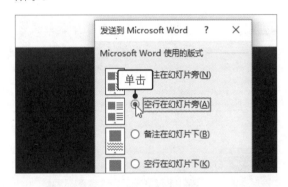

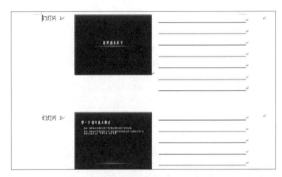

21.3 Excel与PowerPoint之间的协作

　　前面介绍了 Word 与 Excel、Word 与 PowerPoint 之间的协作方式，除此之外，还经常需要在 Excel 与 PowerPoint 之间进行信息调取，下面将介绍这两个组件的协作方法。

21.3.1　在 PowerPoint 中插入 Excel 工作表

　　在制作 PowerPoint 演示文稿时，虽然可以直接在幻灯片中插入表格，但是其编辑数据的功能有限，为了能在 PowerPoint 中使用 Excel 工作表的完整功能，可以通过"对象"功能插入 Microsoft Excel 工作表。

　　◎　原始文件：实例文件\第21章\原始文件\螺旋藻销售报告.pptx
　　◎　最终文件：实例文件\第21章\最终文件\在 PowerPoint 中插入Excel工作表.pptx

步骤01　在幻灯片中定位光标。打开原始文件，选中第2张幻灯片，将光标定位在内容占位符中，如下左图所示。

步骤02　单击"对象"按钮。在"插入"选项卡下的"文本"组中单击"对象"按钮，如下右图所示。

步骤03 新建对象类型。弹出"插入对象"对话框，❶在右侧"对象类型"列表框中单击"Microsoft Excel工作表"选项，❷再单击"确定"按钮，如下图所示。

步骤04 输入Excel数据。在第2张幻灯片中插入了新工作表对象，❶在其中输入上半年的销售数据，❷在单元格B5中输入函数"=SUM(B2:B4)"，如下图所示。

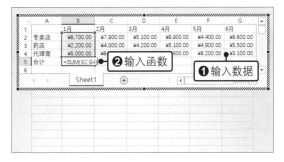

步骤05 显示复制公式结果。按下【Enter】键，单元格B5中即可显示1月份的合计值，向右填充公式至单元格G5，即可显示每个月的合计值，如下图所示。

步骤06 显示插入工作表对象的幻灯片。经过上述操作，在第2张幻灯片中显示编辑后的Excel工作表数据，如下图所示。

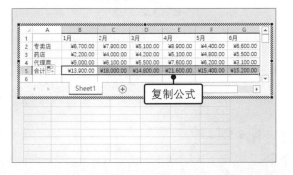

21.3.2 在 PowerPoint 插入 Excel 文件

除了能在 PowerPoint 幻灯片中插入新建的 Excel 工作表对象外，还可以直接调取原有的 Excel 文件，这样就不必重复编辑相同数据，进一步提高了工作效率。

◎ 原始文件：实例文件\第21章\原始文件\螺旋藻销售报告.pptx、螺旋藻销售统计.xlsx
◎ 最终文件：实例文件\第21章\最终文件\在PowerPoint中插入Excel文件.pptx

步骤01 单击"对象"按钮。打开原始文件，❶选中第2张幻灯片中的内容占位符，❷单击"对象"按钮，如下图所示。

步骤02 单击"浏览"按钮。弹出"插入对象"对话框，❶单击"由文件创建"单选按钮，❷单击"浏览"按钮，如下图所示。

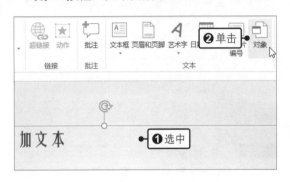

步骤03 选择文件。弹出"浏览"对话框，❶在地址栏中选择文件所在路径，❷双击"螺旋藻销售统计"工作簿，如下图所示。

步骤04 确认插入的对象。返回"插入对象"对话框，在"文件"文本框中显示所选文件的路径，确认无误后单击"确定"按钮，如下图所示。

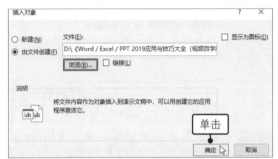

步骤05 在幻灯片中显示插入的Excel对象。经过操作后，在第2张幻灯片中显示插入的"螺旋藻销售统计"工作表对象，效果如右图所示。

21.3.3　在 Excel 中插入 PowerPoint 链接

如果要在 Excel 表格中调取 PowerPoint 演示文稿的内容，可以使用"超链接"功能。

◎ 原始文件：实例文件\第21章\原始文件\销售年终分析表.xlsx、销售年终报告.pptx
◎ 最终文件：实例文件\第21章\最终文件\在Excel中插入PowerPoint链接.xlsx

步骤01 选择应用超链接的单元格。打开原始文件，选中单元格A1，如下左图所示。

步骤02 单击"链接"按钮。在"插入"选项卡下的"链接"组中单击"链接"按钮，如下右图所示。

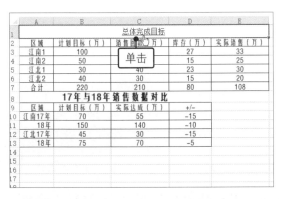

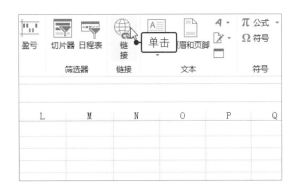

步骤03 选择链接文件。弹出"插入超链接"对话框，❶在左侧单击"现有文件或网页"按钮，❷在"查找范围"下拉列表中选择目标位置，❸并在列表框中双击"销售年终报告"演示文稿，如右图所示。

步骤04 使用创建的超链接。返回Excel工作簿，所选单元格A1已经创建了超链接，将鼠标指针指向文本，会显示超链接提示信息，单击该链接，如下图所示。

步骤05 显示链接的PPT。即可打开设置"链接到"的"销售年终报告"演示文稿，如下图所示。

21.4 共享Office文件

在网络发达的今天，日常办公也越来越离不开网络，网络给日常工作带来了很多便利，例如，填写各部门的办公用品需求、销售数据表格及回访信息等文档，可以通过共享功能来完善文件内容。

21.4.1 启用共享工作簿

编辑 Excel 工作簿时，可以使用 Excel 的共享工作簿功能来实现多人同时处理一个工作簿。

◎ 原始文件：实例文件\第21章\原始文件\售后部回访记录单.xlsx
◎ 最终文件：实例文件\第21章\最终文件\启用共享工作簿.xlsx

步骤01 单击"共享工作簿"按钮。打开原始文件，在"审阅"选项卡下的"更改"组中单击"共享工作簿"按钮，如下图所示。

步骤02 允许多人同时编辑。弹出"共享工作簿"对话框，勾选"使用旧的共享工作簿功能，而不是新的共同创作体验"复选框，如下图所示。

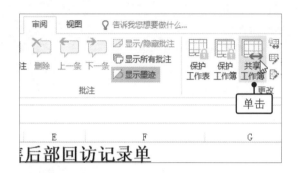

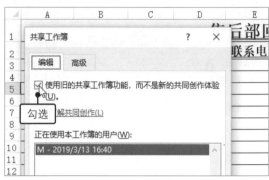

步骤03 确认保存工作簿。单击"确定"按钮，弹出提示框，询问是否继续，单击"确定"按钮，如下图所示。

步骤04 显示共享工作簿。经过操作后，在"售后部回访记录单"工作簿标题栏中会显示"[已共享]"，如下图所示。

21.4.2 与同事共享工作簿

启用"共享工作簿"功能后，需要将工作簿放置在共享的局域网中。需要注意的是，在共同编辑工作簿时，每个人都要划分自己编辑的单元格区域，否则容易丢失录入的数据信息。

◎ 原始文件：实例文件\第21章\原始文件\第21章（文件夹）
◎ 最终文件：实例文件\第21章\最终文件\与同事共同编辑工作簿.xlsx

步骤01 单击"属性"命令。打开保存"售后部回访记录单[共享]"工作簿所在的文件夹，❶右击鼠标，❷在弹出的快捷菜单中单击"属性"命令，如右图所示。

步骤02 单击"高级共享"按钮。弹出"属性"对话框，❶切换至"共享"选项卡，在"网络路径"下可看到共享状态为"不共享"，❷单击"高级共享"按钮，如下图所示。

步骤03 共享此文件夹。弹出"高级共享"对话框，❶勾选"共享此文件夹"复选框，❷在"共享名"文本框中输入在局域网中该文件夹的显示名称，如下图所示。单击"确定"按钮，在"属性"对话框中的"网络路径"下可看到共享的文件夹。

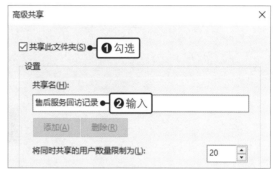

步骤04 找到共享后的文件夹。单击"关闭"按钮，进入"网络"窗口，显示局域网中的计算机名，双击目标共享路径，如下图所示。

步骤05 打开共享文件夹。打开目标计算机共享文件夹窗口，可看到该用户在局域网中共享的"售后服务回访记录"文件夹，双击该文件夹图标，如下图所示。

步骤06 打开共享的工作簿。单击"确定"按钮，打开"售后服务回访记录"文件夹窗口，双击共享的"售后服务回访记录单"工作簿，如下图所示。

步骤07 录入数据。打开"售后服务回访记录单[已共享]"工作簿，在对应的单元格中输入相应的售后服务记录，如下图所示。完毕后在"快速访问工具栏"中单击"保存"按钮。

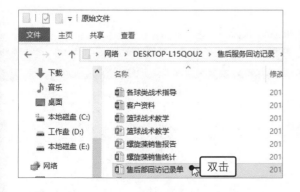

5

Office技巧篇

    Word、Excel 和 PowerPoint 三大组件是办公人员工作中不可缺少的工具。许多用户可能只会其中的一些基础功能，就算掌握了一些高级功能，但在实际工作中却不常用。为了让办公人员的工作事半功倍，本篇将为大家介绍一些 Word、Excel 和 PowerPoint 的常用技巧。

- ● Word 2019高效办公技巧
- ● Excel 2019数据处理技巧
- ● PowerPoint 2019的演示技巧

Word 2019高效办公技巧

第
22
章

经过前面的学习，我们已经掌握了利用 Word 创建和编辑文档的方法。但要在实际工作中达到事半功倍的效果，还需要掌握一些"窍门"。因此，本章精心选择了一些 Word 办公技巧介绍给大家，帮助大家提高工作效率。

22.1 快速导入其他文档中的内容

如果想要在当前文档中引用其他文档的内容，除使用"复制"和"粘贴"功能外，还可以在当前文档中直接导入其他文档的内容。

◎ 原始文件：实例文件\第22章\原始文件\苏特仑牛奶.docx、牛奶成分.docx
◎ 最终文件：实例文件\第22章\最终文件\快速导入其他文档中的内容.docx

步骤01 定位光标。打开原始文件"苏特仑牛奶.docx"，将光标定位到需要插入其他文档内容的位置，如下图所示。

步骤02 选择文件中的文字。❶在"插入"选项卡下的"文本"组中单击"对象"右侧的下三角按钮，❷在展开的列表中单击"文件中的文字"选项，如下图所示。

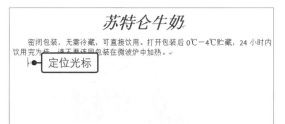

步骤03 选择要插入的文档。弹出"插入文件"对话框，❶选择目标文档的所在路径，❷单击要插入的文档，如下图所示。

步骤04 显示插入文档文本的效果。单击"插入"按钮，返回到文档中，可以看到之前光标定位处显示插入的文档内容，如下图所示。

> **提示** 使用插入"文件中的文字"功能时，可以根据文件中的书签来设置插入的文本范围。在"插入文件"对话框中选中要插入的文件，再单击"范围"按钮，弹出"输入文字"对话框，在其文本框中输入要插入的书签名称，再单击"确定"按钮，返回"插入文件"对话框，单击"插入"按钮，即可在当前文档中显示插入的文本对象。

22.2 使用中文版式对文本进行排版

"中文版式"是 Word 专门为中文用户提供的功能，它能够完成中文文档中特有的一些版式的排版，如纵横混排、合并字符、双行合一、调整宽度等。下面选择其中的纵横混排和双行合一进行讲解。

22.2.1 纵横混排

将文本设置为竖排后，其中的数字会顺时针旋转 90°。如果希望让数字不旋转，可对数字应用"纵横混排"效果。

◎ 原始文件：实例文件\第22章\原始文件\纵横混排.docx
◎ 最终文件：实例文件\第22章\最终文件\纵横混排.docx

步骤01 文本竖排。打开原始文件，❶在"布局"选项卡下单击"文字方向"按钮，❷在展开的列表中单击"垂直"选项，如下图所示。

步骤02 文本竖排的效果。设置文字方向为"垂直"后，海报效果如下图所示。

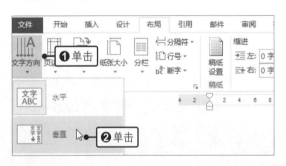

步骤03 选择文本。选择需要横向显示的文本内容，如下图所示。

步骤04 单击"纵横混排"选项。❶在"开始"选项卡下的"段落"组中单击"中文版式"按钮，❷在展开的列表中单击"纵横混排"选项，如下图所示。

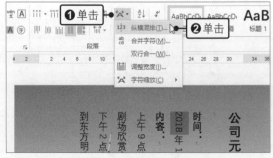

步骤05 设置纵横混排。弹出"纵横混排"对话框，❶勾选"适应行宽"复选框，❷再单击"确定"按钮，如下图所示。

步骤06 显示设置纵横混排的效果。返回文档中，此时选中的文本方向已经被更改为横向了，按相同方法对其他需要更改方向的文本进行操作，最终效果如下图所示。

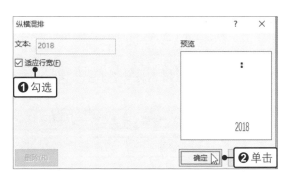

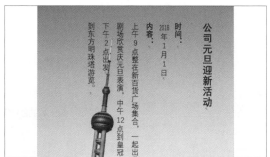

提示 如果要删除"纵横混排"效果，只需要再次打开该对话框，单击"删除"按钮即可。通常编辑的文档页面都是纵向的，但如果遇到大表格，纵向页面显然不合适了。那么能否只让表格所在页面变成横向，而其他页面仍保持纵向呢？具体操作方法如下：选中文档中的表格，切换至"布局"选项卡，单击"页面设置"组对话框启动器，在弹出的对话框中设置纸张方向为"横向"，并且应用于"所选文字"，单击"确定"按钮即可。

22.2.2　双行合一

使用 Word 编辑文档的过程中，有时需要在一行中显示两行文字，然后在相同的行中继续显示单行文字，实现单行、双行文字的混排效果。这时可以使用 Word 2019 提供的"双行合一"功能。

◎ 原始文件：实例文件\第22章\原始文件\双行合一.docx
◎ 最终文件：实例文件\第22章\最终文件\双行合一.docx

步骤01 选中文本。打开原始文件，选中需要设置"双行合一"的文本内容，如下图所示。

步骤02 选择"双行合一"选项。切换至"开始"选项卡，❶在"段落"组中单击"中文版式"按钮，❷在展开的列表中单击"双行合一"选项，如下图所示。

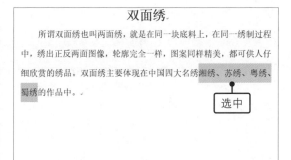

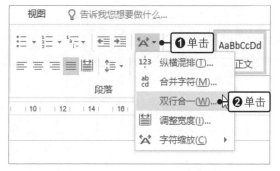

步骤03 设置双行合一。弹出"双行合一"对话框，❶勾选"带括号"复选框，❷设置好"括号样式"，可以在"预览"框中查看效果，❸完毕后单击"确定"按钮，如下图所示。

步骤04 显示设置双行合一的效果。返回Word文档，之前选中的文本已经应用了双行合一，本来是一行的文本现在以两行显示了，如下图所示。

在同一块底料上，在同一绣制过程一样，图案同样精美，都可供人仔中国四大名绣〈湘绣、苏绣、粤绣、蜀绣〉的作品中。

设置双行合一效果

提示 合并字符是将选定的多个字符（最多6个字符）合并，占据一个字符大小的位置。只需要选定文本后在"中文版式"下拉列表中单击"合并字符"选项，在弹出的对话框中设置字体和字号，单击"确定"按钮即可。

22.3 使用样式批量设置格式

在使用 Word 编排文档时，我们经常要为文本设置字体和段落格式。如果遇到长篇文档，一点一点地为文本设置格式会显得很烦琐。而使用 Word 中的"样式"功能可以批量设置文本格式，提高工作效率。

22.3.1 使用预设样式

样式是字符格式和段落格式的集合。而预设样式是指 Word 中内置的样式，通过预设样式可以快速格式化文档内容。

◎ 原始文件：实例文件\第22章\原始文件\使用预设样式.docx
◎ 最终文件：实例文件\第22章\最终文件\使用预设样式.docx

步骤01 选中标题文本。打开原始文件，选中文档标题文本，如下图所示。

步骤02 选择"标题1"样式。在"开始"选项卡下的"样式"组中单击快翻按钮，在展开的库中选择"标题1"样式，如下图所示。

步骤03 显示应用的"标题1"样式。此时所选的标题文本应用了"标题1"样式，即字体格式为"宋体""二号""加粗"，段落格式为"段前17磅""段后16.5磅""多倍行距2.41"，效果如下图所示。

步骤04 显示应用的其他标题样式。按照相同方法继续为其他标题文本应用"标题2"样式，此时在"导航"窗格中将显示对应的大纲级别，完毕后再设置剩余文本的段落缩进效果，如下图所示。

22.3.2　新建样式

在实际工作中，Word 预设样式是不能满足所有需求的。这时可以在"根据格式设置创建新样式"对话框中自定义新的样式。

◎ 原始文件：实例文件\第22章\原始文件\新建样式.docx
◎ 最终文件：实例文件\第22章\最终文件\新建样式.docx

步骤01 单击"样式"组对话框启动器。打开原始文件，在"开始"选项卡下单击"样式"组对话框启动器，如下图所示。

步骤02 新建样式。弹出"样式"窗格，在底部单击"新建样式"按钮，如下图所示。

步骤03 设置新样式名称。弹出"根据格式设置创建新样式"对话框，在"属性"选项组中，输入样式的"名称"为"格式"，如下图所示。

步骤04 设置新样式的字体格式。在"格式"选项组中设置"字体"为"楷体"、"字号"为"四号"、"字形"为"加粗"，如下图所示。

步骤05 选择段落。❶在对话框左侧底部单击"格式"按钮，❷在展开的列表中单击"段落"选项，如下图所示。

步骤06 设置新样式的段落格式。弹出"段落"对话框，在"缩进和间距"选项卡下的"间距"选项组中设置"段前"和"段后"均为"0.5行"，如下图所示。

步骤07 确认新建样式。单击"确定"按钮，返回"根据格式设置创建新样式"对话框，在其预览框中显示新建样式效果，如下图所示，确认后单击"确定"按钮。

步骤08 应用新建的"格式"样式。返回Word文档，❶选中需要应用样式的文本，❷在"样式"窗格中单击新建的"格式"样式，如下图所示。

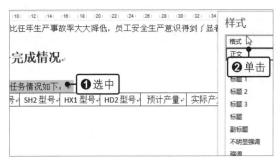

步骤09 显示应用新建样式的效果。经过操作后，所选文本应用了新建样式，其字体格式为四号加粗的楷体，其段落格式为段前、段后间距0.5行，如右图所示。

22.3.3 修改样式

在 Word 中输入的文本，将自动设置为"正文"样式，其默认格式为宋体、五号。通常报告类的文档，其文本字号都是四号，如果需要，可以修改"正文"样式的格式，这样整篇报告"正文"文本的格式都会发生改变。

 ◎ 原始文件：实例文件\第22章\原始文件\修改样式.docx
◎ 最终文件：实例文件\第22章\最终文件\修改样式.docx

步骤01 选择修改样式。打开原始文件，打开"样式"窗格，❶在窗格中右击"正文"样式，❷在弹出的快捷菜单中单击"修改"命令，如下左图所示。

步骤02 修改样式格式。弹出"修改样式"对话框，在"格式"选项组中设置"字号"为"四号"，如下右图所示。

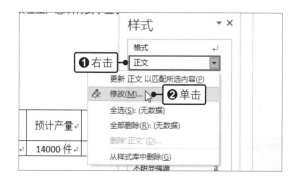

步骤03 显示修改"正文"样式的效果。单击"确定"按钮，返回Word文档，应用了"正文"样式的文本都应用了修改后的字号，如右图所示。

22.3.4　导入其他文档中的样式

如果在其他文档中有设定好的样式，可以直接将该文档中的样式导入到当前文档中，这样不仅可以节约时间，而且还保证了正确率。

◎　原始文件：实例文件\第22章\原始文件\年终总结报告.docx、导入其他文档中的样式.docx
◎　最终文件：实例文件\第22章\最终文件\导入其他文档中的样式.docx

步骤01 打开"样式"窗格。打开原始文件"年终总结报告.docx"，单击"样式"组对话框启动器，打开"样式"窗格，如下图所示。

步骤02 单击"管理样式"按钮。在"样式"窗格中单击"管理样式"按钮，如下图所示。

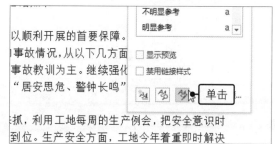

步骤03 单击"导入/导出"按钮。弹出"管理样式"对话框，单击"导入/导出"按钮，如下左图所示。

步骤04 关闭Normal文件。弹出"管理器"对话框，在右侧"在Normal中"列表框中显示其文件中的样式，单击下方的"关闭文件"按钮，如下右图所示。

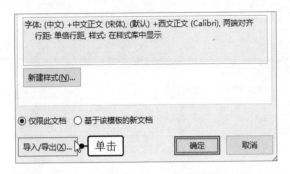

步骤05 打开文件。此时右侧列表框中的样式都被清除了，再单击"打开文件"按钮，如下图所示。

步骤06 选择目标文件。弹出"打开"对话框，❶在"文件类型"中选择"所有Word文档"选项，❷再选择目标文件"导入其他文档中的样式"所在路径，❸选中目标文件，❹然后单击"打开"按钮，如下图所示。

步骤07 复制样式。在右侧列表框中显示"导入其他文档中的样式"文档中的样式，❶单击"自定义 标题"选项，❷再单击"复制"按钮，如下图所示。

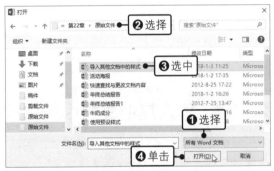

步骤08 关闭"管理器"对话框。此时左侧"在 年终总结报告.docx 中"列表框里显示"导入其他文档中的样式"文档中的样式"自定义 标题"选项，完毕后单击"关闭"按钮，如下图所示。

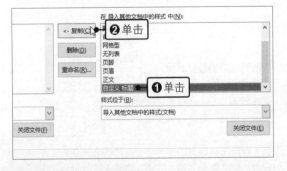

步骤09 应用导入的样式。返回Word文档，❶选中标题文本，❷在"样式"窗格中单击导入的"自定义 标题"选项，如下左图所示。

步骤10 显示应用导入样式的效果。经过操作后，所选文本应用了该样式，效果如下右图所示。

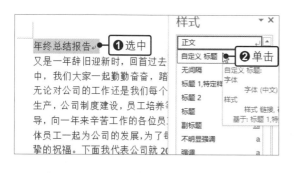

22.4 提炼文档目录

目录是一篇文档的大纲，通过目录可以查看整篇文档的主要内容，极大地方便了阅读，也为读者寻找重点节约了时间，所以，对于长篇文档来说，添加目录是非常有必要的。

22.4.1 使用预设目录样式

要提炼文档目录，首先要对文本应用标题样式，即"样式"中的"标题 1""标题 2""标题 3""标题 4"……Word 会根据这些标题，提炼出相应级别的目录。下面通过 Word 内置目录样式来进行操作。

◎ 原始文件：实例文件\第22章\原始文件\使用预设目录样式.docx
◎ 最终文件：实例文件\第22章\最终文件\使用预设目录样式.docx

步骤01 定位光标。打开原始文件，将光标定位到文档开始处，如下图所示。

步骤02 选择预设目录样式。❶在"引用"选项卡下单击"目录"按钮，❷在展开的列表中选择"自动目录1"样式，如下图所示。

步骤03 显示提炼的预设目录。此时，在文档开始处显示根据大纲级别提炼出的文档目录，效果如右图所示。

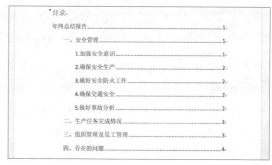

22.4.2　自定义设置目录样式

Word 内置的目录样式单一，而且选择少，很难满足全部用户的需求。此时，可以手动设置需要的目录样式。

◎ 原始文件：实例文件\第22章\原始文件\自定义设置目录样式.docx
◎ 最终文件：实例文件\第22章\最终文件\自定义设置目录样式.docx

步骤01　单击"自定义目录"。打开原始文件，将光标定位到文档开始处，❶单击"目录"按钮，❷在展开的列表中单击"自定义目录"选项，如下图所示。

步骤02　设置目录格式。弹出"目录"对话框，❶在"目录"选项卡下的"常规"选项组中设置"格式"为"正式"，❷设置"显示级别"为"3"，如下图所示。

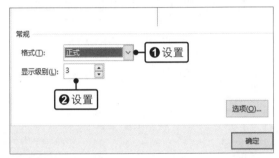

步骤03　设置制表符前导符。在"打印预览"选项组中，❶单击"制表符前导符"右侧的下拉按钮，❷在展开的列表中单击需要的样式，如下图所示。

步骤04　显示插入自定义目录的效果。单击"确定"按钮，在文档开始处显示插入的自定义目录，效果如下图所示。

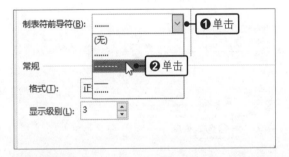

提示　提炼出目录后，按住【Ctrl】键不放并单击目录中的某个标题，可以快速跳转到该标题在文档正文中的位置。

22.5 为文档添加脚注与尾注

脚注和尾注是对文本的补充说明。脚注一般位于页面的底部，可以作为文档某处内容的注释；尾注一般位于文档的末尾，通常用于列出引文的出处等。本节就来介绍在文档中使用脚注与尾注标记注释内容的技巧。

22.5.1　插入脚注与尾注

脚注和尾注都由两个关联的部分组成，它们是注释引用标记和其对应的注释文本。下面介绍快速插入脚注与尾注的方法。

◎ 原始文件：实例文件\第22章\原始文件\插入脚注与尾注.docx
◎ 最终文件：实例文件\第22章\最终文件\插入脚注与尾注.docx

步骤01　选择文本。打开原始文件，选中需要插入脚注的文本，如下图所示。

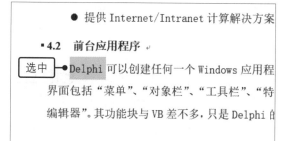

步骤02　插入脚注。❶切换至"引用"选项卡，❷在"脚注"组中单击"插入脚注"按钮，如下图所示。

步骤03　输入脚注的注释文本。此时在所选文本右上角插入了脚注符号，在当前页最底部显示脚注注释编辑区，输入需要的注释文本，如下图所示。

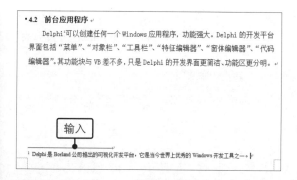

步骤04　为图片插入尾注。选中文档中的图片，❶切换至"引用"选项卡，❷在"脚注"组中单击"插入尾注"按钮，如下图所示。

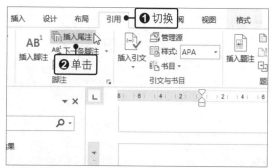

步骤05　输入尾注的注释文本。此时在文档末尾插入了尾注，可以在此处输入尾注的注释文本，如右图所示。

提示　对于插入的脚注和尾注，可以轻松将其清除。只需要选中要清除的脚注或尾注符号，按【Delete】键即可。

22.5.2 更改脚注位置

默认情况下，插入的脚注是出现在页面最底部的。如果想要更改脚注的位置，可以通过下面的操作来实现。

◎ 原始文件：实例文件\第22章\原始文件\更改脚注位置.docx
◎ 最终文件：实例文件\第22章\最终文件\更改脚注位置.docx

步骤01 选中脚注标记。打开原始文件，选中之前插入的脚注标记，如下图所示。

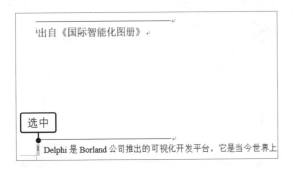

步骤02 单击"脚注"组对话框启动器。❶切换至"引用"选项卡，❷单击"脚注"组对话框启动器，如下图所示。

步骤03 设置脚注位置。弹出"脚注和尾注"对话框，❶单击"脚注"单选按钮，❷在脚注列表中单击"文字下方"选项，如下图所示。

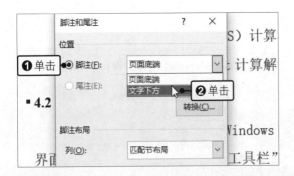

步骤04 显示更改脚注位置的效果。单击"应用"按钮，此时文档中的脚注被移动到文字下方，效果如下图所示。

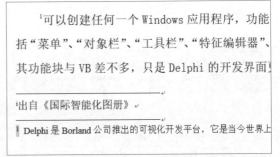

提示 更改尾注位置的方法与更改脚注位置相同，只需要打开"脚注和尾注"对话框，选中"尾注"单选按钮，在其右侧下拉列表中选择尾注位置，完毕后单击"应用"按钮即可。

22.5.3 设置脚注与尾注的标记符号

如果默认情况下插入的脚注或尾注的标记符号不能满足实际工作的需要，可以将其更改为其他符号。

◎ 原始文件：实例文件\第22章\原始文件\设置脚注与尾注的标记符号.docx
◎ 最终文件：实例文件\第22章\最终文件\设置脚注与尾注的标记符号.docx

步骤01　选择脚注标记。打开原始文件，选中文档中的脚注标记"1"，如下图所示。

步骤02　单击"脚注"组对话框启动器。❶切换至"引用"选项卡，❷单击"脚注"组对话框启动器，如下图所示。

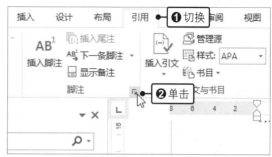

步骤03　选择脚注标记符号格式。弹出"脚注和尾注"对话框，在"格式"选项组中单击"符号"按钮，如下图所示。

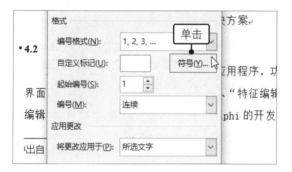

步骤04　选择符号。弹出"符号"对话框，❶选择需要的脚注标记符号，❷然后单击"确定"按钮，如下图所示。

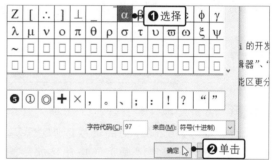

步骤05　确认脚注标记符号。返回"脚注和尾注"对话框，在"自定义标记"文本框中显示所选的符号"α"，单击"插入"按钮，如下图所示。

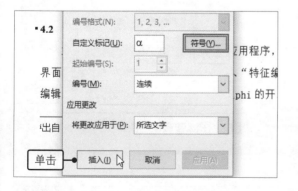

步骤06　显示更改格式后的脚注标记。返回文档，此时脚注的标记已经被更改为"α1"，按照同样的方法设置尾注的标记为"β1"，效果如下图所示。

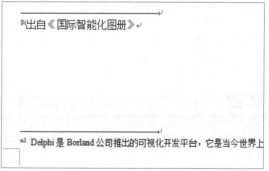

提示　除了自定义标记符号外，还可在"脚注和尾注"对话框中单击"编号格式"右侧的下拉按钮，在展开的列表中选择需要的编号格式。

22.5.4 脚注与尾注之间的转换

插入了脚注与尾注后，如果需要调整它们的顺序，可以将脚注和尾注互换，也可以统一转换成一种注释。

◎ 原始文件：实例文件\第22章\原始文件\脚注与尾注之间的转换.docx
◎ 最终文件：实例文件\第22章\最终文件\脚注与尾注之间的转换.docx

步骤01 单击"脚注"组对话框启动器。打开原始文件，将光标定位到尾注，❶切换至"引用"选项卡，❷单击"脚注"组对话框启动器，如下图所示。

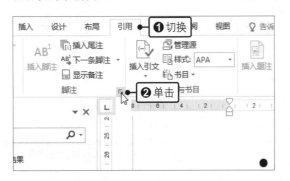

步骤02 单击"转换"按钮。弹出"脚注和尾注"对话框，在"位置"选项组中单击"转换"按钮，如下图所示。

步骤03 设置转换注释。弹出"转换注释"对话框，❶单击"尾注全部转换成脚注"单选按钮，❷然后单击"确定"按钮，如下图所示。

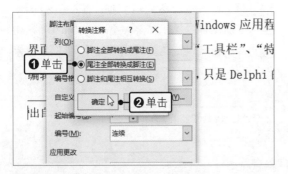

步骤04 确认转换。返回"脚注和尾注"对话框，确认无误后单击"插入"按钮，如下图所示。

步骤05 显示将尾注转换成脚注的效果。返回文档，可以看到之前的尾注标记"i"被更改为脚注，并依次编号，如右图所示。

提示 在"脚注和尾注"对话框的"格式"选项组中，可以设置"起始编号"和"编号"，在"编号"列表中提供了"连续""每节重新编号""每页重新编号"三种样式。

22.6 快速查找与更改文档内容

使用 Word 中的"查找和替换"功能可以查找和替换文本、格式、分段符、分页符及其他项目，还可以使用通配符和代码来扩展搜索，从而查找包含特定字母或字母组合的单词或短语。本节介绍使用"查找和替换"功能来快速更正文档内容的方法。

22.6.1 使用"导航"窗格查找文本

在 Word 2019 中，可以直接在"导航"窗格中查找文本，在其中显示根据条件找到的匹配项数目，并在"浏览您当前搜索的结果"列表框中显示详细信息。

◎ 原始文件：实例文件\第22章\原始文件\使用"导航"窗格查找文本.docx
◎ 最终文件：无

步骤01 打开"导航"窗格。打开原始文件，在"视图"选项卡下勾选"导航窗格"复选框，如下图所示。

步骤02 输入搜索文本。文档左侧将打开"导航"窗格，在"搜索"文本框中输入搜索文本"壹"，此时窗格中会突出显示查找到的文本的位置，如下图所示。

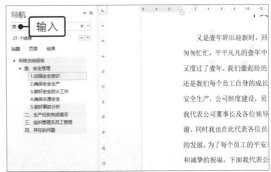

步骤03 切换到当前搜索的所有结果。在"导航"窗格中会显示"27个结果"，切换至"结果"选项卡，如下图所示。

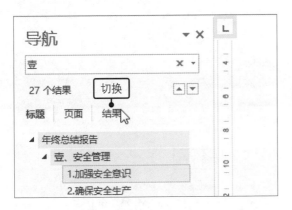

步骤04 跳转到搜索结果。在该选项卡中，可以单击 ▲ 和 ▼ 按钮来跳转搜索到的文本，如下图所示。

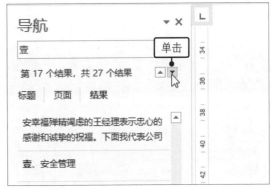

22.6.2 在"查找和替换"对话框中查找格式

除了使用"导航"窗格查找文本内容外，还可以使用"查找和替换"对话框来查找文档中的内容，甚至格式。

◎ 原始文件：实例文件\第22章\原始文件\在"查找和替换"对话框中查找格式.docx
◎ 最终文件：无

步骤01 选择"高级查找"。打开原始文件，❶在"开始"选项卡下的"编辑"组中单击"查找"右侧的下三角按钮，❷在展开的列表中单击"高级查找"选项，如右图所示。

步骤02 单击"更多"按钮。弹出"查找和替换"对话框，❶在"查找"选项卡下将光标定位到"查找内容"文本框中，❷单击"更多"按钮，如下图所示。

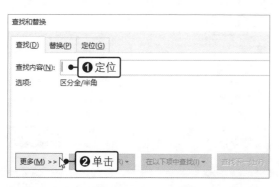

步骤03 单击"字体"选项。在对话框中展开更多搜索选项，❶在"查找"选项组中单击"格式"按钮，❷在展开的列表中单击"字体"选项，如下图所示。

步骤04 设置查找字体。弹出"查找字体"对话框，❶在"字体"选项卡下的"字形"列表框中单击"加粗"选项，❷在"字号"列表框中单击"三号"选项，如下图所示。

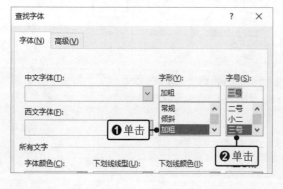

步骤05 全部突出显示。单击"确定"按钮，返回"查找和替换"对话框，在"查找内容"文本框下方显示格式信息。❶单击"阅读突出显示"按钮，❷在展开的列表中单击"全部突出显示"选项，如下图所示。

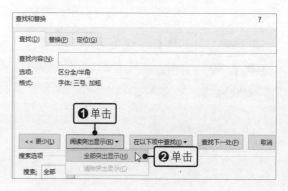

步骤06　突出显示搜索结果。此时文档中所有三号、加粗字体都被突出显示了，效果如右图所示。

> ·一、安全管理。
>
> 　安全生产是最大的经济效益，是各项工作能得以顺利开展的首要保障。今年按照陈组长的一切以安全为重的指示，结合公司 2012 年发生的事故情况，从以下几方面着手开展安全工作。
>
> ·1.加强安全意识。
>
> 　从加强员工的安全意识入手，以吸取以往事故教训为主继续强化员工的安全意识，做好新员工的安全教育。一年来，我们始终坚持"居

22.6.3　替换文本内容

有时文档中会出现同一错误，或者需要更改相同内容的文本，此时不需要手动逐个更改，使用"替换"功能即可一次性全部更改完毕。

◎　原始文件：实例文件\第22章\原始文件\替换文本内容.docx
◎　最终文件：实例文件\第22章\最终文件\替换文本内容.docx

步骤01　单击"替换"按钮。打开原始文件，在"开始"选项卡下的"编辑"组中单击"替换"按钮，如下图所示。

步骤02　全部替换。弹出"查找和替换"对话框，❶在"替换"选项卡下的"查找内容"文本框中输入"壹"，❷在"替换为"文本框中输入"一"，❸然后单击"全部替换"按钮，如下图所示。

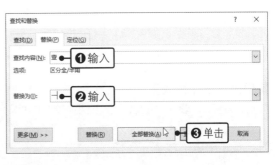

步骤03　显示搜索结果。弹出提示框，提示完成的替换数量，单击"确定"按钮即可，如下图所示。

步骤04　显示替换文本的效果。经过操作后，文档中所有的文本"壹"被替换成"一"，效果如下图所示。

> 　又是一年辞旧迎新时，回首过去的一年，倍感时间的紧迫。匆匆忙忙，平平凡凡的一年中，我们大家一起勤勤奋奋，踏踏实又度过了一年。我们一起经历了一段磨砺和考验。无论对公司的还是我们每个员工自身的成长来说，都是成长和壮大的一年。我安全生产，公司制度建设，员工培养等方面作出了可喜的成绩。我代表公司董事长及各位领导，向一年来辛苦工作的各位员工表谢。同时我也在此代表各位员工，向一年来带领全体员工一起为的发展，为了每个员工的平安幸福殚精竭虑的王经理表示忠心的

> **提示** 如果不需要全部替换，可以在"查找和替换"对话框中单击"查找下一处"按钮，若需要替换，则单击"替换"按钮，若不需要替换，则单击"查找下一处"按钮跳过。

22.6.4 替换文本格式

替换文本格式与替换文本内容一样方便。下面以将文档中加粗的四号宋体的格式替换为加粗的四号华文隶书格式为例，介绍替换文本格式的操作方法。

◎ 原始文件：实例文件\第22章\原始文件\替换文本格式.docx
◎ 最终文件：实例文件\第22章\最终文件\替换文本格式.docx

步骤01 单击"替换"按钮。打开原始文件，在"开始"选项卡下的"编辑"组中单击"替换"按钮，如下图所示。

步骤02 单击"更多"按钮。弹出"查找和替换"对话框，❶在"替换"选项卡下将光标定位到"查找内容"文本框中，❷单击"更多"按钮，如下图所示。

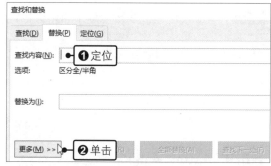

步骤03 选择查找字体。在对话框中展开更多搜索选项，❶在"查找"选项组中单击"格式"按钮，❷在展开的列表中单击"字体"选项，如下图所示。

步骤04 设置查找字体。弹出"查找字体"对话框，❶在"字体"选项卡下设置"中文字体"为"+中文正文"，❷"字形"为"加粗"，❸"字号"为"四号"，如下图所示。

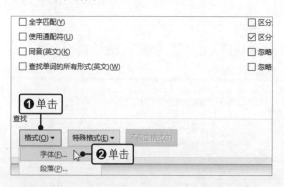

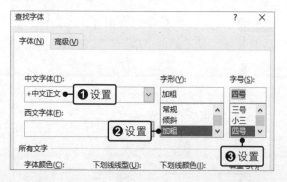

步骤05 选择替换字体。单击"确定"按钮，返回"查找和替换"对话框，将光标定位到"替换为"文本框，❶再单击"格式"按钮，❷在展开的列表中单击"字体"选项，如下左图所示。

步骤06　设置替换字体。弹出"替换字体"对话框，❶在"字体"选项卡下设置"中文字体"为"华文隶书"，❷"字形"为"加粗"，❸"字号"为"四号"，如下右图所示。

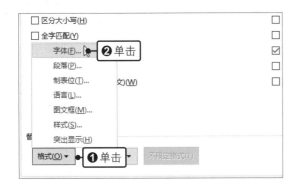
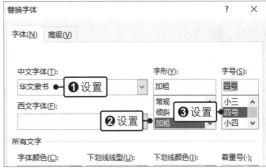

提示　若不需要查找或替换格式，可以在该对话框中将鼠标定位到"查找内容"文本框或"替换为"文本框，单击"更多"按钮，在展开的选项组中单击"不限定格式"按钮，即可清除设置的格式。

步骤07　全部替换。单击"确定"按钮，返回"查找和替换"对话框，在"查找内容"和"替换为"文本框下方会显示设置的格式，确认后单击"全部替换"按钮，如下图所示。

步骤08　确认替换。弹出提示框，提示已完成的替换数量，单击"确定"按钮即可，如下图所示。

步骤09　显示替换格式的效果。返回文档，即可看到"+中文正文（宋体）四号加粗"字体格式被替换成"华文隶书四号加粗"，效果如右图所示。

1. 员工的组织纪律观念及团结协作精神有待进一步加强。不能正确处理班组，分工与合作的关系。分工就不能很好合作的现象偶有发生；

2. 个别员工安全意识有待提高。存在不能接受别人的事故教训，不能很好地借鉴和接受以往的经验教训；

3. 提高规范性。各岗位工作程序的规范性不强，标准化程度不高；

4. 遵守规章制度。员工遵守规章制度的自觉性不够强，违反规定的现象时有发生；

第23章

Excel 2019数据处理技巧

本章将介绍在数据输入、单元格设置和数据筛选等方面的 Excel 操作技巧，帮助读者游刃有余地完成各项数据分析工作。

23.1 数据输入技巧

在工作表中输入各项数据是用 Excel 处理数据的基本条件。在输入数据的过程中，尤其是输入大量数据时，可以通过一些技巧来减少工作量。

23.1.1 输入分数

默认情况下，直接在 Excel 中输入分数，会以日期格式显示出来，例如，在单元格中输入分数 7/8，按【Enter】键后会变为"7 月 8 日"，这当然不是需要的结果，这时可以按照下面的方法进行操作。例如，公司要求每个月完成 100 万任务，将任务完成率以分数的形式显示出来。

◎ 原始文件：实例文件\第23章\原始文件\输入分数.xlsx
◎ 最终文件：实例文件\第23章\最终文件\输入分数.xlsx

步骤01 输入任务完成率的分数形式。打开原始文件，选中单元格B2，这里要输入分数 75/100，即100万任务实际完成了75万，则输入 "0 75/100"，如下图所示。

步骤02 显示结果。按下【Enter】键，即可在单元格B2中显示简化后的分数3/4，如下图所示。

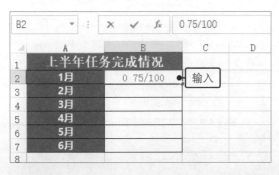

> **提示** 如果要输入含有整数的分数，可以将前面的 "0" 改为整数，例如，输入 "15 2/7"，按下【Enter】键，即可在单元格中显示分数 15 又 2/7。

步骤03　单击"数字"组对话框启动器。❶选中含有分数的单元格B2，❷在"开始"选项卡下单击"数字"组对话框启动器，如下图所示。

步骤04　设置分数类型。弹出"设置单元格格式"对话框，❶在"分类"列表框中单击"分数"选项，❷在右侧的"类型"列表框中单击"以16为分母(8/16)"选项，如下图所示。

步骤05　显示设置后的分数。单击"确定"按钮，返回工作表，可以看到单元格B2中的分数被转换成分母为16的效果了，显示分数为"12/16"，如右图所示。

提示　除了正文中的方法外，还可以设置分母位数。例如，单元格中的数据为 0.5，将其选中，单击"数字"组对话框启动器，弹出"设置单元格格式"对话框，在"分类"列表框中单击"分数"选项，在右侧的"类型"列表框中单击"分母为一位数 (1/4)"选项，单击"确定"按钮后，该单元格会显示分数 1/2。

23.1.2　输入上标

若要为 Excel 中的数据输入上标，可使用上标功能来实现。需要注意的是，如果要添加上标的数据不是字母，而是数值，则需要先将该数值的数字格式转换为文本格式。

◎　原始文件：实例文件\第23章\原始文件\输入上标.xlsx
◎　最终文件：实例文件\第23章\最终文件\输入上标.xlsx

步骤01　单击"字体"组对话框启动器。双击要设置上标的单元格B3，❶选中单元格中的数字"2"，❷在"开始"选项卡下单击"字体"组对话框启动器，如右图所示。

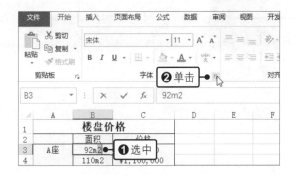

步骤02 设置特殊效果。弹出"设置单元格格式"对话框，在"特殊效果"选项组中勾选"上标"复选框，如下图所示。

步骤03 显示设置上标的效果。单击"确定"按钮，此时单元格B3里显示"92m²"，按照同样的方法设置单元格区域B4:B6中的数据，效果如下图所示。

	A	B	C	D	E
1		楼盘价格			
2		面积	价格		
3	A座	92m²	¥750,000		
4		110m²	¥1,100,000		
5	B座	110m²	¥1,100,000		
6		130m²	¥1,200,000		
7					

 提示 如果需要快速输入平方"²"，可以选中需要输入的单元格，按住【Alt】键不放，在小键盘上依次按下数字键"178"。同理，按住【Alt】键不放，在小键盘上依次按下数字键"179"，可以输入立方"³"。

23.1.3 自动输入小数点

在日常工作中，经常需要输入带小数的数据，一般保留两位小数。如果按照常规方法输入后再进行设置，会很烦琐，下面介绍如何使输入的整数自动显示小数点。

◎ 原始文件：实例文件\第23章\原始文件\自动输入小数点.xlsx
◎ 最终文件：实例文件\第23章\最终文件\自动输入小数点.xlsx

步骤01 单击"选项"命令。打开原始文件，单击"文件"按钮，在弹出的视图菜单中单击"选项"命令，如下图所示。

步骤02 设置自动插入的小数位数。弹出"Excel选项"对话框，❶单击"高级"选项，❷在右侧的"编辑选项"选项组中勾选"自动插入小数点"复选框，❸在"小位数"文本框中输入要保留的小数位数，如"2"，如下图所示。

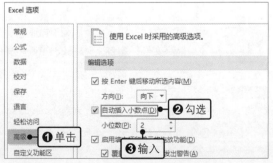

步骤03 输入销售额。单击"确定"按钮，返回工作表，在单元格B2中输入"旗舰店"的销售额，如输入"61239212"，如下左图所示。

步骤04　自动插入小数点。按下【Enter】键确认输入，此时可以看到数字"61239212"中自动插入了小数点，并保留2位小数，如下右图所示。

提示　如果想快速地为数据增减小数位数，可选中该数据所在的单元格，切换至"开始"选项卡，在"数字"组中单击"增加小数位数"或"减少小数位数"按钮，单击一次增加或减少一个小数位数，单击两次就增加或减少两个小数位数，依次类推。

23.1.4　强制换行

在同一单元格内，有些较长数据必须强制换行才能对齐。方法是将光标移到需要换行的位置，再按【Alt+Enter】组合键。在使用强制换行时，系统会同时选择自动换行功能。

◎　原始文件：实例文件\第23章\原始文件\强制换行.xlsx
◎　最终文件：实例文件\第23章\最终文件\强制换行.xlsx

步骤01　定位光标。打开原始文件，将光标定位在需要强制换行的位置，如下图所示。

步骤02　强制换行。按下【Alt+Enter】组合键，可看到光标处的数据被强制换行，继续对表格内容进行强制换行，效果如下图所示。

23.1.5　记忆式输入

如果经常需要在一个工作表中的某一列输入相同数值，采用"记忆式输入"功能可减少输入量，从而提高工作效率。

◎　原始文件：实例文件\第23章\原始文件\记忆式输入.xlsx
◎　最终文件：实例文件\第23章\最终文件\记忆式输入.xlsx

步骤01 单击"选项"命令。打开原始文件，单击"文件"按钮，在弹出的视图菜单中单击"选项"命令，如下图所示。

步骤02 启用记忆式输入。弹出"Excel选项"对话框，❶单击"高级"选项，❷在右侧选项面板中勾选"为单元格值启用记忆式键入"复选框，如下图所示。

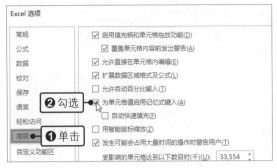

步骤03 输入部门数据。单击"确定"按钮，在单元格区域C3:C5中分别输入员工所在的部门，当在单元格C6中再次输入"销"字时，系统将自动在其后显示"售部"二字，如下图所示。

步骤04 确认输入。按下【Enter】键，此时可以看到系统自动输入了"销售部"，如下图所示。

序列	员工姓名	部门	补贴
1	张*	工程部	
2	孟*	财务部	
3	刘*	销售部	
4	刘*	销售部	
5	张*		
6	冉*		
7	刘*		
8	吴*		

员工部门补贴表

序列	员工姓名	部门	补贴
1	张*	工程部	
2	孟*	财务部	
3	刘*	销售部	
4	刘*	销售部	
5	张*		
6	冉*		
7	刘*		
8	吴*		

23.1.6 从下拉列表中选择

在 Excel 中使用"数据验证"功能，可以在单元格中生成一个下三角按钮，单击该按钮即可展开列表，从而选择需要的选项。

◎ 原始文件：实例文件\第23章\原始文件\从下拉列表中选择.xlsx
◎ 最终文件：实例文件\第23章\最终文件\从下拉列表中选择.xlsx

步骤01 选择单元格区域。打开原始文件，选择单元格区域C3:C10，如右图所示。

员工部门补贴表

序列	员工姓名	部门	补贴
1	张*		
2	孟*		
3	刘*		
4	刘*		选择
5	张*		
6	冉*		
7	刘*		
8	吴*		

步骤02　单击"数据验证"按钮。❶切换至"数据"选项卡，❷单击"数据验证"按钮，如下图所示。

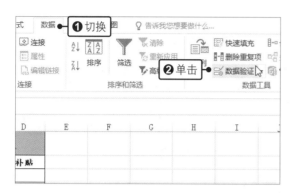

步骤04　输入下拉列表内容。❶在"来源"文本框中输入下拉列表的内容，这里为"工程部,财务部,销售部"，❷然后单击"确定"按钮，如下图所示。

步骤06　选择其他员工的部门。此时单元格C3中会显示所选部门，❶再单击单元格C4右侧的下三角按钮，❷在展开的列表中继续选择其他员工的部门，如下图所示。

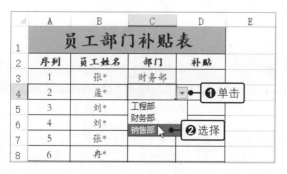

步骤03　启动下拉箭头。弹出"数据验证"对话框，❶设置"允许"为"序列"选项，❷勾选"忽略空值"和"提供下拉箭头"复选框，如下图所示。

步骤05　从下拉列表中选择部门。❶返回工作表，选中单元格C3，此时单元格右侧会出现下三角按钮，单击该按钮，❷在展开的列表中选择相应的部门，如下图所示。

步骤07　展示最终效果。采用同样的方法在单元格区域C5:C10中设置其他员工所在部门，效果如下图所示。

23.2 单元格格式设置与编辑技巧

在单元格中输入数据后，接下来就要让表格更规范，这就需要对单元格格式进行设置。在设置单元格格式时，也有一些小技巧，可以快速解决一些实际的工作问题。

23.2.1 当输入的数据超过单元格宽度时自动调整列宽

在单元格中输入较长数据时，虽然可以调整单元格列宽来显示完整的数据，但这种方法还是不够精确。下面介绍一种可以自动将列宽调整到最适合数据长度的位置的方法。

◎ 原始文件：实例文件\第23章\原始文件\当输入的数据超过单元格宽度时自动调整列宽.xlsx
◎ 最终文件：实例文件\第23章\最终文件\当输入的数据超过单元格宽度时自动调整列宽.xlsx

步骤01 选择单元格区域。打开原始文件，选择单元格区域C3:C12，如下图所示。

步骤02 选择"文本"数字格式。❶在"开始"选项卡下的"数字"组中单击"数字格式"右侧的下三角按钮，❷在展开的列表中单击"文本"选项，如下图所示。

	腾飞会所会员信息表				
	会员编号	会员姓名	有效证件	联系电话	备注
3	H002132	张*		130********	金卡
4	H002133	孟*		130********	金卡
5	H002134	刘*		130********	普卡
6	H002135	刘*		**	白金卡
7	H002136	张*		**	白金卡
8	H002137	冉*		135********	金卡
9	H002138	刘*		136********	普卡
10	H002139	吴*		137********	普卡
11	H002140	张*		138********	普卡

步骤03 输入证件号。在单元格区域C3:C12中输入有效证件号，可以看到18位的证件号并没有完全显示出来，如下图所示。

步骤04 设置自动调整列宽。再次选择单元格区域C3:C12，❶在"开始"选项卡下单击"格式"按钮，❷在展开的列表中单击"自动调整列宽"选项，如下图所示。

	腾飞会所会员信息表				
	会员编号	会员姓名	有效证件	联系电话	备注
3	H002132	张*	0619870113	130********	金卡
4	H002133	孟*	1219881202	130********	金卡
5	H002134	刘*	0619830114	130********	普卡
6	H002135	刘*	2119761205	130********	白金卡
7	H002136	张*	1619830115	134********	白金卡
8	H002137	冉*	6719741202	135********	金卡
9	H002138	刘*	0619820113	136********	普卡
10	H002139	吴*	1219791209	137********	普卡
11	H002140	张*	0619800118	138********	普卡

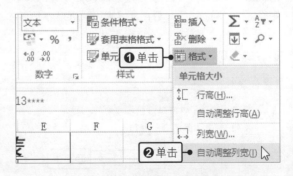

步骤05 自动调整列宽后完整显示证件号。此时，系统按照证件号的长度自动调整单元格的宽度，将证件号完整地显示出来，效果如右图所示。

	腾飞会所会员信息表				
	会员编号	会员姓名	有效证件	联系电话	备注
3	H002132	张*	51010619870113****	130********	金卡
4	H002133	孟*	41021219881202****	130********	金卡
5	H002134	刘*	31010619830114****	130********	普卡
6	H002135	刘*	41022119761205****	130********	白金卡
7	H002136	张*	51221619830115****	134********	白金卡
8	H002137	冉*	41326719741202****	135********	金卡
9	H002138	刘*	51110619820113****	136********	普卡

23.2.2　当输入的数据超过单元格宽度时自动缩小字体

在单元格中输入数据时，如果其字符长度超过默认宽度，输入的内容将不能完全显示，为了使单元格中的内容完全显示，除了采用前面介绍的"自动调整列宽"的方法外，还可以使用"缩小字体填充"功能。

◎ 原始文件：实例文件\第23章\原始文件\当输入的数据超过单元格宽度时自动缩小字体.xlsx
◎ 最终文件：实例文件\第23章\最终文件\当输入的数据超过单元格宽度时自动缩小字体.xlsx

步骤01　选择需要调整的区域。打开原始文件，可看到"有效证件"的数据显示得不完整，选择单元格区域C3:C12，如下图所示。

步骤02　单击"对齐方式"组对话框启动器。❶切换至"开始"选项卡，❷单击"对齐方式"组对话框启动器，如下图所示。

步骤03　勾选"缩小字体填充"复选框。弹出"设置单元格格式"对话框，❶切换至"对齐"选项卡，❷勾选"缩小字体填充"复选框，如下图所示。

步骤04　自动缩小字体的效果。单击"确定"按钮，此时可以看到所选区域内的字体缩小，使"有效证件"列的数据能够完整显示，效果如下图所示。

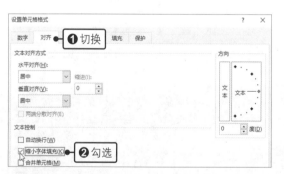

提示　还有一种按需要的大小快速减小字号的方法：首先选择需要缩小字体的单元格区域，然后在"开始"选项卡的"字体"组中单击"减小字号"按钮，单击一次即可缩小 1 磅；或者打开"设置单元格格式"对话框，切换至"字体"选项卡，在"字号"列表框中选择需要的字体大小，单击"确定"按钮即可。

23.2.3　使单元格不显示零值

如果单元格中有输入的 0 或计算出的 0，可以将这些单元格设置成显示为空白。

步骤01 查看原始表格。打开原始文件，在这张表格中，C列、D列和E列中都有数字"0"，如下图所示。

步骤02 单击"选项"命令。要隐藏这些零值，可以单击"文件"按钮，在弹出的视图菜单中单击"选项"命令，如下图所示。

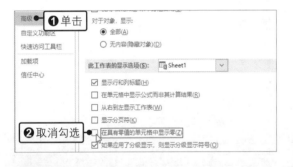

步骤03 取消显示零值。弹出"Excel选项"对话框，❶单击"高级"选项，❷在"此工作表的显示选项"选项组中取消勾选"在具有零值的单元格中显示零"复选框，如下图所示。

步骤04 取消显示零值的效果。单击"确定"按钮，返回工作表中，此时可以看到C列、D列和E列中含有零值的单元格都显示成空白了，效果如下图所示。

提示 除了设置工作表中所有单元格都不显示零值外，还可以设置指定单元格区域不显示零值。首先选择不想显示零值的单元格区域，打开"设置单元格格式"对话框，在"数字"选项卡的分类列表中选择"自定义"类型，在"类型"文本框中输入"G/通用格式;G/通用格式;;"，单击"确定"按钮后，返回工作表中，此时选定单元格区域的零值将不再显示。

23.2.4 一次性清除表格中所有单元格的格式设置

使用 Excel 的"清除格式"功能，可以一次性将表格中的所有格式设置恢复到默认状态。

步骤01 选择整个表格。打开原始文件，按【Ctrl+A】组合键，选择整个数据内容，如下图所示。

步骤02 单击"清除格式"选项。❶在"开始"选项卡下单击"清除"按钮，❷在展开的列表中单击"清除格式"选项，如下图所示。

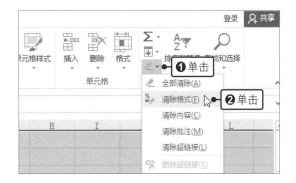

步骤03 一次性清除格式的效果。此时表格中各项内容的格式都恢复为默认状态，效果如右图所示。

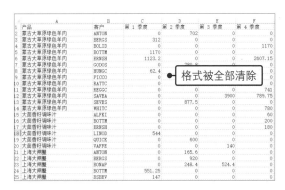

提示 如果想将格式和数据一同清除，可选中需要清除的单元格区域，切换至"开始"选项卡，单击"清除"按钮，在展开的列表中单击"全部清除"选项。

23.3 数据的输入限制技巧

在 Excel 中，经常需要输入特定的数据，例如，只输入工作日日期，或是在输入时限制文本的长度。此时可以通过设置数据验证来辅助检查输入的数据，避免输入不符合要求的数据。

23.3.1 防止输入周末日期

对于日常工作中的表格，通常不需要输入周末日期，但难免会出错，下面就来介绍如何使用 Excel 的"数据验证"功能防止周末日期的输入。

◎ 原始文件：实例文件\第23章\原始文件\防止输入周末日期.xlsx
◎ 最终文件：实例文件\第23章\最终文件\防止输入周末日期.xlsx

步骤01 选择单元格。打开原始文件，选中需要输入日期的单元格A3，如右图所示。

	A	B	C	D	E	F
1		*产品入库统计表*				
2	入库时间	货号	入库数量(件)	经手人		
3	选中		20	王		
4		QS-4230	10	王		
5		AC-890	30	王		
6		QS-4230	10	王		
7		SK-1231	15	王		
8		QS-4230	12	刘		
9		SK-1240	30	刘		
10		AC-890	40	刘		

步骤02 单击"数据验证"按钮。在"数据"选项卡下的"数据工具"组中单击"数据验证"按钮，如下图所示。

步骤03 设置验证条件为自定义。弹出"数据验证"对话框，❶在"设置"选项卡下单击"允许"右侧的下拉按钮，❷在展开的列表中单击"自定义"选项，如下图所示。

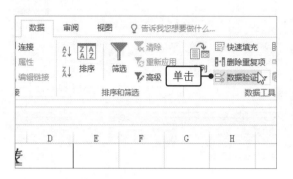

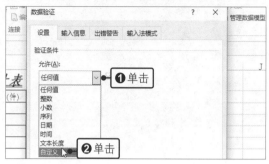

步骤04 设置公式。❶在"公式"文本框中输入公式"=AND(WEEKDAY(A3)<>1,WEEKDAY(A3)<>7)"，❷单击"确定"按钮，如下图所示。

步骤05 输入入库时间。返回工作表中，在单元格A3中输入日期"2017-7-30"（该日期为周日），如下图所示。

入库时间	货号	入库数量(件)	经手人
2017-7-30	SK-1240	20	王
	QS-4230	10	王
	AC-890	30	王
	QS-4230	10	王
	SK-1231	15	王

提示 WEEKDAY 函数用于返回某日期为星期几。默认情况下，其值为 1（星期天）到 7（星期六）之间的整数。

该函数的语法为 WEEKDAY(serial_number,[return_type])。其中 serial_number 为一个序列号，代表要返回的那一天的日期；return_type 是用于确定返回值类型的数字。

正文中的公式"=AND(WEEKDAY(A3)<>1,WEEKDAY(A3)<>7)"，是指单元格 A3 中的日期不能是星期天和星期六。

步骤06 提示输入值非法。按下【Enter】键，因为该日期是周日，所以会弹出对话框，显示"此值与此单元格定义的数据验证限制不匹配"，如下图所示。

步骤07 输入非周末日期。单击"重试"按钮，重新输入日期"2017-7-31"，按下【Enter】键，即可输入成功，如下图所示。

入库时间	货号	入库数量(件)	经手人
2017-7-31	SK-1240	20	王
	QS-4230	10	王
	AC-890	30	王
	QS-4230	10	王
	SK-1231	15	王

23.3.2　限制输入文本的长度

　　某些数据的长度是固定的，如电话号码、身份证号。若要输入 18 位固定长度的身份证号，通过"数据验证"功能来事先限制输入文本的长度就不会出错了。

◎ 原始文件：实例文件\第23章\原始文件\限制输入文本的长度.xlsx
◎ 最终文件：实例文件\第23章\最终文件\限制输入文本的长度.xlsx

步骤01 选择单元格区域。打开原始文件，选择需要输入固定长度内容的单元格区域 C3:C12，如下图所示。

步骤02 单击"数据验证"按钮。❶切换至"数据"选项卡，❷在"数据工具"组中单击"数据验证"按钮，如下图所示。

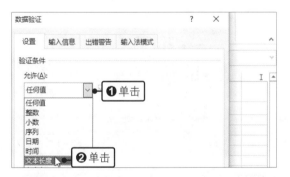

步骤03 设置验证条件为文本长度。弹出"数据验证"对话框，❶在"设置"选项卡下单击"允许"右侧的下拉按钮，❷在展开的列表中单击"文本长度"选项，如下图所示。

步骤04 设置数据长度。❶设置"数据"为"等于"，❷在"长度"文本框中输入"18"，❸单击"确定"按钮，如下图所示。

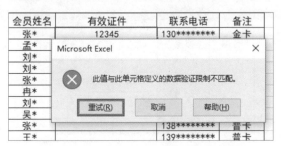

步骤05 输入非18位数字。返回工作表，在单元格C3中输入非18位数字，按下【Enter】键，会弹出提示框，显示"此值与此单元格定义的数据验证限制不匹配"，如下图所示。

步骤06 输入18位证件号码。单击"重试"按钮，重新输入18位证件号码，按下【Enter】键，即可输入成功，如下图所示。

23.3.3　圈释无效数据

在日常工作中，经常需要将一些特别的数据圈出来，如超额完成的数据、低于预期的数据等。使用 Excel 中的"圈释无效数据"功能就能达到目的。

本例抽取员工近期 20 次的服务打分记录，现需要将"非常满意"低于 10 次的客服数据用红圈标注出来。

◎ 原始文件：实例文件\第23章\原始文件\圈释无效数据.xlsx
◎ 最终文件：实例文件\第23章\最终文件\圈释无效数据.xlsx

步骤01 选择单元格区域。打开原始文件，选择单元格区域B3:B10，如下图所示。

步骤02 单击"数据验证"按钮。在"数据"选项卡下单击"数据验证"按钮，如下图所示。

步骤03 设置有效性条件为整数。弹出"数据验证"对话框，在"设置"选项卡下的"允许"列表中单击"整数"选项，如下图所示。

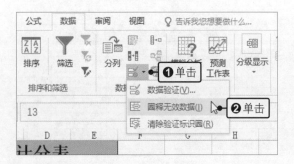

步骤04 设置数据值。❶设置"数据"为"大于或等于"，❷在"最小值"文本框中输入"10"，❸单击"确定"按钮，如下图所示。

步骤05 圈释无效数据。返回工作表，❶在"数据"选项卡下的"数据工具"组中单击"数据验证"右侧的下三角按钮，❷在展开的列表中单击"圈释无效数据"选项，如下图所示。

步骤06 显示圈出的无效数据。经过操作后，单元格区域B3:B10中会用红圈圈出"非常满意"低于10的数据，效果如下图所示。

> **提示**　如果要清除表格中的红圈，可以再次单击"数据验证"下三角按钮，在展开的下拉列表中
> 单击"清除验证标识圈"选项即可。保存后，圈释也将自动取消。

23.4　用函数快速提取数据

在使用 Excel 2019 提取数据时，可以应用一些函数来完成这项任务。通过这些函数，不需要烦琐的操作就可以快速获取需要的结果。本节就来介绍 GESTEP 函数、IF 函数及 INDEX 函数的使用技巧。

23.4.1　用 GESTEP 函数提取数据

通过计算多个 GESTEP 函数的返回值，可以检测出数据集中超过某个临界值的数据个数。例如，某公司进行员工晋升考核，各项成绩大于等于 90 分的便可以晋升，下面提出的评定方案为找出各项成绩大于等于 90 分的员工人数有多少。这里将采用 GESTEP 函数来完成统计，首先为每位员工的成绩做标记，大于 90 分的标记为 1，否则为 0，然后对所有员工的标记进行筛选，即可求出晋升人数。

◎　原始文件：实例文件\第23章\原始文件\用GESTEP函数提取数据.xlsx
◎　最终文件：实例文件\第23章\最终文件\用GESTEP函数提取数据.xlsx

步骤01　单击"插入函数"按钮。打开原始文件，❶选中单元格E3，❷在"公式"选项卡下单击"插入函数"按钮，如下图所示。

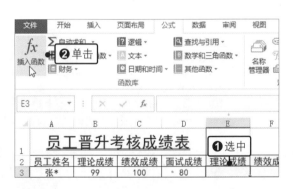

步骤02　选择GESTEP函数。弹出"插入函数"对话框，❶在"或选择类别"下拉列表中选择"工程"选项，❷在"选择函数"列表框中双击GESTEP函数，如下图所示。

步骤03　设置函数参数。弹出"函数参数"对话框，设置参数"Number"为"B3"、参数"Step"为"90"，如下图所示，然后单击"确定"按钮。

步骤04　显示函数计算结果并向右复制。此时在单元格E3中显示计算结果"1"，说明单元格B3的数据大于等于90，将该单元格的公式向右拖动填充至单元格G3，如下图所示。

GESTEP 函数的语法为 GESTEP(number, [step])。其中 number 是针对 step 进行测试的值，如果 number 大于等于 step，返回 1，否则返回 0；step 是阈值，如果省略该参数，则函数的返回结果为 0。使用 GESTEP 函数可筛选数据，例如，通过计算多个 GESTEP 函数的返回值，检测出数据集中超过某个临界值的数据个数。

步骤05 显示复制公式的结果。释放鼠标后，即可在单元格区域E3:G3中显示复制公式的结果，将该区域选中，向下拖动填充至单元格区域E12:G12，如下图所示。

步骤06 显示计算结果。释放鼠标后，即可在工作表中显示计算结果，其中对应的单元格数值大于等于90的计算结果为1，小于90的计算结果为0。❶选中单元格E2，❷在"数据"选项卡下单击"筛选"按钮，如下图所示。

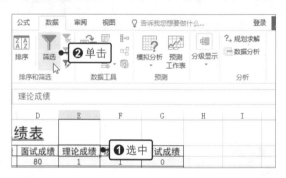

步骤07 筛选理论成绩。因为"绩效成绩"都为1，这里就不需要再筛选了，❶单击"理论成绩"右侧的下三角按钮，❷在展开的列表中勾选"1"复选框，如下图所示。

步骤08 筛选面试成绩。单击"确定"按钮，此时表格中只显示"理论成绩"为1的数据，❶单击"面试成绩"右侧的下三角按钮，❷在展开的列表中勾选"1"复选框，如下图所示。

步骤09 显示筛选出晋升员工的结果。单击"确定"按钮，此时在工作表中只显示三项成绩都大于等于90的员工记录，也就得到了晋升员工名单，如右图所示。

使用高级筛选功能也可以筛选出满足多个条件的值。将所有条件列在同一行，然后启用"高级"功能，即可直接显示筛选结果。

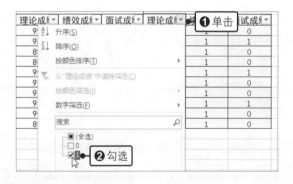

23.4.2　用 IF 函数检验考核成绩

在 Excel 里，IF 函数用于执行真假值判断，并根据逻辑计算的真假值，返回不同结果。可以使用该函数对数值和公式进行条件检测。

本例中使用 IF 函数检验员工的考核成绩。在"员工晋升考核成绩表"中，将三项考核成绩都大于等于 90 分的员工判定为"合格"，反之则判定为"不合格"。

◎ 原始文件：实例文件\第23章\原始文件\用IF函数检验考核成绩.xlsx
◎ 最终文件：实例文件\第23章\最终文件\用IF函数检验考核成绩.xlsx

步骤01 单击"插入函数"按钮。打开原始文件，❶选中单元格E3，❷在"公式"选项卡下单击"插入函数"按钮，如下图所示。

步骤02 选择IF函数。弹出"插入函数"对话框，❶选择"或选择类别"为"逻辑"，❷在"选择函数"列表框中双击IF函数，如下图所示。

步骤03 设置函数参数。弹出"函数参数"对话框，❶设置"Logical_test"为AND(B3>=90,C3>=90,D3>=90)、"Value_if_true"为"合格"、"Value_if_false"为"不合格"，❷单击"确定"按钮，如下图所示。

步骤04 显示计算结果。返回工作表，在单元格E3中显示计算结果，在编辑栏中显示公式"=IF(AND(B3>=90,C3>=90,D3>=90),"合格","不合格")"，将该单元格的公式向下拖动填充至单元格E12，如下图所示。

步骤05 显示计算结果。释放鼠标后，即可在单元格区域E4:E12中显示计算结果，如果员工的考核成绩有一项没有达到90分，会显示"不合格"，反之显示"合格"，如右图所示。员工的考核结果就一目了然了。

> **提示** IF 函数可用来判断一个公式或单元格的内容是否是想要的结果，如果是就执行某个操作，如果不是就执行另一个操作。
>
> 该函数的语法为 IF(logical_test, [value_if_true], [value_if_false])。其中 logical_test 是计算结果为 TRUE 或 FALSE 的任意值或表达式；value_if_true 是 logical_test 的计算结果为 TRUE 时所要返回的值；value_if_false 是 logical_test 的计算结果为 FALSE 时所要返回的值。

23.4.3　用 INDEX 函数显示符合条件的记录

INDEX 函数可以对某一个单元格区域内的某一个单元格进行定位。在前面的考核成绩表中，可以利用 INDEX 函数继续查找出考核结果为"合格"的员工姓名。

◎ **原始文件：**实例文件\第23章\原始文件\用INDEX函数显示符合条件的记录.xlsx
◎ **最终文件：**实例文件\第23章\最终文件\用INDEX函数显示符合条件的记录.xlsx

步骤01 输入合格人选。打开原始文件，❶在单元格A15中输入数据，❷选中单元格B15，如下图所示。

步骤02 选择INDEX函数。❶在"公式"选项卡下单击"查找与引用"按钮，❷在展开的列表中单击"INDEX"选项，如下图所示。

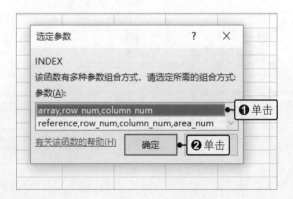

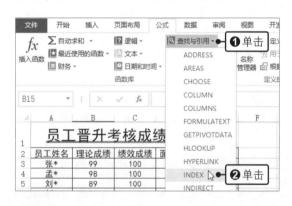

步骤03 选择函数的组合方式。因为该函数有数组形式和引用形式两种形式，所以会弹出"选定参数"对话框，❶单击第一种参数，❷再单击"确定"按钮，如下图所示。

步骤04 设置参数。弹出"函数参数"对话框，❶设置"Array"为"A1:A12"、"Row_num"为"4"、"Column_num"为"1"，❷单击"确定"按钮，如下图所示。

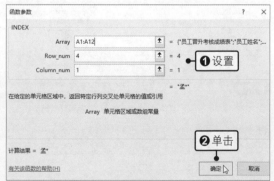

> **提示**　INDEX 函数可用来定位单元格区域中指定位置中的数据。INDEX 函数有两种形式：数组形式和引用形式。本例中使用的是数组形式。
>
> 　　该函数的数组形式的语法为 INDEX(array, row_num, [column_num])。其中 array 是单元格区域；row_num 是指定单元格区域中的某行，函数从该行返回数值；column_num 是指定单元格区域中的某列，函数从该列返回数值。
>
> 　　该函数的引用形式的语法为 INDEX(reference, row_num, [column_num], [area_num])。其中 reference 是对一个或多个单元格区域的引用；row_num 是引用中某行的行标题，函数从该行返回一个引用；column_num 是引用中某列的列标题，函数从该列返回一个引用；area_num 是引用中的一个区域，以从中返回 row_num 和 column_num 的交叉区域。

步骤05　显示计算结果。返回工作表，在单元格 B15 中显示提取的合格人选，如下图所示。

	员工晋升考核成绩表			
	员工姓名	理论成绩	绩效成绩	面试成绩	结果
张*	99	100	80	不合格
孟*	98	100	92	合格
刘*	89	100	80	不合格
刘*	80	100	80	不合格
张*	90	100	90	合格
冉*	92	100	67	不合格
刘*	93	100	82	不合格
吴*	93	100	93	合格
张*	90	100	80	不合格
王*	89	100	76	不合格
合格人选	孟*			

步骤06　显示所有合格人选。按照同样的方法提取其他合格员工的姓名，效果如下图所示。

	员工晋升考核成绩表			
	员工姓名	理论成绩	绩效成绩	面试成绩	结果
张*	99	100	80	不合格
孟*	98	100	92	合格
刘*	89	100	80	不合格
刘*	80	100	80	不合格
张*	90	100	90	合格
冉*	92	100	67	不合格
刘*	93	100	82	不合格
吴*	93	100	93	合格
张*	90	100	80	不合格
王*	89	100	76	不合格
合格人选	孟*	张*	吴*	

23.5　使用宏批量执行任务

　　宏是一组指令，通过执行类似批量处理的命令来完成某种功能，可以更有效率地工作并减少错误的发生。例如，可以创建一个宏，用来设置表格格式，以后就可以直接执行宏来完成这些格式设置的工作。

23.5.1　录制宏

　　创建简单宏时，可以打开宏录制器，Excel 将会记录所进行的操作，并把它们转换成宏。

◎　原始文件：实例文件\第23章\原始文件\录制宏.xlsx
◎　最终文件：实例文件\第23章\最终文件\录制宏.xlsx

步骤01　单击"录制宏"按钮。打开原始文件，❶切换至"开发工具"选项卡，❷单击"录制宏"按钮，如下左图所示。

步骤02　设置宏信息。弹出"录制宏"对话框，❶在"宏名"文本框中输入"格式设置"，❷单击"确定"按钮，如下右图所示。

步骤03 设置边框。此时便启动了录制宏的操作，❶选择单元格区域A1:E12，❷在"字体"组中的"边框"列表中单击"所有框线"选项，如下图所示。

步骤04 设置字体格式。❶继续设置"字体"为"华文仿宋"，❷"对齐方式"为"居中"，❸单元格区域A2:E2的"底纹"为"黄色"，如下图所示。

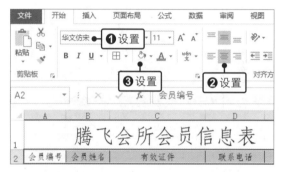

步骤05 单击"停止录制"按钮。完成录制宏的步骤后，在"开发工具"选项卡下单击"停止录制"按钮，如下图所示，即可完成宏录制操作。

提示 默认情况下，"开发工具"选项卡是隐藏的，若是第一次使用，首先要添加该选项卡。单击"文件"按钮，在弹出的菜单中单击"选项"命令，弹出"Excel选项"对话框，单击"自定义功能区"选项，在右侧"自定义功能区"列表框中勾选"开发工具"选项卡，再单击"确定"按钮即可。

23.5.2 执行宏

录制宏后，如果需要在其他工作表中设置相同格式，可直接执行录制的宏，快速完成设置。

◎ 原始文件：实例文件\第23章\原始文件\执行宏.xlsx
◎ 最终文件：实例文件\第23章\最终文件\执行宏.xlsx

步骤01 单击"宏"按钮。保持打开之前的"录制宏"工作表，再打开原始文件，❶切换至"开发工具"选项卡，❷单击"宏"按钮，如下左图所示。

步骤02 执行宏。弹出"宏"对话框，列表框中会显示之前录制的宏，单击"执行"按钮，如下右图所示。

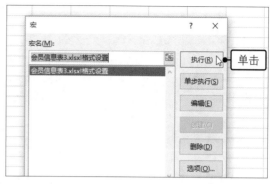

步骤03 显示执行宏快速设置格式后的效果。关闭该对话框，返回工作表，可以看到其表格快速应用了之前录制的宏格式，效果如右图所示。可以按照同样的方法录制并执行其他宏。

	员工晋升考核成绩表				
	员工姓名	理论成绩	绩效成绩	面试成绩	结果
3	张*	99	100	80	不合格
4	孟*	98	100	92	合格
5	刘*	89	100	80	不合格
6	刘*	80	100	80	不合格
7	张*	90	100	90	合格
8	冉*	92	100	67	不合格
9	刘*	93	100	82	不合格
10	吴*	93	100	93	合格
11	张*	90	100	80	不合格
12	王*	89	100	76	不合格

读书笔记

第24章

PowerPoint 2019的演示技巧

利用PowerPoint可以制作出精彩的幻灯片，用于学校教学和公司产品展示。制作或演示幻灯片时，如果能使用一些高级技巧，那么工作也可以达到事半功倍的效果。本章介绍一些在制作和放映幻灯片过程中的技巧。

24.1 使用PowerPoint创建演示文稿技巧

在使用 PowerPoint 创建演示文稿的过程中，制作幻灯片是最基本的操作之一。通过一些操作可以在制作的过程中提高工作效率，例如，使用之前演示文稿中的幻灯片、一次性删除全部备注信息等。下面就来介绍使用 PowerPoint 创建演示文稿的技巧。

24.1.1 快速重用之前文稿中的幻灯片

当要制作的幻灯片有一部分内容与以前的幻灯片大致相同时，例如，幻灯片中的表格、图表等内容相同时，不需要再一张张重新制作，可以使用"重用幻灯片"功能来调取之前演示文稿中的幻灯片。

◎ 原始文件：实例文件\第24章\原始文件\篮球战术教学.pptx
◎ 最终文件：实例文件\第24章\最终文件\篮球战术教学.pptx

步骤01 使用"重用幻灯片"功能。新建一个空白演示文稿，❶选中第1张幻灯片，❷在"开始"选项卡下单击"新建幻灯片"下三角按钮，❸在展开的列表中单击"重用幻灯片"选项，如下图所示。

步骤02 打开PowerPoint文件。此时在PowerPoint演示文稿窗口右侧打开了"重用幻灯片"窗格，单击"打开PowerPoint文件"链接，如下图所示。

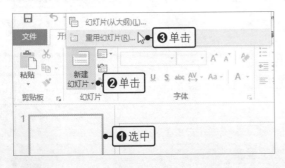

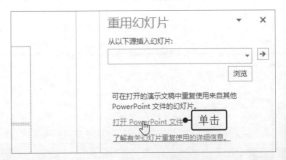

步骤03 选择以前的演示文稿。弹出"浏览"对话框，❶选择需要重用幻灯片的演示文稿所在路径，❷选中要重用的幻灯片，如下左图所示。

步骤04 选择重用幻灯片。单击"打开"按钮，返回演示文稿，在右侧"重用幻灯片"窗格中会显示该演示文稿中的所有幻灯片，单击需要重用的幻灯片，如下右图所示。

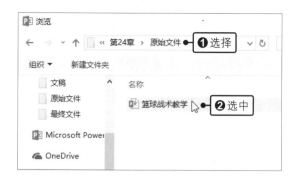

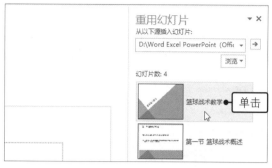

步骤05　保存演示文稿。按照同样的方法插入演示文稿中其他要使用的幻灯片，完成创建后，单击快速访问工具栏中的"保存"按钮，如下图所示。

步骤06　设置演示文稿名称。弹出"另存为"对话框，❶选择文件保存路径，❷并在"文件名"文本框中输入演示文稿名称，❸最后单击"保存"按钮，如下图所示。

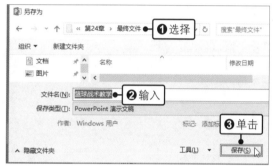

24.1.2　快速删除所有幻灯片中的备注

通过对每张幻灯片进行相应的备注有助于出色地完成演讲或汇报工作，而且保证不会漏掉所要讲的重要信息。但是若要对备注内容作修改无疑是一件烦琐的工作，下面就来介绍如何快速地删除之前幻灯片中的旧内容再添加新内容。

◎　原始文件：实例文件\第24章\原始文件\快速删除所有幻灯片中的备注.pptx
◎　最终文件：实例文件\第24章\最终文件\快速删除所有幻灯片中的备注.pptx

步骤01　查看幻灯片中的备注信息。打开原始文件，选中第2张幻灯片，可以看到备注栏中显示的备注信息，如下图所示。

步骤02　检查文档。❶在"信息"界面中单击"检查问题"按钮，❷在展开的列表中单击"检查文档"选项，如下图所示。

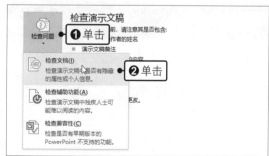

步骤03 选择检查演示文稿备注。弹出"文档检查器"对话框，❶勾选"演示文稿备注"复选框，❷再单击"检查"按钮，如下图所示。

步骤04 显示审阅检查结果。检查完毕后对话框中会显示审阅检查结果，单击"演示文稿备注"右侧的"全部删除"按钮，如下图所示。

步骤05 关闭对话框。经过操作后，会显示"已删除所有演示文稿备注"信息，完毕后单击"关闭"按钮，如下图所示。

步骤06 显示清除备注后的幻灯片。返回演示文稿，再次选中第2张幻灯片，此时备注栏中的备注信息已经被清除了，效果如下图所示。

24.1.3　轻松选择幻灯片中的对象元素

我们经常需要在幻灯片中添加一些对象元素，例如，图片、形状和文本框等，并且需要对这些元素进行处理，但有时这些元素可能是重叠在一起的，很难选中最底层的对象。此时可以应用PowerPoint 的"选择窗格"功能来轻松选取对象元素。

◎ 原始文件：实例文件\第24章\原始文件\轻松选择幻灯片中的对象元素.pptx
◎ 最终文件：实例文件\第24章\最终文件\轻松选择幻灯片中的对象元素.pptx

步骤01 选中图片对象元素。打开原始文件，选中第1张幻灯片中的图片对象元素，如右图所示。

步骤02　单击"选择窗格"按钮。❶切换至"图片工具-格式"选项卡，❷在"排列"组中单击"选择窗格"按钮，如右图所示。

步骤03　选择椭圆形状。在演示文稿窗口右侧打开"选择"窗格，在列表框中单击"椭圆8"选项，如下图所示。

步骤04　按方向键移动椭圆形状。此时即可选中椭圆形状，如果要移动它，只需按方向键【↑】、【↓】、【←】、【→】即可，如下图所示。

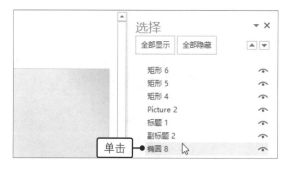

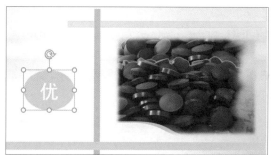

24.1.4　图片版式效果让人耳目一新

图片是制作幻灯片时最常用的元素之一，有时还需要为图片添加文本信息，以便更加形象化地表达图片要展示的内容含义。在 PowerPoint 2019 中，可以很方便地使用"图片版式"功能轻松完成图片到"图片＋内容"的转换。

◎ 原始文件：实例文件\第24章\原始文件\图片版式效果让人耳目一新.pptx
◎ 最终文件：实例文件\第24章\最终文件\图片版式效果让人耳目一新.pptx

步骤01　选中图片对象。打开原始文件，❶选中第3张幻灯片，❷按住【Ctrl】键不放选中该幻灯片中的所有图片对象，如下图所示。

步骤02　选择图片版式。❶切换至"图片工具-格式"选项卡，❷单击"图片版式"按钮，❸在展开的列表中选择图片版式，如下图所示。

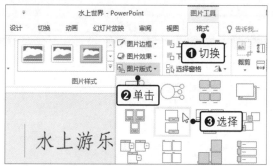

步骤03 激活图片文本框。此时所选的图片应用了"蛇形图片题注"版式，这里需要在图片题注文本框中输入需要的内容，单击即可激活文本框，如下图所示。

步骤04 输入图片题注。在文本框中输入需要的图片题注，效果如下图所示。

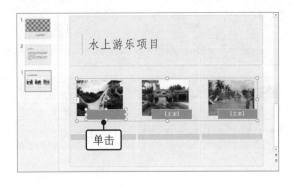

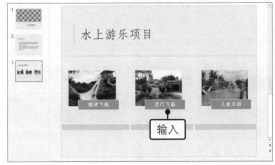

步骤05 应用SmartArt样式。选中SmartArt图形，❶切换至"SmartArt工具-设计"选项卡，❷在"SmartArt样式"中选择合适的样式，如下图所示。

步骤06 应用样式的SmartArt图形效果。经过操作后，SmartArt图形就应用了所选的样式，修改样式后的图片与文本注释效果如下图所示。

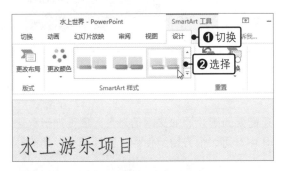

24.1.5 为幻灯片减肥

如果在演示文稿中插入了大量的图片或视频文件，那么该文件就会变得很大，不便于文件的传输。此时可以对文件进行压缩，在 PowerPoint 中，对照片的压缩与对音频和视频的压缩是分开进行的，下面就来介绍具体的操作方法。

◎ 原始文件：实例文件\第24章\原始文件\为幻灯片减肥.pptx
◎ 最终文件：实例文件\第24章\最终文件\为幻灯片减肥.pptx

步骤01 显示原始演示文稿的大小。在演示文稿所在路径下，可以看到原始文件大小为"6423 KB"，如右图所示。

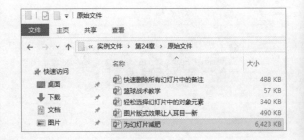

步骤02　单击"压缩图片"按钮。打开原始文件，选中第3张幻灯片中的任意图片，在"图片工具-格式"选项卡下的"调整"组中单击"压缩图片"按钮，如下图所示。

步骤03　设置压缩图片。弹出"压缩图片"对话框，❶在"压缩选项"选项组中勾选"删除图片的剪裁区域"复选框，❷在"分辨率"选项组中单击"Web（150 ppi）：适用于网页和投影"单选按钮，❸再单击"确定"按钮，如下图所示。

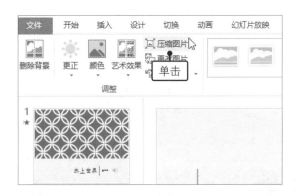

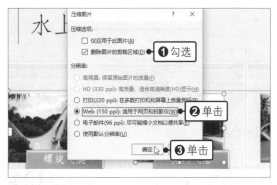

步骤04　压缩媒体至标准质量。图片压缩完毕，若演示文稿中有媒体文件，可以单击"文件"按钮，❶在弹出的视图菜单的"信息"面板中单击"压缩媒体"按钮，❷在展开的列表中单击"标准"选项，如下图所示。

步骤05　开始压缩媒体。弹出"压缩媒体"对话框，在此显示该演示文稿中的媒体文件压缩的进度，效果如下图所示。

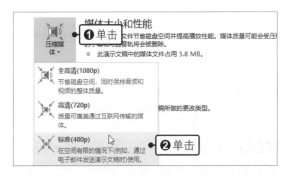

步骤06　完成压缩。经过等待后，对话框中会显示"压缩完成及压缩后的媒体文件大小，单击"关闭"按钮即可，如下图所示。

步骤07　另存演示文稿。返回到演示文稿，将压缩后的文件保存。单击"文件"按钮，❶在弹出的视图菜单中单击"另存为"命令，❷然后单击"浏览"选项，如下图所示。

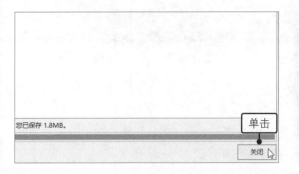

步骤08 设置文件保存路径。弹出"另存为"对话框，❶选择文件的保存路径，❷在"文件名"文本框中输入压缩后的演示文稿名称，❸单击"保存"按钮，如下图所示。

步骤09 显示压缩后的演示文稿大小。打开保存演示文稿所在路径，此时可以看到"为幻灯片减肥"演示文稿的大小只有"4568 KB"了，如下图所示。

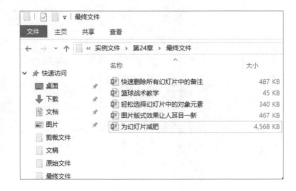

24.2 ► 幻灯片的动画设计技巧

　　演示文稿有了动画，犹如插上翅膀的鸟，让幻灯片的色彩衍生出了更多的特色。在设置动画效果时只要应用一些技巧，就可以让幻灯片明显与众不同，也更容易让观众记住。下面介绍两种简单的动画设计技巧。

24.2.1 制作简单的二维平移动画

　　利用 PowerPoint 提供的各项功能，包括自定义图形和自定义动画等，可以制作出简单的二维平移动画。

　　◎ 原始文件：实例文件\第24章\原始文件\制作简单的二维平移动画.pptx
　　◎ 最终文件：实例文件\第24章\最终文件\制作简单的二维平移动画.pptx

步骤01 选择梯形形状。打开原始文件，❶在"插入"选项卡下单击"形状"按钮，❷在展开的列表中单击"梯形"图标，如下图所示。

步骤02 绘制梯形。此时鼠标指针呈十字状，按住鼠标左键不放，拖动绘制大小合适的梯形，如下图所示。

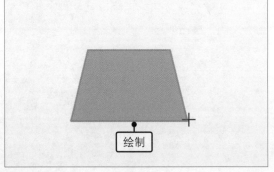

步骤03 设置形状填充和轮廓。❶在"绘图工具-格式"选项卡下的"形状样式"组中设置"形状填充"的颜色，❷并设置好"形状轮廓"的颜色，如下左图所示。

步骤04　复制梯形形状。❶选中梯形形状，按住【Ctrl】键不放，拖动鼠标复制3个相同大小的梯形，❷并将其中一个的"形状"和"轮廓"设置为"浅蓝"，❸完毕后选中任意一个浅绿色梯形，如下右图所示。

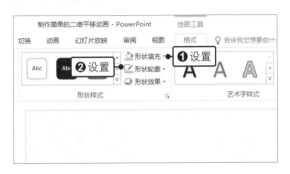

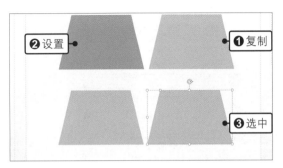

步骤05　旋转梯形。❶在"绘图工具-格式"选项卡下的"排列"组中单击"旋转"按钮，❷在展开的列表中单击"垂直翻转"选项，如下图所示。

步骤06　复制翻转的梯形。此时选中的浅绿色梯形被垂直翻转了，将其选中，按住【Ctrl】键不放，拖动鼠标复制一个相同大小的倒梯形，完毕后将其选中并移动到正梯形右下角，如下图所示。

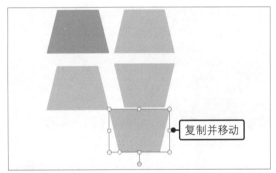

步骤07　设置无填充颜色和无轮廓样式。❶在"绘图工具-格式"选项卡下的"形状样式"组中设置"形状填充"为"无填充颜色"，❷设置"形状轮廓"为"无轮廓"，如下图所示。

步骤08　组合形状。按住【Ctrl】键不放，❶同时选中浅绿色正梯形和刚才设置的透明倒梯形，❷右击鼠标，❸在弹出的快捷菜单中单击"组合>组合"命令，如下图所示。

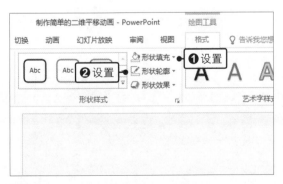

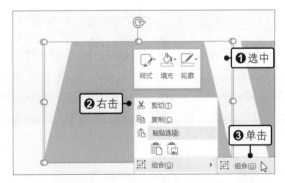

步骤09　添加自定义动画。将浅蓝色梯形和任意一个浅绿色梯形并排排列在一起，❶在"动画"选项卡中单击"添加动画"按钮，❷在展开的列表中选择"自定义路径"样式，如下左图所示。

步骤10 绘制自定义路径。此时鼠标指针呈十字状，按住鼠标左键不放，从浅绿色梯形正中向浅蓝色梯形正中拖动鼠标，绘制完成后双击鼠标即可，效果如下右图所示。

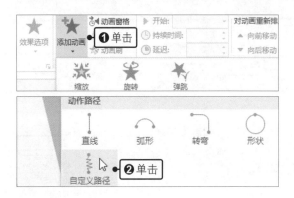

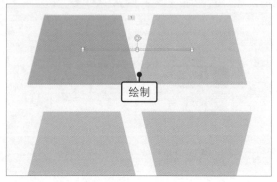

步骤11 添加退出效果。❶选中右侧的浅绿色梯形，❷在"动画"选项卡中单击"添加动画"按钮，❸在展开的列表中选择"消失"样式，如下图所示。

步骤12 调整组合形状的位置。设置后会自动播放应用的两次动画效果。选中刚才组合的形状，按【↑】【↓】【←】【→】键调整其位置至浅蓝色梯形位置，如下图所示。

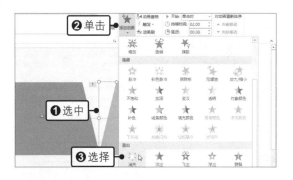

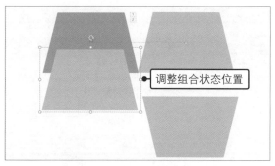

步骤13 设置组合图形进入动画。调整图形位置覆盖浅蓝色梯形，❶在"动画"选项卡单击"添加动画"按钮，❷在展开的列表中选择"出现"动画效果，如下图所示。

步骤14 设置组合图形强调动画。再选中组合形状，❶单击"添加动画"按钮，❷在展开的列表中选择动画效果，如下图所示。

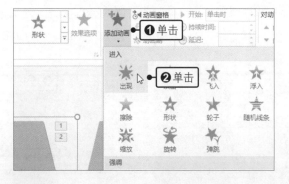

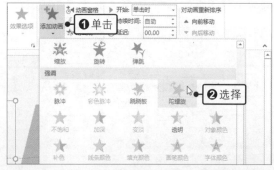

步骤15 设置陀螺旋的效果选项。选中组合图形，❶在"动画"选项卡下单击"效果选项"按钮，❷在展开的列表中依次单击"逆时针"选项，❸"半旋转"选项，如下左图所示。

步骤16　设置组合图形消失。选中组合形状，❶在"动画"选项卡下单击"添加动画"按钮，❷在展开的列表中选择"消失"动画效果，如下右图所示。

步骤17　为最后一个倒梯形设置进入动画。选中最后一个浅绿色倒梯形形状，将其移动到前面组合形状最后消失的位置，❶在"动画"选项卡单击"添加动画"按钮，❷在展开的列表中选择"出现"动画效果，如下图所示。

步骤18　为倒梯形添加自定义路径。❶再在"动画"选项卡中单击"添加动画"按钮，❷在展开的列表中选择"自定义路径"，如下图所示。

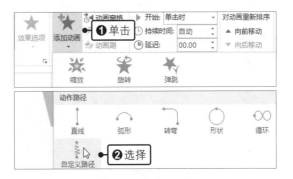

步骤19　绘制自定义路径。此时鼠标指针呈十字状，按住鼠标左键不放，从浅绿色倒梯形正中向左上角的梯形右边框绘制平行线，完毕后双击鼠标，效果如下图所示。

步骤20　预览制作完成的二维平移动画。整个动画设计完毕后，在"动画"选项卡单击"预览"按钮，即可在幻灯片窗口中演示整个二维平移动画效果，如下图所示。

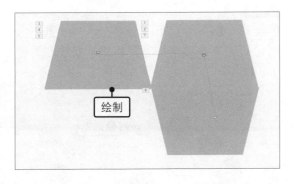

24.2.2　制作地球公转演示动画

掌握动画设计技巧，可以轻松制作旋转的动画图片。下面介绍制作旋转动画的具体步骤。

◎ 原始文件：无
◎ 最终文件：实例文件\第24章\最终文件\制作地球公转演示动画.pptx

步骤01 选择椭圆形状。打开一个空白演示文稿，❶在"插入"选项卡下单击"形状"按钮，❷在展开的列表中单击"椭圆"图标，如下图所示。

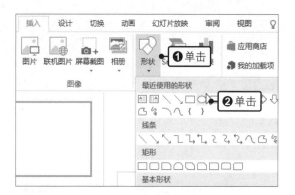

步骤02 设置形状渐变效果。按住【Shift】键不放，绘制一个正圆形（太阳），在"绘图工具-格式"选项卡下，❶设置填充色和边框为"红色"，❷再选择"形状填充>渐变>中心辐射"样式，如下图所示。

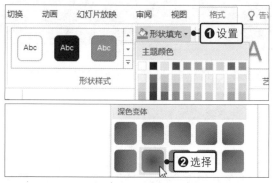

步骤03 绘制公转路径。在"形状"列表中选择"椭圆"形状，绘制一个围绕"太阳"的路径，如下图所示。

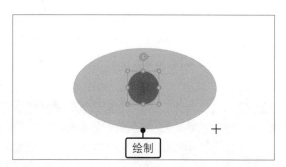

步骤04 设置路径样式。❶在"绘图工具-格式"选项卡下设置"形状填充"为"无填充颜色"，❷设置"形状轮廓"为"黑色"，如下图所示。

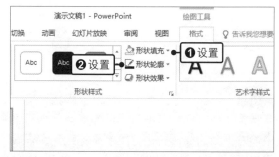

步骤05 绘制地球。在"形状"下拉列表中选择"椭圆"形状，按住【Shift】键不放，在"路径"上绘制一个正圆（地球），如下图所示。

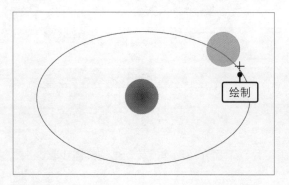

步骤06 复制地球。释放鼠标，即可完成正圆的绘制，❶按住【Ctrl】键不放，在正圆上拖动，即可复制多个正圆，并将其摆放在路径上，❷选中任意一个正圆，效果如下图所示。

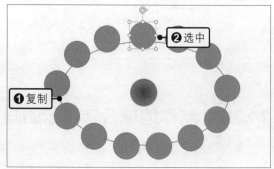

步骤07 设置地球颜色。❶在"绘图工具-格式"选项卡下设置"形状填充"为"蓝色，个性色5，淡色60%"，❷设置"形状轮廓"为"蓝色，个性色5，淡色60%"，如下图所示。

步骤08 设置地球渐变效果。因为太阳照射的位置是属于"白天"，为了达到此效果，❶单击"形状填充"按钮，❷在展开的列表中选择"渐变>线性向下"样式，如下图所示。

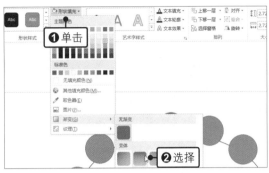

步骤09 显示整个路径的渐变效果。按照同样的方法对其他正圆设置颜色和渐变效果，在设置渐变效果时，要注意向内的颜色是亮色，背对太阳的位置是暗色，最终效果如下图所示。

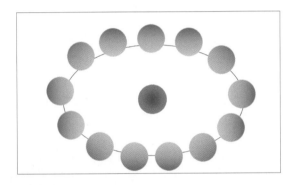

步骤10 设置进入的动画效果。接着就要应用动画效果来实现地球公转的演示了，选中任意一个地球形状，在"动画"列表框中选择"淡入"动画效果，如下图所示。

步骤11 添加淡出效果。❶接着单击"添加动画"按钮，❷在展开的"库"中选择"淡出"动画效果，如下图所示。

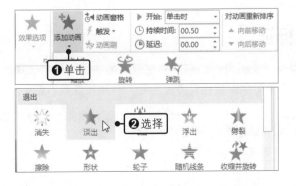

步骤12 单击"效果选项"命令。❶在"高级动画"组中单击"动画窗格"按钮，展开"动画窗格"窗格，❷右击第一个动画，❸在弹出的快捷菜单中单击"效果选项"命令，如下图所示。

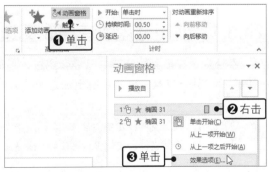

步骤13 设置动画计时。弹出"淡出"对话框，❶切换至"计时"选项卡，❷设置"期间"为"慢速（3秒）"，如下图所示。

步骤14 设置所有地球形状的动画效果。单击"确定"按钮，返回幻灯片，按照同样的方法对路径上的所有地球形状设置相同的动画效果，最后可以在幻灯片中查看每个形状动画的顺序，如下图所示。

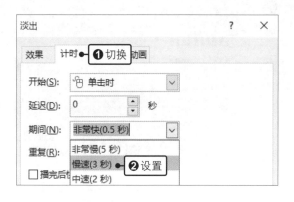

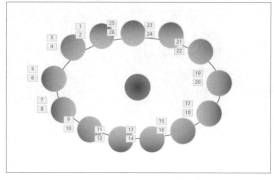

步骤15 预览动画。在"动画"选项卡单击"预览"按钮，如下图所示。

步骤16 演示地球公转的动画。此时在幻灯片中开始按设置的动画顺序播放整个地球公转的演示动画，效果如下图所示。

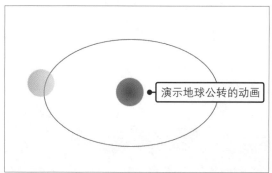

24.3 PowerPoint放映技巧

要想成为 PowerPoint 高手，不仅要学习创建幻灯片技巧和动画技巧等内容，还应学习幻灯片的放映技巧。

24.3.1 使用键盘快速更改墨迹标记

墨迹标记在前面的章节中已经介绍过，前面通过右击放映幻灯片并在弹出的快捷菜单中选择"笔"命令进行转换，其实还有更加方便的方法来使用绘图笔标记墨迹内容，并轻松隐藏它们。

　◎　原始文件：实例文件\第24章\原始文件\使用键盘快速更改墨迹标记.pptx
　◎　最终文件：实例文件\第24章\最终文件\使用键盘快速更改墨迹标记.pptx

步骤01　从头开始放映幻灯片。打开原始文件，❶切换至"幻灯片放映"选项卡，❷在"开始放映幻灯片"组中单击"从头开始"按钮，如下图所示。

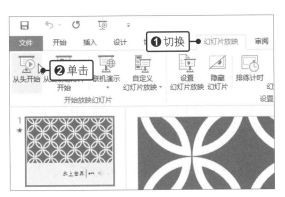

步骤02　放映幻灯片。此时演示文稿开始从头全屏放映了，单击屏幕跳转至第2张幻灯片，观察其鼠标指针，如下图所示。

步骤03　将指针变为笔工具。按【Ctrl+P】组合键，此时鼠标指针变为了点状的笔工具，拖动鼠标即可在幻灯片中标记墨迹内容，如下图所示。

步骤04　恢复鼠标指针。按【Ctrl+A】组合键，即可将鼠标指针从笔工具恢复为默认状，效果如下图所示。

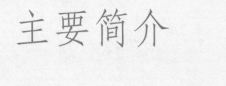

步骤05　隐藏墨迹标记。如果要让墨迹标记暂时不显示，可以按【Ctrl+M】组合键，即可隐藏绘制的墨迹标记，如下图所示。

步骤06　保留墨迹注释。放映完毕后弹出提示框，询问是否保留墨迹注释，这里单击"保留"按钮，如下图所示。

步骤07 显示保留的墨迹注释。退出全屏放映效果，返回到演示文稿，可以看到在第2张幻灯片中的墨迹注释，效果如右图所示。

24.3.2 使用演示者视图为演讲者提供便利

为了让演示者在控制幻灯片的同时可查看备注信息，而观众看到的屏幕上只看到幻灯片，可使用 PowerPoint 的演示者视图功能。

◎ 原始文件：实例文件\第24章\原始文件\使用演示者视图为演讲者提供便利.pptx
◎ 最终文件：无

步骤01 显示演示者视图。打开原始文件，进入幻灯片的放映状态，右击幻灯片，在弹出的快捷菜单中单击"显示演示者视图"命令，如下图所示。

步骤02 查看演示者视图效果。进入幻灯片的演示者视图，可在左侧看到当前正在放映的幻灯片，在右侧看到该幻灯片的备注信息以及下一张要放映的幻灯片，在放映幻灯片的下方会出现几个工具，其中有一个"放大到幻灯片"的工具，单击该工具，如下图所示。

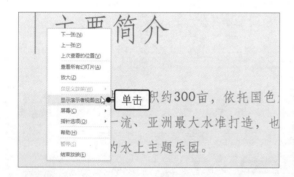

步骤03 放大幻灯片内容。此时在当前幻灯片中会出现一个矩形，拖动鼠标可移动该矩形，如果要放大某部分内容，可将矩形移至该内容上单击，如下图所示。

步骤04 查看放大效果。即可看到矩形中的文本内容放大了，如下图所示。如果要返回放大前的效果，则在当前幻灯片中单击鼠标右键即可。

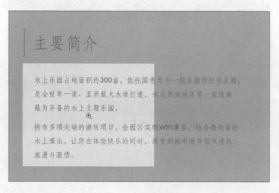

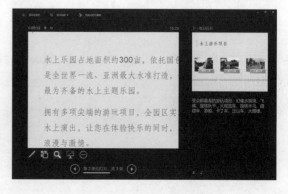